21 世纪高职高专规划教材·机电系列

塑料成型工艺与模具设计

主编 杨海鹏

图书在版编目（CIP）数据

塑料成型工艺与模具设计/杨海鹏主编．—北京：北京大学出版社，2013.2
（全国高职高专规划教材·机电系列）
ISBN 978-7-301-22128-0

Ⅰ.①塑… Ⅱ.①杨… Ⅲ.①塑料成型–工艺–高等职业教育–教材②塑料模具–设计–高等职业教育–教材 Ⅳ.①TQ320.66

中国版本图书馆 CIP 数据核字（2013）第 026318 号

书　　　名：	塑料成型工艺与模具设计
著作责任者：	杨海鹏　主编
策 划 编 辑：	桂　春
责 任 编 辑：	桂　春
标 准 书 号：	ISBN 978-7-301-22128-0/TH·0336
出 版 发 行：	北京大学出版社
地　　　址：	北京市海淀区成府路 205 号　100871
网　　　址：	http://www.pup.cn　新浪官方微博：@北京大学出版社
电 子 邮 箱：	编辑部 zyjy@pup.cn　总编室 zpup@pup.cn
电　　　话：	邮购部 010-62752015　发行部 010-62750672　编辑部 010-62765126　出版部 010-62754962
印 刷 者：	北京虎彩文化传播有限公司
经 销 者：	新华书店
	787 毫米×1092 毫米　16 开本　21.5 印张　540 千字
	2013 年 2 月第 1 版　2024 年 2 月第 4 次印刷
定　　价：	39.00 元

未经许可，不得以任何方式复制或抄袭本书之部分或全部内容。
版权所有，侵权必究
举报电话：010-62752024　电子邮箱：fd@pup.cn

前　言

目前模具人才市场需要大量熟练的模具设计与制造人员，而模具设计与制造岗位需要拥有较长时间的磨炼、丰富的经验、综合素质高的人才。因此，如何使学生在学校较短时间的学习后快速上手，达到与企业零距离接轨，成为高职院校模具专业亟待解决的问题。作者针对这一问题，组织江门职业技术学院及江门君盛模具有限公司、大长江集团荣生模具公司、江门金环电器有限公司等单位的教师与模具专家深入调研、反复论证，编写了这本适应当前教学改革、紧跟模具技术发展的校企合作教材。

本书以项目导向、任务驱动为基本思路，项目的选取注重典型性、代表性、趣味性、可行性和挑战性。首个项目是基础，包含了比较全面的知识点和技能。每个项目的内容有不同的侧重点，内容组织由浅入深，由基本知识与技能训练到提高知识与技能训练，再到拓展知识与技能训练。各项工作任务依据实际工作流程来组织，学生通过学习并完成每一项任务，进而完成各个项目，从而理解本课程的核心知识，初步具备塑料模具设计与制造的职业技能。

本书较好地贯彻了职业性、实用性的编写原则，尽量避免过多的文字叙述及繁琐的公式推导，书中提供了大量的图片、表格与实例，课后附有不同类型的作业及设计题供学生复习与练习，以便加深对知识的理解和职业技能的提高。本书与同类教材相比，无论是内容的组织形式或是编排结构均有较大突破，具有明显的职教特色，将有助于学生专业技能的训练和职业能力的提高。

本书由江门职业技术学院杨海鹏担任主编，项目一由杨海鹏编写，项目二由关月华编写，项目三由武晓红编写，项目四由刘炳良编写，项目五由王树勋编写，项目六由陈水东编写。

本书在编写过程中参考了国内兄弟院校的有关资料和文献，并得到同行专家的大力支持和帮助，在此向原作者和专家表示衷心感谢。

由于水平所限，书中难免会有不妥或错误，恳请各位读者批评指正。

编者

2013.2

本教材配有教学课件，如有老师需要，请加 QQ 群（279806670）或发电子邮件至 zyjy@pup.cn 索取，也可致电北京大学出版社：010-62765126。

目 录

绪论 ·· (1)
项目一　yoyo 玩具注射模具设计 ·· (3)
　任务一　选择 yoyo 玩具材料 ··· (4)
　　1.1.1　树脂和塑料 ·· (4)
　　1.1.2　热塑性塑料的性能 ··· (6)
　　1.1.3　热固性塑料的成型工艺性能 ·· (11)
　　1.1.4　常用热塑性塑料的性能和用途 ··· (13)
　　1.1.5　常用热固性塑料 ··· (23)
　　1.1.6　常用塑料的辨别方法 ··· (25)
　　1.1.7　yoyo 塑料玩具材料选用与成型工艺分析 ··· (26)
　　1.1.8　拓展与强化训练 ··· (27)
　思考与练习 ·· (27)
　任务二　设计 yoyo 玩具塑件结构 ··· (30)
　　1.2.1　塑料制件的造型设计原则 ··· (30)
　　1.2.2　塑件结构工艺性设计 ··· (31)
　　1.2.3　yoyo 塑料玩具产品设计 ··· (54)
　　1.2.4　拓展与强化训练 ··· (56)
　思考与练习 ·· (56)
　任务三　制订 yoyo 玩具注射成型工艺并初步选择注射机 ································· (59)
　　1.3.1　注射成型原理 ·· (59)
　　1.3.2　注射工艺过程 ·· (61)
　　1.3.3　注射机与模具的关系 ··· (63)
　　1.3.4　yoyo 塑料玩具结构分析及成型工艺的制订 ····································· (71)
　　1.3.5　拓展与强化训练 ··· (73)
　思考与练习 ·· (74)
　任务四　确定 yoyo 玩具注射模分型面并设计浇注系统 ····································· (77)
　　1.4.1　塑料模具分类 ·· (77)
　　1.4.2　注射模的组成和特点 ··· (77)
　　1.4.3　注射模的分类 ·· (79)
　　1.4.4　单分型面注射模(又称两板模) ··· (79)
　　1.4.5　分型面的选择 ·· (82)
　　1.4.6　浇注系统的设计 ··· (87)
　　1.4.7　排气和引气系统设计 ·· (101)

1.4.8　yoyo 塑件的分型面选择与浇注系统设计 …………………………（104）
　　1.4.9　拓展与强化训练 ………………………………………………………（107）
思考与练习 ………………………………………………………………………………（107）
任务五　设计 yoyo 玩具注射模成型零件并选用模架 ……………………………（110）
　　1.5.1　注射模成型零件设计 …………………………………………………（110）
　　1.5.2　注射模成型零件尺寸的确定 …………………………………………（118）
　　1.5.3　注射模导向与定位机构设计 …………………………………………（125）
　　1.5.4　塑料注射模标准模架的选用及相关零件设计 ………………………（135）
　　1.5.5　推出系统复位弹簧 ……………………………………………………（145）
　　1.5.6　浇口套设计 ……………………………………………………………（148）
　　1.5.7　定位圈设计 ……………………………………………………………（150）
　　1.5.8　yoyo 注射模结构设计 …………………………………………………（151）
　　1.5.9　拓展与强化训练 ………………………………………………………（153）
思考与练习 ………………………………………………………………………………（153）
任务六　设计 yoyo 注射模推出机构 …………………………………………………（155）
　　1.6.1　脱模机构的组成、分类和设计原则 …………………………………（156）
　　1.6.2　脱模力的计算 …………………………………………………………（158）
　　1.6.3　推杆推出机构设计 ……………………………………………………（159）
　　1.6.4　推管推出机构设计 ……………………………………………………（163）
　　1.6.5　推件板推出机构设计 …………………………………………………（165）
　　1.6.6　多元联合推出机构的设计 ……………………………………………（167）
　　1.6.7　脱螺纹机构的设计 ……………………………………………………（167）
　　1.6.8　气动推出机构设计 ……………………………………………………（169）
　　1.6.9　强行推出结构 …………………………………………………………（170）
　　1.6.10　定模推出机构的设计 …………………………………………………（170）
　　1.6.11　二级推出机构 …………………………………………………………（172）
　　1.6.12　塑件推出的常见问题 …………………………………………………（174）
　　1.6.13　yoyo 玩具注射模推出机构设计 ………………………………………（174）
　　1.6.14　拓展与强化训练 ………………………………………………………（176）
思考与练习 ………………………………………………………………………………（176）
任务七　设计 yoyo 玩具注射模冷却系统 ……………………………………………（180）
　　1.7.1　模具温度对塑件的影响 ………………………………………………（180）
　　1.7.2　影响模具冷却的因素及相关设计 ……………………………………（180）
　　1.7.3　型腔板的冷却 …………………………………………………………（185）
　　1.7.4　型芯的冷却 ……………………………………………………………（185）
　　1.7.5　管接头与管塞的形式及选用 …………………………………………（188）
　　1.7.6　管接头的位置设计 ……………………………………………………（190）
　　1.7.7　冷却水道密封圈的选用 ………………………………………………（191）

1.7.8　yoyo注射模冷却系统设计 …………………………………（193）
　　1.7.9　拓展与强化训练 ………………………………………………（194）
　思考与练习 ……………………………………………………………………（195）
　任务八　设计制造yoyo玩具注射模整体结构及零件 ……………………（197）
　　1.8.1　绘制模具整体结构 ……………………………………………（197）
　　1.8.2　注射机校核 ……………………………………………………（198）
　　1.8.3　由模具装配图拆画零件图 ……………………………………（200）
　　1.8.4　拓展与强化训练 ………………………………………………（207）
　思考与练习 ……………………………………………………………………（208）
项目二　晾衣架三板注射模具设计 …………………………………………（209）
　任务一　晾衣架塑件设计与塑料成型工艺分析 …………………………（209）
　　2.1.1　塑件材料选用与性能分析 ……………………………………（209）
　　2.1.2　塑件结构与质量分析 …………………………………………（210）
　　2.1.3　塑件注射工艺参数确定 ………………………………………（210）
　任务二　标准点浇口三板模架及其选用 …………………………………（210）
　任务三　熟悉并掌握三板模结构与工作原理 ……………………………（212）
　任务四　定距分型机构与流道推出机构设计 ……………………………（215）
　任务五　晾衣架三板模整体结构设计 ……………………………………（218）
　　2.5.1　模具结构设计 …………………………………………………（218）
　　2.5.2　注射机校核 ……………………………………………………（232）
　　2.5.3　模具工作原理 …………………………………………………（232）
　任务六　拓展与强化 …………………………………………………………（234）
　思考与练习 ……………………………………………………………………（235）
项目三　上罩侧向抽芯机构注射模具设计 …………………………………（238）
　任务一　上罩塑件设计与成型工艺分析 …………………………………（238）
　　3.1.1　塑件材料分析 …………………………………………………（238）
　　3.1.2　塑件结构分析 …………………………………………………（239）
　任务二　注射模具斜导柱与侧滑块抽芯机构设计 ………………………（239）
　　3.2.1　侧向分型与抽芯机构的分类 …………………………………（239）
　　3.2.2　斜导柱与侧滑块外侧抽芯机构 ………………………………（241）
　　3.2.3　延时抽芯 ………………………………………………………（248）
　　3.2.4　斜导柱侧滑块内抽芯机构 ……………………………………（249）
　　3.2.5　先复位机构 ……………………………………………………（249）
　任务三　斜推杆(斜顶)抽芯机构设计 ……………………………………（251）
　　3.3.1　斜推杆(斜顶)抽芯机构工作原理与特点 ……………………（251）
　　3.3.2　斜推杆的设计 …………………………………………………（252）
　　3.3.3　定模斜推杆机构 ………………………………………………（254）
　　3.3.4　平移式内抽芯机构 ……………………………………………（254）

3.3.5　摆杆式侧抽芯机构 ·· (255)
　　3.3.6　斜推杆抽芯机构在注射模上的应用 ······································ (255)
任务四　斜滑块(哈夫块)侧向抽芯机构设计 ··· (256)
任务五　T形块侧抽芯机构设计 ··· (260)
任务六　油缸抽芯机构设计 ·· (261)
任务七　上罩侧向抽芯注射模设计 ··· (262)
任务八　拓展与强化训练 ·· (270)
思考与练习 ·· (271)

项目四　洗衣机搅拌器热流道注射模具设计 ·· (275)
任务一　熟悉热流道模具的特点与应用 ··· (275)
　　4.1.1　热流道模具简介 ·· (275)
　　4.1.2　热流道模具的特点 ··· (276)
　　4.1.3　热流道模具的分类 ··· (277)
任务二　掌握热流道注射模具形式并能合理选用配件 ···································· (278)
　　4.2.1　热流道模具的形式 ··· (278)
　　4.2.2　加热系统结构设计 ··· (280)
　　4.2.3　热流道板加热功率计算 ··· (285)
　　4.2.4　热流道模具设计与制造的条件 ··· (287)
任务三　洗衣机搅拌器热流道注射模具设计 ··· (288)
　　4.3.1　塑件工艺分析 ·· (288)
　　4.3.2　计算塑件的体积和质量 ·· (288)
　　4.3.3　塑件注射工艺参数的确定 ··· (289)
　　4.3.4　注射模的结构设计 ··· (289)
任务四　拓展与强化训练 ·· (294)
思考与练习 ·· (294)

项目五　PVC电线管材挤出工艺与模具设计 ·· (296)
任务一　熟悉并掌握塑料挤出工艺、设备与模具 ··· (296)
　　5.1.1　挤出成型设备 ·· (296)
　　5.1.2　挤出成型过程 ·· (299)
　　5.1.3　挤出成型工艺参数 ··· (300)
　　5.1.4　挤出成型模具结构 ··· (302)
任务二　PVC电工管材挤出模具设计 ·· (308)
任务三　拓展与强化训练 ·· (314)
思考与练习 ·· (314)

项目六　气动成型工艺与模具设计简介(选学) ·· (317)
任务一　中空吹塑成型工艺与模具设计 ··· (317)
　　6.1.1　中空吹塑模具的分类及成型工艺 ·· (317)
　　6.1.2　中空吹塑模具设计 ··· (319)

6.1.3　中空吹塑模具实例 …………………………………………… (323)
任务二　真空吸塑成型工艺与模具设计 ……………………………………… (323)
　　6.2.1　真空吸塑成型方法及工艺 …………………………………… (323)
　　6.2.2　真空成型塑件设计 …………………………………………… (326)
　　6.2.3　真空成型模具设计 …………………………………………… (328)
任务三　压缩空气成型工艺与模具设计 ……………………………………… (329)
　　6.3.1　压缩空气成型的特点 ………………………………………… (330)
　　6.3.2　压缩空气成型模具 …………………………………………… (330)
　思考与练习 …………………………………………………………………… (332)
参考文献 ………………………………………………………………………… (333)

绪　　论

1. 模具的概念

模具是大批制造工业产品专用工艺装备的总称，是金属与非金属成型加工的工具，适用于制造加工业，如冲压、锻造、铸造等金属加工及塑料、橡胶、陶瓷等非金属加工。用模具成型制造出来的零件通常称为"制件"。

常见模具的分类，如下表所示。

常见模具的分类

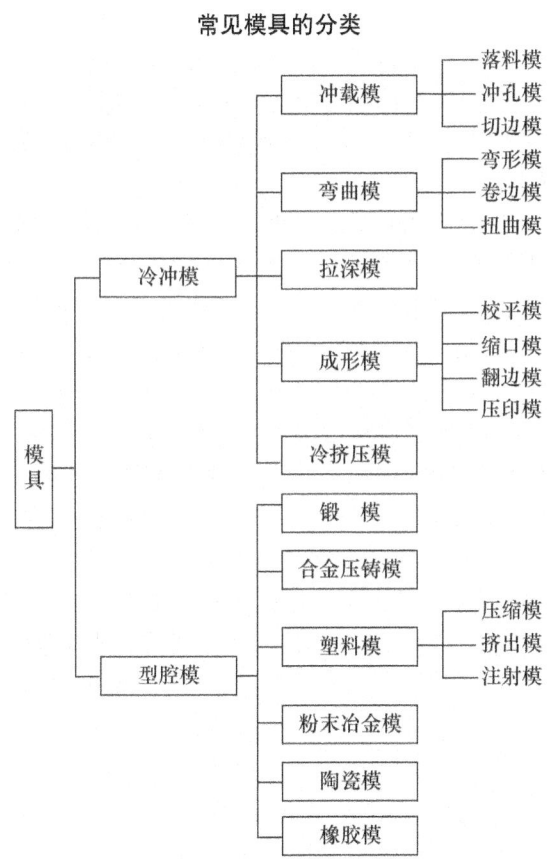

2. 模具工业在国民经济中的作用

模具工业是国民经济发展的重要基础工业之一，也是一个国家加工制造业发展水平的重要标志。模具成型方法在现代工业的主要部门（如机械、家电、轻工、电子、交通和国防工业）中得到了极其广泛的应用。例如在飞机、汽车、摩托车、拖拉机、电机、电器、仪表等机电产品中占80%以上；在电脑、电视机、摄像机、照相机、录像机耐用消费品及日用五金零件占85%以上；在电冰箱、洗衣机、空调、电风扇、自行车、手表等轻工业产品中占 90%以上；在子弹、枪支等兵器产品中占 95%以上。由此可见，利用模具来生产零件的方法已成为工业上进行成批或大批生产的主要技术手段。模具对于保证产品的一致性和产品质量、缩短试制周期进而争先占领市场，以及产品更新换代和新产品开发都具有决定性意义。一个地方制造业的发展离不开模具制造业的发展，地区模具制造水平的高低，已经成为衡量这个地区制造业水平的重要标志，在很大程度上决定了产品质量、创新能力和地区产业的经济效益。

如德国、日本、美国的汽车及电器等产品的品种、数量、质量在国际市场中处于领先地位，其重要原因之一就是他们的模具技术居于世界领先水平。因此，工业巨头美国把模具称为"美国工业的基石"，把模具工业视为"不可估量其力量的工业"；日本把模具说成是"促进社会富裕繁荣的动力"，把模具工业视为"整个工业发展的秘密"；德国把模具称为"金属加工中的帝王"，把模具工业视为"关键工业"；我国有人把模具比喻为"效益放大器"，把模具工业称为"国民经济发展的重要基础工业，是赶超发达国家的工具和手段"。

模具是现代工业生产中广泛应用的优质、高效、低耗、适应性很强的生产技术，或称"成型工具"、"成型工装产品"。模具是技术含量高、附加值高、使用广泛的新技术产品，是价值很高的社会财富。

我国制造工业对模具的总市场需求量每年以 15%以上的速度增长，目前，国内模具业的规模仅次于日本和美国，但大多数集中在中低档领域，技术水平和附加值偏低。对于大型、精密、复杂、长寿命模具需求量较大，其增长将远远超过每年 15%的增幅。

家用电器，如彩电、冰箱、洗衣机、空调、音响、数码摄（照）像机等；交通运输业，如飞机、汽车、摩托车、拖拉机、自行车及电动自行车等；电子及通信行业，如电话、手机、电脑等，在国内的市场容量都很大。

2012 年我国的彩电年产量已超过 1.5 亿台；电冰箱年产量超过了 8300 万台；洗衣机年产量超过了 6700 万台，占全球总产量的 35%；手机年产量超过 12 亿部，占全球总产量的 40%；空调年产量超过 1.4 亿台；计算机年产量超过 3 亿台；自行车年产量超过 6500 万辆；电动自行车年产量超过 3000 万辆；摩托车年产量超过 2300 万辆，占全球总产量的 50%；汽车年产量超过 2000 万辆。这些都将对中国模具工业和模具技术的发展产生巨大的推动作用。

项目一 yoyo 玩具注射模具设计

项目引入

如图 1-1、1-2 所示为 yoyo 玩具塑料产品,大批量生产。要求产品具有良好的表面外观质量、良好的强度和抗冲击特性、低廉的价格、良好的成型工艺性能。

项目步骤:完成塑料件原材料选择、结构设计,制定注射成型工艺,选择注射机并完成模具结构设计。

要顺利完成以上工作内容,必须学习和掌握相关的塑料性能及成型工艺方面的知识。

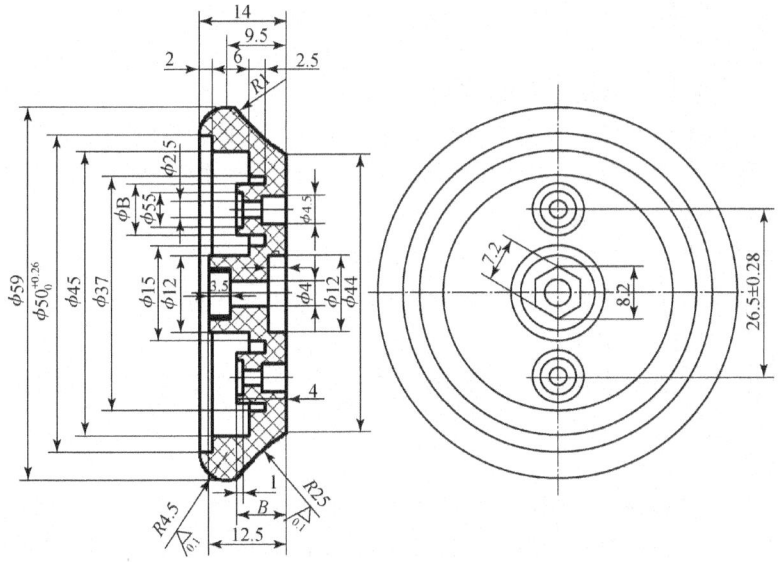

图 1-1 yoyo 玩具转盘座塑料件

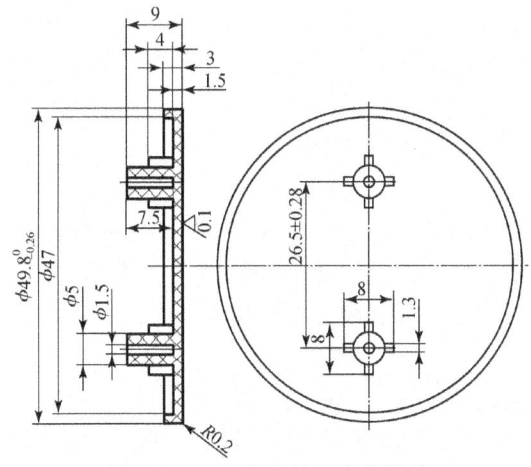

图 1-2 yoyo 玩具转盘盖塑料件

任务一 选择 yoyo 玩具材料

任务要求：

完成图 1-1 与图 1-2 塑料件成型材料选择、分析塑料件成型工艺、标注技术要求。

1.1.1 树脂和塑料

1. 塑料的组成

（1）塑料。

塑料以树脂（或在加工过程中用单体直接聚合）为主要成分，加入适量的增塑剂、稳定剂、填充剂、润滑剂、着色剂等添加剂为辅助成分，加工过程中在一定温度和压力的作用下能流动成型的高分子有机材料。

（2）树脂。

树脂是天然树脂与合成树脂的总称。

天然树脂是树木或昆虫的分泌物，如松香、橡胶、虫胶、蜂胶、沥青等。

合成树脂是指由简单有机物经化学合成或某些天然产物经化学反应而得到的树脂产物，如各种塑料、化纤、合成橡胶等。

树脂受热时通常有转化或熔融范围，转化时受外力作用具有流动性，常温下呈固态或半固态或液态的有机聚合物，它是塑料最基本的，也是最重要的成分。

（3）塑料中添加剂的种类。

常用的添加剂主要有增塑剂、稳定剂、填充剂、润滑剂、着色剂、固化剂、阻燃剂、发泡剂、抗静电剂等。

① 增塑剂。

增塑剂是为改进塑料的可塑性而加入的有机化合物。

作用：为了降低塑料的软化温度，改善成型加工性能，提高柔韧性或延展性。

要求：与树脂的相容性好；对热和化学剂都比较稳定，最好无色、无毒、无臭、不燃、吸水量低、挥发性小等。

增塑剂一般为低挥发性固体或低熔点固体。常用的有邻苯二甲酸二丁酯、邻苯二甲酸二辛酯、樟脑、葵二酸二丁酯、葵二酸二辛酯等。对可塑性小、柔软性差的需加增塑剂，主要是聚氯乙烯、醋酸纤维、硝酸纤维等。

② 稳定剂。

凡在成型加工和使用期间为有助于材料保持原始值或接近原始值而在塑料配方中加入的物质称为稳定剂。在塑料中的含量约 0.3%～0.5% 左右。

作用：加入稳定剂可制止或抑制聚合物因受外界因素（光、热、氧、细菌等）所引起的破坏作用。

要求：相容性和稳定性好、耐水、耐油、耐化学药品，无色、无味、无毒。

稳定剂分类：热稳定剂如三盐基性硫酸铅、硬脂酸钡（兼作润滑剂）；光稳定剂如 2-羟基-4-甲基二苯甲酮；抗氧化剂如 2,6-二叔丁基甲苯。

③ 填充剂。

填充剂又称填料，是塑料的重要组成成分，加入量可达40%。

作用：一是改善塑料的成型加工性能（改性）、提高制品的某些特殊性能、赋予塑料新的性能。如酚醛树脂中加入木粉，能够提高弹性，降低脆性；在聚乙烯中加入钙质，能够提高耐热性和刚度；在塑料中加入玻璃纤维，会使机械性能大幅度提高。二是增加塑料的体积或重量，减少树脂用量，降低成本。如木粉、棉屑、金属粉、滑石粉、钛白粉、石棉、云母、炭黑等。

④ 润滑剂。

润滑剂能够改善塑料的流动性，提高塑料表面光泽程度，防止塑料在成型过程中发生粘模，用量一般小于1%。常用的润滑剂有硬脂酸、石蜡、金属皂类（硬脂酸钙、硬脂酸锌）等。

⑤ 着色剂。

着色剂又称色料（或色母），用量在0.01%～0.02%。包括颜料和染料、色母粒。

作用：起装饰美光作用，同时还可提高塑料的光稳定性、热稳定性和耐候性。

⑥ 固化剂。

固化剂又称硬化剂，主要用于热固性塑料。

作用：热固性塑料成型时原来的线型分子结构转变为网状体型分子结构，同时加速硬化过程。

此外还有阻燃剂、发泡剂、抗静电剂等。

2. 塑料的分类

塑料品种繁多，目前已合成出来并可加工使用的有300多种，常用的有30多种。

（1）按合成树脂的分子结构及热性能分类。

按按合成树脂的分子结构及热性能分为热塑性塑料和热固性塑料。

① 热塑性塑料指在特定温度范围内能反复加热软化和冷却硬化的塑料，其分子结构是线型或支链型结构，变化过程可逆，即可多次重复使用，如图1-3（a）、图1-3（b）所示。如聚乙烯（PE）、聚丙烯（PP）、聚氯乙烯（PVC）、ABS、尼龙（PA）、聚苯乙烯（PS）等。

② 热固性塑料在受热或其他条件下能固化成不熔及不溶性物质的塑料，其分子结构最终为网状体型的三维结构，如图1-3（c）所示。其变化过程不可逆，即只能成型一次，不可重复使用，如酚醛塑料（PF）、氨基塑料、环氧树脂（EP）等。

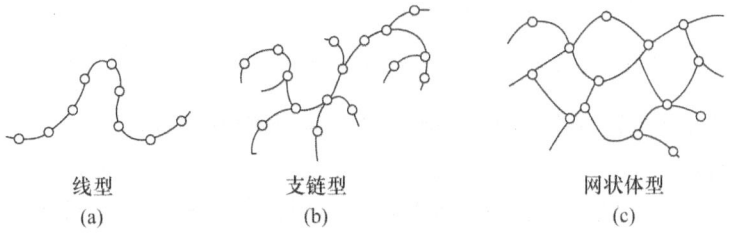

线型　　　　　支链型　　　　　网状体型
(a)　　　　　　(b)　　　　　　　(c)

图1-3　塑料分子链结构

（2）按塑料的用途分类。

① 通用塑料　一般指产量大、用途广、成型性好、价廉的塑料，其产量约占塑料总产量的 80%。如聚乙烯（PE）、聚丙烯（PP）、聚氯乙烯（PVC）、聚苯乙烯（PS）等。

② 工程塑料　一般指能承受一定的外力作用，并有良好的机械性能和尺寸稳定性，在高、低温下仍能保持其优良性能，可以作为工程结构件的塑料，如 ABS、尼龙（PA）、聚甲醛（POM）、聚砜（PSF）等。

③ 特种塑料　一般指具有特种功能（如耐热、自润滑等）应用于特殊要求的塑料，这类塑料产量小、价格高。如医用塑料、光敏塑料、导磁塑料、导热塑料、超导电塑料、耐辐射塑料及耐高温塑料等。

3．塑料的特点

塑料在工业产品和民用产品中都占有很重要的地位，使用越来越普遍。但其自身有许多优点，也有缺点，应正确选用。

（1）塑料的优点。

① 密度小质量轻，密度一般在 $0.8 \sim 2.02 \text{ g/cm}^3$ 左右，泡沫塑料密度只有 0.1 g/cm^3。

② 强度和比刚度（强度和刚度的绝对值与密度之比）高，广泛用于空间领域及结构零件。

③ 优异的电绝缘性能，广泛用作绝缘材料。如电线电缆、旋钮插座、电器外壳。

④ 优良的化学稳定性能，广泛用于医疗、化工、防腐设备及管道容器、建筑工程中。

⑤ 减摩、耐磨和自润滑性能好，可用作齿轮、凸轮及滑轮等机器零件。

⑥ 透光及防护性能好，具有防水、防潮、防透气、防辐射等防护性能。

⑦ 减震、消音、保温性能优良。如软质聚氯乙烯可用作设备、仪器的减震。

⑧ 成型及染色性能好，多数塑料不但具有良好的加工性能，而且可根据需要染成各种颜色。

（2）塑料的缺点。

① 耐热和导热性差，一般塑料使用在 100℃ 以下，只有少数塑料可在 200℃ 左右使用。

② 机械强度和硬度低，刚性差。

③ 易老化，塑料在阳光、压力作用下失去原有性能。

④ 制品精度较低，由于塑料受成型工艺的影响，收缩率难以控制。

1.1.2　热塑性塑料的性能

热塑性塑料的性能有使用性能和工艺性能。

1．热塑性塑料的使用性能

使用性能是在使用过程中反映出来的特性，体现塑料的使用价值。

（1）物理性能。

物理性能主要有密度、透湿性、吸湿性、透明性等。透湿性是指塑料透过蒸汽的性质。吸湿性是指塑料吸收水分的性质，用吸水率表示。透明性是指塑料透过可见光的性质，用透光率表示。

(2) 化学性能。

化学性能主要有耐化学性、抗老化性、抗霉性等。耐化学性是指塑料耐酸、碱、盐、溶剂等化学物质的能力。抗老化性是指塑料长期暴露在自然环境中或人工条件下不发生化学结构变化，性能保持不变的能力。抗霉性是指塑料对霉菌的抵抗能力。

(3) 力学性能。

力学性能主要有抗拉强度、抗压强度、抗弯强度、伸长率、冲击韧度、疲劳强度、硬度等。通用塑料的抗拉强度一般为 20～50 MPa，工程塑料一般为 50～80 MPa，很少有超过 100 MPa 的。许多工程塑料加入玻璃纤维后，抗拉强度可达 150 MPa。

(4) 热性能。

热性能主要是耐热性（受热而不变形）、热稳定性（受热而不分解变质）和耐燃性。

(5) 电性能。

电性能主要有电阻率、介电强度、介电损耗等绝缘性。

(6) 光学性能。

光学性能主要有透光性能、抗光性能等。

2. 热塑性塑料的工艺性能

工艺性能即体现塑料的成型性能，有以下内容：

(1) 收缩性。

收缩性是指塑料高温充满模具型腔，出模后冷却至室温，尺寸发生收缩的性能。

① 成型收缩　成型后塑件的收缩称为成型收缩。成型收缩的形式有下列几方面：

- 塑件的尺寸收缩　熔融塑料在模具内成型后脱模冷却到室温其尺寸发生收缩，称为收缩性。它用相对收缩量的百分率表示，即收缩率（S）。为此在模具设计时必须考虑予以补偿。
- 收缩的方向性　成型时分子按流动方向取向，使塑件呈现各向异性，沿料流方向收缩大、强度高，与料流垂直方向收缩小、强度低。另外，成型时各部位密度及壁厚不均匀，造成收缩不均匀。塑料收缩的异向性和不均匀性使塑件变形、翘曲及开裂。因此，模具设计时应考虑收缩的方向性。
- 后收缩　当塑件成型、脱模收缩达到室温尺寸后，由于存在残余应力，使塑件经过一段时间后发生再次收缩称为后收缩。生产实践表明一般塑件在脱模后 10 h 内变化最大，24 h 后基本定型，但最后稳定要经过 30～60 天，通常热塑性塑料的后收缩比热固性塑料大，挤塑及注射成型的后收缩要比压塑成型的大。
- 后处理收缩　有时塑件成型后需进行热处理、表面处理等工艺要求，处理后会导致塑件尺寸发生变化或收缩称为后处理收缩。故在模具设计时，对高精度塑件应考虑后收缩及后处理收缩的偏差并予以补偿。

② 收缩率计算

$$S_{实} = (a-b)/b \times 100\%,$$
$$S_{计} = (c-b)/b \times 100\%$$

$S_{实}$——实际收缩率，%；

$S_{计}$——计算收缩率，%；

a——塑件成型温度下尺寸,单位:mm;
b——塑件室温下尺寸,单位:mm;
c——模具室温下尺寸,单位:mm。

实际收缩率表示塑件实际所发生的收缩,此时模具温度比室温高。计算收缩率是按模具室温下的尺寸进行计算的。模具在成型时温度与常温相差不大,热胀冷缩可忽略不计,即实际收缩率与计算收缩率相差很小,所以模具设计时以 $S_{计}$ 作为设计参数来计算型腔及型芯的尺寸,基本能够符合型腔及型芯的实际尺寸要求。

③ 影响收缩率变化的因素　在实际成型时,不仅不同品种塑料的收缩率各不相同,而且不同批量的同品种塑料或同一塑件的不同部位其收缩值也不同。影响收缩率变化的主要因素有以下几个方面:

- 塑料品种　各种塑料都具有各自的收缩范围,即使是同类的塑料,由于填料、分子量及配比等的不同,其收缩率及各向异性也各不相同。
- 塑件结构　塑件的形状、尺寸、壁厚、有无嵌件、嵌件的数量及布局等,对收缩率大小都有很大的影响。
- 模具结构　模具的分型面及浇注系统的结构形式、布局及尺寸等对收缩率及方向性影响很大。若直接进料及进料口截面大,则收缩小,但方向性大;若进料口宽及长度短的则方向性小;若距进料口近或与料流方向平行,则收缩大。
- 成型工艺方面　对于挤塑、注射成型工艺,一般收缩率都比较大,方向性也很明显。因此,它的预热情况、成型温度、成型压力、保压时间、填料形式及硬化均匀性等,对收缩率及方向性都有较大影响。若模具温度高,塑件冷却慢,则收缩大;若塑料密度大,结晶度高,体积变化大,则收缩大;若保持压力大且时间长,则收缩小但方向性强;若注射压力高,脱模后弹性回弹大,则收缩小;若料温高,则收缩大但方向性小。常用塑料的计算收缩率及其成型温度、注射压力如表1-1所示。

如上所述,模具设计时,应根据各种塑料说明书中所提供的收缩率范围,按塑件形状、尺寸、壁厚、有无嵌件情况,分型面及加压成型方向,模具结构及进料口形式,尺寸和位置、成型工艺及成型因素等综合考虑选取收缩率值。但对挤塑或注射成型时,则常按塑件各部位的形状、尺寸、壁厚等特点来选取收缩率值。

表1-1　常用塑料的计算收缩率及其成型温度、注射压力

缩写	塑料或树脂全称	相对密度	模温/℃	料筒温度/℃	收缩率/%	注射压力/MPa
GPPS	通用级聚苯乙烯	1.04～1.09	40～60	180～280	0.2～0.8 (0.5)	35～140
HIPS	耐冲击聚苯乙烯 (GPPS+丁二烯)	1.14～1.10	40～60	190～260	0.2～0.8 (0.5)	70～140
ABS	丙烯腈-丁二烯-苯乙烯共聚物	1.01～1.08	50～80	180～260	0.4～0.9 (0.5)	56～176
AS (SAN)	丙烯腈-苯乙烯共聚物	1.06～1.10	40～70	180～250	0.2～0.7 (0.6)	35～140
LDPE	低密度聚乙烯	0.89～0.93	10～40	160～210	1.5～5.0 (2.0)	35～105
HDPE	高密度聚乙烯	0.94～0.98	5～30	170～240	1.5～4.0 (3.0)	84～105

续表

缩写	塑料或树脂全称	相对密度	模温/℃	料筒温度/℃	收缩率/%	注射压力/MPa
PP	聚丙烯	0.85～0.92	20～50	160～230	1.0～2.5 (2.0)	70～140
PVC	聚氯乙烯（约加40%增塑剂）	1.19～1.35	20～40	150～180	1.0～5.0 (2.0)	70～176
PVC	聚氯乙烯	1.38～1.41	20～60	150～200	0.2～0.6 (0.4)	70～280
PA6	聚酰胺6	1.12～1.15	20～120	200～320	0.3～1.5 (1.0)	70～140
PA66	聚酰胺66	1.13～1.16	20～120	200～320	0.7～1.8 (1.0)	70～176
PMMA	聚甲基丙烯酸甲酯	1.16～1.20	50～90	180～250	0.2～0.8 (0.5)	35～140
PC	聚碳酸酯	1.20～1.22	80～120	275～320	0.5～0.8 (0.5)	56～140
POM	聚甲醛	1.41～1.43	80～120	190～220	1.5～3.5 (2.0)	56～140
PET	聚对苯二甲胺乙二醇酯	1.29～1.41	80～120	250～310	2.0～2.5	14～49
PBT	聚对苯二甲酸丁二醇酯	1.30～1.38	40～70	220～270	0.9～2.2 (1.6)	28～70
PPO	聚苯醚	1.04～1.10	70～100	240～280	0.5～0.8	84～140
PPS	聚苯硫醚	1.28～1.32	120～150	300～340	0.6～0.8	35～105

注：括号内收缩率为常用收缩率。

（2）流动性。

流动性是指在成型过程中，塑料熔体在一定温度和压力下充填模具型腔的能力。黏度大、流动性差，则成型压力大、不宜成型，易产生缺料和熔接痕等缺陷。若流动性好，则成型压力低，容易成型，但易造成较大溢边，填充不密实，塑件收缩严重等不良现象。

① 影响流动性的主要因素有：
- 塑料分子的结构和成分　具有线型分子结构而没有或很少有网状型结构的塑料流动性好。塑料加入填充剂，会降低流动性；加入增塑剂和润滑剂，会提高流动性。
- 温度　料温高，则流动性好，但不同塑料也各有差异。成型时可通过调节料温来控制流动性。
- 压力　注射压力增大，则熔料受剪切作用大，流动性提高。成型时也可通过调节注射压力来控制流动性。
- 模具结构　如浇注系统形式、尺寸及布置；冷却和排气系统设置；型腔形状及表面粗糙度；干燥程度及成型压力。

② 常用热塑性塑料的流动性见表1-2。

表 1-2 热塑性塑料的流动性

流动性情况	热塑性塑料
流动性较好	聚乙烯（PE）、尼龙（PA）、聚丙烯（PP）、聚苯乙烯（PS）、醋酸纤维素（CA）
流动性中等	改性 ABS、改性聚苯乙烯（PS）、有机玻璃（PMMA）、聚甲醛（POM）
流动性较差	聚碳酸酯（PC）、硬聚氯乙烯（PVC）、聚苯醚（PPO）、聚砜（PSF）、氟塑料

（3）相容性（共混性）。

相容性（共混性）是指两种或两种以上不同品种的塑料熔融后能融合到一起而不产生分离、起层现象的能力。

（4）吸湿性。

吸湿性是指塑料对水的吸附性能。对于具有吸水性或黏附水分倾向的塑料如 PMMA、PA、PC、PSF、ABS 等，成型前应干燥。对于不吸水或不黏附水分的塑料如 PE、PP、POM 等可不干燥。常用塑料含水量与干燥温度见表 1-3。

表 1-3 常用塑料含水量与干燥温度

塑料名称	允许含水量/%	干燥温度/℃	塑料名称	允许含水量/%	干燥温度/℃
聚乙烯	0.01	71	聚碳酸酯	最高 0.02	121
聚苯乙烯	0.05～0.10	71～79	尼龙	0.04～0.08	71
聚丙烯	0.10	71～82	脂类纤维塑料	0.10	76～87
聚氯乙烯	0.08	60～93	纤维素塑料	最高 0.40	65～87

（5）水敏性。

水敏性是指塑料在高温下对水降解的敏感性，即使含少量水分，高温高压下也易分解，如 PMMA、PA、PC 等。因此成型前应进行干燥处理，控制水分，防止分解。

（6）结晶性。

结晶性是指塑料在成型后的冷凝过程中具有的结晶特性。根据塑料是否结晶可分为结晶型和非结晶型。

结晶型塑料：PE、PP、PA、POM、PTFE 等，一般呈不透明或半透明状。

非结晶型塑料：PS、PVC、PC、PMMA、ABS、PSF 等，一般为透明状。

结晶型塑料使用性能较好，但收缩大，易产生缩孔，制品内应力大，各向异性显著，制品易翘曲、变形。

结晶型塑料结晶与否取决于成型条件，如果熔体温度和模具温度高，则结晶度大，制品密度大，且强度、硬度高，耐磨性好，耐化学和耐电性能好；相反，则结晶小，柔软性、透明性好，伸长率和冲击韧度大。

（7）热敏性（热稳定性）。

热敏性是指塑料在受热、受压时的敏感程度。某些热稳定性差的塑料，在料温高和长时间高温下会产生降解、变色，如硬质 PVC、POM 等。

预防措施：塑料中加入热稳定剂；控制成型工艺条件，如缩短高温时间和成型周期、及时清除模具和设备中的分解产物。

(8) 应力开裂。

某些塑料对应力敏感,成型时易产生内应力,塑件在外力或溶剂作用下易产生开裂,如 PS、PC、PSF 等脆性材料。

预防措施:加入增强材料、正确设计成型工艺过程和模具、提高塑件结构工艺性。

(9) 熔体破裂。

当一定熔体指数的塑料熔体在恒温下通过喷嘴孔时,其流速超过一定值后,挤出物的熔体表面发生明显的横向凹凸不平或外形畸变以致支离或断裂,如图 1-4 所示。

预防措施:增大喷嘴、流道、浇口截面,降低注射速度,提高料温。

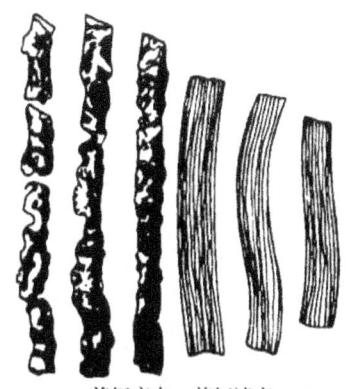

图 1-4 PVC 在 200℃时不同剪切应力和剪切速度下挤出熔体变化

1.1.3 热固性塑料的成型工艺性能

1. 流动性

热固性塑料的流动性除了与塑料品种有关外,还受到如下因素的影响:

(1) 塑料的填料及润滑剂。

填料不同,流动性也不同。用木粉作填料时,流动性最好;用无机盐作填料时,流动性较差;用玻璃纤维和纺织物作填料时,流动性最差。而添加润滑剂可提高流动性。

(2) 成型工艺。

采用压锭、预热、加大成型压力及提高成型温度,都能提高塑料流动性。

(3) 模具结构。

模具成型表面光滑、型腔形状简单、浇口位置及流道设计合理。都能减少流动阻力,提高流动性。

2. 收缩性

热固性塑料的收缩率形式、计算公式与热塑性塑料相同。影响收缩率的因素有塑料品种、塑料填料、塑料件结构、模具结构及成型工艺等因素。常用热固性塑料的收缩率见表 1-4。

表 1-4 常用热固性塑料的收缩率

塑料名称	填料	收缩率/%
酚醛树脂	无	1.0~1.2
	木粉	0.4~0.9
	石棉	0.2~0.9
	玻璃纤维	0.05~0.2

续表

塑料名称	填料	收缩率/%
脲甲醛	α-纤维素	0.6～1.4
三氯氰胺甲醛	α-纤维素	0.3～0.6
环氧树脂	无	0.4～1.0
	玻璃纤维	0.4～0.8

3. 固化速度

热固性塑料在成型过程中，树脂发生交联反应，分子由线性结构变成立体网状结构。塑料由可熔变为不熔即固化，热固性塑料需解决固化速度和固化程度。固化不足（欠熟）即交联反应不够，塑料件的机械性能下降、表面缺少光泽、易发生翘曲变形或开裂。过度固化（过熟），塑料件机械强度不高、变色、变脆，甚至产生焦化和裂解现象。

4. 比容和压缩比

比容：单位质量的松散塑料所占的体积（cm^3/g）。

压缩比：塑料体积与塑料制品体积之比，其值恒大于1。比容和压缩比都是表示原料的松散程度，用来确定模具加料室的大小，值小时利于成型。常用热固性塑料压缩比见表1-5。

表1-5 常用热固性塑料的密度和压缩比

塑料名称	密度 $\rho/(g \cdot cm^{-3})$	压缩比 k
酚醛塑料（粉状）	1.35～1.95	1.5～2.7
氨基塑料（粉状）	1.50～2.10	2.2～3.0
碎布塑料（片状）	1.36～2.00	5.0～10.0

5. 水分和挥发物

塑料中的水分和挥发物来源：生产过程或运输、保管期间吸收水分；成型过程中发生化学反应的副产物。

在成型过程中含有过多的水分和挥发物无法及时排出时，塑料件易产生气泡、翘曲、变形、裂纹及表面粗糙度值增大等现象，使塑料件表面质量差、尺寸精度和机械强度降低，尤其是电绝缘性能降低。因此，模具设计时应开设必要的排气系统，让水分和挥发物在成型时变成气体并及时从模具中排出。

6. 颗粒度和均匀性

颗粒度是指塑料粉料颗粒的大小。均匀性是指颗粒相对大小的差异性。成型时颗粒细的塑料流动性好，但预热不均匀，成型周期长。颗粒太细，生产时造成粉尘飞扬，污染环境；颗粒太粗，塑料件表面粗糙；颗粒不均匀，运输或振动时容易造成大颗粒在上，小颗粒在下的分层现象，使加料不准确，影响塑件质量和尺寸。

1.1.4 常用热塑性塑料的性能和用途

1. 聚乙烯（PE）

聚乙烯简称 PE，它是塑料工业中产量最大、用途最广的通用塑料，占世界塑料总产量的 30% 左右。

(1) PE 的化学和物理特性。

① PE 结构分析。

PE 由乙烯均聚以及与少量 α-烯烃共聚制得的乳白色、半透明的热塑性塑料，分子结构式—CH_2—CH_2—。分子链长、结构规整、易结晶、性软、流动性好、易成型、收缩大、吸水性小（无须干燥）、无毒、价廉。其密度、刚性和强度随结晶度的提高而增加。

② PE 的特点。

PE 耐热性差，使用温度不超过 80℃，但耐寒性好，-60℃ 仍有较好力学强度；化学稳定性好；耐水性好，长期与水接触，其性能保持不变；卫生性好（特别是高密度 PE）。

③ PE 的种类。

PE 按聚合反应时采用的压力不同，可分为高压、中压和低压三种，由于聚合条件不同，性能有所差异。

- 高压聚乙烯，又称低密度聚乙烯，用代号 LDPE 表示。结晶度不高（约 60%~70%），分子量较小，密度较低（0.910~0.925 g/cm^3），收缩率在 2%~5% 之间。具有较好的柔韧性、耐冲击性、透明性、绝缘性能及耐寒性。
- 中压聚乙烯，又称中密度聚乙烯，密度在 0.926~0.94 g/cm^3 之间，收缩率在 1.5%~4% 之间。
- 低压聚乙烯，又称高密度聚乙烯，用代号 HDPE 表示。密度在 0.94~0.965 g/cm^3 之间，收缩率在 1.5%~4% 之间。它的耐热性、硬度和机械强度比 LDPE 高，但柔性、耐冲击性、透明性及成型加工性能较 LDPE 差。

(2) 模具设计注意事项。

① 在设计使熔体快速充模的浇注系统时，尽量不用直接浇口，因直接浇口附近易产生较大取向应力，使塑件翘曲变形。对于扁平塑件易采用点浇口。

② 模具流道直径选取在 4~7.5 mm 之间，长度应尽量短。浇口长度不应超过 1 mm。

③ 由于 PE 流动性好，溢料间隙值很小（0.02 mm），因此模具镶件须严密配合。

④ 冷却系统应保证模具具有较高的冷却效率，因此，水道直径选取应不小于 6 mm。

⑤ PE 质软易脱模，塑件有浅的侧凹或凸筋时可采用强行脱模结构。

(3) PE 注射成型的工艺条件。

① PE 吸湿性小，一般不需要干燥处理。

② 料筒温度　LDPE 成型温度 180~240℃，HDPE 成型温度 180~250℃。

③ 模具温度　50~70℃。

④ 注射压力　70~105 MPa，保压压力取注射压力 30%~60%。

⑤ 注射速度　建议使用快速注射速度。

(4) 注意点。

PE 成型性能好,黏度小,流动性好,但冷却速度慢,制品收缩率大,易产生翘曲变形。故成型时应注意保持模温的稳定、均匀。浇注系统设计时应考虑不同方向收缩的差异,避免收缩差异太大。

(5) PE 的应用。

① LDPE 主要用作电冰箱容器、存储容器、家用厨具、密封盖、塑料薄膜、软管、塑料瓶等。

② HDPE 主要用作碗、盆、箱柜,塑料管道、塑料板、塑料绳、管道连接器、管材、异型材等。

2. 聚氯乙烯(PVC)

聚氯乙烯简称 PVC,原料来源丰富且价廉,性能优良,它是世界上产量仅次于聚乙烯的通用塑料。

(1) PVC 的化学和物理特性。

① PVC 结构分析。

PVC 由单体氯乙烯烃加聚反应生成的热塑性线型树脂,分子结构式—CH_2—CHC_1—。属于非结晶态高聚物,原料供应状态外形如白色或浅黄色面粉,造粒后为透明块状,类似明矾。其可溶性和可熔性差,加热后塑性很差,故 PVC 材料在实际使用中经常加入增塑剂、稳定剂、润滑剂、填充剂、色料、抗冲击剂及其他添加剂。

② PVC 特点。

PVC 力学性能、电性能优良,耐酸碱能力极强,化学稳定性好(PVC 对氧化剂、还原剂和强酸都有很强的抵抗力),但软化点低(长期使用温度为 -15~55℃);具有不易燃烧、高强度、耐气候变化性以及优良的几何稳定性,但卫生性差,含氯的 PVC 有毒不能做食物包装材料和玩具。纯 PVC 密度为 $1.4\ g/cm^3$,加入填料后密度范围为 $1.15~2.00\ g/cm^3$。

③ PVC 种类。

根据所加增塑剂的多少,可制得硬质 PVC 塑料和软质 PVC 塑料。

- 硬 PVC 用代号 HPVC 表示。收缩率较低,一般为 0.2%~0.6%;流动性较差,需加入润滑剂改善流动性。
- 软 PVC 用代号 SPVC 表示。收缩率较大,一般为 1.5%~2.5%;流动性较 HPVC 好。

(2) 模具设计注意事项。

① PVC 流动性很差,因此,浇口及流道要粗、短、厚。

② PVC 分解产生腐蚀性气体,模具成型表面要防腐处理,并设计合理的排气系统。

③ 制品设计:壁厚应均匀、要有合适的脱模斜度;模温较低时,要设冷料穴。

(3) PVC 注射成型工艺条件。

① 成型性能差,即流动特性较差,稳定性差,成型温度范围小,140℃ 开始分解,180℃ 加速分解,分解时逸出腐蚀、刺激性气体。故 PVC 在加工时熔化温度是一个非常重要的工艺参数,如果此参数不当将导致材料分解。

② 注射工艺条件。
- PVC 是无定形（结晶）塑料，吸湿小，通常不需要干燥处理。
- PVC 熔化温度为 185～205℃；料筒前段温度控制在 170～190℃，中段控制在 165～180℃，后段射嘴温度控制在 160～170℃。PVC 热稳定性差，生产时应严格控制料温及停留时间。
- 模具温度控制在 30～50℃。
- PVC 的流动性较差，注射时尽量使用较高的压力，最高可设置为 150 MPa，保压压力最高可设置为 100 MPa。为避免降解，注射速度不能太高。

（4）PVC 应用。

PVC 主要用作防腐管道、家用下水管道、房屋墙板、门窗结构、商用机器壳体、电子产品包装、电线电缆、电器插座插头、软胶板、凉鞋（拖鞋）、雨衣、薄膜、泡沫、人造革等。

3. 聚丙烯（PP）

聚丙烯简称 PP，是仅次于 PE 和 PVC 的第三大通用塑料，是常用树脂中最轻的一种。原料易得，价格低廉，机械性能优良，发展速度极快。

（1）化学和物理特性。

① PP 结构分析。

PP 分子结构式 $-[CH_2-CH(CH_3)]-$，为线型结构。外观为白色透明蜡状固体，形似 PE，但比 PE 更透明。属于结晶型塑料（结晶度达 50%～70%），无色透明、无味、无毒、质轻（密度 0.90～0.91 g/cm^3）。

② PP 的特点。

PP 耐热性好，长期使用温度为 100～120℃，软化温度为 150℃，但耐寒性不如 PE；PP 不存在环境应力开裂问题；其化学稳定性好，除强氧化剂外，与大多数化学药品不发生作用，耐水性特别好；电绝缘性优良，但低温下冲击强度较差；由于分子结构特点，PP 在热、氧、光作用下易降解（易老化），故应在 PP 中加入稳定剂。

通常采用加入钛白粉、玻璃纤维、金属添加剂或热塑橡胶的方法对 PP 进行改性。

（2）模具设计注意事项。

① 模具冷却系统设计应能很好地控制塑料冷却速度，保证冷却均匀。

② 普通流道通常采用圆形或半圆形截面，直径范围在 4～7 mm。对于成型面积较大的扁平塑件，不宜用直接浇口，通常采用点浇口。

③ PP 材料比较适合采用热流道系统。

④ PP 的溢边值为 0.03 mm。

（3）注射成型工艺条件。

① PP 成型性能好，可用注射、挤出、吹塑和真空成型。软化温度为 150℃，熔点为 160～175℃，热稳定性较好。PP 的收缩率相当高，一般为 1.0%～2.5%，通常取平均收缩率 1.5%。加入 30% 的玻璃添加剂可以使收缩率降到 0.7%。PP 熔体流动性好，黏度随压力和温度升高而降低，但对注射压力更敏感。易产生分子定向，制品产生各向异性。

② 注射工艺条件。
- 如果储存适当，成型前不需要干燥处理。
- PP 的熔化温度为 164~275℃，前料筒温度为 200~240℃，中料筒温度为 170~220℃，后料筒温度为 160~190℃。注意不要超过 275℃。
- PP 的塑件结晶程度主要由模具温度决定。模具温度控制在 40~80℃，建议使用 50℃。模温小于 40℃时，塑件表面光泽差。模温大于 90℃时，塑件易发生翘曲变形及收缩凹陷。
- PP 的注射压力通常设置在 50~80 MPa，保压压力取注射压力的 80% 左右。
- 注射速度通常使用高速注射，可以使内部压力损失减少到最小。如果制品表面出现了缺陷，那么应使用较高温度下的低速注射。

③ 注意点。
- 制品收缩大，要注意补缩，否则制品会出现缩孔，模具设计时也应注意。
- 后收缩：收缩不均，导致制品翘曲、变形（可通过提高注射温度和模具温度减少后收缩或通过热处理减少后收缩）。

（4）PP 的应用。

PP 主要应用在：汽车工业（主要使用含金属添加剂的 PP：挡泥板、通风管、风扇等）、器械（洗碗机门衬垫、干燥机通风管、洗衣机连桶和脱水桶及机盖、冰箱门衬垫等）和日用消费品（水桶、洗脸盆、草坪和园艺设备如剪草机和喷水器等）三方面。

4. 丙烯腈-丁二烯-苯乙烯共聚物（ABS）

丙烯腈-丁二烯-苯乙烯共聚物简称 ABS，是家用电器及汽车行业常用的一种热塑性工程塑料。

ABS 树脂的化学名称为丙烯腈-丁二烯-苯乙烯共聚物，属于非结晶性高聚物。其特性是由三组分的配比及每一种组分的化学结构、物理形态控制。丙烯腈组分在 ABS 中表现的特性是耐热性、耐化学性、刚性、抗拉强度，丁二烯表现的特性是抗冲击强度，苯乙烯表现的特性是加工流动性、光泽性。这三种组分的结合，优势互补，使 ABS 树脂具有优良的综合性能。

（1）ABS 的化学和物理特性。

① ABS 外观为淡黄色透明粒状物，无臭、无味、无毒。密度为 $1.02 \sim 1.05 \ g/cm^3$，收缩率为 0.4%~0.7%，通常取平均收缩率为 0.5%。

② ABS 的优点。

ABS 综合性能优良，制品刚性好，冲击强度和硬度较高、耐低温、耐化学药品性，机械强度和电器性能优良，易于加工，加工尺寸稳定性和表面光泽好，容易涂装、着色。表面可以进行喷涂金属、电镀、焊接和粘接等二次加工。

③ ABS 的缺点。

ABS 耐热性不高，长期使用温度为 70℃，热变形温度为 87~93℃。易溶于有机溶剂，耐候性差，受紫外线照射易老化。

（2）模具设计方面注意事项。

① 需采用较高的料温与模温。

② 注意选择浇口位置，避免浇口与熔接痕位于塑料件显眼处。
③ 塑料件顶出时表面易顶白或拉白，因此应合理设计顶出机构。
④ 溢边值为 0.04 mm。

（3）注射成型工艺条件。

① ABS 具有吸湿性，吸水率稍高，若存放严密，可不干燥。通常工厂生产前都会进行干燥处理。干燥温度 $T = 80 \sim 85℃$，干燥时间 $2 \sim 4$ 小时。

② ABS 为无定型高聚物，无明显熔点。热稳定性较好，成型温度为 170℃，270℃ 时开始分解。黏度适中，冷却固化速度快。黏度随温度、压力增大而增大，但对压力稍敏感。流动性好，具有较好成型性能，成型收缩率小，为 $0.3\% \sim 0.8\%$。

③ 注射工艺条件。

- 熔化温度为 $170 \sim 200℃$，建议温度为 185℃。
- 模具温度为 $50 \sim 80℃$（模具温度将影响塑件光洁度，温度较低则导致光洁度较低）。
- 注射压力为 $50 \sim 100$ MPa。
- 注射速度为中高速度。

④ 注意点。

对于电镀产品，不允许有顶出痕迹。壁厚不能太薄，厚有利于电镀。

（4）ABS 的应用。

ABS 主要应用在以下几方面：汽车（仪表板，工具舱门，车轮盖，反光镜盒等）、电冰箱、电视机外壳、显示器外壳、洗衣机机盖、空调室内机外壳、大强度工具（头发烘干机，搅拌器，食品加工机，割草机等）、电话机壳体、打字机键盘、娱乐用车辆如高尔夫球手推车以及喷气式雪橇车、玩具等。

5. 聚酰胺（PA）

聚酰胺俗称尼龙（Nylon），简称 PA，是分子主链上含有重复酰胺基团 ±NHCO± 的热塑性树脂总称。

尼龙中的主要品种是尼龙 6 和尼龙 66，占绝对主导地位；其次是尼龙 11、尼龙 12、尼龙 610、尼龙 612；另外还有尼龙 1010、尼龙 46、尼龙 7、尼龙 9、尼龙 13；新品种有尼龙 6I、尼龙 9T 和特殊尼龙 MXD6（阻隔性树脂）等。

（1）PA 的化学和物理性能。

① PA 为韧性角状半透明或乳白色结晶性树脂，结晶度高。密度为 1.14 g/cm³，收缩率为 $0.8\% \sim 2.5\%$。

② PA 的优点。

作为工程塑料的尼龙的机械强度高，软化点高（可在 100℃ 内长期使用），摩擦系数低、耐磨损、自润滑，拉伸强度高，耐油、耐弱酸、耐碱和一般溶剂，电绝缘性好，有自熄性，无毒，无臭，耐候性好，染色性差。流动性好，容易成型。

③ PA 的缺点。

吸水性大，纤维增强可降低树脂吸水率，使其能在高温、高湿下工作。收缩率波动范围大，注射技术要求严，塑料件尺寸稳定性差，易产生飞边。

（2）模具设计注意事项。

① PA 要求较高的模温，以保证结晶度要求。

② PA 的收缩率波动范围大，应注意控制模具成型零件尺寸。

③ PA 的溢边值仅 0.02 mm，应控制镶件之间的间隙以及分型面之间的间隙。

（3）注射成型工艺条件。

① 成型性能。

- PA 具有吸水性，易吸水，成型前应进行干燥处理。
- PA 为结晶型塑料，有明显熔点，熔点为 200～210℃，熔融温度范围窄，约 10℃。
- PA 流动性好，要防止溢料、飞边。
- PA 热稳定性较差，要防止成型时温度过高产生氧化降解。
- PA 收缩率大，要防止产生缩孔。

② 注射工艺条件。

- PA 的成型温度在 200～210℃之间，由于热稳定性差，温度不宜高。
- 注射压力：黏度低，流动性好，但冷凝快，压力也不能太低。一般为 60～100 MPa；
- 模温为 40～100℃ 模温对制品性能影响较大：模温高，结晶度高，硬度大，耐磨性好；模温低，结晶度低，伸长率大，透明性和韧性好。

③ 注意点。

成型要防止注射机产生流涎和倒流，应采用自锁式喷嘴和装有止逆环螺杆头。为稳定尺寸，塑料制件可根据使用要求采用调湿处理。

（4）PA 的用途。

PA 广泛用于工业上制造各种机械零件如齿轮、蜗轮、凸轮、轴承、滑轮、风扇叶片、阀座、输油管、密封圈、尼龙绳、传动带、轮胎帘子布等。

6. 聚甲醛（POM）

聚甲醛又名聚氧化次甲基，简称 POM。分子结构式—O—CH_2—，分子结构规整和结晶性使其物理机械性能十分优异，有金属塑料之称。

（1）POM 的化学和物理性能。

① POM 为乳白色不透明粉末或颗粒、结晶型及线性热塑性树脂。结晶度为 77%～78%，密度为 1.42 g/cm^3，收缩率高达 1.2%～3.5%。

② POM 的优点。

POM 具有良好的综合性能和着色性，具有较高的弹性模量，很高的刚性和硬度，比强度和比刚度接近于金属；拉伸强度、弯曲强度、耐蠕变性和耐疲劳性优异，耐反复冲击；摩擦系数小、耐磨耗，尺寸稳定性较好，表面光泽好，电绝缘性优且不受湿度影响；耐化学药品性优；机械性能受温度影响小，具有较高的热变形温度。

③ POM 的缺点。

POM 阻燃性较差，遇火徐徐燃烧，氧指数小，即使添加阻燃剂也得不到满意的效果，另外耐候性（老化）不理想，室外应用要添加稳定剂。

（2）模具设计注意事项。

① 由于 PC 流动性差，流道设计要粗而短、转折少，且须设计冷料穴。

② PC 材料较硬，易损伤模具，成型零件应采用耐磨材料，并进行热处理或表面镀硬铬。

③ PC 的溢边值为 0.06 mm。

（3）注射成型工艺条件。

① 成型性能。

- POM 熔融温度与分解温度相近，成型性能较差，成型收缩率大，收缩率为 1.2%～3.0%。
- 模具温度宜高些，或进行退火处理，或加入增强材料（如无碱玻璃纤维）。
- POM 的熔点明显，结晶度高，体积收缩大；热稳定性差，240℃会严重分解，因此料温不可太高；冷凝速度快，易产生缺陷，如折皱、斑纹、熔接痕等。

② 注射工艺条件。

- 如果材料储存在干燥环境中，通常不需要干燥处理。
- POM 熔化温度：均聚物 POM 的温度可设为 190～230℃；共聚物 POM 的温度可设为 190～210℃。
- 模具温度应为 80～105℃，为了减小成型后收缩率可选用高一些的模具温度。
- 注射压力应为 70～100 MPa，背压 0.5 MPa。
- 注射时用中等或偏高的速度。

③ 注意点。

POM 成型温度不超过 240℃。在 190℃以上，塑料不能停留太久；根据制品要求，可用退火处理，去除内应力；POM 收缩大，塑料件要设计适当脱模斜度。

（4）POM 的应用。

POM 被广泛用于制造各种滑动、转动机械零件，如齿轮、杠杆、滑轮、链轮，特别适宜做轴承、热水阀门、精密计量阀、输送机的链环和辊子、流量计、汽车内外部把手、曲柄等转动机械，油泵轴承座和叶轮燃气开关阀、电子开关零件、紧固体、接线柱镜面罩、电风扇零件、仪表旋钮；录音录像带的轴承；各种管道和农业喷灌系统以及阀门、喷头、水龙头、洗浴盆零件；开关、键盘、按钮、音像带卷轴；动力工具和庭园整理工具的零件；另外可制作冲浪板、帆船及各种雪橇零件，手表微型齿轮、体育用设备的框架辅件和背包用各种环扣、紧固件、打火机、拉链、扣环等。

7. 聚碳酸酯（PC）

聚碳酸酯简称 PC，是一种综合性能优良的热塑性工程塑料。

（1）PC 的特性。

① PC 是一种无毒、无味、无色，高度透明的非结晶性聚合物。密度为 1.20～1.43 g/cm^3，收缩率较低，一般为 0.5%～0.7%。无明显熔点，在 220～280℃时呈熔融状态。

② PC 的优点。

PC 具有优良的物理机械性能，尤其是耐冲击性能优异，拉伸强度、弯曲强度高；具有良好的耐热性和耐低温性，在较宽的温度范围内具有稳定的力学性能，电性能和阻燃性，长期使用温度可达130℃。收缩率小，尺寸精度高，稳定性好。

③ PC 的缺点。

PC 流动性差；成型时对温度敏感；耐疲劳强度和耐磨性不好；塑料件表面易出现色纹，对模具设计要求高。

（2）模具设计注意事项。

① PC 流动性差，故流道设计时要粗而短，转折少，且须设计冷料穴。

② PC 材料较硬，易损伤模具，成型零件应采用耐磨材料，并进行热处理或表面镀硬铬。

③ PC 的溢边值为 0.06 mm。

（3）注射成型工艺条件。

① 成型性能。
- 可采用注射、挤出、吹塑和真空成型。
- 收缩率小，热稳定性好，成型温度范围宽。
- 对水比较敏感，成型时会出现色纹、气泡等缺陷。

② 注射工艺条件。
- PC 具有吸湿性，成型前应干燥处理。建议干燥温度为 100～120℃，时间为 3～4 小时。加工前的湿度必须小于 0.02%。
- 由于苯环存在，具有刚性，制品成型易产生内应力，且内应力不易消失，故制品带嵌件成型困难。
- 熔化温度为 260～340℃。
- 模具温度为 80～120℃（高模温，内应力小）。
- 尽可能地使用高注射压力，80～130 MPa。
- 厚壁取中速注射，薄壁取高速注射。

③ 注意点。
- 制品要设适当脱模斜度；壁厚 1.5～5 mm，要尽量保持均匀；制品内应力大，应避免尖角，制品过渡要用圆弧。
- 尽可能不用嵌件，若不得不用，则周围塑料层厚度要足够，可对嵌件进行预热，制品经常需要后处理。
- 一般不用点浇口。对于透明件，型腔表面粗糙度要小；推出机构推出力要均匀。
- 通常不用脱模剂，以免影响制品透明性。
- 后处理采用退火处理，消除内应力。

（4）PC 的应用。

PC 的三大应用领域是玻璃装配业、汽车工业和电子、电器工业，其次还有工业机械零件、光盘、包装、计算机等办公室设备、医疗及保健、薄膜、休闲和防护器材等。如汽油泵表盘、汽车仪表板、反光镜框、门框套、操作杆护套，用作接线盒、插座、插头及套管、垫片、电视转换装置，电话线路支架下通信电缆的连接件、电闸盒、电话总机、配电盘元件，继电器外壳，动力工具的手柄，各种齿轮、蜗轮、轴套、导规等。

8. 聚甲基丙烯酸甲酯（PMMA）

聚甲基丙烯酸甲酯俗称有机玻璃，简称 PMMA，是高度透明的非结晶型聚合物。

(1) PMMA 的特性。

① PMMA 具有优良的光学特性及耐气候变化特性。PPMA 的白光的穿透性高达 92%，密度为 1.18 g/cm^3，收速率较小，为 0.3%～0.4%，最高使用温度为 80℃。

② PMMA 的优点。

PMMA 具有较好的抗冲击特性，可在 -60～-100℃ 的范围保持不变；加工性、着色性、刚性和电绝缘性良好；耐酸碱及氧化剂。

③ PMMA 的缺点。

PMMA 表面硬度低，易划伤；耐热性差，使用温度为 65～80℃；塑料件内部残留应力较大，可导致应力开裂现象，脆性大。

(2) 模具设计注意事项。

① PMMA 流动性较差，浇注系统的设计阻力要小，适宜采用侧浇口，尺寸宜取大些。
② 模具成型表面要光滑，需达到镜面效果。
③ 脱模斜度要足够大，便于透明塑料件脱模。
④ 合理设计排气结构及冷料穴，防止出现气泡、银纹、熔接痕等缺陷。

(3) 注射成型工艺条件。

① PMMA 易吸水，成型前应干燥。干燥温度为 70～80℃，时间为 2～4 小时。
② 料筒前段温度为 210～270℃，中段温度为 215～235℃，后段温度为 140～160℃。
③ 模具温度为 40～70℃（模温高时，利于充模，改善制品透明性，降低内应力，但成型周期长）。
④ 注射速度太快会形成明显的气泡，注射速度太慢会使熔接痕变粗，因此宜采用中等注射速度。
⑤ PMMA 流动性稍差，宜高压注射成型。

(4) 注意点。

① PMMA 有脆性，故制品设计壁厚应尽量均匀，采用圆角过渡；
② 宜采用大的浇口和流道；
③ PMMA 制品透明，故顶杆要少，型腔、型芯粗糙度值要小；生产过程要干净、整洁，这是加工 PMMA 的基础。

(5) PMMA 的应用。

PMMA 主要应用在：汽车工业（信号灯罩、仪表盘、窗玻璃等）；医药行业（储血容器等）；工业应用（影碟、灯光散射器）；日用消费品（饮料杯、文具等）。

9. 聚苯乙烯（PS）

聚苯乙烯简称 PS，是第四大通用热塑性塑料。

(1) PS 的特性。

① PS 是无毒无味，无色透明有光泽的非晶体线型高聚物，密度为 1.054 g/cm^3，收缩

率为 0.4%～0.7%，通常取 0.5%。热变形温度为 76～94℃，使用温度在 70℃以下。

② PS 的优点。

PS 流动性好，成型加工容易；具有非常好的几何稳定性、热稳定性、光学透过特性（其光学性能仅次于有机玻璃）、电绝缘特性以及很微小的吸湿倾向；易着色，装饰性能好。

③ PS 的缺点。

由于含苯环，制品内应力大，质地硬而脆，易开裂；耐冲击性及耐磨性差；不耐高温，易老化。

(2) 模具设计注意事项。

① PS 适宜采用各种类型的浇口。若采用点浇口时，直径在 0.8～1 mm 之间。

② PS 性脆易开裂，因此塑件的脱模斜度应取大值。顶出力要均匀，防止顶出力过大导致塑件开裂。

(3) 注射成型工艺条件。

① PS 通常不需干燥处理。若需干燥，干燥温度为 80℃，时间为 2～3 小时。

② 注射机料筒温度设置在 180～280℃之间。

③ 模具温度控制在 50～80℃之间。

④ 注射压力设定在 20～60 MPa 之间。

⑤ 注射速度宜适当取高些，以减少熔接痕。但过高的注射速度会导致产生飞边或脱模时粘模、顶白、顶裂等缺陷。

(4) PS 的应用。

PS 主要用于制造音像制品和光盘磁盘盒、灯具和室内装饰件、高频电绝缘零件、包装行业、家庭用品（餐具、托盘等）、电器用品（透明容器、光源散射器、绝缘薄膜）、仪表外壳、汽车及摩托车灯罩等产品。

10. 聚砜（PSF）

(1) PSF 的特性。

① 聚砜简称 PSF，外观透明略带琥珀色的非结晶型聚合物。密度为 1.24 g/cm^3，收缩率较小，为 0.2%～0.7%。

② PSF 的优点。

PSF 有很好的力学性能，很好的刚性和强度，冲击性能比 ABS 高；具有突出的耐热、耐氧化性能，可在 -100～150℃的范围内长期使用，热变形温度为 174℃；制件尺寸稳定，可进行机械加工和电镀。

③ PSF 的缺点。

PSF 的缺点是流动性差、塑料件易开裂，耐疲劳强度差，耐候性差，耐有机溶剂性差。

(2) 模具设计注意事项。

① PSF 流动性较差，对温度变化敏感，冷却速度宜快，浇注系统阻力要小。

② 塑件和模具设计应取较大的脱模斜度。

③ 塑件易产生应力开裂，生产前模具需加热。

(3) 注射成型工艺条件。

① PSF 可用注射、挤出、吸塑等成型方法。

② PSF 易吸湿，加工前原料应充分干燥。

③ PSF 塑件易发生银丝、斑纹、气泡等注射缺陷，应严格控制注射工艺。

④ 成型后塑件应进行退火处理。

⑤ 注射料筒前段温度为 310～330℃，中段温度为 280～300℃，后段温度为 250～270℃。

⑥ 模具温度应控制在 130～150℃ 之间。

⑦ PSF 流动性差，应采用较高的压力注射，注射压力在 80～150 MPa 之间选取。

(4) PSF 的用途。

PSF 主要用于制作各种接触器、接插件、变压器绝缘件、可控硅帽，绝缘套管、线圈骨架、接线柱、印刷电路板、轴套、罩、电视系统零件、电容器薄膜，电刷座，碱性蓄电池盒、电线电缆包覆。PSF 还可做防护罩元件、电动齿轮、飞机内外部零配件、宇航器外部防护罩，灯具部件、传感器。PSF 也用于卫生及医疗器械方面的手术盘、喷雾器、加湿器、牙科器械等。可代替玻璃和不锈钢做蒸汽餐盘、咖啡盛器、微波烹调器、牛奶盛器、挤奶器部件、饮料容器等。

1.1.5 常用热固性塑料

1. 酚醛塑料（PF）

(1) 基本特性与用途。

酚醛塑料是一种产量较大的热固性塑料，应用广泛，它是以酚醛树脂为基础而制得的。纯净酚醛树脂是黏稠黄色半透明液体或类似松香固体，没有单独使用的价值，必须加入各种纤维素或粉末状填料，才能成为具有一定性能和使用要求的酚醛塑料。酚醛塑料与一般热塑性塑料相比，刚性好、变形小、耐热耐磨，能在 150～200℃ 的温度范围内长期使用；摩擦系数低；电绝缘性能优良。缺点是质脆，冲击强度差；不能重复利用，环保性能差。

根据加入的填料不同，可制成不同种类的酚醛塑料。

① 酚醛压缩粉。

酚醛压缩粉俗称电木粉，是在 PF 中加入木粉而制得。成本低，电绝缘性能好，用于制造电绝缘零件，如电器开关、仪表外壳、电器旋钮等零件。

② 层状酚醛塑料。

在片装填料上浸渍酚醛树脂溶液制得的塑料称为层状酚醛塑料。根据填料不同，有纸质、布质、木质、石棉和玻璃布等。布质及玻璃布酚醛塑料有优良的力学性能、耐油性能和一定的绝缘性能，用于制造齿轮、轴瓦及电工结构材料、电器绝缘材料；石棉布酚醛塑料用于制造高温下工作的零件。

③ 纤维状酚醛塑料。

在树脂中加入纤维状填料称为纤维状酚醛塑料，目的是提高塑料的冲击强度。如玻璃纤维填充的酚醛塑料强度大，有优良的耐热性和耐化学腐蚀性，用于制造开关、凸轮等零件；石棉纤维填充的酚醛塑料具有卓越的耐热性、耐化学腐蚀性和耐磨性，用于制造离合器的摩擦片、制动块等零件。

（2）成型特点。

① PF 成型性能较好，适用于压缩成型、部分适用于压注成型、少数可用于注射成型。

② PF 含有水分及挥发物，成型前要预热干燥，成型过程中要注意排气。

③ 模具温度对流动性影响较大，当温度超过 160℃时，流动性迅速下降。

④ 硬化速度比氨基塑料慢，硬化时放出热量大，大型厚壁塑料件内部温度易过高，发生硬化不均及过热现象。

2. 氨基塑料

（1）基本特性与用途。

氨基树脂是由氨基化合物与醛基（主要是甲醛）经缩聚反应而制得的塑料，主要品种有脲甲醛及三聚氰胺甲醛树脂。以氨基树脂为基础添加填充剂、固化剂、润滑剂和着色剂，制成各种氨基塑料。

① 脲甲醛塑料（UF）。

脲甲醛塑料是脲甲醛树脂和漂白纸浆等制成的压塑粉，俗称电玉粉。该塑料着色性能好，表面硬度高，耐腐蚀，长期使用温度为 80℃。用作制造电子绝缘零件，电器照明零件，胶合板黏接剂等。

② 三聚氰胺甲醛塑料（MF）。

MF 是由三聚氰胺甲醛树脂与石棉、滑石粉等制成的压塑粉，又称密胺塑料。MF 无毒无味，着色性能好，外观像陶瓷，耐酸碱，可在 -20～100℃温度范围内长期使用。主要用作塑料餐具、桌面装饰板、电子绝缘零件等。

（2）成型特点。

① 常用压缩、压注成型，少数可注射成型。

② 含有水分及挥发物，成型前要预热干燥，成型过程中要注意排气。成型时有酸性分解物及水分析出，模具表面应镀铬防腐。

③ 流动性好，硬化速度快，预热与成型时温度要适当，加料、合模速度要快。

④ 质脆，嵌件周围易产生应力集中，故尺寸稳定性差。

⑤ 塑料颗粒细，压缩比大，料中充气多，不宜采用预压锭成型。

3. 环氧树脂（EP）

（1）基本特性。

环氧树脂是含有环氧基的高分子化合物。未交联反应前是线性热塑性树脂，在加入硬化剂发生交联反应后生成不熔的网状体型结构的高聚物。

环氧树脂品种多，产量大，有许多优良的性能，应用广泛。其最突出的优点是粘接能力强，如万能胶。此外，环氧树脂耐酸、碱和有机溶剂，耐热，电绝缘性良好，收缩率低，比酚醛树脂机械强度高。缺点是耐候性差、冲击韧性低。

（2）成型特点。

① 流动性好，硬化速度快。

② 不宜脱模，浇注前应加脱模剂。

③ 硬化时不产生副产物，不需排气。

（3）主要用途

环氧树脂可用作金属或非金属黏合剂；电器开关装置；印刷电路板；电器元件的密封、绝缘；防腐涂层和油漆涂料。

1.1.6 常用塑料的辨别方法

塑料分子结构和成分很复杂，又含有各种添加剂，若要精确鉴别，需借助化学实验，测试仪器等手段，而这些专用设备一般工厂没有购置。因此，生产现场通常采用下述三种方法。

1. 外观鉴别法

可从颜色、手感、韧性方面进行区分。

（1）查看料粒外观颜色。

各种塑料外观呈不同颜色，与样品对比即可区分不同材料。

（2）用手触摸塑件。

EP、PP、PA 有不同可弯性，手触有蜡样滑腻感，敲击时有软性角质类声音。PS、ABS、PC、PMMA 则无延展性，手触有刚性感，敲击时声音清脆。

（3）对塑料件进行折弯。

对塑料件进行折弯从韧性和脆性来判断。

2. 密度鉴别法

PP、PE 比水轻，能浮于水面。PA、PS 密度接近于水，在水中处于悬浮状。其他塑料密度都比水大，沉于水中。各种塑料密度不同，可用表1-6中液体进行鉴别。

表1-6 鉴别塑料常用的液体

测试用液体	相对密度	测试用具
工业用酒精	0.8	试管架、试管、烧瓶镊子、玻璃搅棒
水	1	
氯化钠（饱和盐水）	1.22	
氯化镁	1.33	
氯化锌	1.63	

3. 燃烧特性鉴别法

所有热塑性塑料受热或燃烧，都会出现软化、熔融现象，但不同塑料燃烧现象不同。而所有热固性塑料受热或燃烧，都不会变软或熔融，只会变脆和焦化。表 1-7 为常用塑料燃烧鉴别法。

表 1-7 常用塑料燃烧鉴别法

塑料名称	代号	燃烧情况	火焰状态	离火后情况	气味
聚丙烯	PP	容易	熔融滴落，上黄下蓝	烟少，继续燃烧	石油味
聚乙烯	PE	容易	熔融滴落，上黄下蓝	继续燃烧	石蜡燃烧气味
聚氯乙烯	PVC	难，会软化	上黄下绿，有烟	离火熄灭	刺激性酸味
聚甲醛	POM	容易，熔融滴落	上黄下蓝，无烟	继续燃烧	强烈刺激性甲醛味
聚苯乙烯	PS	容易	软化起泡，橙黄色浓黑烟，有炭末	继续燃烧，表面油性光亮	特殊乙烯气味
尼龙	PA	慢	熔融滴落	起泡，慢慢熄灭	羊毛、指甲燃烧味
聚甲基丙烯酸甲酯	PMMA	容易	熔化起泡，浅蓝色，无烟	继续燃烧	强烈花果味
聚碳酸酯	PC	容易，软化起泡	有少量黑烟	离火熄灭	无特殊气味
丙烯腈-丁二烯-苯乙烯共聚物	ABS	缓慢，软化燃烧，无滴落	黄色，有黑烟	继续燃烧	特殊气味

1.1.7 yoyo 塑料玩具材料选用与成型工艺分析

图 1-1，1-2 所示为 yoyo 玩具塑料件，材料选用与成型工艺分析如下：

1. 材料选择

yoyo 塑料玩具是大批量生产，要求产品具有良好的表面外观质量、良好的强度和抗冲击特性、低廉的价格、良好的成型工艺性能。儿童玩具常用的塑料有 ABS、PE、PP、PS 等，这几种材料成型工艺性均较好。ABS 强度和刚度好，但价格较贵；PE 塑性和韧性好、价格低廉，但刚度差，质软易变形；PS 透明性好，但制品内应力大，质地硬而脆，耐冲击性及耐磨性差，易开裂，易老化；PP 无味、无毒、质轻，耐热性好，不存在环境应力开裂问题，具有一定的强度、刚度和韧性，尤其是价格低廉，成型性能优良。综合上述分析选用 PP 作为 yoyo 塑料玩具的材料较为合适。

2. 成型工艺分析

参见 1.1.4 节内容中 PP 塑料的性能、成型工艺。

3. 技术要求

零件图中可标注如下技术要求：

(1) 未注脱模斜度均为1°;
(2) 外露表面粗糙度 $Ra = 0.1~\mu m$,内部不可见表面粗糙度 $Ra = 0.8~\mu m$;
(3) 未注圆角半径均为 $R0.5$;
(4) 零件不允许有飞边、毛刺、缩孔、气泡、裂纹、划伤等缺陷。

1.1.8 拓展与强化训练

如图1-5所示为矿灯凸透镜塑件,材料选用与成型工艺分析如下。

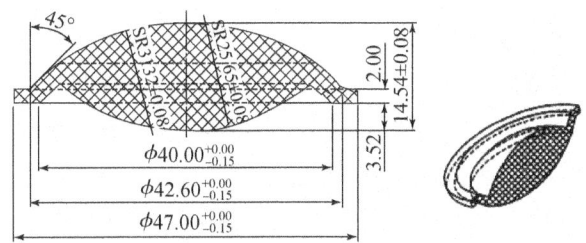

图1-5 矿灯凸透镜塑件

1. 材料选择

该零件作为凸透镜,要求透光性良好。常用透明塑料有聚甲基丙烯酸甲酯(PMMA)、聚碳酸酯(PC)、透明尼龙(PA)、透明ABS、聚砜(PSF)。而PMMA透明性最好,透光率可达92%,常温下具有较高的机械强度及抗冲击特性,且耐候性及耐酸碱性良好,价钱适中。对比其他透明塑料,选用PMMA较合适。

2. 成型工艺分析

(1) 由于PMMA易吸水,成型前应干燥处理。干燥温度为70~80℃,时间为2~4小时。

(2) 料温及模温应取高值,以提高流动性,减少内应力,改善透明性及机械强度。料筒前段温度为200~230℃,中段温度为215~235℃,后段温度为140~160℃。

(3) 模具温度为40~70℃。

(4) 注射速度太快会形成明显气泡,注射速度太慢会使熔接痕变粗,因此宜采用中等注射速度。

(5) 因流动性稍差,宜高压注射成型,注射压力80 MPa,保压压力取注射压力80%左右。

(6) 因塑件透明,故顶杆要少且不能设置在透光部位;型腔、型芯粗糙度值要小,需达镜面,粗糙度值 $0.025~\mu m$;生产过程要干净、整洁,防止塑料混入杂物。

思考与练习

一、填空题

1. 影响塑料件收缩的因素可归纳为:_____、_____、_____、

_____。

2. 塑料的分类方法很多，按合成树脂_____和_____分为热塑性塑料和热固性塑料，前者特点为_____。

3. 常用的添加剂主要有_____、_____、_____、_____、_____、_____。

4. 塑料按用途可分为_____、_____、_____。

5. 产量最大的三种热塑性塑料分别是_____、_____、_____。

二、选择题

1. 下列用于制作透明塑料件的有_____。
   A. 聚甲醛（POM）　　　　　　　　B. 聚碳酸酯（PC）
   C. 聚丙烯（PP）　　　　　　　　　D. 聚乙烯（PE）

2. 下列用于制造齿轮、轴承的塑料是_____。
   A. 聚苯乙烯（PS）　　　　　　　　B. 聚甲基丙烯酸甲酯（PMMA）
   C. 聚酰胺（PA）　　　　　　　　　D. 聚氯乙烯（PVC）

3. 助剂的加入可改善塑料的某些性能，加入下列何种助剂可提高其流动性_____。
   A. 填充剂　　　B. 稳定剂　　　C. 润滑剂　　　D. 固化剂

4. 尼龙注射制品，成型后为消除内应力，稳定尺寸，达到吸湿平衡，可用的后处理方法是_____。
   A. 淬火　　　　B. 退火　　　　C. 调湿　　　　D. 回火

5. 有些塑料易吸水，故注射成型前需干燥，有些塑料则不需要，下列不需干燥的塑料是_____。
   A. PC　　　　　B. PMMA　　　C. PE　　　　　D. PA

三、判断题

1. 塑料成型前是否需要干燥由其含水量决定，一般大于0.2%时要干燥。（ ）
2. 热塑性塑料都是结晶型塑料。（ ）
3. 热固性塑料分子结构是网状体型结构，因此，可重复使用。（ ）
4. 热塑性塑料分子结构是线型或支链型结构，因此，不可重复使用。（ ）
5. 塑料质轻，化学和物理性能稳定，因此，在各行各业得到广泛应用。（ ）

四、简答题

1. 什么是塑料？什么是树脂？塑料一般由哪些主要成分组成？
2. 塑料的特性有哪些？
3. 塑料按物理化学性能分为哪几种？按塑料的用途分分为哪几种？
4. 热塑性塑料的性能有哪几方面？各包含什么主要内容？
5. 什么是塑料的计算收缩率？塑件产生收缩的原因是什么？影响收缩率的因素有哪些？
6. 什么是塑料的流动性？影响流动性的因素有哪些？
7. 简述 PVC、PE、PP、ABS、POM、PS、PC 这七种常用塑料的物理和化学性能。

五、应用分析题

1. 图 1-6 为连接座塑料件结构，大批量生产，要求塑料件具有较高的强度、刚度，较小的脆性，良好的表面外观质量和尺寸精度。试选择成型材料，分析塑件成型工艺，并标注技术要求。

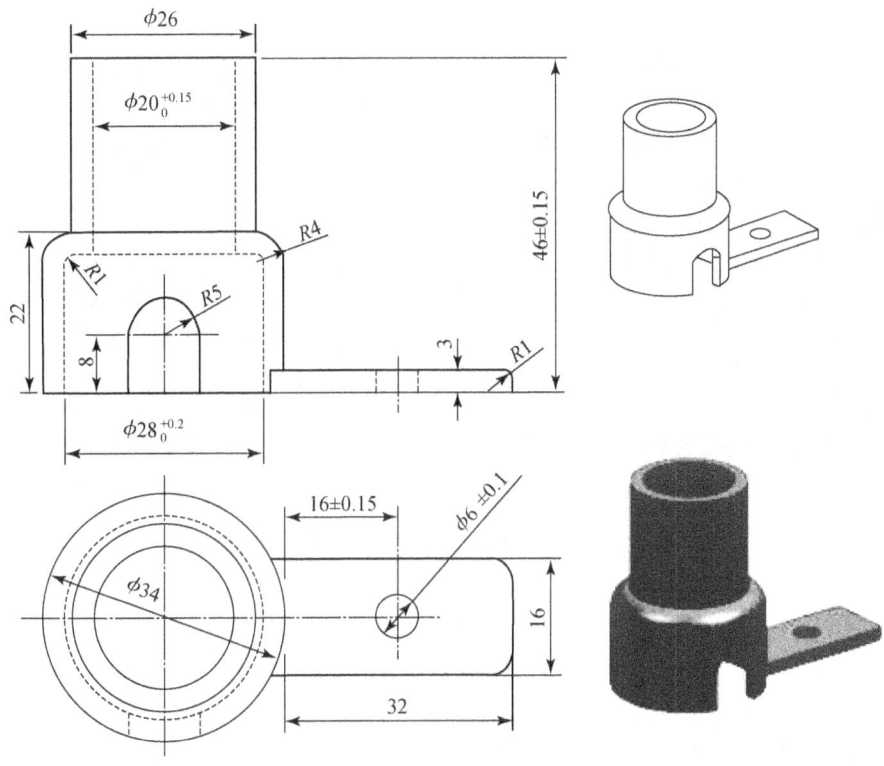

图 1-6　连接座零件图

2. 图 1-7 所示为管道弯头塑料件，大批量生产。要求塑料件具有一定的刚度、硬度，良好的耐腐蚀性、阻燃性，且价廉。试选择成型材料，分析塑件成型工艺，并标注技术要求。

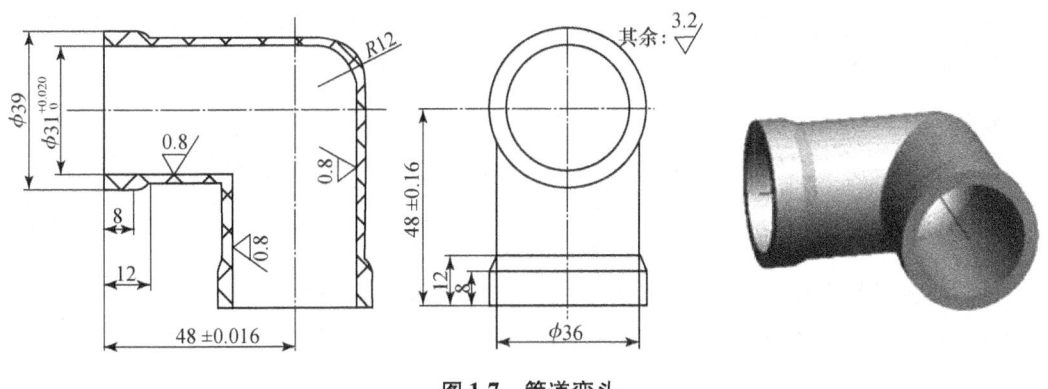

图 1-7　管道弯头

3. 图1-8所示为矿泉水瓶塑料盖，大批量生产。要求塑件具有良好的韧性、化学稳定性，且无毒、价廉。试选择成型材料，分析塑件成型工艺，标注技术要求。

4. 图1-9为双联塑料齿轮，大批量生产。要求塑料件具有较高的强度，良好的韧性及耐磨性、自润滑性、消音性。试选择成型材料，分析塑料件成型工艺，并标注技术要求。

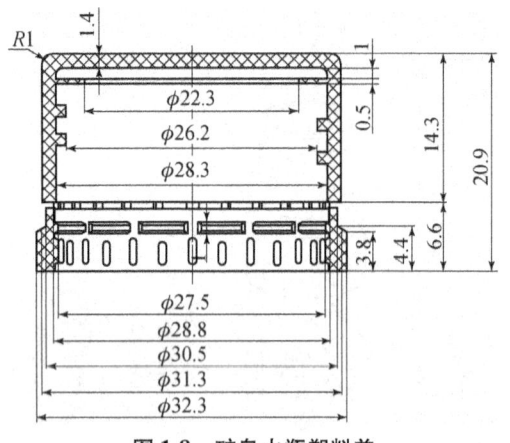

图1-8 矿泉水瓶塑料盖　　　　　图1-9 双联塑料齿轮

任务二　设计yoyo玩具塑件结构

任务要求：

设计一套yoyo塑料玩具产品，对产品进行立体（三维）造型，绘制平面工程图，并标注尺寸及公差、表面粗糙度、技术要求。

要完成以上设计内容，必须学习和掌握相关的塑料制件的造型设计及塑件结构工艺性设计知识。

1.2.1　塑料制件的造型设计原则

塑料制件造型是通过各种技术和艺术方法创造出来的、独具形态和艺术感染力。制品的优美形态，能够被人们认识、理解和欣赏。

1. 塑料制件

塑料制件是塑料借助于不同的模具和不同的成型工艺制造出来的，具有一定形状，一定使用功能和一定使用价值的产品。本课程在以后的学习中把塑料制件简称为"塑件"。

2. 塑料模具

塑料模具是利用其特定形状，成型具有一定形状和尺寸塑件的工具，是大批生产塑件和现代专用成型工艺装备的总称。

3. 塑件的造型设计原则

（1）形态应与环境和谐，形神合一，其造型、色彩、材质应能体现产品价值。

(2)外形能表达制品的功能，符合操作要求，即人性化设计。

(3)对塑件进行必要的分析和计算，使结构强度和造型符合机械设计原则，利于成型和脱模。

(4)造型新颖，能激发人的好奇心和采购欲望。

(5)工艺和选材不会对人和环境造成伤害。

(6)当塑件为新产品时，应先通过造型，把设计思想体现出来，征求同事及客户的意见，不断修改，达到各方都满意，最后定型，绘制图纸。造型材料通常使用泡沫塑料或专用于造型的塑料块或塑料板。

4．塑件工艺设计原则

要想获得合格的塑件，在合理选用塑件原材料的同时，必须考虑塑件的结构工艺性。工艺设计应遵循以下原则：

(1)在保证使用性能（物理性能、电性能、耐化学腐蚀性能、耐热性能等）、工艺性能的前提下，力求壁厚均匀、结构简单、使用方便。

(2)考虑成型模具的总体结构，使模具型腔易于制造、装配和修模，抽芯和推出机构简单，制品有利于模具的分型、排气、补缩和冷却。

(3)在充分考虑原材料的流动性、收缩率等成型工艺性基础上进行塑件设计。

(4)对外观及尺寸要求较高的塑件，先选型，然后绘制图样。

(5)体现标准化、系列化。

1.2.2 塑件结构工艺性设计

塑件结构工艺性能就是成型时的适应性，即制品的成型质量及成型模具的结构、成型模具制造的难易、塑件成本高低等方面性能。

设计者要掌握塑件成型的要素：

① 塑料成型特性；

② 塑件成型方法；

③ 成型工艺特点；

④ 成型模具结构和制造方法。

塑件结构工艺设计的主要内容包括：尺寸和精度、表面质量、塑件形状、壁厚、斜度、加强筋、支承面、圆角、孔、螺纹、齿轮、嵌件、文字、符号及标记等。

1．塑件外形尺寸（长×宽×高、L×B×H）

塑件尺寸大小取决于塑料品种的流动性，在一定设备和工艺条件下，流动性好且壁厚的塑料可成型较大尺寸的塑件，反之成型较小尺寸塑件。从能源、模具制造成本和成型工艺条件出发，塑件在满足使用要求的前提下，应设计得小巧、紧凑。

本任务yoyo塑件外形要求小巧美观，尺寸确定如下：

yoyo转盘座塑件外形尺寸$\phi 59 \times 14$，颜色应鲜艳，可选黄色、绿色、红色、蓝色等，如图1-10所示。转盘盖塑件外形尺寸$\phi 49.8 \times 8$，颜色与底座相同，也可不同，如图1-11所示。

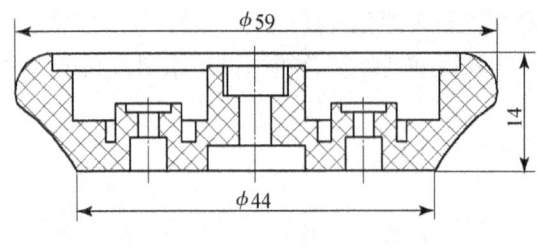 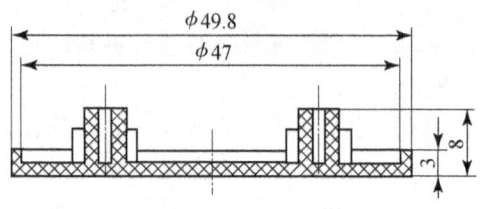

图 1-10　yoyo 转盘座塑件外形尺寸　　　图 1-11　yoyo 转盘盖塑件外形尺寸

2. 塑件精度

机械零件公差等级 IT01，IT0，IT1，…，IT18，共 20 级。

模塑件公差等级 MT1，MT2，…，MT7，共 7 级。每一级又分为 A、B 两部分，其中 A 为不受模具活动部分影响的公差，如图 1-12 所示。B 为受模具活动部分影响的公差，如图 1-13 所示。公差值查 GB/T 14486—1993，如表 1-8 所示。

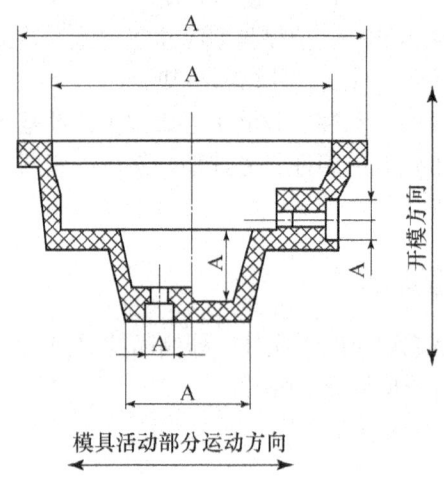

图 1-12　不受模具活动部分影响的尺寸 A

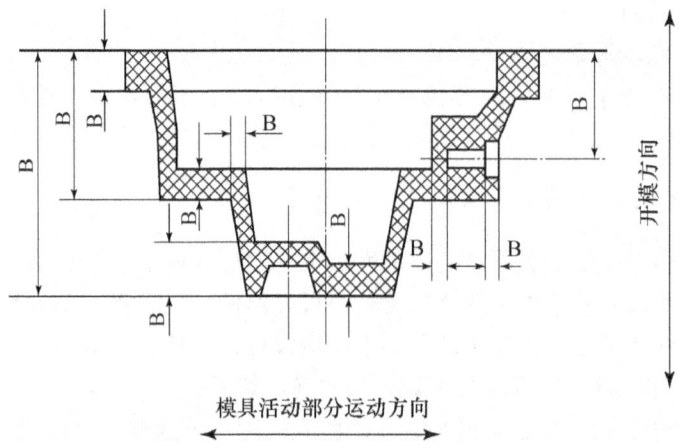

图 1-13　受模具活动部分影响的尺寸 B

表 1-8 塑件公差数值表（GB/T 14486—1993）

公差等级	公差种类	>0–3	3–6	6–10	10–14	14–18	18–24	24–30	30–40	40–50	50–65	65–80	80–100	100–120	120–140	140–160	160–180	180–200	200–225	225–250	250–280	280–315	315–355	355–400	400–450	450–500
											标注公差的尺寸公差值															
MT1	A	0.07	0.08	0.09	0.10	0.11	0.12	0.14	0.16	0.18	0.20	0.23	0.26	0.29	0.32	0.36	0.40	0.44	0.48	0.52	0.56	0.60	0.64	0.70	0.78	0.86
MT1	B	0.14	0.16	0.18	0.20	0.21	0.22	0.24	0.26	0.28	0.30	0.33	0.36	0.39	0.42	0.46	0.50	0.54	0.58	0.62	0.66	0.70	0.74	0.80	0.88	0.96
MT2	A	0.10	0.12	0.14	0.16	0.18	0.20	0.22	0.24	0.26	0.30	0.34	0.38	0.42	0.46	0.50	0.54	0.60	0.66	0.72	0.76	0.84	0.92	1.00	1.10	1.120
MT2	B	0.20	0.22	0.24	0.26	0.28	0.30	0.32	0.34	0.36	0.40	0.44	0.48	0.52	0.56	0.60	0.64	0.70	0.76	0.82	0.86	0.94	1.02	1.10	1.20	1.30
MT3	A	0.12	0.14	0.16	0.18	0.20	0.24	0.28	0.32	0.36	0.40	0.46	0.52	0.58	0.64	0.70	0.78	0.86	0.92	1.00	1.10	1.20	1.30	1.44	1.60	1.74
MT3	B	0.32	0.34	0.36	0.38	0.40	0.44	0.48	0.52	0.56	0.60	0.66	0.72	0.78	0.84	0.90	0.98	1.06	1.12	1.20	1.30	1.40	1.50	1.64	1.80	1.94
MT4	A	0.16	0.18	0.20	0.24	0.28	0.32	0.36	0.42	0.48	0.56	0.64	0.72	0.82	0.92	1.02	1.12	1.24	1.36	1.48	1.62	1.80	2.00	2.20	2.40	2.60
MT4	B	0.36	0.38	0.40	0.44	0.48	0.52	0.56	0.62	0.68	0.76	0.84	0.92	1.02	1.12	1.22	1.32	1.44	1.56	1.68	1.82	2.00	2.20	2.40	2.60	2.80
MT5	A	0.20	0.24	0.28	0.32	0.38	0.44	0.50	0.56	0.64	0.74	0.86	1.00	1.14	1.28	1.44	1.60	1.76	1.92	2.10	2.30	2.50	2.80	3.10	3.50	3.90
MT5	B	0.40	0.44	0.48	0.52	0.58	0.64	0.70	0.76	0.84	0.94	1.06	1.20	1.34	1.48	1.64	1.80	1.96	2.12	2.30	2.50	2.70	3.00	3.30	3.70	4.10
MT6	A	0.26	0.32	0.38	0.46	0.54	0.62	0.70	0.80	0.94	1.10	1.28	1.48	1.72	2.00	2.20	2.40	2.60	2.90	3.20	3.50	3.80	4.30	4.70	5.30	6.00
MT6	B	0.46	0.52	0.58	0.66	0.74	0.82	0.90	1.00	1.14	1.30	1.48	1.68	1.92	2.20	2.40	2.60	2.80	3.10	3.40	3.70	4.00	4.50	4.90	5.50	6.20
MT7	A	0.38	0.48	0.58	0.68	0.78	0.88	1.00	1.14	1.32	1.54	1.80	2.10	2.40	2.78	3.00	3.30	3.70	4.10	4.50	4.90	5.40	6.00	6.70	7.40	8.20
MT7	B	0.50	0.68	0.78	0.88	0.98	1.08	1.20	1.34	1.52	1.74	2.00	2.30	2.60	3.10	3.20	3.50	3.90	4.30	4.70	5.10	5.60	6.20	6.90	7.60	8.40
											未注公差的尺寸允许偏差															
MT5	A	±0.10	±0.12	±0.14	±0.16	±0.19	±0.22	±0.25	±0.28	±0.32	±0.37	±0.43	±0.50	±0.57	±0.64	±0.72	±0.80	±0.88	±0.96	±1.05	±1.15	±1.25	±1.40	±1.55	±1.75	±1.95
MT5	B	±0.20	±0.22	±0.24	±0.26	±0.29	±0.32	±0.35	±0.38	±0.42	±0.47	±0.53	±0.60	±0.67	±0.74	±0.82	±0.90	±0.98	±1.06	±1.15	±1.25	±1.35	±1.50	±1.65	±1.85	±2.05
MT6	A	±0.13	±0.16	±0.19	±0.23	±0.27	±0.31	±0.35	±0.40	±0.47	±0.50	±0.64	±0.74	±0.86	±1.00	±1.10	±1.20	±1.30	±1.45	±1.60	±1.75	±1.90	±2.10	±2.30	±2.65	±3.00
MT6	B	±0.23	±0.26	±0.29	±0.33	±0.37	±0.41	±0.45	±0.50	±0.57	±0.65	±0.74	±0.84	±0.96	±1.10	±1.20	±1.30	±1.40	±1.55	±1.70	±1.85	±2.00	±2.25	±2.45	±2.75	±3.10
MT7	A	±0.19	±0.24	±0.29	±0.34	±0.39	±0.44	±0.50	±0.57	±0.66	±0.77	±0.90	±1.05	±1.20	±1.35	±1.50	±1.65	±1.85	±2.05	±2.25	±2.45	±2.70	±3.00	±3.35	±3.70	±4.10
MT7	B	±0.29	±0.34	±0.39	±0.44	±0.49	±0.54	±0.60	±0.67	±0.76	±0.87	±1.00	±1.15	±1.30	±1.45	±1.60	±1.75	±1.95	±2.15	±2.35	±2.55	±2.85	±3.10	±3.45	±3.80	±4.20

塑件精度是指获得塑件尺寸与产品图中设计尺寸的符合程度，即所获得塑件尺寸的准确度。

影响塑件精度的因素：
① 模具制造精度和模具磨损程度；
② 塑料收缩率的波动；
③ 成型工艺条件的变化；
④ 脱模斜度及模具结构形状；
⑤ 成型后的时效变化。

时效：由于成型过程中产生内应力，制件放置一段时间，尺寸及外形会发生变化，以释放内部应力。

尺寸制定原则：为便于模具制造和降低模具制造成本、塑件生产过程的成本，在满足使用要求的前提下，尽可能降低塑件的尺寸精度，如表 1-9 所示。

表 1-9 塑件精度等级选用

类别	塑料品种		公差等级		
			标注公差尺寸		未注公差尺寸（低精度）
			高精度	一般精度	
1	聚苯乙烯（PS）		MT2	MT3	MT5
2	丙烯腈-丁二烯-苯乙烯共聚物（ABS）		MT2	MT3	MT5
3	聚碳酸酯（PC）		MT2	MT3	MT5
4	聚乙烯（PE）		MT5	MT6	MT7
5	聚丙烯（PP）	无填料	MT3	MT4	MT6
		加入无机填料	MT2	MT3	MT5
6	聚氯乙烯（PVC）	硬聚氯乙烯（HPVC）	MT2	MT3	MT5
		软聚氯乙烯（SPVC）	MT5	MT6	MT7
7	尼龙（PA）	无填料	MT3	MT4	MT6
		玻璃纤维填料	MT2	MT3	MT5
8	聚甲醛（POM）	≤150 mm	MT3	MT4	MT7
		>150 mm	MT4	MT5	MT7
9	聚甲基丙烯酸甲酯（PMMA）		MT2	MT3	MT5
10	聚苯乙烯（PS）		MT2	MT3	MT5
11	聚砜（PSF）		MT2	MT3	MT5
12	丙烯腈-苯乙烯共聚物（AS）		MT2	MT3	MT5
13	聚苯醚（PPO）		MT2	MT3	MT5
14	醋酸纤维素（CA）		MT3	MT4	MT6
15	酚醛塑料（PF）	无机填料	MT2	MT3	MT5
		有机填料	MT3	MT4	MT6
16	环氧树脂（EP）		MT2	MT3	MT5
17	氨基塑料和氨基酚醛塑料	无机填料	MT2	MT3	MT5
		有机填料	MT3	MT4	MT6

本任务 yoyo 塑件配合尺寸公差取 MT2，未注尺寸公差取 MT5。如图 1-14 及图 1-15 所示。

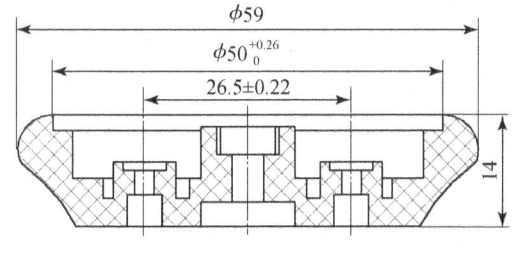
图 1-14　yoyo 转盘座公差标注

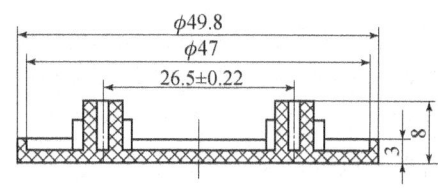
图 1-15　yoyo 转盘盖公差标注

3. 塑件表面质量

塑件表面质量包括表面粗糙度和外观质量。

塑件表面粗糙度取决于模具成型零件表面粗糙度与塑料品种、成型工艺条件、模具磨损方面。其中模具成型零件表面粗糙度是主要因素。

透明塑件要求型腔、型芯表面粗糙度相同。模具型腔、型芯的表面粗糙度应比塑件对应部位在数值上低 1～2 级。

一般塑件要求 $Ra = 1.6 \sim 0.2\ \mu m$，精密塑件要求 $Ra = 0.1 \sim 0.025\ \mu m$，如光学镜片等。

本任务 yoyo 塑件要求表面质量高，外观可见面粗糙度值取 $0.1\ \mu m$，不可见内表面粗糙度值取 $1.6\ \mu m$。如图 1-16 及图 1-17 所示。

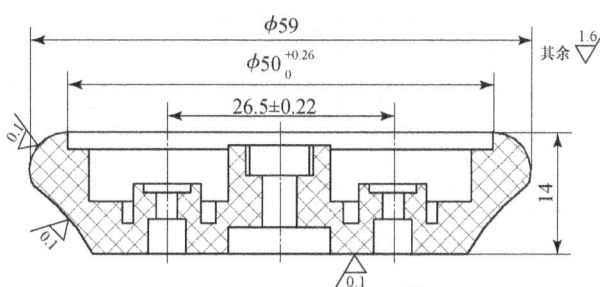
图 1-16　yoyo 转盘座表面粗糙度

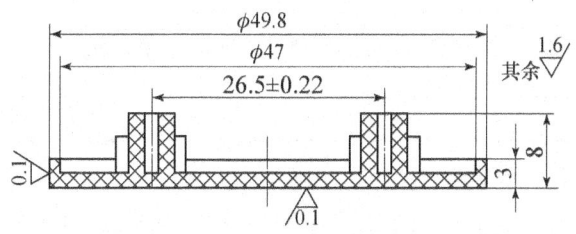
图 1-17　yoyo 转盘盖表面粗糙度

4. 塑件脱模斜度

塑件冷却后产生收缩，紧贴在凹模型腔表面或紧紧包在模具成型型芯上，为防止塑件表面在脱模时划伤、擦毛、顶出变形等，在设计时塑件沿脱模方向必须有脱模斜度。

影响脱模斜度的因素有：塑料性能、收缩率、摩擦因数、塑件壁厚、塑件几何形状。硬质塑料比软质塑料斜度要大；成型孔较多或形状较复杂的塑料件取较大脱模斜度；塑料高度较大、孔较深时，为保证塑件大、小端尺寸不致相差太大，应取小值；厚壁较薄壁内孔对型芯包紧力大，应取大值。

标注时内孔以小端为基准，斜度由扩大方向取得。外形以大端为基准，斜度由缩小方向取得。一般脱模斜度值不包括在塑件尺寸的公差范围内，但当塑件精度要求较高时，脱模斜度应包括在公差范围内。脱模斜度与尺寸标注如图1-18所示。

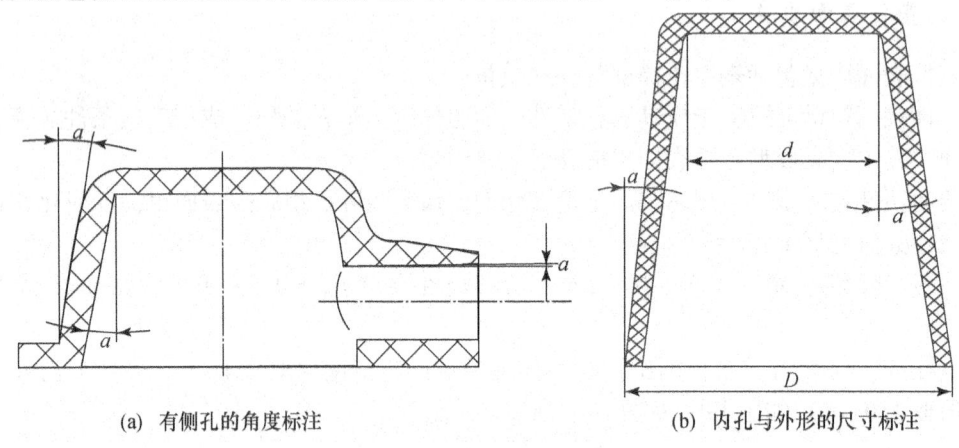

(a) 有侧孔的角度标注　　　　(b) 内孔与外形的尺寸标注

图1-18　塑件脱模斜度标注

塑件脱模时应避免留在型腔内，为了把塑件留在动模型芯上，一般型腔比型芯脱模斜度大。表1-10为常用塑件的脱模斜度。

表1-10　常用塑件的脱模斜度

塑料名称	脱模斜度	
	型腔	型芯
聚乙烯（PE）、聚丙烯（PP）、软聚氯乙烯（SPVC）、聚酰胺（PA）、聚苯醚（CPT）	25′～1°	20′～45′
丙烯腈-丁二烯-苯乙烯共聚物（ABS）、聚甲醛（POM）、聚砜（PSF）	35′～1°30′	40′～1°
硬聚氯乙烯（HPVC）、聚苯乙烯（PS）、有机玻璃（PMMA）、聚碳酸酯（PC）	40′～1°30′	40′～1°30′
热固性塑料	40′～1°	30′～50′

注：本表所列脱模斜度适于开模后塑件留在型芯上的情况。

本任务yoyo转盘座外表面均为圆弧形，没有直壁，因此不存在脱模斜度。内表面均为直壁，可取较大脱模斜度1°，如图1-19所示。

转盘盖塑件直壁高度较小，因此应取较小的脱模斜度，内、外表面脱模斜度取30′，如图1-20所示。

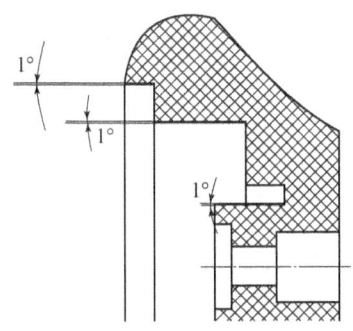
图 1-19 yoyo 转盘座脱模斜度

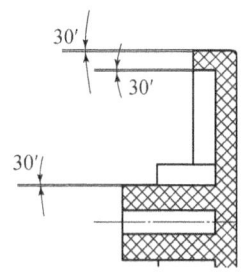
图 1-20 yoyo 转盘盖脱模斜度

5．塑件壁厚

塑件壁厚承受着脱模力，且要满足使用时的强度和刚度要求，因此塑件应有一定的壁厚，且设计应合理。

（1）壁厚对塑件的影响。

① 壁厚过厚，则用料多、成本高，且塑件内部易产生气泡、缩孔、外部产生凹陷，冷却时间长，生产效率低。

② 壁厚过薄，则增加塑料熔体充满型腔时的流动阻力，成型困难，出现注不满、缺料等缺陷。

③ 壁厚不均匀，则造成塑件各部分收缩不一致，产生跷曲，甚至开裂。

④ 同一塑件壁厚应尽可能一致，避免冷却或固化速度不同产生应力，造成塑件变形、缩孔及凹陷。在常规条件下，流程长短与塑件壁厚成正比。

（2）塑件最小壁厚的确定原则。

① 脱模时，塑件顶出不变形。

② 塑件装配时能承受紧固力不变形、不开裂。

③ 壁厚因塑件大小和塑料品种不同而异。

热塑性塑料：最小壁厚为 0.45～0.9 mm，常用为 1.5～4 mm。

热固性塑料：小型制品的壁厚为 1.6～2.6 mm，大型制品为 3.2～8 mm。

表 1-11 为常用热塑性塑件壁厚范围，表 1-12 为改善塑件壁厚的典型实例。

表 1-11 常用热塑性塑件壁厚推荐值　　　　　　　　　　单位：mm

塑料种类	最小壁厚	小型塑件壁厚	中型塑件壁厚	大型塑件壁厚
聚酰胺	0.45	0.75～1.5	1.6～2.5	2.5～3.2
聚乙烯	0.60	1.25～1.5	1.6～2.5	2.5～3.2
聚苯乙烯	0.75	1.25～2.0	2.0～3.0	3.2～5.0
改性聚苯乙烯	0.75	1.25～2.0	2.0～3.0	3.2～5.0
有机玻璃	0.80	1.5～2.0	2.0～2.5	3.0～6.5

续表

塑料种类	最小壁厚	小型塑件壁厚	中型塑件壁厚	大型塑件壁厚
硬聚氯乙烯	1.2	1.5～2.0	1.8～2.5	3.0～5.8
聚丙烯	0.85	1.5～2.0	1.8～2.5	2.5～3.2
聚碳酸酯	0.95	1.5～2.0	2.0～2.5	3.0～4.5
聚苯醚	1.2	1.75～2.5	2.0～3.0	3.5～6.4
聚甲醛	0.8	1.5～2.0	2.0～3.0	3.2～5.4
聚砜	0.95	1.8～2.5	2.0～2.5	3～4.5
ABS	0.75	1.5～2.0	2.0～2.5	3～3.5
醋酸纤维素	0.7	1.2～2.0	2.0～2.5	3.2～4.8

表 1-12 改善塑件壁厚的典型实例

序号	不合理	合理	说明
1	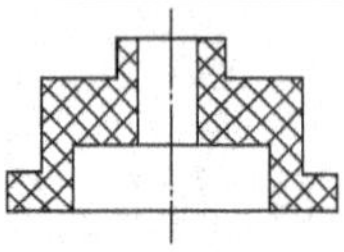	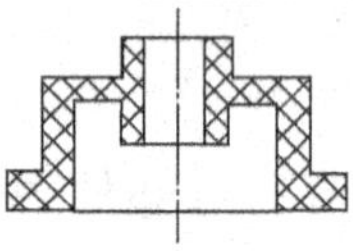	
2	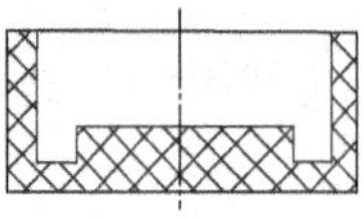	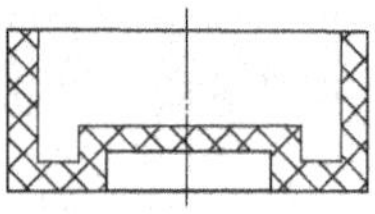	左图壁厚不均匀，易产生气泡、缩孔、凹陷等缺陷，使塑件变形；右图壁厚均匀，能保证质量
3	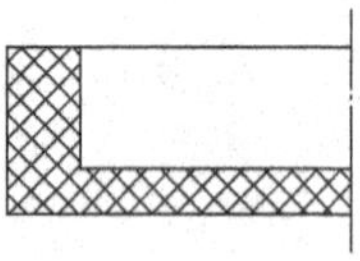	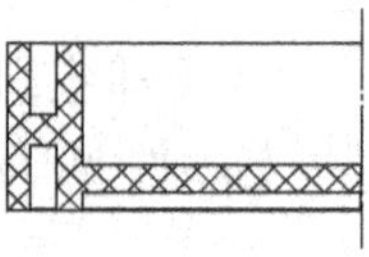	
4	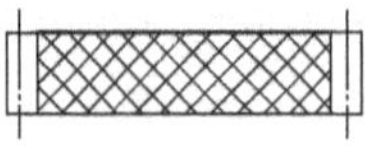	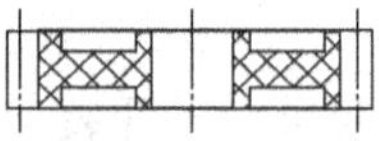	
5	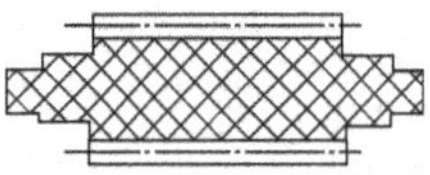	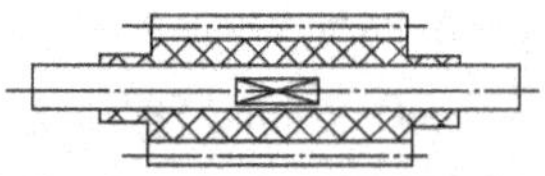	全塑齿轮轴应在中心设置钢芯
6	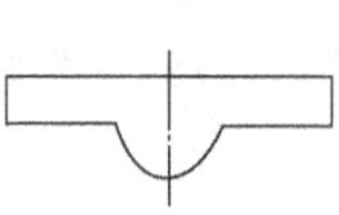	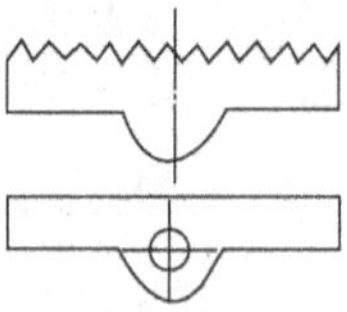	壁厚不均塑件，可在易产生凹痕的表面设计成皱纹形式或在厚壁处开设工艺孔

本任务 yoyo 为小型塑件，转盘盖厚度取 1.5 mm。为提高旋转时的惯性，应增加重量。除在塑料中加入钛白粉等添加剂外，应增加转盘座厚度。

6. 塑件圆角

塑件内、外转角处应尽可能采用圆角过渡，以减少应力集中，提高塑件强度。
（1）塑件有圆角的优点。
① 避免应力集中，提高塑件强度。

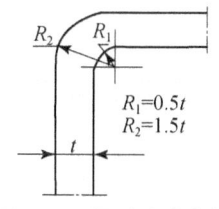

图 1-21 圆弧过渡半径

② 改善流动状态，利于成型和脱模。

③ 塑件外形美观，模具型腔强度提高，避免产生应力集中，防止模具开裂。

（2）圆角的设计原则。

① 零件有要求时，按实际圆角设计。

② 无特殊要求时，内圆角 $R_1 = 0.5t$，外圆角 $R_2 = 1.5t$。连接处圆角半径一般不小于 0.5～1 mm（特殊情况除外），t 为塑件壁厚，如图 1-21 所示。

③ 有特殊要求，如不允许有圆角时，在转角处壁厚要均匀。

（3）yoyo 塑件圆角设计。

本任务 yoyo 转盘座塑件外形除大圆弧过渡外无明显转角，未注 R 均为 0.2 mm。转盘盖塑件转角处为保持壁厚均匀，内、外圆弧半径取 0.2 mm，如图 1-22 及 1-23 所示。

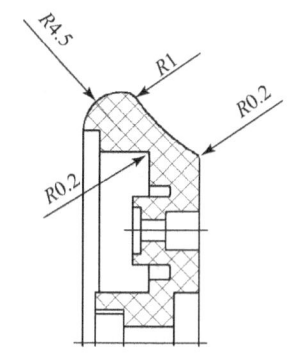

图 1-22 yoyo 转盘座圆弧设计

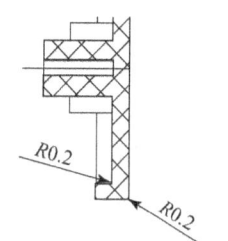

图 1-23 yoyo 转盘盖圆弧设计

7. 塑件上孔的设计

塑件上的孔都是由型芯来成型的。

（1）孔的种类。

孔有通孔、盲孔、异型孔、螺纹孔等。

（2）孔的设计原则。

① 形状应简单，圆孔最优，易于成型及脱模，型芯容易制造。

② 位置易在不降低塑件强度之处。

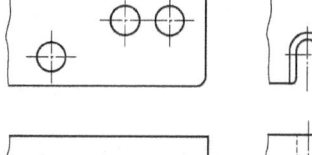
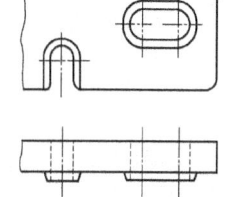

图 1-24 孔间距或孔边距过小时的改进设计

③ 孔间距和孔边距按规定选取。表 1-13 为热固性塑料孔径与孔间距、热塑性塑料取其 75%。两孔不一致时，以小孔查表，孔间距小于表中数值时，孔的位置由图 1-24（a）改为图 1-24（b）结构形式。表 1-14 列出孔径与孔深的关系。

表 1-13 热固性塑料孔间距、孔边距与孔径的关系

孔径 d（mm）	<1.5	1.5～3	3～6	6～10	10～18	18～30
孔间距、孔边距 b（mm）	1～1.5	1.5～2	2～3	3～4	4～5	5～7

注：1. 热塑性塑料为表中数值的 75%；
　　2. 增强塑料易取大值。

表 1-14　孔径与孔深的关系

成型方法		孔的深度	
		通孔	不通孔
压缩成型	横孔	2.5d	<1.5d
	竖孔	5d	<2.5d
挤出成型或注射成型		10d	4d～5d

④ 受力孔或装配需紧固时应在孔周边设计成凸台来加强，保证使用可靠，如图 1-25 所示。

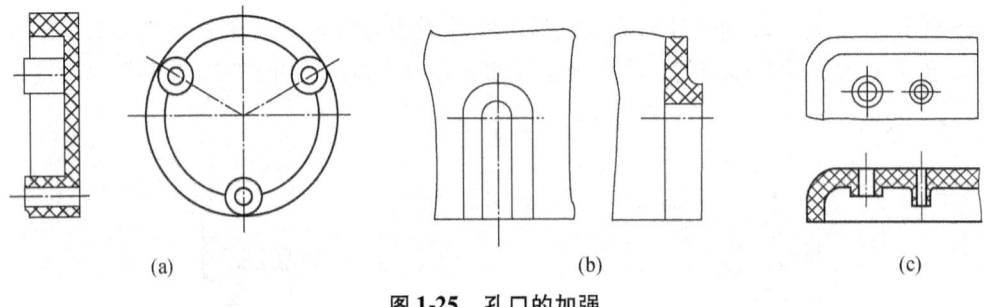

图 1-25　孔口的加强

⑤ 应尽量避免相互垂直或斜交孔，如图 1-26（a）所示。若两孔必须相交，应设计成图 1-26（b）的形式。

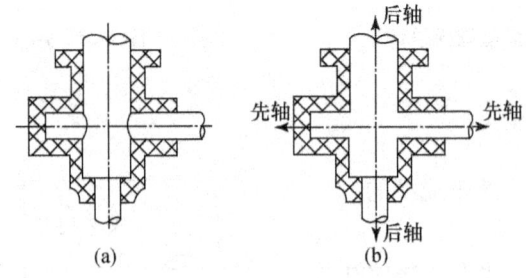

图 1-26　两相交孔的设计

⑥ 抽芯时，沉头螺钉孔应设计成图 1-27（a）的形式，必须用锥孔时可采用图 1-27（c）的形式。图 1-27（b）不合理，因为模具型芯锥面深度加工时难以保证。

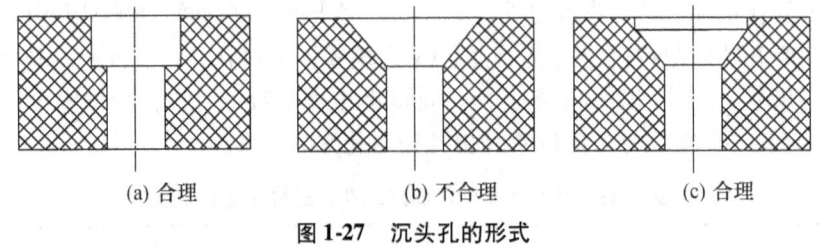

图 1-27　沉头孔的形式

⑦ 通孔成型时型芯的固定及安装方法

图 1-28（a）中型芯固定方法简单，应用最普遍，但模具使用时间长会因碰穿面磨损而出现塑料飞边，且孔深或孔径较小时易使型芯弯曲。

图 1-28（b）是用两个型芯成型通孔，一个型芯直径须比另一个型芯直径大 0.5～1 mm，即使有少量偏心，也能确保孔穿。

图 1-28（c）是一端固定，一端导向，型芯有较好的强度和刚度，能保证孔的同心度要求，但加工要求高。

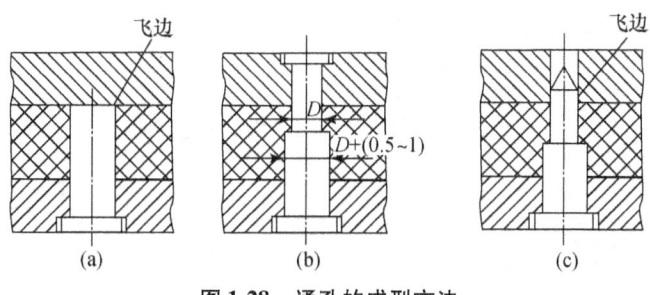

图 1-28　通孔的成型方法

⑧ 盲孔即不通孔，只能用型芯一端固定成型，孔深时注射压力易使型芯弯曲。

热固性塑料压制成型时，孔深 $L \leqslant 2.5d$。

热塑性塑料注射成型时，孔深 $L \leqslant 4d$。

⑨ 复杂孔的成型。

如图 1-29 所示复杂孔成型时，配合面应涂红丹粉检查修配，保证接触面积大于 85%。采用动、定模型芯相切，或型芯中心线与开模方向平行，用几何图形复杂的型芯来成型。

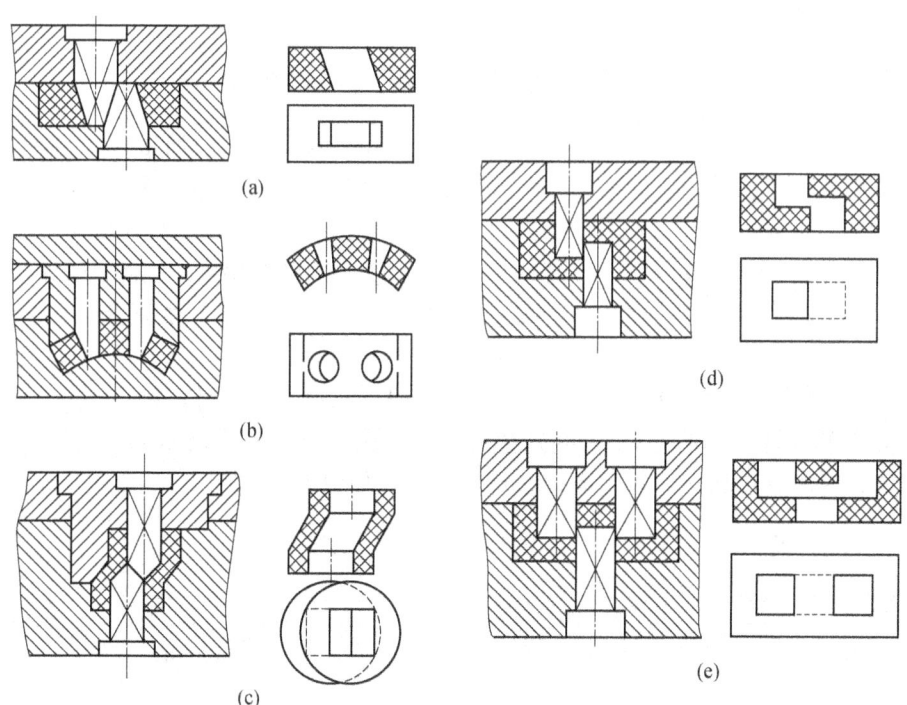

图 1-29　用拼合型芯成型复杂孔

（3）yoyo 塑件上孔的设计

yoyo 转盘座有三个通孔，动、定模均需安装型芯来成型通孔，如图 1-30 所示。

yoyo 转盘盖有两个盲孔，可采用动模单边型芯成型，如图 1-31 所示。

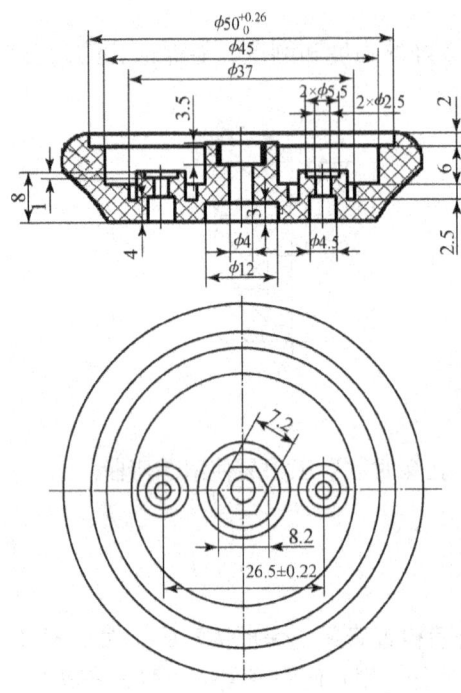

图 1-30　yoyo 转盘座孔的设计

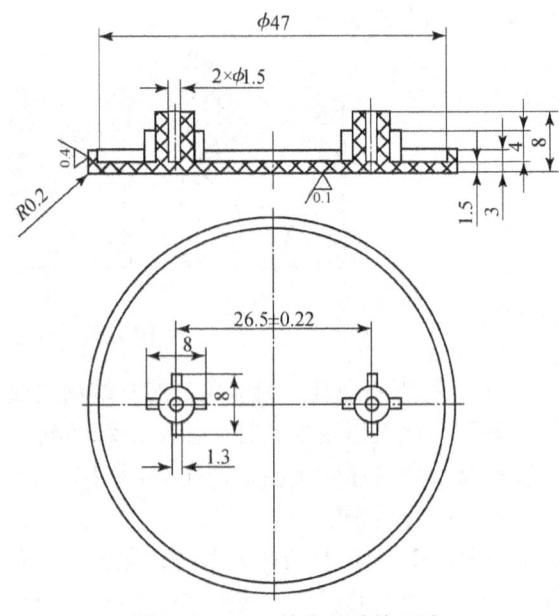

图 1-31　yoyo 转盘盖孔的设计

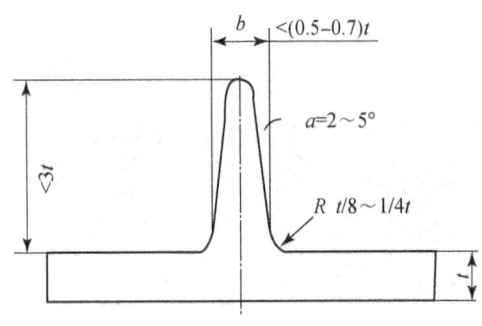

图 1-32　加强筋的尺寸

8. 塑件加强筋

加强筋的作用是增加塑件的强度和刚度，避免塑件翘曲变形，而不是增加壁厚；加强筋还起着改善流动性，减少内应力；避免气孔、缩孔和凹陷等缺陷，因此，90% 以上的塑料制品都存在加强筋。加强筋的结构及尺寸如图 1-32 所示。

（1）加强筋的设计原则。

① 防止塑料局部壁厚过厚，以免产生气泡、缩孔，如图 1-33 所示。

② 布置时不宜过高（一般高度 $h < 3t$）、过密，如图 1-34 所示。

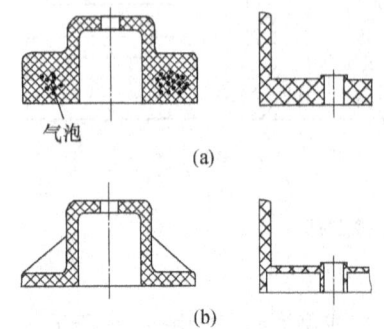

图 1-33　采用加强筋以减小壁厚

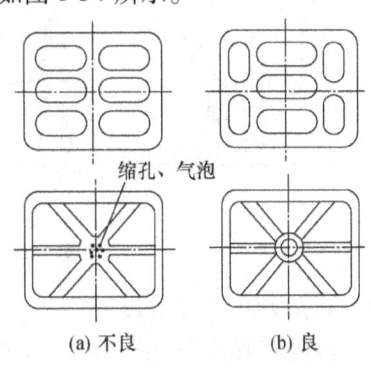

图 1-34　加强筋的布置

③ 朝向尽量与受力方向和熔体流向一致，减少阻力，利于成型，如图 1-35 所示。

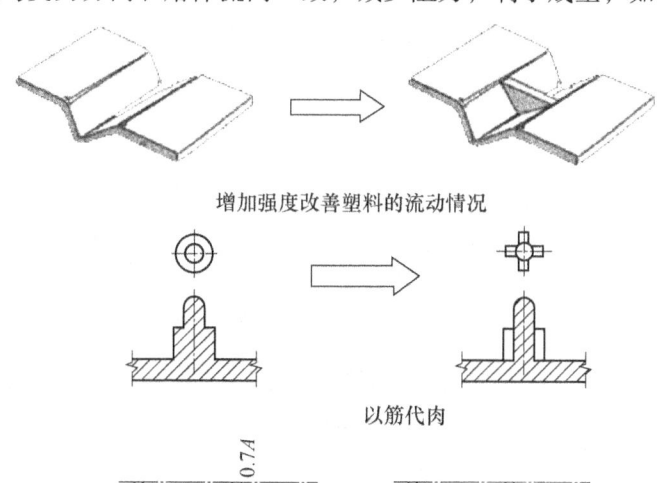

图 1-35 加强筋的设计与改善

④ 加强筋顶面应低于制品支撑面 0.6～0.8 m，加强筋的设计实例见表 1-15。

表 1-15 加强筋的设计实例

不良	良	不良	良

(2) yoyo 塑件加强筋的设计。

yoyo 转盘座没有加强筋。yoyo 转盘盖有两个螺丝柱，为提高强度和刚度，可增加十字形加强筋，如图 1-31 所示。

9. 支承面与凸台

由于塑件形状不稳定，易变形，所以不能以整个平面作支承面，而应设计成凸缘或凸台作支承面，保证其稳定性，如电脑显示器、键盘、餐具、电视机等。

支承面与凸台的设计原则：

① 支承面与塑件几何中心对称，保证稳定性，减少塑件变形，见表 1-16 所示。

表 1-16 支承面与凸台的设计实例

不良 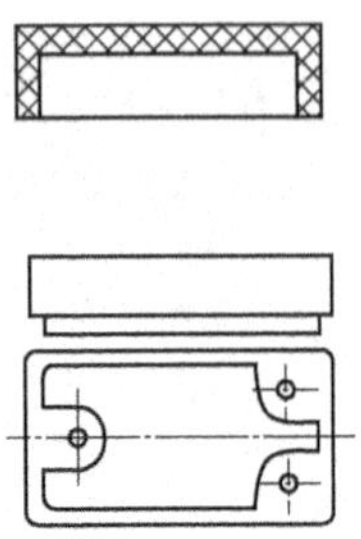	良 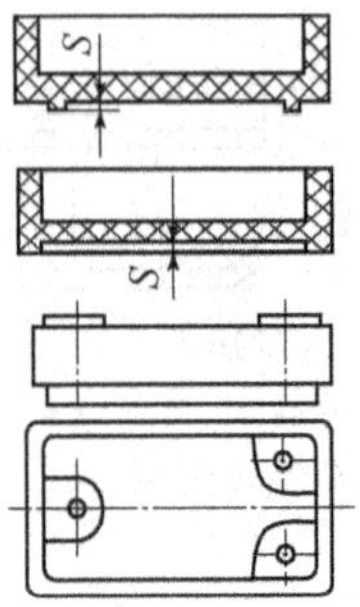	不良 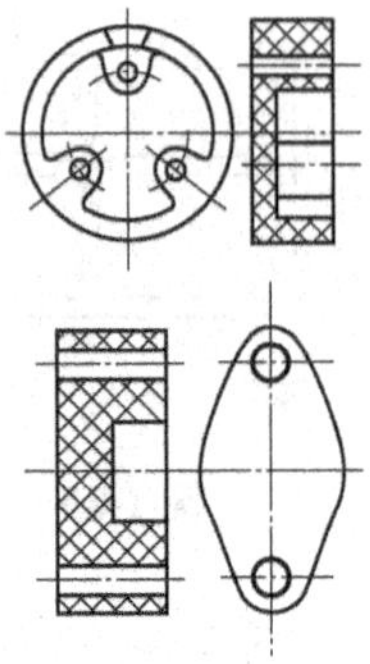	良 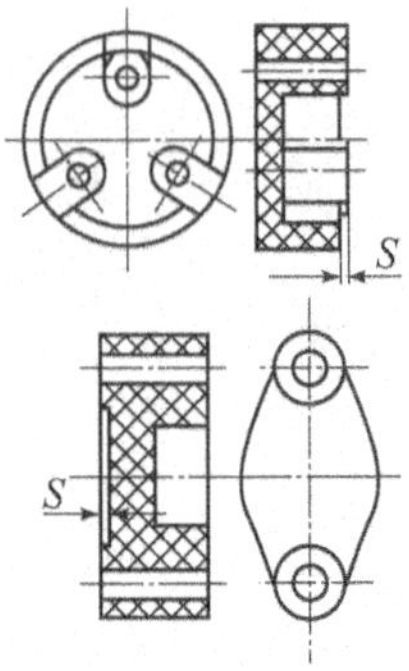

② 凸台设计应靠近受力点，或在受力孔处，或靠近边角部位。
③ 凸台高度不宜太高，要有一定的脱模斜度。
④ 凸台设计应能加快模具内塑料熔体的流动，减少流动阻力，利于塑件成型。

10. 塑件上的螺纹

由于塑料的收缩率较大，因此，塑件上的螺纹精度等级应低于 MT3，否则难以达到设计要求。塑件上的螺纹强度只有钢制螺纹强度的 $1/10 \sim 1/5$，因此，外螺纹直径应不小于 4 mm，内螺纹直径应不小于 2 mm。不易采用细牙螺纹，因此，螺距应不小于 0.5 mm。

(1) 螺纹的成型方式。

螺纹的成型方式有：模具直接成型，用手工或机械方式脱模；只成型螺纹底孔，装配时采用自攻螺钉（80% 以上应用该方法）；塑后机械加工（使用较少）；受力较大时，用金属螺纹嵌件。

(2) 螺纹的结构形式。

螺纹形状尽量采用圆形或梯形，如图 1-36 所示为各种螺纹的结构。

① 60°标准螺纹，广泛应用于紧固和连接，具有快速装配的特点。
② 方形螺纹，应用于较高强度管件的连接。
③ 梯形螺纹，应用于较高强度管件的连接。
④ 锯齿形螺纹，传递单向受力，如牙膏管口螺纹。
⑤ 圆弧螺纹，如瓶与瓶盖配合螺纹。

⑥ V形螺纹，应用于塑料管与金属管连接。

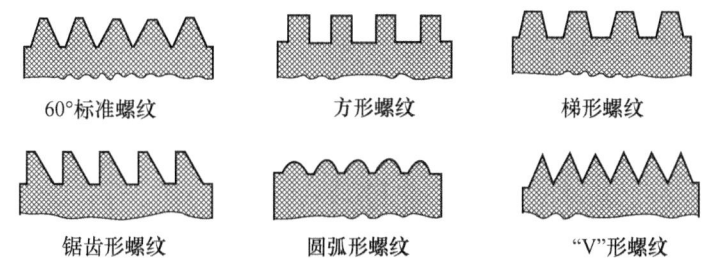

图 1-36　塑件使用的螺纹结构

（3）螺纹始端与终端的设计。

螺纹的始末不应突然开始和结束，应有过渡部分。如图 1-37 所示。外螺纹防止第一扣碰伤或脱扣，内螺纹起导向作用和防止第一扣崩裂。

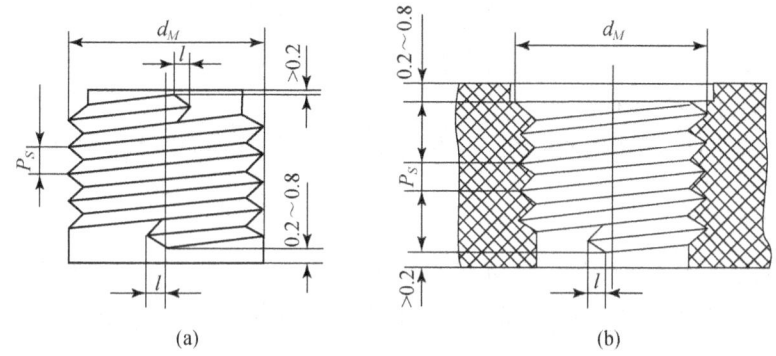

图 1-37　螺纹始端和末端的过渡结构

（4）同一塑件上不同螺距的设计。

同一塑件，同一轴线有两段螺纹时，两端螺纹的旋向应相同（左、右旋），螺距应相等。否则塑件无法从螺纹型芯上旋下，如图 1-38（a）所示。若两段螺纹螺距不等或旋向不同时，两段螺纹型芯应采用镶拼组合式，分开旋出，如图 1-38（b）所示。

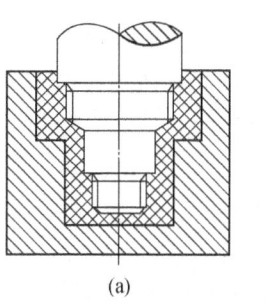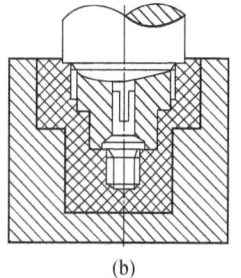

图 1-38　具有两端同轴螺纹的塑料制品

（5）螺丝柱孔的设计。

螺丝柱与自攻螺丝配合，用于塑料制品的连接，孔本身无螺纹，依靠自攻螺丝旋入塑料中，如图 1-39 所示。

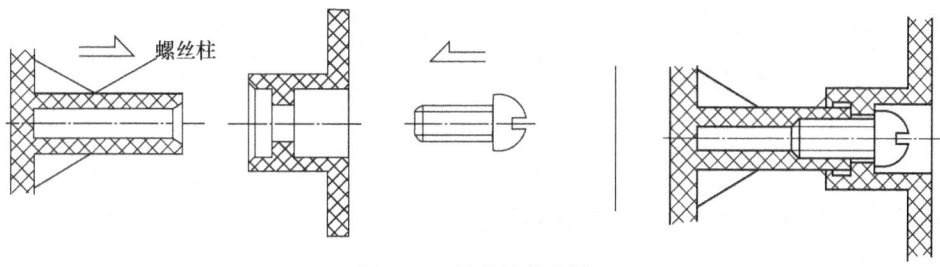

图 1-39　螺丝柱的连接

螺丝柱高度通常不超过外径的 3 倍，结构与尺寸如图 1-40 所示。

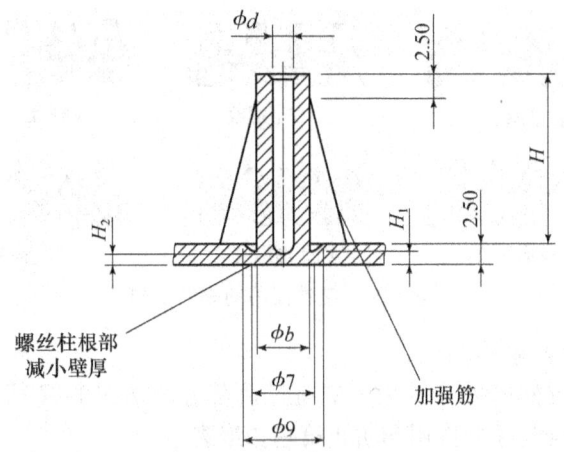

图 1-40　螺丝柱的结构与尺寸

（6）yoyo 转盘座有三个碰穿孔均为螺钉过孔，中间孔安装 M4 六角头螺钉，两边孔安装 M2.5 自攻螺钉，如图 1-30 所示。

yoyo 转盘盖上两个 φ1.5 盲孔是 M2.5 自攻螺钉底孔，如图 1-31 所示。

11．塑料齿轮的设计

塑料齿轮的特点是重量轻、传动噪声小、抗腐蚀、成本低。但其精度、刚性和强度低，用在受力小的场合。如电子、仪表、日用家电、儿童玩具中广泛应用。

（1）设计原则。

① 形状对称，壁厚均匀，避免应力集中引起变形或使用时开裂。

② 齿轮外圆直径 d_a 小于 50 mm 时，应将齿轮设计成薄板结构。

③ 齿轮外圆直径设计成整体辐板结构，如图 1-41 所示。

④ 轴与孔采用过渡配合，不宜采用过盈配合，避免装配时产生开裂。轴与孔采用半月形连接，起键的传力作用，防止转动，如图 1-42（a）所示。图 1-42（b）用螺丝紧固防转。

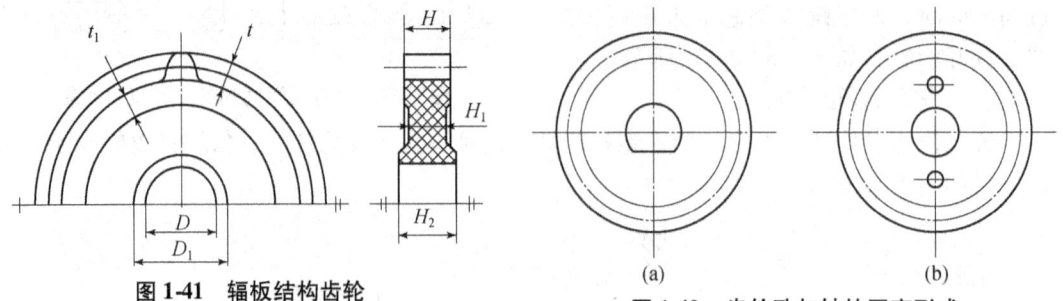

图 1-41　辐板结构齿轮　　　　图 1-42　齿轮孔与轴的固定形式

（2）齿轮各部分尺寸的关系。

① 齿轮板厚 $H_1 \leqslant$ 轮缘宽度，轮槽宽度 $t_1 = 3t$（齿轮宽度），$H_1 \leqslant H$（轮缘厚度）

② 齿轮毂厚度 $H_2 \geqslant H_1 \approx D$（内孔直径）

③ 齿轮毂外径 $D_1 = $（1.5～3）$D$

12. 嵌件设计

嵌件是指镶入塑件中的零件，不可拆卸。嵌件在模具中定位必须可靠，避免在高压熔融塑料冲击下发生位移，同时还应避免塑料挤入嵌件的预留孔或螺纹槽中。

使用嵌件的目的是增加塑件某些部位的强度、硬度、刚度、耐磨性或导电性、绝缘性，或提高精度、增加塑件形状和尺寸稳定性。

使用嵌件的缺点：模具结构复杂；由于要安放嵌件，成型周期长；嵌件通常是手动安装，不易实现自动化。

制作嵌件的材料：金属、玻璃、木材、纤维、橡胶或塑料件，其中金属嵌件应用最普遍，如图1-43所示。

图1-43　各种嵌件

（1）压型嵌件的形状与固定。

压型嵌件的固定有将嵌入部分压扁或加工出一定形状两种方法。如图1-44所示，图1-44（a）把嵌件压扁防止轴向窜动及转动。常见的嵌件有螺丝刀、电笔等。图1-44（b）把嵌件加工出圆孔、方孔、工字型、打弯，阻止从工件中拔出。工字型应用最普遍。片状嵌件用冲压模冲压成型（如电器元件、插头等）。

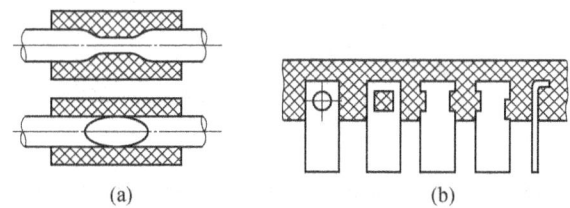

图1-44　压型嵌件的形状与固定

（2）其他形状嵌件的固定。

如图1-45所示，为保证嵌件在塑料内牢固地固定，常在嵌件表面加工出沟槽、滚花（直纹、网纹）等形式。

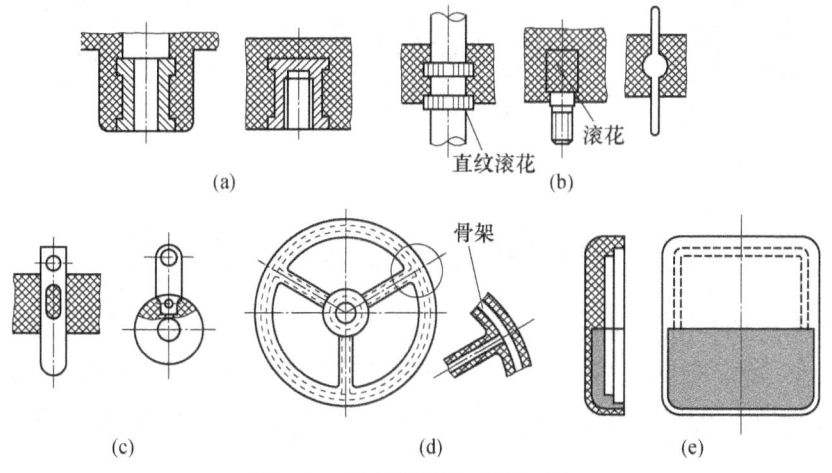

图1-45　其他嵌件的形状与固定

（3）嵌件在模具中的定位方法与配合。

嵌件在模具中的定位应可靠，配合要准确，以确保成型时在高压塑料熔体冲击下不发生位移和变形。

① 圆柱形嵌件与模具定位孔采用 H9/f9 间隙配合，如图 1-46 所示。

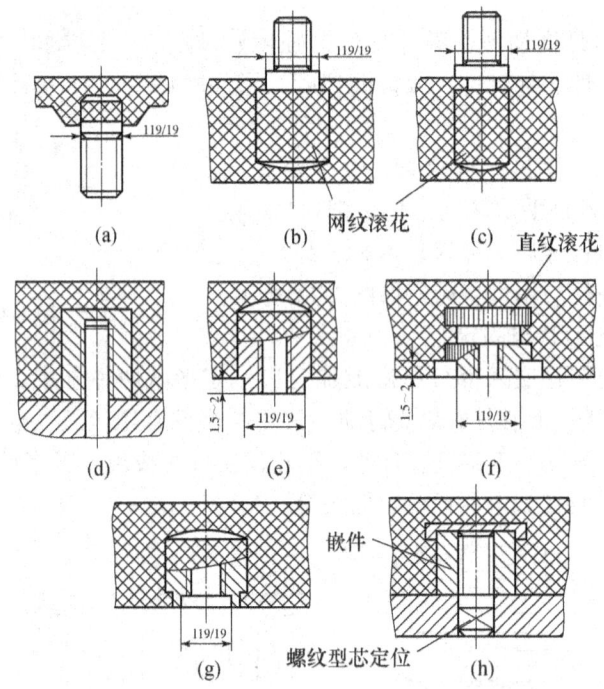

图 1-46 圆柱形嵌件与模具定位孔的配合形式与公差

② 细长嵌件在模具内的支承方法，如同图 1-47 所示。

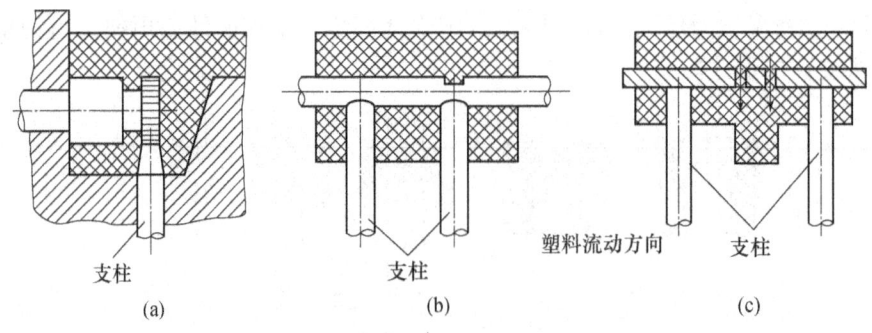

图 1-47 细长嵌件在模具内的支承方法

嵌件在模具型腔中的自由长度不大于定位部分直径的 2 倍。为防止变形或移位，应在模具中设计支承件。但支承件在塑料上留下的痕迹不能影响塑件外观和使用功能。

（4）嵌件周围塑料应有足够的厚度，确保受力后不发生破坏。壁厚数值按表 1-17 选用。

表 1-17　金属嵌件周围塑料层厚度　　　　　　　　　　单位：mm

金属嵌件直径 D	嵌件周围塑料层最小厚度 t	顶部塑料层最小厚度 t_1
4 以下	1.5	0.8
>4～8	2.0	1.5
8～12	3.0	2.0
>12～16	4.0	2.5
>16～25	5.0	3.0

13. 可强行脱模的尺寸与结构

强行脱模会大大增加脱模力，引起塑料变形或顶裂。除尼龙、软聚氯乙烯、聚乙烯、聚丙烯等韧性好的材料外，应尽量避免该结构。如图 1-48 所示为可强行脱模的结构尺寸与计算。

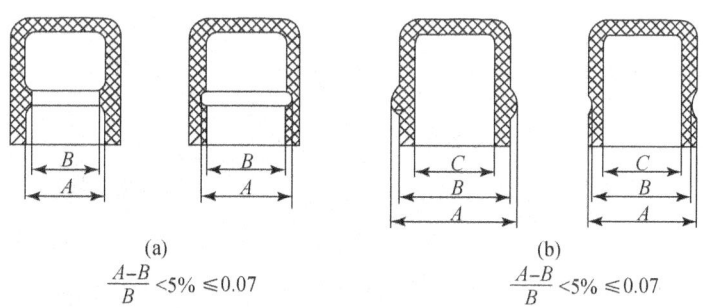

(a) $\dfrac{A-B}{B}<5\% \leqslant 0.07$　　　(b) $\dfrac{A-B}{B}<5\% \leqslant 0.07$

图 1-48　可强行脱模的结构尺寸与计算

14. 塑件上的文字、标志或符号

塑件上的文字、标志或符号有凸字、凹字或凹坑凸字。

（1）凸字。

模具上用雕刻机或数控铣、电火花直接加工出凹字或符号，该方法易于加工，成型时塑料上是凸起的文字或符号，如图 1-49（a）所示。缺点是塑件上凸字容易磨损。

（2）凹字。

用雕刻机或数控铣、电火花在模具上加工出凸字，加工量大，成型时塑料上是凹字，可以在凹字上涂颜色，较醒目、美观，如图 1-49（b）所示。缺点是模具上凸起的字易碰伤损坏。

（3）凹坑凸字。

凸字在凹形坑中，不易损坏。制造时可在镶入的镶件上刻反体凹字，易于制造，又不易损坏，较多采用，如图1-49（c）所示。

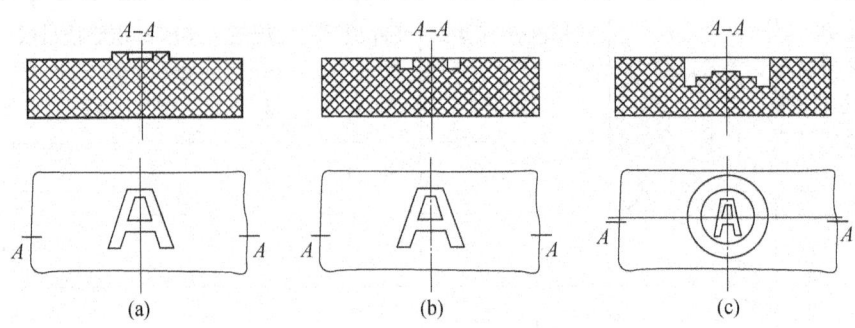

图1-49 塑件上文字、符号的结构形式

15．塑件的几何形状设计

（1）设计原则。

符合成型工艺要求；利于成型和脱模；利于模具设计和制造；利于保证产品质量。

（2）带有侧孔、侧凹塑件的设计。

如图1-50及表1-18所示为带有侧孔、侧凹、侧凸的塑件结构与改进示例，避免侧向抽芯。

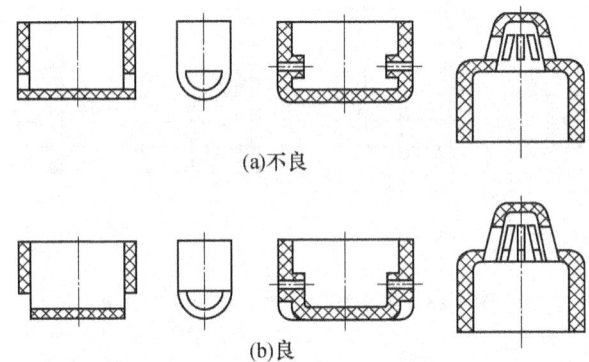

图1-50 塑件上有侧孔的成型与改进

表1-18 带有侧孔、侧凸的塑件结构与改进

不良	良	不良	良

续表

不良	良	不良	良

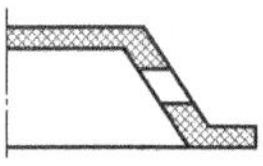

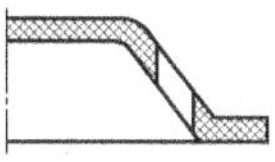

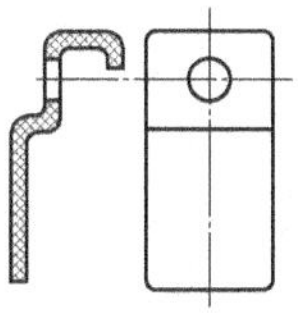

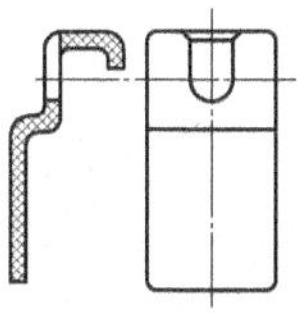

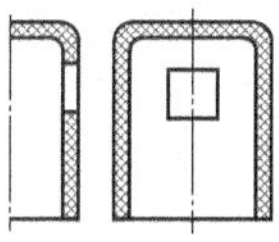

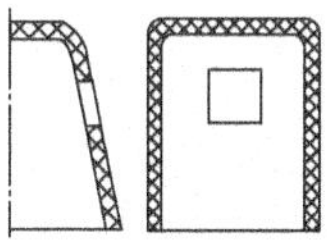

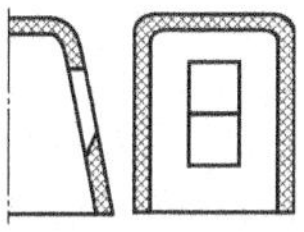

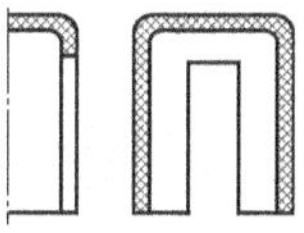

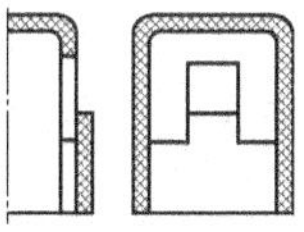

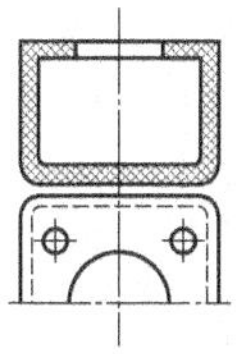

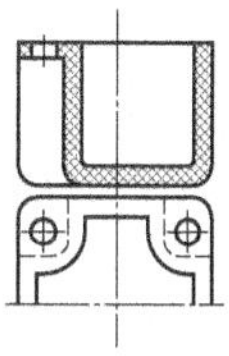

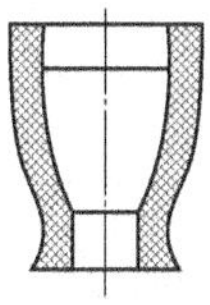

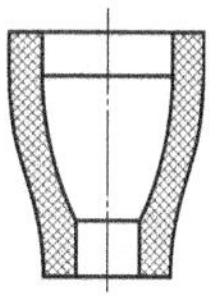

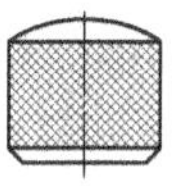

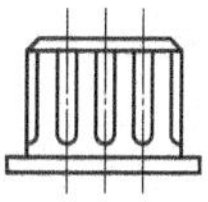

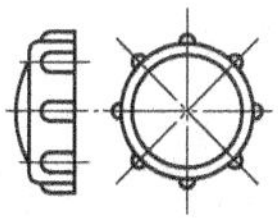

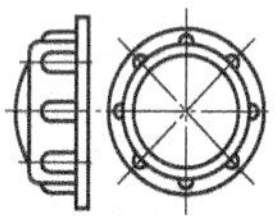

(3) 带有紧固用凸耳结构设计，如图 1-51 所示为带有紧固凸耳结构设计。

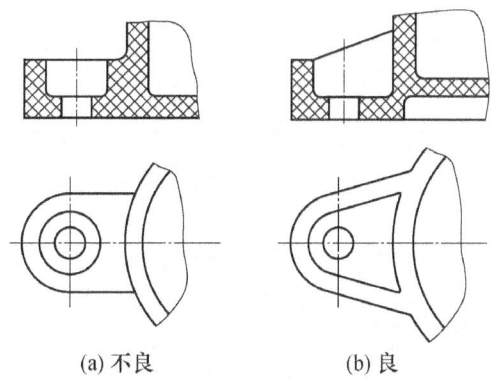

(a) 不良　　　(b) 良

图 1-51 带有紧固用凸耳结构设计

(4) 带孔柱台设计，盲孔柱台、内孔和外圆在同一侧成型，斜度方向相反，如图 1-52（a）所示。

通孔柱台，内孔与外圆分别在动、定模成型、斜度方向相同，如图1-52（b）所示。

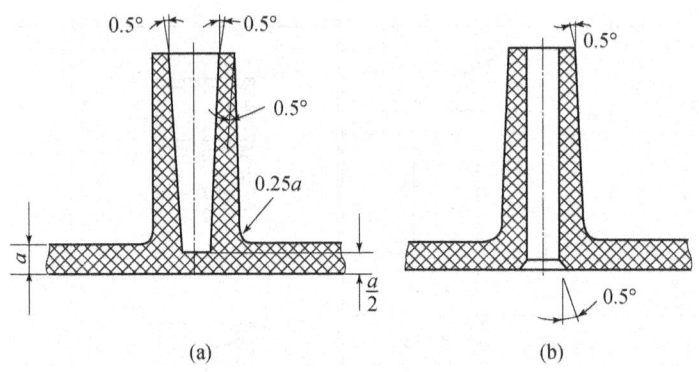

图1-52 通孔与盲孔柱台结构

（5）塑料容器底部、边缘结构设计，如图1-53所示塑料容器提高边缘强度的结构设计。图1-53所示边缘尺寸设计。

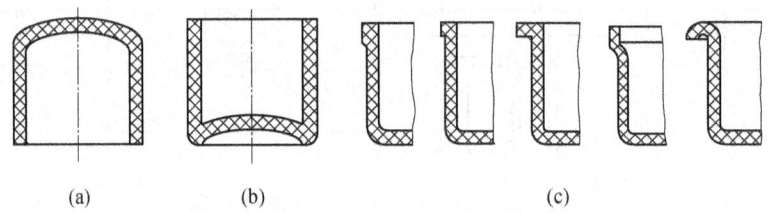

图1-53 塑料容器底部及边缘结构

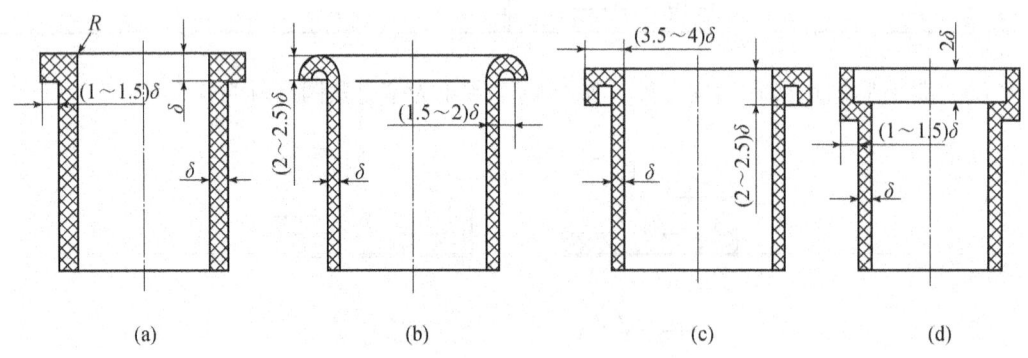

图1-54 塑料容器边缘强度设计与尺寸

16. 搭扣设计

（1）搭扣的作用与装配。

搭扣又称锁扣，塑料件上直接成型扣位。作用是两个或多个零件进行装配，装配时不用螺丝螺母等配件，方法快捷且经济实用，如图1-55所示。

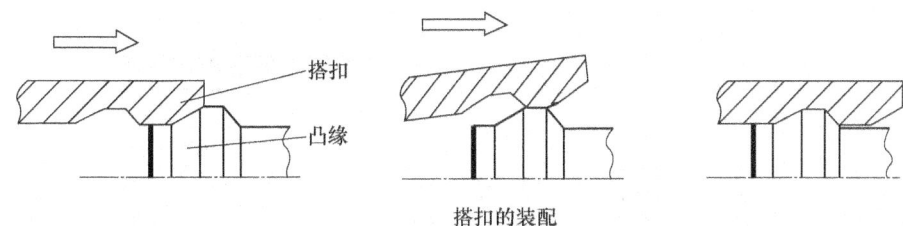

图 1-55　搭扣的装配

（2）搭扣的类型，如图 1-56 所示为各种搭扣的形式。

(a) 需加外力才可装拆卸的单边搭扣　(b) 永久式环形搭扣　(c) 可拆卸式环形搭扣

(d) 永久式单边搭扣　(c) 可拆卸式单边搭扣　(f) 需加外力才可装拆卸的球形搭扣

(g) 可拆卸圆扣　(h) 插头扣　(i) 可拆卸带扣

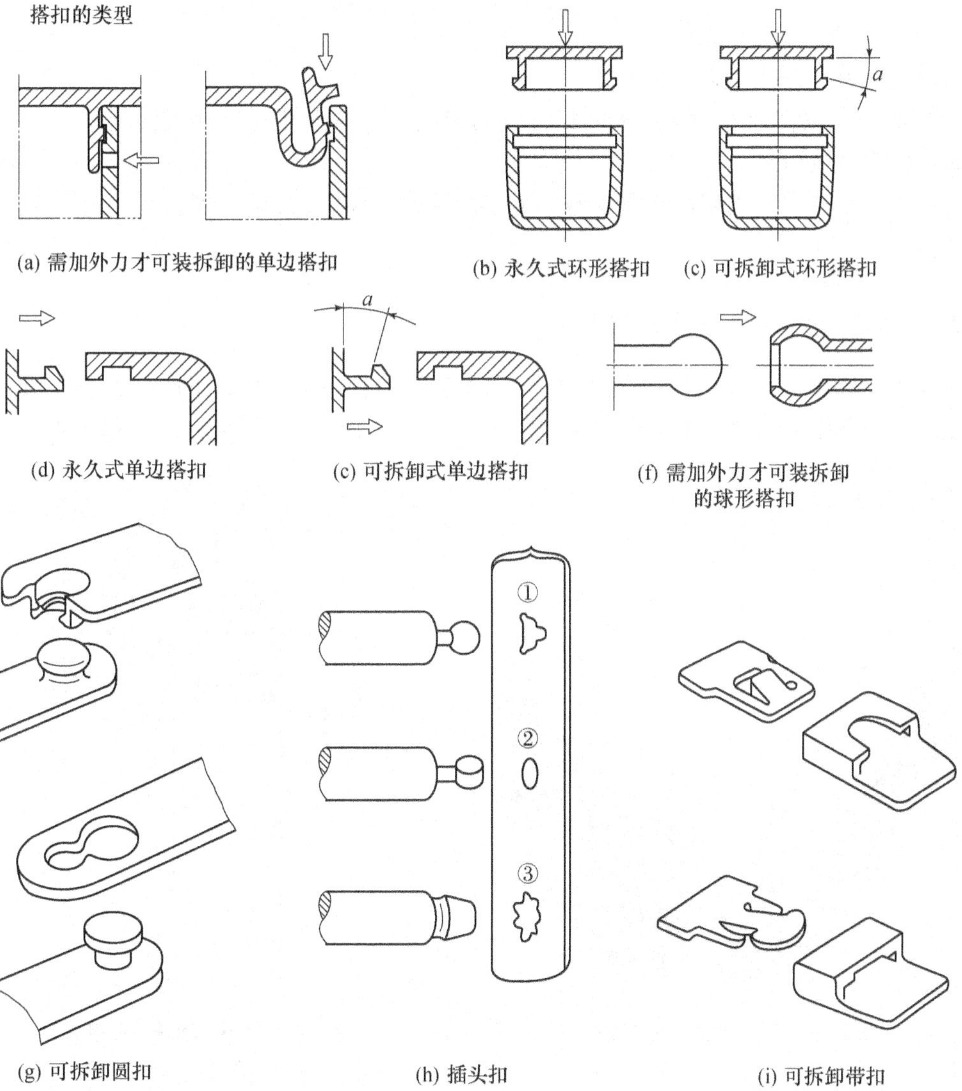

图 1-56　常见搭扣的形式

(3) 搭扣的应用，如图 1-57 所示为球形搭扣的应用。

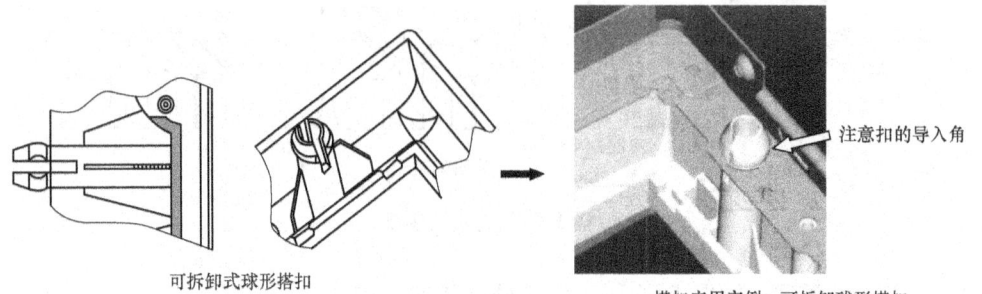

图 1-57 球形搭扣的应用

(4) 搭扣的缺点及解决方法。

缺点：① 横向尺寸产生过大间隙时容易脱出，纵向尺寸有松动时使定位不准；② 扣位易产生变形或断裂。

解决方法是模具成型尺寸需保证、难控制部位留修模余量、塑件易变形或断裂处加圆角。

1.2.3 yoyo 塑料玩具产品设计

如图 1-58 所示为 yoyo 塑料玩具产品三维造型设计，图 1-59 为平面装配图，图 1-60 为转盘盖三维和平面结构，图 1-61 为转盘座三维造型，图 1-62 为转盘座平面结构。

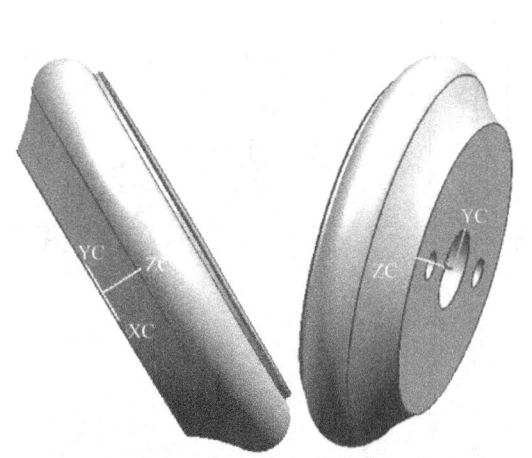

图 1-58 yoyo 玩具三维造型

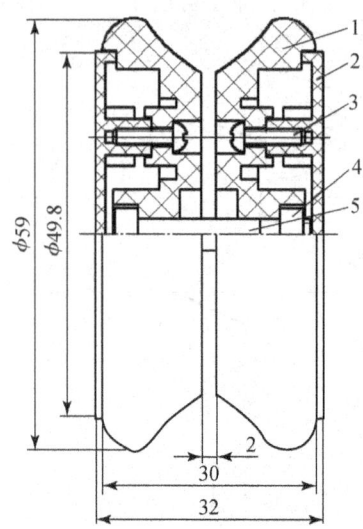

图 1-59 yoyo 玩具平面装配图

1—yoyo 转盘座；2—yoyo 转盘盖；
3—M2.5 自攻螺钉；4—M4 六角螺母；
5—M4 六角头螺钉

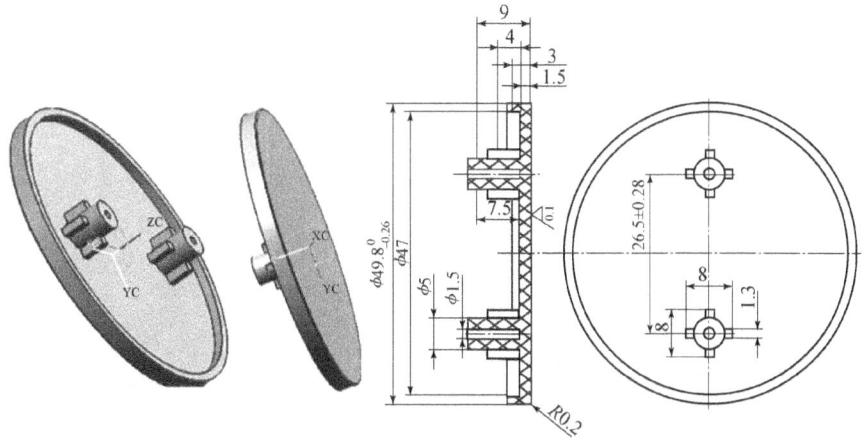

图 1-60　yoyo 玩具转盘盖三维和平面结构

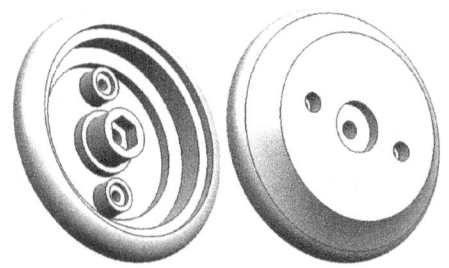

图 1-61　yoyo 玩具转盘座三维造型

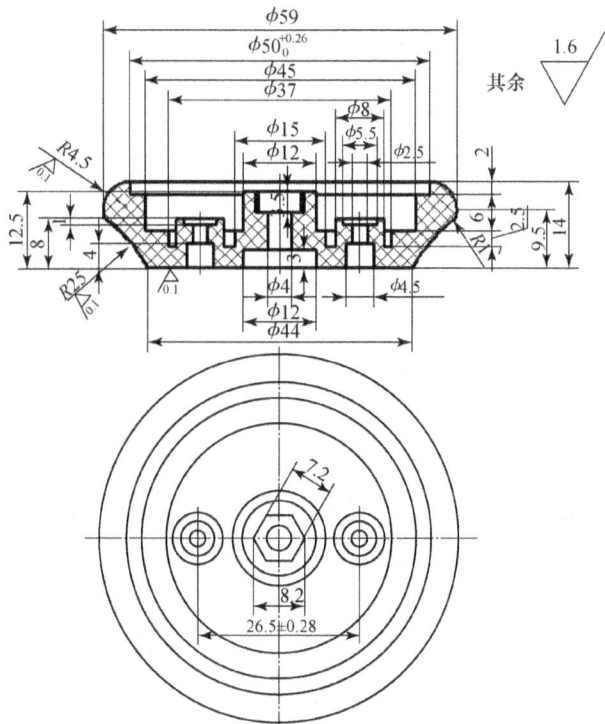

图 1-62　yoyo 玩具转盘座平面结构

1.2.4 拓展与强化训练

设计一套三件以上组装的塑料制品,项目自选。绘制三维及工程图,标注尺寸与公差、表面粗糙度及技术要求。

思考与练习

一、填空题

1. 在设计塑件时其形状应便于_____以简化_____、降低_____,提高生产率保证塑件质量。
2. 塑件壁厚要求_____,否则会因冷却和固化速度不同引起_____,从而在塑件内部产生内应力,导致塑件翘曲、变形,产生缩孔甚至开裂等缺陷。
3. 塑件脱模斜度的取向原则是内孔以_____为基准,符合图样要求,斜度由扩大方向得到;外形以_____为基准,符合图样要求,斜度由缩小方向取得。但塑件精度要求高时,脱模斜度应包括在_____范围内。
4. 设置塑件加强筋时要求:应尽量沿_____布置且与_____方向一致;加强筋的端面应_____塑件端面。
5. 塑件设计时常用_____或_____作为支承面。
6. 塑件上的螺纹精度等级应低于_____,否则难以达到设计要求。塑件上外螺纹直径应不小于_____ mm,内螺纹直径应不小于_____ mm,螺距不小于_____ mm。
7. 镶入塑件中的嵌件_____拆卸。嵌件在模具中_____必须可靠,避免在高压熔融塑料冲击下发生_____,同时还应避免_____挤入嵌件的预留孔或螺纹槽中。
8. 成型垂直相交的四通孔塑件,应先抽两边的_____型芯,再抽_____的主型芯。

二、选择题

1. 不符合塑件外形设计原则的是_____。
   A. 外形尽可能美观　　　　　　　　B. 转角处应有圆弧
   C. 无需考虑模具结构　　　　　　　D. 人性化
   E. 在满足使用条件下,有利于成型,避免侧向抽芯机构
2. 下列哪种情况不属于塑件表面质量_____。
   A. 熔接痕　　　　　　　　　　　　B. 塑件翘曲变形
   C. 塑件有气泡　　　　　　　　　　D. 塑件强度或刚度不够
3. 一般情况下,硬质塑料比软质塑料脱模斜度_____。
   A. 相等　　　　　　　　　　　　　B. 小
   C. 大　　　　　　　　　　　　　　D. 不能确定

4. 塑件壁厚太薄会造成_____。
   A. 气泡、凹陷　　　　　　　　　B. 收缩不均
   C. 注不满（缺料）　　　　　　　D. 没有影响
5. 实际生产中，一般外圆角半径应取_____倍的壁厚，内圆角半径取_____倍的壁厚。
   A. 1.5　　　　　　　　　　　　　B. 1.0
   C. 0.5　　　　　　　　　　　　　D. 2.0
6. 加强筋的方向应与料流方向_____。
   A. 垂直　　　　　　　　　　　　B. 一致
   C. 45°　　　　　　　　　　　　　D. 没有关系
7. 关于塑件上设加强筋，下列说法错误的是_____。
   A. 可增加制品强度和刚度　　　　B. 可改善制品成型时充模状态
   C. 避免塑件产生缩孔、气泡　　　D. 外形美观
8. 金属嵌件预热的目的是_____。
   A. 用于加热塑料　　　　　　　　B. 提高嵌件的强度
   C. 有利于排气　　　　　　　　　D. 降低嵌件周围塑料的应力
9. 塑件上的文字，从模具制造考虑，最好采用_____。
   A. 凸字　　　　　　　　　　　　B. 凹字
   C. 凹坑凸字　　　　　　　　　　D. 各种情况效果一样
10. 关于螺纹，下列说法错误的是_____。
    A. 螺纹应选用牙形尺寸较小的
    B. 螺纹的形状尽量采用圆形或梯形
    C. 螺纹可以直接采用塑料模成型
    D. 螺纹末端不应延伸到与底面相接处

三、判断题

1. 塑料制件的壁厚应力求均匀、厚薄适当。　　　　　　　　　　　　　　（　　）
2. 为了增强塑料制件的强度及刚性，加强筋应设计得高一些，多一些为好。（　　）
3. 塑料制件的表面粗糙度主要取决于模具型腔壁的表面粗糙度，模具型腔壁的表面粗糙度数值上应比塑料制件的表面粗糙度低1～2级。（　　）
4. 流动性差的塑料，可适当减小壁厚，但一般不小于10 mm。（　　）
5. 对于高度较大及精度较高的塑料制件应选较大的脱模斜度。（　　）
6. 为了防止塑料制件应力开裂，嵌件周围的塑料层应有足够的厚度，同时嵌件本身结构不应带有尖角。（　　）
7. 加强筋厚度应大于塑料制件壁厚。（　　）
8. 塑件结构上采用圆角，既避免应力集中又提高塑料制件的强度及外观效果。（　　）

四、简答题

1. 什么是塑料模具？什么是塑料制件？

2. 塑件的造型设计（要点）原则有哪些？
3. 塑件工艺设计应遵循哪些基本原则？
4. 塑件结构工艺设计主要包括哪些内容？
5. 塑件精度的影响因素有哪些？
6. 塑料螺纹设计应注意哪些方面？
7. 嵌件设计应注意哪几个问题？
8. 绘制有台阶的通孔成型的三种形式结构简图。
9. 塑件壁厚为什么不能过大或过小？
10. 塑件上加强筋的作用是什么？

五、分析题

1. 改善图 1-63 塑件壁厚，试画出塑件结构图（不增加壁厚、强度和刚度）。

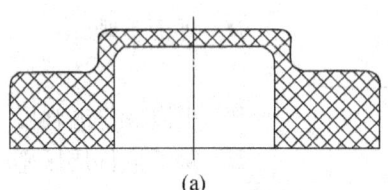 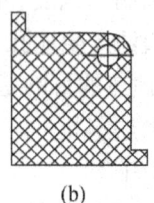

图 1-63　改进塑件壁厚

2. 判断图 1-64 中塑件工艺结构的优劣，若工艺性不好，请在图中改进。

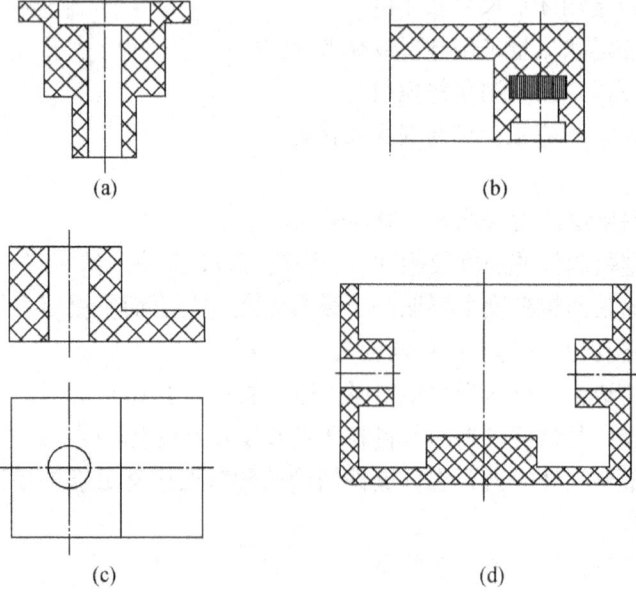

图 1-64　改进塑件工艺结构

任务三　制订 yoyo 玩具注射成型工艺并初步选择注射机

任务要求：

根据图 1-65 所示的 yoyo 塑料件，试完成下列各项任务。

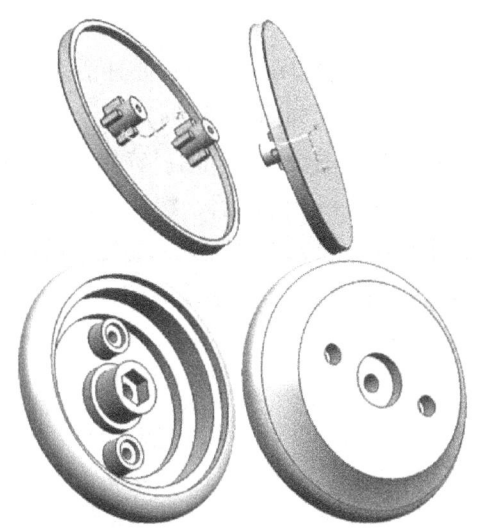

图 1-65　yoyo 玩具塑料件

1. 对塑件结构进行工艺分析

（1）yoyo 尺寸精度分析；（2）yoyo 表面质量分析。

2. 选择成型设备

（1）计算 yoyo 的体积和质量；（2）初步选择注射机。

3. 编制注射成型工艺

（1）注射成型工艺参数的确定；

（2）填写注射成型工艺卡。

要完成以上工作任务，必须学习和掌握塑件的注射成型原理、注射工艺过程、注射机与模具的安装关系等方面的知识。

1.3.1　注射成型原理

1. 塑料的成型方法

常用的塑料成型方法有：① 注射成型，② 压缩成型，③ 压注成型，④ 挤出成型，⑤ 气动成型，⑥ 泡沫成型等。

注射成型又称注射成型，几乎所有的热塑性塑料都可以用注射成型方法生产塑件。

注射是通过注射（塑）机来实现的。注射机有柱塞式和螺杆式，其作用是加热熔化塑料达到粘流状态，对粘流塑料施加高压，使其射入模具型腔。由于注射成型应用最普遍，本书重点讲解注射成型。

2. 注射成型原理

如图 1-66 所示，首先是动模与定模闭合，然后油缸活塞把熔融的塑料经喷嘴射入模具型腔中，该过程螺杆移动而不转动，如图 1-66（a）所示。当熔融塑料充满模具型腔后，螺杆仍保持一定的压力，以阻止塑料的倒流，同时补充因塑件收缩所需的塑料，该过程称为保压，如图 1-66（b）所示。保压一定时间后，螺杆转动，料斗中塑料落入料筒，随着螺杆的转动向前输送。塑料在料筒中受加热器加热和螺杆摩擦剪切热的影响而升温至熔融状态。螺杆转动的同时逐步退回到预定位置，前端充满熔料为下一次注射做好准备，该过程称为预塑，如图 1-66（c）所示。

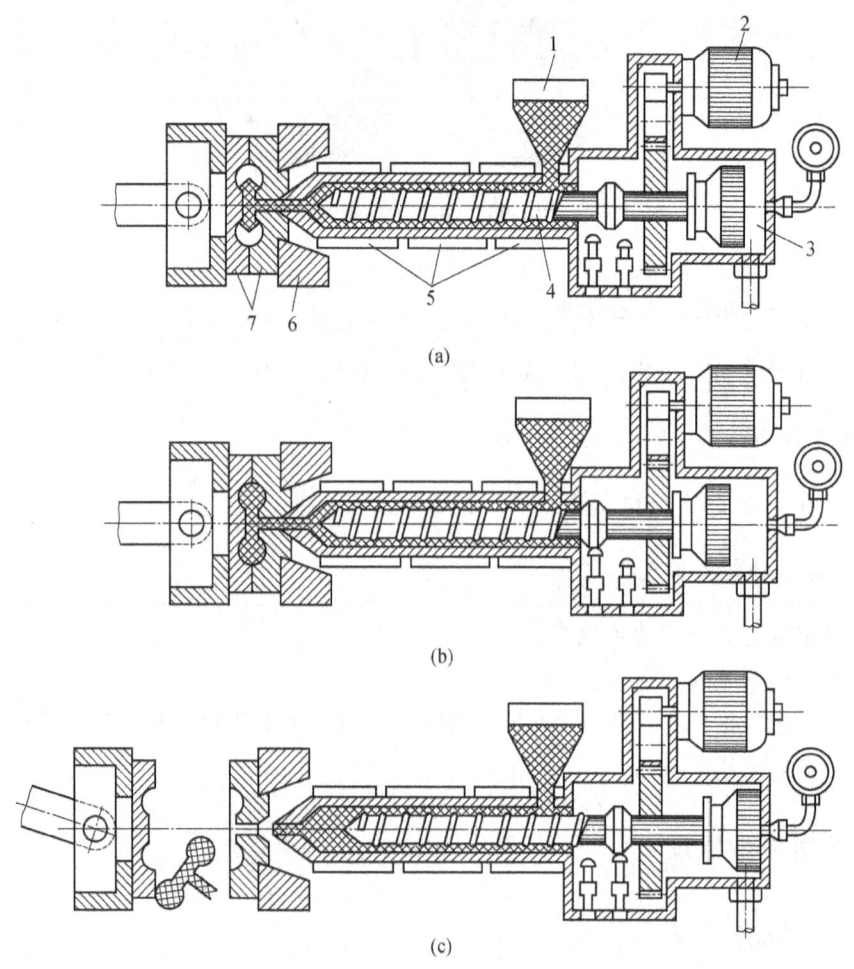

图 1-66 螺杆式注射机注射原理图

1—料斗；2—螺杆传动装置；3—注射油缸；4—螺杆；5—料筒加热器；6—射嘴；7—模具

当塑件完全冷却硬化后，模具打开，顶出机构把塑件从模具中顶出，完成一个工作循环。

注射成型原理与成型工艺过程概括如下：

料斗中塑料→落入料筒、加热→旋转螺杆→液压缸活塞加压→喷嘴→射入模具型腔、保压、冷却→开模、顶出塑件→取出塑件（完成一次循环）。

1.3.2 注射工艺过程

1. 注射成型前的准备

（1）原料检验和预处理：对原料进行外观和工艺性能检验，如色泽、粒度、均匀性、流动性、热稳定性、收缩性、水分含量等。必要时进行烘干、配色、混料预处理等过程。

（2）嵌件预热：对于成型时容易产生应力开裂的塑料，安放金属嵌件前应预热，通常以不损坏嵌件为限，取 $110\sim130℃$。

（3）料筒清洗：注射机料筒中残存的塑料与将要使用的塑料不同或颜色不一致，都要进行清洗。方法有：① 直接换料冲洗，② 用料筒清洗剂清洗。

（4）脱模剂的选用：为使塑件容易从模具中脱出，通常使用脱模剂，常用的有三种：

① 硬脂酸锌，除聚酰胺外均可采用，是应用最普遍的一种。

② 液状石蜡，用于聚酰胺塑件脱模效果较好。

③ 硅油，润滑效果较好，但价格贵，使用麻烦。

2. 注射过程

完整的注射过程通常包括加料、塑化、充模、保压、倒流、冷却、脱模七个阶段。

（1）加料：将粒状或粉状塑料加入料斗中，在重力作用下落入注射机料筒中，塑料在料筒中被加热。

（2）塑化：塑料在料筒中经过加热、压实、混料等作用后，由固体转变成熔体。

（3）充模：塑料熔体在螺杆或柱塞作用下，以一定的压力和速度经过喷嘴和模具的浇注系统进入并充满模具型腔。

（4）保压：保压是自熔体充满模具型腔起到柱塞或螺杆开始后退停止的这一阶段的施压过程。其目的除了防止模内熔体倒流外，更重要的是确保模具内熔体冷却收缩时继续保持施压状态，以得到有效的熔料补充，确保所得塑件形状完整而组织致密。

（5）倒流：保压结束后，螺杆后退，模具型腔中的压力解除，此时模具型腔中的压力将比料筒中的压力高，若浇口尚未凝固，型腔中的熔料就会倒流，使塑件产生收缩、变形、疏松等缺陷，该过程应避免发生。

（6）冷却：当浇口凝固后，不需要继续保压，补缩或倒流均不再进行，模具内的塑件继续冷却、硬化、定型。

（7）脱模：塑件冷却后即可开模，在注射机与模具推出机构作用下将塑件从模具中推出。

3. 塑件的后处理

由于塑化不均匀或塑料在模具内的结晶、定向和冷却不均匀及金属嵌件的影响等原因，塑件内部不可避免地存在一些内应力，导致塑件变形或开裂。大多数情况下塑件不需要后处理，只是少部分塑料或有特殊要求时才进行后处理。

（1）退火处理：把塑件放在定温的介质中保温一段时间，然后缓慢冷却的热处理过程。其目的就是消除内应力，稳定形状和尺寸。退火温度根据具体塑料和使用条件来选择。

（2）调湿处理：是一种调整塑件含水量的后处理工序。其目的是改善塑件韧性、提高冲击和拉伸强度。调湿处理温度一般在100～120℃，时间为2～9小时。主要用于吸湿性很强且又容易氧化的聚酰胺（PA）类塑料。

4. 注射成型的工艺条件

塑料成型工艺三要素：温度、压力、时间。

（1）温度，在注射成型过程中，需要控制的温度主要有料筒温度、喷嘴温度和模具温度。

① 料筒温度 T_t，要低于塑料分解温度，注意控制料筒的最高温度和在料筒中的停留时间。

② 喷嘴温度 T_z，一般略低于料筒的最高温度，目的是防止熔料在喷嘴处产生流涎现象。

③ 模具温度 T_m，直接影响熔体充模流动能力，塑件的冷却速度和成型后的塑件性能。

模具温度通常由冷却介质（常用水）的温度与流量来控制，也有靠熔体注入模具自然升温与自然散热达到平衡而保持一定的模温。大多数模具生产时要求模温在40～80℃之间。

（2）压力，注射成型工艺过程中的压力包括塑化压力和注射压力。

① 塑化压力，又称背压，是指螺杆式注射机在预塑塑料时，螺杆前端塑化室内的熔体对螺杆所产生的反压力。该压力的大小可通过注射机液压系统中的溢流阀来调整。设定塑化压力大小应根据塑料品种而定。

② 注射压力，指柱塞或螺杆头部轴向移动时其头部对塑料熔体所施加的压力，一般在40～150 MPa之间。

注射压力取决于注射机的类型；塑料品种；模具浇注系统结构、尺寸与表面粗糙度；模具温度；塑件壁厚；流程长短等因素。

（3）时间（成型周期），完成一次注射成型过程所需的时间称为成型周期。

成型周期 = 注射时间（充模、保压）+ 冷却时间 + 其他时间（合模、开模、脱模、安放嵌件、取出塑件、喷施脱模剂）。

在整个成型周期中，注射时间和冷却时间最重要，对塑件还会的质量有决定性影响。

充模时间通常为3～5秒,保压时间通常为20～25秒。冷却时间通常为30～120秒,过长不仅延长生产周期,降低生产效率,对复杂塑件还会造成脱模困难。

1.3.3 注射机与模具的关系

1. 注射机的分类

(1) 立式注射机,结构简图如图1-67所示。

(2) 卧式注射机,结构简图如图1-68所示。

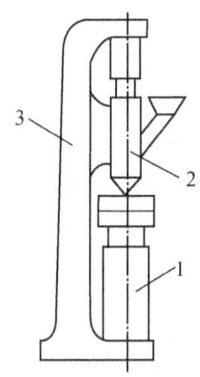

图1-67 立式注射机

1—合模装置;2—注射装置;3—机身

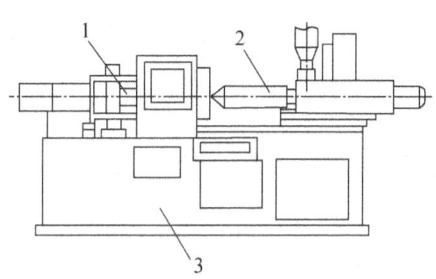

图1-68 卧式注射机

1—合模装置;2—注射装置;3—机身

(3) 直角注射机,结构简图如图1-69所示。

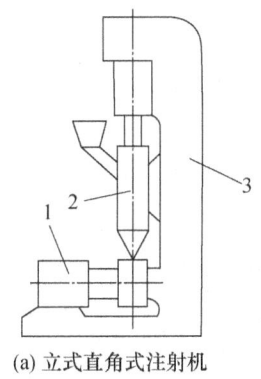

(a) 立式直角式注射机

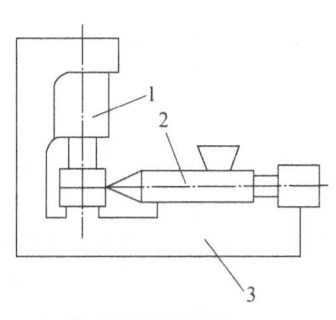

(b) 卧式直角式注射机

图1-69 直角式注射机

1—合模装置;2—注射装置;3—机身

2. 常用注射机技术规范

常用国产注射机的型号和技术参数如表1-19所示。

表 1-19 常用国产注射机的型号和技术参数

项目	XS-ZS-22	XS-Z-30	XS-Z-60	XS-ZY-125	G54-S200/400	SZY300	XS-ZY-500	SZY-1000	SZY-2000	XS-ZY-4000
额定注射量/cm³	20、30	30	60	125	200～400	300	500	1000	2000	4000
螺杆（柱塞）直径/mm	20、25	28	38	42	55	65	85	100	110	130
注射压力/MPa	75、115	119	122	120	109	77.5	145	121	90	106
注射行程/mm	130	130	170	115	160	150	200	260	280	370
注射方式	双柱塞（双色）	双柱塞	双柱塞	螺杆式	螺杆式	螺杆式	螺杆式	螺杆式	螺杆式	螺杆式
锁模力/kN	250	250	500	900	2540	1500	3500	4500	6000	10000
最大成型面积/cm²	90	90	130	320	645	340	1000	1800	2600	3800
动模板最大行程/mm	160	160	180	300	260	355	500	700	750	1100
模具最大厚度/mm	180	180	200	300	406	285	500	700	750	1100
模具最小厚度/mm	60	60	70	200	165		300	300	500	700
喷嘴圆弧半径/mm	12	12	12	12	18	12	18	18	18	20
喷嘴孔直径/mm	3	3、3.5、4、5	3.5、4、5	4、5、6	4、5、6	3	3、3.5、4、5	3.5、4、5	4、5、6	4、5、6
顶出形式	四侧设有顶杆，机械顶出，中心距170 mm	四侧设有顶杆，机械顶出	中心设有顶杆，机械顶出	四侧设有顶杆，机械顶出，中心距230 mm	动模板设有顶板，机械顶出	中心及上下两侧液压顶出	中心液压顶出，距离100 mm，两侧机械顶出，中心距350 mm	中心液压顶出，距离125 mm，两侧机械顶出，中心距850 mm	中心液压顶出，距离125 mm，两侧机械顶出，中心距1200 mm	中心液压顶出、两侧机械顶出
动/定模固定尺寸/mm×mm	250×2800		330×440	428×458	532×637	620×520	700×850	900×1000	1180×1180	1050×950
拉杆空间/mm	235	235	190×300	260×290	290×368	400×300	540×440	650×550	760×700	
合模方式	液压—机械	液压—机械	液压—机械	液压—机械	液压—机械	液压—机械	液压—机械	两次动作液压式	液压—机械	两次动作液压式
液压泵 流量/(L/min) 压力/MPa	50 6.5	50 6.5	70、12 6.5	100、12 6.5	170、12 6.5	100、12 7.0	200、25 6.5	200、18 14	175×2 14	50、50 20
电机功率/kW	5.5	5.5	11	11	18.5	17	22	40	55	45×2
螺杆驱动功率/kW				4	5.5	7.8	7.5	13	23.5	30
加热功率/kW	1.75		2.7	5	10	6.5	14	16.5	21	37
机器外形尺寸/mm×mm×mm	2340×800×1460	2340×850×1460	3160×850×1550	3340×750×1500	4700×1400×1800	5300×940×1815	6500×1300×2000	6700×1400×2380	10908×1900×3430	11500×3000×4500

3. 模具与注射机的配合要求

（1）模具投影最大长度 l 应小于注射机模板长度 L，模具最大宽度 b 应小于模板拉杆外圆之间的间距 B_1，即 $l<L$，$b<B_1$，如图 1-70 所示。

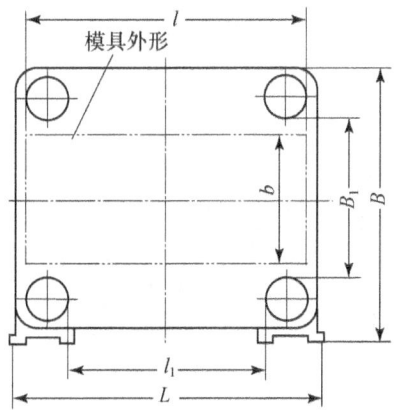

图 1-70 模具外形尺寸与注射机导柱的位置关系

（2）模具闭合高度 H 应大于注射机两模板间的最小间距 $H_{\min}$，即 $H>H_{\min}$，如图 1-71 所示。

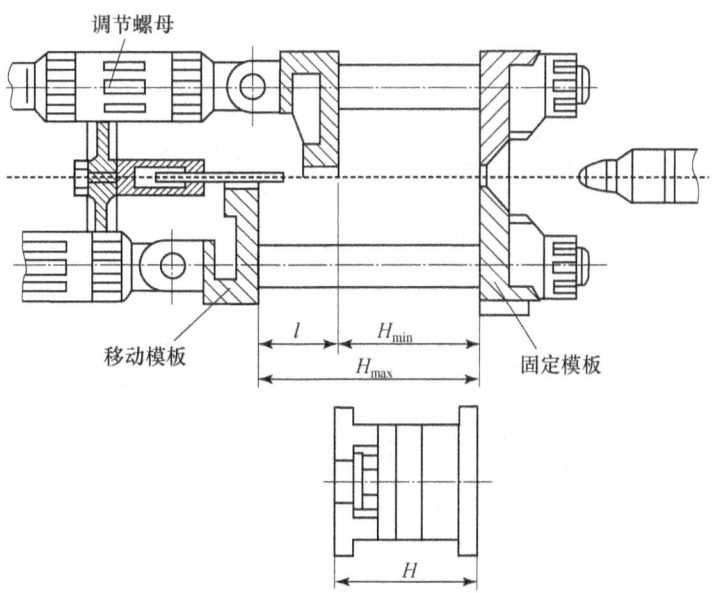

图 1-71 模具闭合高度与注射机装模空间的关系

模具取出塑件时最大开模距应小于注射机的两模板间的最大开模距，即 $H_{开}<H_{\max}$。而注射机最大开模距离与模具厚度无关。

（3）模具的安装和固定，模具的定模部分安装在注射机的固定模板上，动模部分安装在注射机的移动模板上。

模具安装固定形式有两种:

① 如图1-72(a)所示用压板、垫块、螺栓固定模具。② 如图1-72(b)所示在模板上加工出长槽,螺钉穿入模板槽中直接固定。

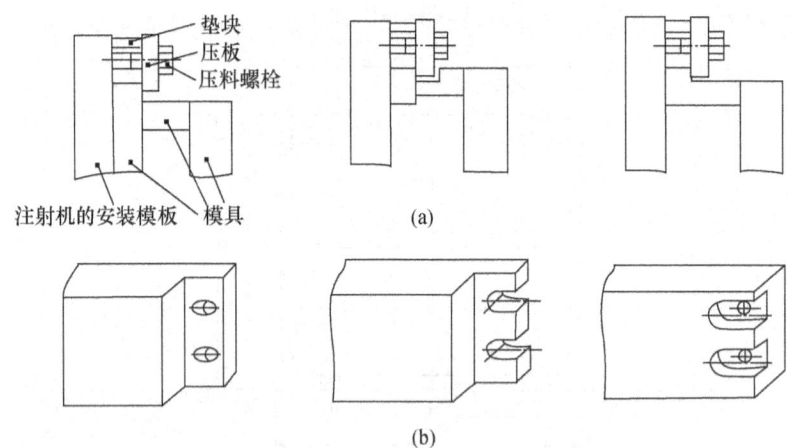

图1-72 螺栓与压板固定模具的形式

② 模具在注射机上的安装。

如图1-73所示为注射机安装板上加工有螺纹孔,通过螺纹孔装夹模具的一种情况。有的注射机安装板上加工有T形槽,通过T形螺栓、压板和垫块压紧模具。

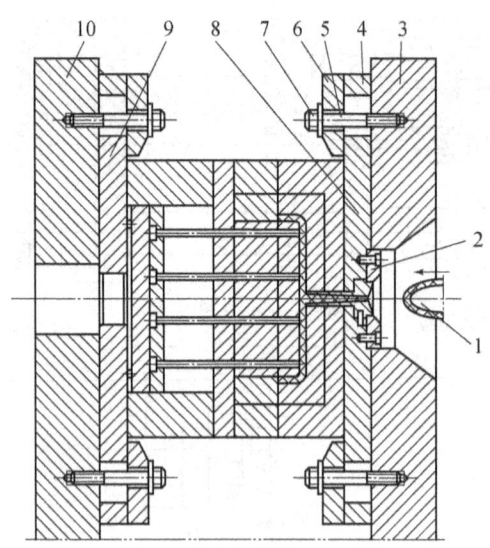

图1-73 模具在注射机上的安装

1—注射机射嘴;2—模具定位圈;3—注射机固定安装板;4—装模垫块;5—双头螺栓;
6—压板;7—加厚螺母;8—定模座板;9—动模座板;10—注射机移动安装板

(4) 模具安装方向。

① 模具为双型腔,外形尺寸是矩形时,尽量使型腔为水平方向,使塑件易于充满,如图1-74所示。

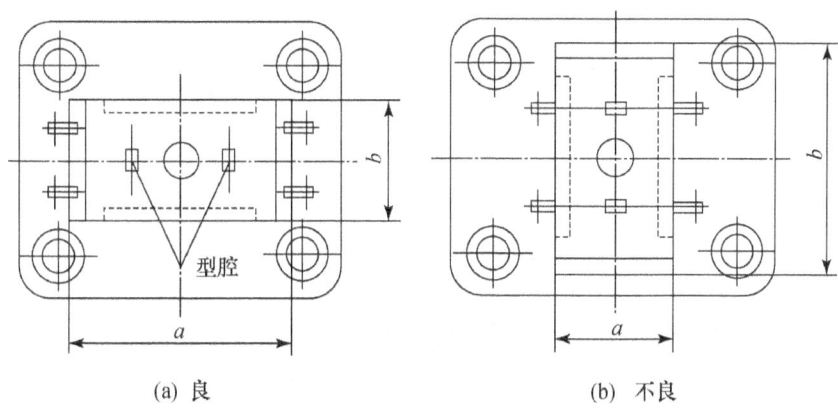

图 1-74 模具安装方向

② 当模具有侧向分型抽芯结构或气缸、油缸时,应安装在水平方向,抽芯机构安装在不影响操作者一侧(后侧)。

(5) 模具开模行程与顶出装置的校核。

① 单分型面模具开模行程,如图 1-75 所示,注射机最小开模行程:

$$S_{min} \geqslant H_1 + H_2 + (5 \sim 10)$$

H_1——塑件顶出距离(mm);

H_2——塑件带主流道高度(mm);

$(5 \sim 10)$——安全距离(mm)。

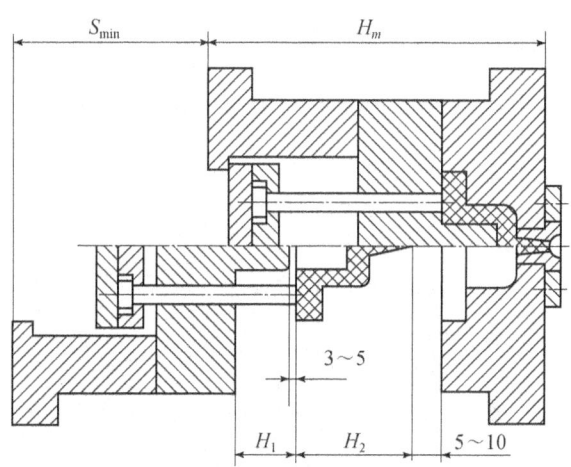

图 1-75 单分型面模具开模行程

② 双分型面模具开模行程,如图 1-76 所示,注射机最小开模行程:

$$S_{min} \geqslant H_1 + H_2 + A + C + (5 \sim 10)$$

H_1——推出塑件的最小距离(mm);

H_2——塑件及浇注系统的总高度(mm);

A——$A = B + 30$,取出流道凝料所需的距离(mm);

$C = (6 \sim 10)$ mm。

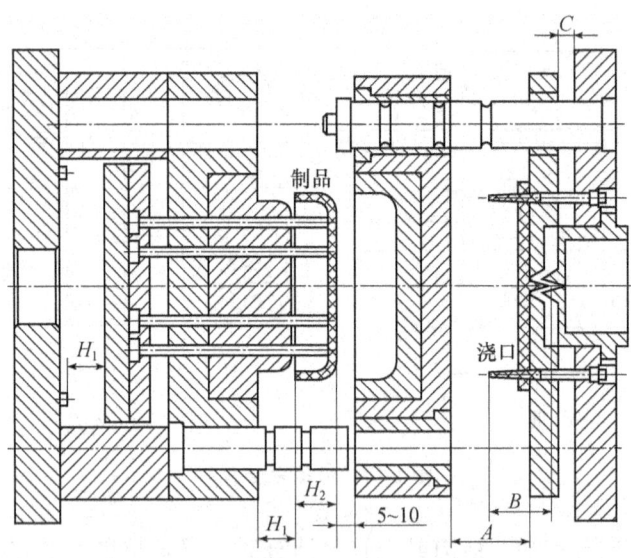

图 1-76 双分型面模具开模行程

③ 有侧向抽芯时的开模行程校核。

多数侧向抽芯模具是利用注射机的开模力,通过斜导柱或齿轮齿条抽芯机构来完成抽芯。开模行程必须根据侧向抽芯距离、塑件高度、推出距离及模具厚度等因素确定。如图 1-77 为斜导柱、侧滑块侧向抽芯机构。为保证侧滑块抽芯距离 $S_{抽}$ 所需的开模行程 H_4 应满足以下条件:

当 $H_4 > H_1 + H_2$ 时,

$$S_{抽} \geqslant H_4 + (5 \sim 10)$$

当 $H_4 < H_1 + H_2$ 时,

$$S_{抽} \geqslant H_1 + H_2 + (5 \sim 10)$$

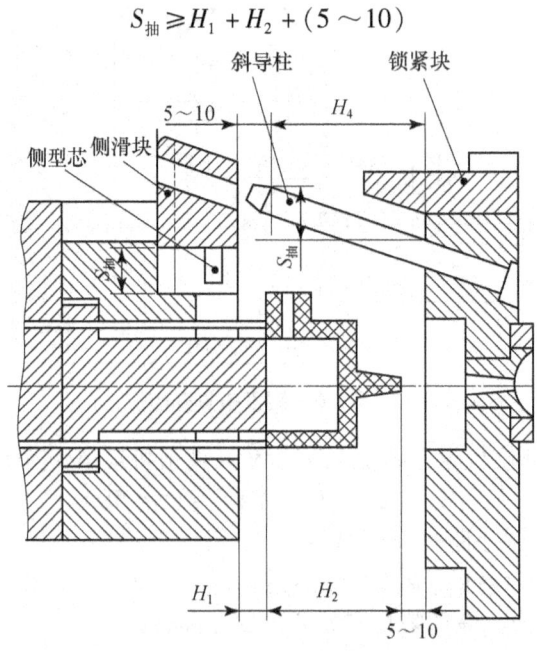

图 1-77 侧向抽芯开模行程

④ 当成型螺纹制品需要利用开模动作来脱下螺纹时,开模行程须加上旋出螺纹的开模距离:

$$S_{max} \geq H_1 + H_2 + (5 \sim 10)$$

H_1——塑件高度(mm);
H_2——旋出螺纹所需距离(mm)。

(6) 注射机喷嘴与模具浇口套的关系。

注射机喷嘴前端孔径 d 和球面 r,同模具主流道浇口套小端直径 D 和球面半径 R 应满足的关系如图1-78(a)所示。

$$R = r + (1 \sim 2), \quad D = d + (0.5 \sim 1)$$

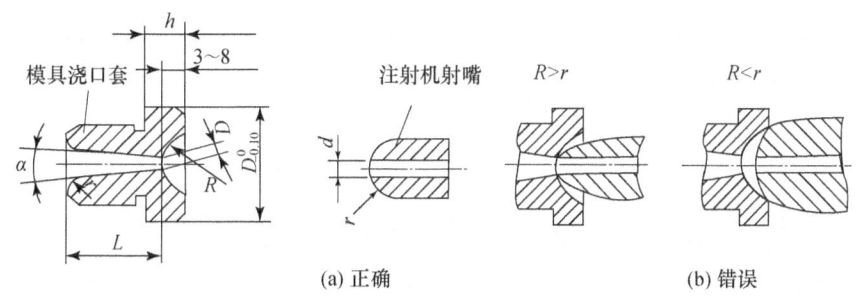

图 1-78 注射机射嘴与模具浇口套的关系

浇口套凹面深度 $3 \sim 5$ mm,$\alpha = 2° \sim 6°$,$D = 3 \sim 6$ mm。
浇口套材料常用 T8A 或 T10A,热处理硬度为 $50 \sim 55$ HRC。

4. 注射机校核

(1) 注射机最大注射量的校核。
方法一:直接按注射机的最大注射质量计算

$$KM_{机max} \geq M_s n + m_1$$

K——利用系数(通常取0.8);
$M_{机max}$——注射机最大注射量(g);
M_s——每件塑料件的质量(g);
n——产品数;
m_1——浇口凝料的总质量(g)。

方法二:若注射机最大注射量按容积标注,需将容积换算为质量,再按上式确定。

$$M_{机max} \geq \rho' V_0 = c\rho V_0, \quad (\rho' = c\rho)$$

V_0——注射机最大注射容积(cm³);
ρ'——在料筒温度和压力下,熔融塑料的密度(g/cm³);
c——在料筒温度下,塑料体积膨胀的校正系数。结晶型塑料 $c \approx 0.85$,非结晶型塑料 $c \approx 0.93$。

(2) 注射压力校核。注射机的注射压力必须大于塑件成型所需压力:

$$P_{机max} \geq P_s$$

$P_{机max}$——注射机最大注射压力(MPa);
P_s——塑件成型时所需要的压力(MPa)。

(3) 锁模力的校核。锁模力指注射机合模装置对模具所施加的最大夹紧力。注射机锁模力必须大于塑料充满型腔时的注射压力。

$$F_{机} \geq P_{模} \cdot A_{面}, \quad 或 \quad F_{机} \geq K \cdot P \cdot A_{面}$$

$F_{机}$——注射机最大锁模力（N）；
$P_{模}$——模具型腔中的平均压力（Pa），见表1-20；
P——料筒内螺杆对塑料的注射压力（Pa）；
$A_{面}$——塑件、流道、浇口在分型面上的投影面积之和（m²）；
K——压力损耗系数（取1/3～2/3）。

表1-20 常用塑料注射成型时的型腔压力

塑料品种	PE	PP	PS	AS	ABS	POM	PC
型腔压力/MPa	10～15	15～20	15～20	30	30	35	40

5. 确定模具型腔数的方法和原则

（1）型腔数确定原则。
① 按年产量要求确定。年产量小于1万件，用单型腔模。
② 按现有设备有效利用率确定。保证锁模力，注射量要求，且避免大机小用造成浪费。
③ 根据制品复杂程度、精度、模具制造难度确定。大型、中型、复杂塑件采用单型腔。高精度塑件原则上型腔数不超过4个。
④ 根据模具制造周期和成本确定。

（2）型腔数确定方法。
① 按注射机最大注射量确定型腔数：

$$n = (Km_0 - m_{浇})/m_i$$

m_i——一个塑件的质量（g）；
m_0——注射机最大注射量；
$m_{浇}$——浇注系统凝料质量（g）；
K——注射机最大注射量利用系数（取0.8）。

② 按注射机锁模力确定型腔数：

$$n = (F_0 - pA_{浇})/pA_i$$

p——单位面积所需的锁模力（MPa）；
$A_{浇}$——浇注系统及飞边在分型面上的投影（m²）；
F_0——注射机公称锁模力（N）；
A_i——一个塑件在分型面上的投影（m²）。

③ 按注射机的公称塑化量确定型腔数：

$$n = (KMT/3600 - m_{浇})/m_i$$

M——注射机的公称塑化量（g/h）；
T——注射周期（秒）。

6. 模具定位圈的结构与尺寸

为使模具主流道的中心线与注射机射嘴的中心线重合，且保证装模容易，模具定模板上的定位圈应与注射机固定安装板上的定位孔呈较松动的间隙配合，根据定位圈的大小，配合间隙取 0.2～0.4 mm。如图 1-79 所示为常用定位圈的结构，$D = 100$ mm、120 mm、150 mm 等。

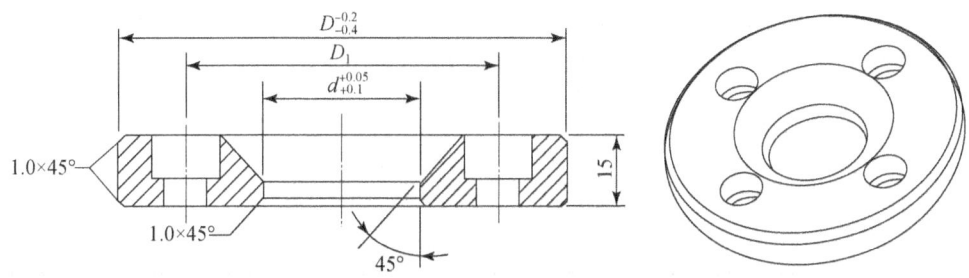

图 1-79 定位圈结构与尺寸

1.3.4 yoyo 塑料玩具结构分析及成型工艺的制订

通过任务一和任务二的学习，可以对 yoyo 塑件进行结构与工艺分析，制定注射成型工艺。

1. yoyo 塑件结构分析

（1）yoyo 塑件尺寸精度分析。

两个塑件配合尺寸有 $\phi 49.8$ mm 与 $\phi 50$ mm，取 MT2 级。孔中心距为 26.5 ± 0.28（mm），取 MT3 级。其余非配合尺寸取 MT5 级。

（2）yoyo 塑件表面质量分析。

该塑件要求外形美观，呈流线型，色泽鲜艳，外表面不允许有斑点、色纹、气孔、变色及熔接痕，外表面粗糙度 $Ra = 0.1 \sim 0.2$ μm。

2. 初选成型设备

（1）yoyo 塑件的体积和质量计算。

由三维软件可计算塑件体积为：$V = V_1 + V_2 = 3.41 + 20.5 = 23.91$（cm³）；流道体积：$V' = 1.9$ cm³。

查 PP 塑料密度 $\rho = 0.91$ g/cm³，由于加有钛白粉填料以提高其刚度、硬度及增加重量，因此取 $\rho = 1.0$ g/cm³。

故，求得塑件质量 $m = (V + V')\rho = (23.91 + 1.9) \times 1.0 = 25.81$（g）。

（2）注射机初步选择。

根据塑件外形尺寸，估算模架尺寸。PP 塑料适合螺杆式注射机，查塑料注射成型工艺参数表，注射压力在 $P = 50 \sim 80$ MPa 之间。

注射机锁模力：

$$F_{机} \geq P_{模} \cdot A_{面}$$

浇注系统和塑件在分型面上的投影面积：

$A_{面} \approx \pi(D_1/2)^2 + \pi(D_1/2)^2 + \pi(D_3/2)^2 + 6 \times 35 = 3.14 \times (24.9^2 + 29.5^2 + 3^2) + 210$

$$\approx 4707.7 + 210 = 4917.7 \text{ (mm}^2) \approx 4.92 \times 10^{-3} \text{ (m}^2)$$

查表 1-20 得 $P_{模} = 20 \times 10^6 \text{ Pa}$

$$F_{机} \geq P_{模} \cdot A_{面} = 20 \times 10^6 \times 4.92 \times 10^{-3} = 98400 \text{ (N)} = 98.4 \text{ (kN)}$$

查表 1-19 可知，XS-Z-30 注射机锁模力能够保证，但注射量不足。故初选螺杆式注射机型号为 XS-Z-60，能够满足注射量和注射压力要求。

3. 编制注射成型工艺

(1) 注射成型工艺参数的确定，如表 1-21 所示。

表 1-21 yoyo 塑件注射成型工艺参数

聚丙烯	预热和干燥	不需要		注射时间	0.5～1
			成型时间/s	保压时间	10～15
	料筒温度/℃	后段 170～190		冷却时间	30～35
		中段 170～220		成型周期	50～60
		前段 200～240		螺杆转速 r/min	28
	射嘴温度/℃	170～190	后处理		不需要
	模具温度/℃	40～80			
	注射压力/MPa	50～80			

(2) 填写注射成型工艺卡，如表 1-22 所示。

表 1-22 yoyo 塑件注射工艺卡

车间	×××	塑料注射成型工艺卡片		资料编号	×××
零件名称	yoyo 塑件	材料牌号	PP	共 页	第 页
装配图号	×××	材料定额	××	设备型号	XS-Z-60
零件图号	×××	总质量（净）	25.81g	每模件数	(1+1) 件
		材料干燥	设备	—	
			温度/℃	—	
			时间/h	—	
		料筒温度/℃	前段	200～240	
			中段	170～220	
			后段	170～190	
			射嘴	170～190	
		模具温度/℃		40～80	
		成型时间/s	注射时间	0.5～1	
			保压时间	8～10	
			冷却时间	25～30	
		压力/MPa	注射压力	50～80	
			背压力		

后处理	温度/℃	—	时间定额	辅助时间	5
	时间/s	—	（S）	单件	40
检验			—		
编制	校对	审核	组长	车间主任	检验组长	主管工程师

1.3.5 拓展与强化训练

如图 1-80、图 1-81 所示为透明塑料灯罩，大批量生产。要求塑件具有良好的透光性、化学稳定性、较高的使用温度、较好的成型性能，材料成本适中。零件不允许有飞边、毛刺、缩孔、气泡、裂纹、划伤等缺陷。试完成塑料灯罩原材料、结构分析并制订成型工艺。

1．灯罩结构工艺分析

（1）完成灯罩原材料分析及其选择；
（2）完成灯罩尺寸及精度分析；
（3）完成灯罩表面质量分析；
（4）灯罩的结构工艺性分析。

2．成型设备选择

（1）计算灯罩的体积和质量；
（2）选择模具型腔；
（3）选择注射机。

3．编制注射成型工艺

填写注射成型工艺卡，把相应参数填入表 1-22 中，替换原来内容。

图 1-80 透明塑料灯罩

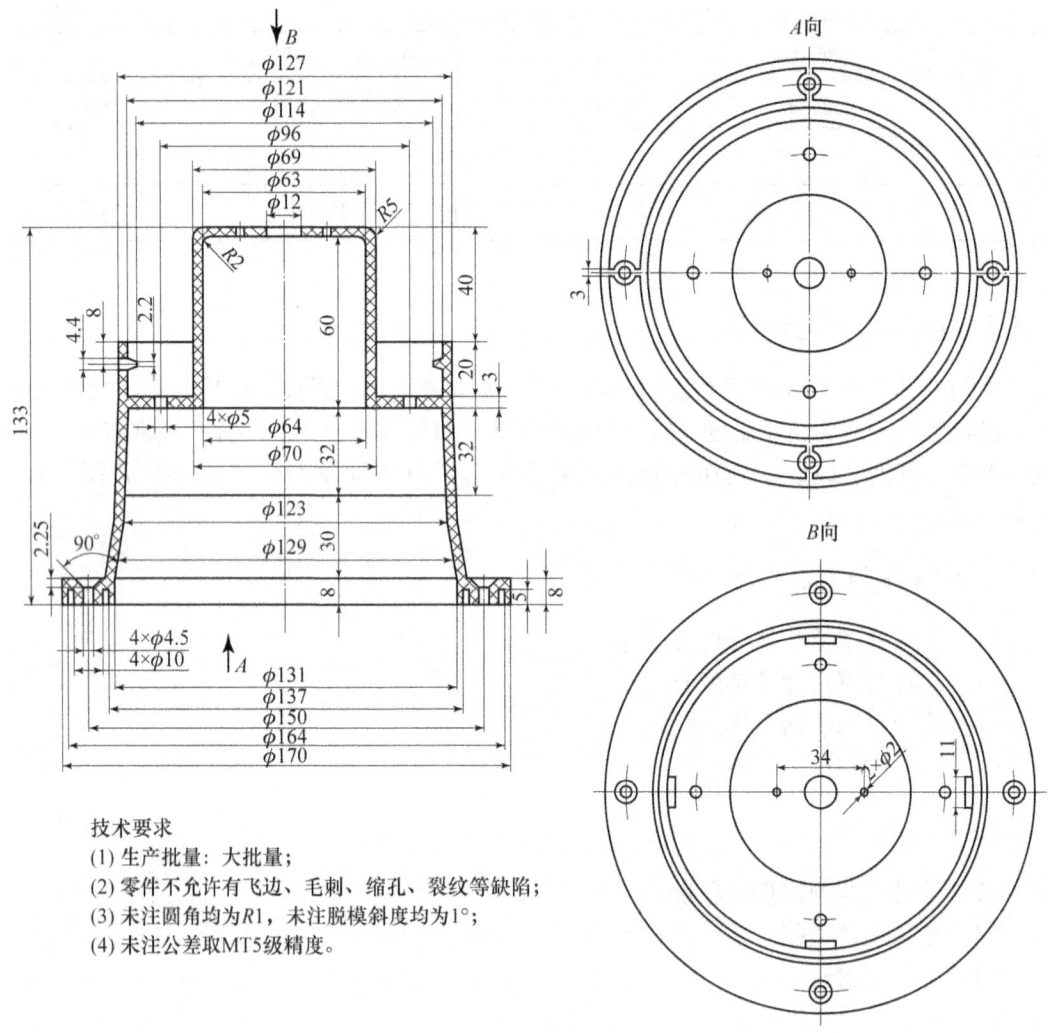

图 1-81 灯罩塑件图

思考与练习

一、填空题

1. 影响塑料注射成型工艺的三大要素是_____、_____、_____。
2. 注射机射嘴球面半径为 20 mm，则模具浇口套球面半径应为_____ mm。
3. 塑料成型的种类很多，其成型的方法也很多，有_____成型、_____成型、_____成型、_____成型、气动成型、泡沫成型等。
4. 一般说来，模具型腔数量越多，塑件的精度就_____，模具的制造成本就越_____，但生产效率会显著_____。
5. 热塑性塑料注射成型过程中，根据熔体进入型腔的变化情况，熔体充满型腔与冷却定型可分为_____、_____、_____和_____四个阶段。

二、选择题

1. 下列反映注射机加工能力的参数是_____。
   A. 注射压力　　　B. 合模部分尺寸　　C. 注射量　　　　D. 动模板行程
2. 对于一副塑料模，影响其生产效率的最主要因素是_____。
   A. 注射时间　　　B. 开模时间　　　　C. 冷却时间　　　D. 保压时间
3. 在一个注射成型周期中要求注射机动模板移动速度是变化的，合模时的速度_____。
   A. 由慢变快　　　B. 由快变慢　　　　C. 先慢变快再慢　D. 速度不变
4. 型号 XS-ZY-125 的注射机各参数中_____。
   A. Z 表示注射　　B. 125 表示锁模力　C. S 表示成型　　D. X 表示塑料
5. 一注射塑件采用 PP 材料，要求得到的制品密度大，强度、硬度高，刚度、耐磨性好，则其成型工艺条件应选用_____。
   A. 熔体温度和模具温度高　　　　　　B. 熔体温度和模具温度低
   C. 熔体温度高和模具温度低　　　　　D. 熔体温度低和模具温度高
6. 大多数的热塑性塑料注射模要求模温在_____。
   A. 10～30℃　　　B. 40～80℃　　　　C. 110～150℃　　D. 230～260℃
7. 模腔数目通过注射量计算为 2.3，通过锁模力计算为 6.5，通过塑化能力计算为 8.3，一般精度，要求按可能的最大模腔数制造，则选择的模腔数目应该为_____。
   A. 2 个　　　　　B. 4 个　　　　　　C. 6 个　　　　　D. 8 个

三、判断题

1. 浇注时，流体的速度越快越好。　　　　　　　　　　　　　　　　　　（　　）
2. 设计模具时，应保证成型塑件所需的总注射量小于所选注射机的最大注射量。
   　　　　　　　　　　　　　　　　　　　　　　　　　　　　　　　　（　　）
3. 卧式注射机的缺点是推出的塑件必须要人工取出。　　　　　　　　　　（　　）
4. 注射模上的定位圈与注射机固定模板上的定位孔呈过盈配合。　　　　　（　　）
5. 模具总厚度位于注射机可安装模具的最大厚度与最小厚度之间。　　　　（　　）
6. 注射成型模具型腔内压力等于注射压力。　　　　　　　　　　　　　　（　　）
7. 注射成型可用于热塑性塑料的成型，也可用于热固性塑料的成型。　　　（　　）
8. 卧式注射机用的主流道平行于分型面，直角式注射机用的主流道垂直于分型面。
   　　　　　　　　　　　　　　　　　　　　　　　　　　　　　　　　（　　）

四、简答题

1. 简述螺杆式注射机注射成型原理。
2. 注射成型前有哪些准备环节？
3. 简述注射成型的工艺过程。
4. 什么是注射成型工艺三要素？各包括哪些内容？
5. 常见注射机有哪些类型？
6. 模具与注射机配合要求有哪些方面？
7. 简述确定模具型腔数的方法和原则。

五、应用题

1. 如图 1-82 所示塑料件，材料为 ABS，平均壁厚 2 mm，筋厚 1.5 mm。估算要用多大锁模力的注射机，并校核注射机的注射量是否满足塑件成型要求。

2. 如图 1-83 所示为电器外壳塑料件，大批量生产。要求塑件具有良好的综合机械性能（强度、刚度、韧性、硬度等），较高的使用温度，较好的成型性能。完成下列内容：

① 材料分析与选择；② 结构及尺寸精度分析；③ 工艺分析；④ 设备选用；⑤ 编制工艺过程。

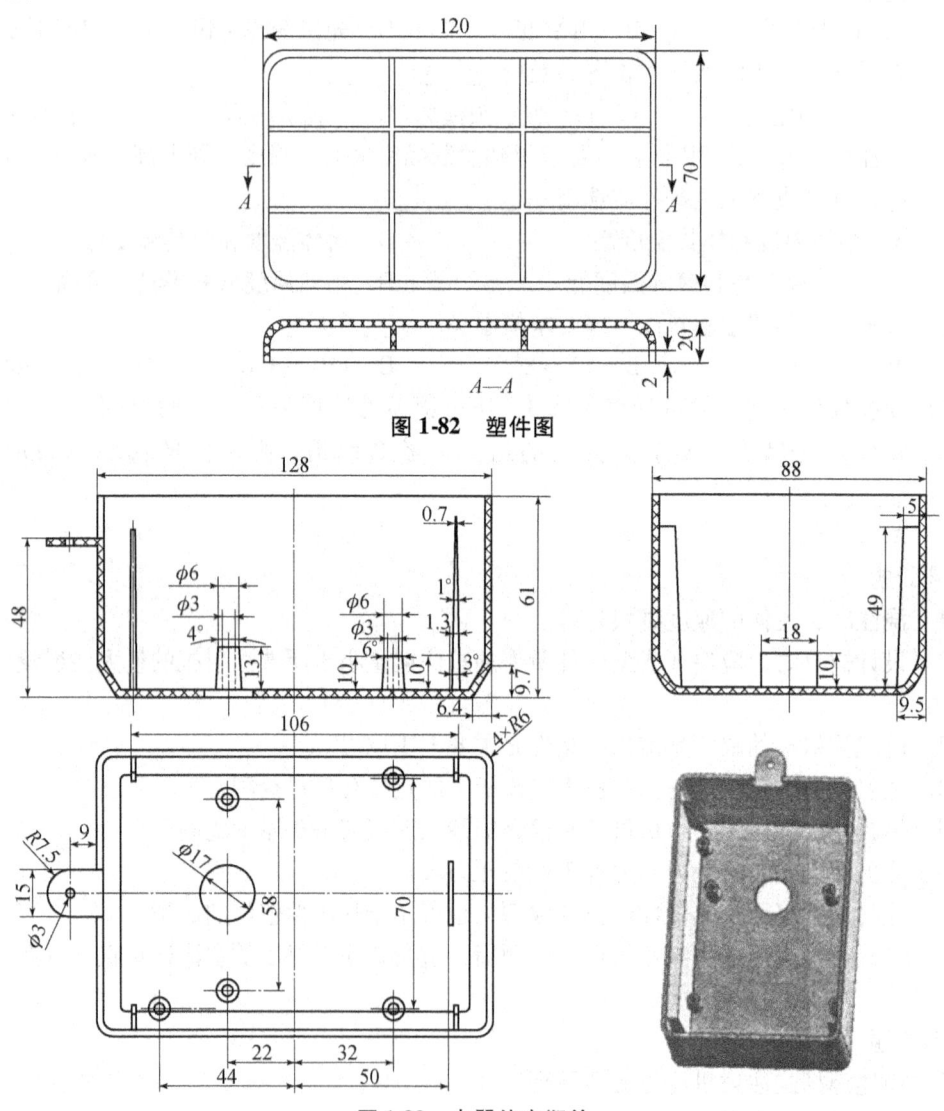

图 1-82 塑件图

图 1-83 电器外壳塑件

技术要求：

1. 未注公差取 MT5 级精度；
2. 未注脱模斜度均为 1°，外表面粗糙度 $Ra=0.4\ \mu m$，内表面粗糙度 $Ra=3.2\ \mu m$；
3. 未注圆角半径均为 R_1，未注壁厚均为 2 mm；
4. 零件不允许用飞边、毛刺、缩孔、裂纹等缺陷。

任务四 确定yoyo玩具注射模分型面并设计浇注系统

任务要求：
1. 确定模具结构类型，如注射模（单分型面、双分型面）、吹塑模、挤出模等；
2. 选择分型面并设计浇注系统；
3. 是否需要考虑进气与排气装置。

要完成上述任务，必须了解并掌握有关分型面的知识及浇注系统的设计。

1.4.1 塑料模具分类

塑料模具根据成型工艺可分为：

（1）注射模（又称注射模），使用设备是注射机，主要成型热塑性塑料，应用广泛。

（2）压注模（又称传递模、挤胶模、挤塑模），成型热固性塑料，使用设备为液压机或专用压铸机。

（3）压缩模（又称压塑模、压制模、压胶模），成型热固性塑料，使用设备通常为液压机。

（4）挤出模（又称机头），成型热塑性塑料的型材、管件、线材。

（5）气动成形模。

① 中空吹塑模，成型各种容器、瓶子，使用设备有挤出吹塑机、注射吹塑机等。

② 真空吸塑模（真空成型模），先加热片状塑料，然后抽真空成型，用于薄片材料成型。

③ 压缩空气成型模，先加热片状塑料，通入（10个大气压）压缩空气成型，用于薄片板材。

（6）发泡成型模（又称泡沫塑料成型模），成型各种包装用泡沫。

（7）空气辅助成型模（气辅成型工艺），将氮气加一定压力压入制品结构中较厚部分，形成中空结构。

下面主要介绍应用广泛的注射模。

1.4.2 注射模的组成和特点

1. 按分型面划分注射模的组成

注射模由动模和定模两大部分组成，安装在注射机固定模板上的部分是固定不动的，故称为定模。安装在注射机移动模板上，随移动模板前进和后退，与定模形成或开幕。

2. 按模具各部分功能结构划分注射模的组成

（1）成型部分：与塑件表面接触，直接成型塑料件的模具零件。如型芯为成型塑件内表面的外凸模具零件（大部分在动模，故称动模型芯，有时定模也存在型芯）。型腔为成型塑件外表面的内凹模具零件（大部分在定模，因此称定模型腔，有时动模也存在有型腔），如图 1-84 中的件 7、10、14、15、16 所示。

（2）侧向分型与抽芸部分：侧型芯（成型塑件侧孔、侧凹的模具零件）、限位板、弹簧，如图 1-84 中件 9、31、11、12、13 所示。

（3）浇注部分：浇口套、分流道（充灌型腔的通道）、冷料井（储存熔料前端冷料），如图 1-84 中件 2 所示。

（4）导向及定位部分：导柱、导套、定位圈、限位板、销钉，如图 1-84 中件 29、30 所示。

（5）推出及复位部分：推（顶）杆、拉料杆、顶杆固定板、推板、复位杆，如图 1-84 中件 15、17、22、23、24 所示。

（6）结构零件：即动模座板及定模座板、固定板、支承板、紧固件（螺栓），如图 1-84 中件 4、19、20、25 所示。

（7）加热与冷却部分：动、定模冷却水道、密封圈、水管接头，如图 1-84 中件 3、5。

（8）排溢部分指排气和溢料。

如图 1-84 所示是一副支架注射模结构图，属于单分型面、双型腔、侧浇口、推杆推出、复位杆复位、弹簧侧抽芯结构。

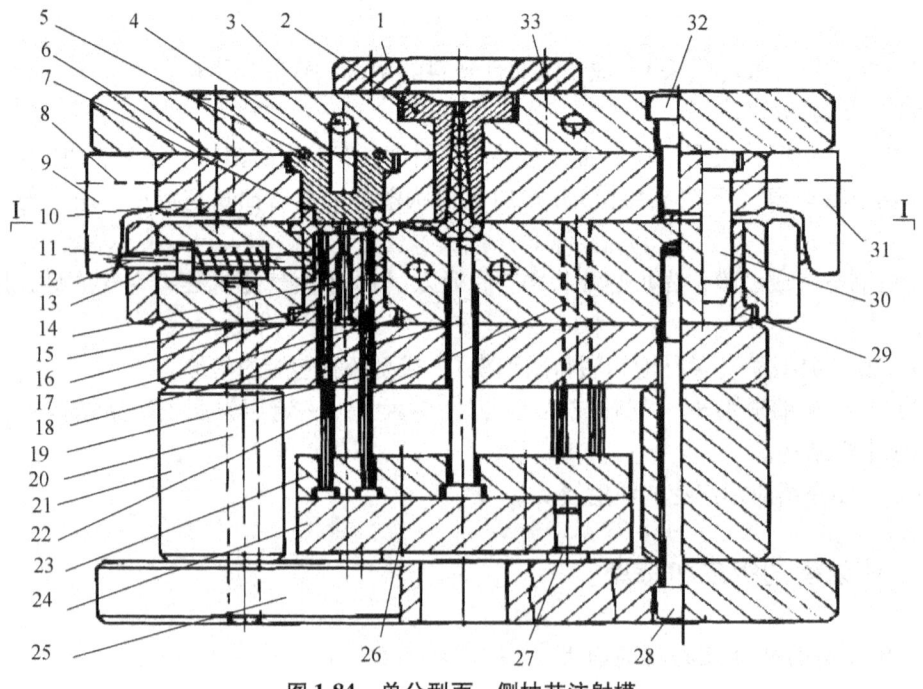

图 1-84 单分型面、侧抽芯注射模

1—定位圈；2—浇口套；3—冷却水道；4—定模座板；5—密封圈；6、20—销钉；7—定模型芯；8、26、28、32、33—内六角螺栓；9、31—左、右斜楔；10—定模板（A 板）；11—弹簧；12—侧型芯；13—限位板；14—动模小型芯；15—推杆（顶杆）；16—动模型芯；17—动模板（B 板）；18—拉料杆；19—支承板；21—垫块；22—复位杆；23—推杆固定板；24—推板；25—动模座板；27—支承钉（垃圾钉）；29—导套；30—导柱

3. 注射模特点

（1）塑料加热熔化是在注射机内进行，熔体通过浇注系统充满型腔，因此，浇注系统

对注射模具至关重要，有时关系到整套模具的成败。

（2）先闭合模具后注射塑料。塑料制品材料不同，成型时模具温度也不同，有的模具需要冷却降温，有的模具则需要加热升温。

通常模具升温是由高温塑料传导而得，当模温超过所需温度范围时，则需冷却降温。需要时可在模具中设置加热或冷却系统。

（3）注射模生产适应性强，大、小塑件及简单、复杂塑件均可生产，且生产效率高，容易实现自动化。

（4）注射模结构复杂，制造周期长，成本高。

1.4.3 注射模的分类

1．按成型塑件材料分

① 热塑性塑料注射模；② 热固性塑料注射模。

2．按注射机类型分

① 卧式注射机用模具；② 立式注射机用模具；③ 直角式注射机用模具。

3．按注射模的整体结构分

① 单分型面注射模（二板模，只有一个主分型面）；② 双分型面注射模（三板模，有两个主分型面）；③ 侧面分型和抽芯结构注射模；④ 垂直分型注射模（带有斜滑块，俗称哈夫块）；⑤ 定模有推出装置的注射模。

4．按浇注系统结构分

① 普通流道注射模：有浇口废料；② 热流道注射模：流道有加热或绝热装置，无浇口废料。

1.4.4 单分型面注射模（又称两板模）

整个模具中只在动模与定模之间具有一个分型面的注射模叫单分型面注射模或两板模（动模板和定模板），它是注射模中最简单的一种类型，其他形式的模具都是在两板模基础上发展起来的。

（1）模具结构。

图 1-85 所示为单分型面注射模实物。

图 1-85 单分型面注射模实物

图 1-86 所示为单分型面注射模工程图（平面结构图）。

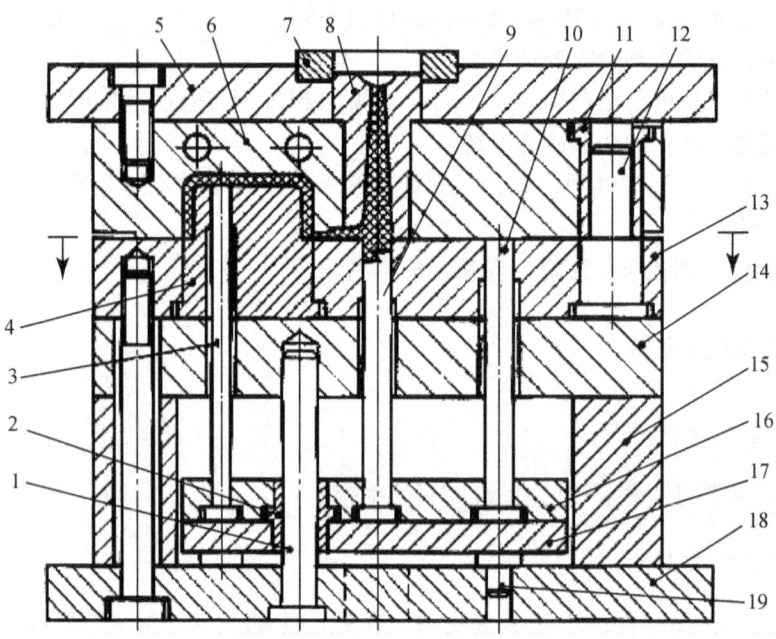

图 1-86　单分型面注射模合模注射时的模具状态

1—推出系统导柱；2—推出系统导套；3—推杆（顶杆）；4—动模型芯；5—定模座板；
6—定模型腔板（A 板）；7—定位圈；8—浇口套（唧嘴）；9—拉料杆；10—复位杆；11—导套；12—导柱；
13—动模型腔板（B 板）；14—支承板；15—垫块；16—推杆固定板；17—推杆底板（推板）；18—动模座板；
19—支承钉（限位钉、垃圾钉）

图 1-87 所示为单分型面注射模开模时的模具状态。

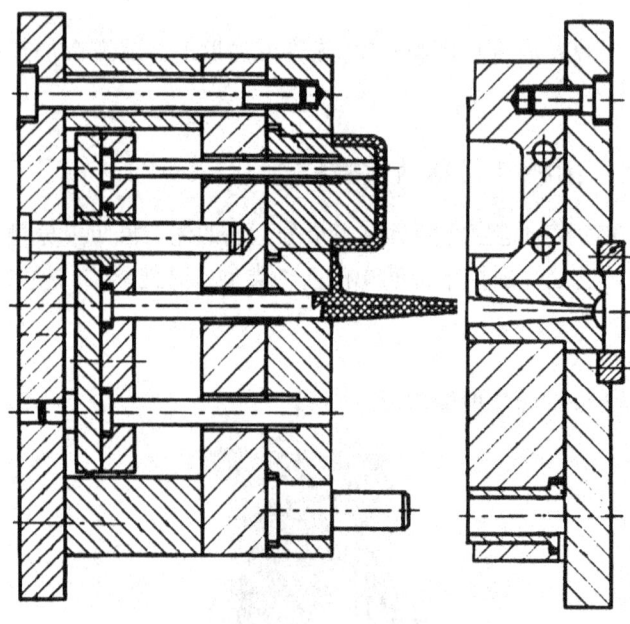

图 1-87　单分型面注射模开模时的模具状态

图 1-88 所示为单分型面注射模顶出时的模具状态。

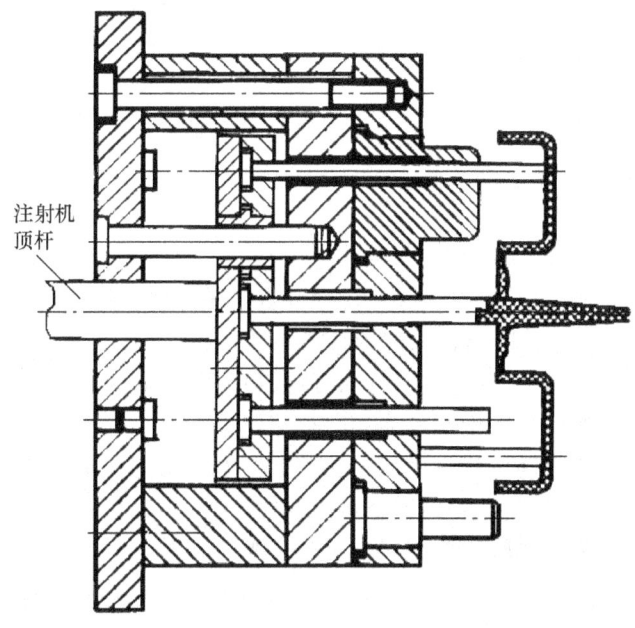

图 1-88　单分型面注射模塑件顶出时的模具状态

（2）模具动作过程。

① 合模，注射机注射→保压、冷却，如图 1-86 所示。

② 开模过程。

注射完毕，注射机动模安装板带着动模后退，动、定模分离，如图 1-87 所示。为保证主流道及浇注系统凝料顺利从浇口套中脱出，本模具设置了拉料杆 9。

③ 推出过程。

开模完成后，在注射机顶杆作用下推动推板 17、推杆 3、复位杆 10，把塑件从动模型芯 4 上推出，同时拉料杆把浇注系统退出，如图 1-88 所示。

④ 合模过程。

塑件取出后，注射机动模安装板带着动模前进，动、定模接合。同时复位杆 10 被定模型腔板 6 推动，进而推动推板 17 后退，带动推杆、拉料杆复位。

（3）结构特点分析。

① 该模具只需一次分型即可顺利取出塑件，只有一个分型面因此称为单型面。成型部分在件号 6（定模型腔板或 A 板）和件号 13（动模型腔板或 B 板），因此称为二模板。浇口（由流道进入到型腔）在零件侧面，因此称为侧浇口。

② 该模具件号 6 定模型腔板较厚，为缩短浇口长度，浇口套 8 沉入定模座板内（一般情况下，浇口套大端在定模座板外），这样设计有两点作用：

a. 流道短，熔融塑料温度降低慢，易成型。

b. 减少浇注系统，节约塑料和能源。

③ 动模型芯 4 设计在动模，有三点作用：

a. 确保塑件冷却后留在动模。

b. 动模设置推出机构，使模具结构相对简单。

c. 该盒型件表面要求平整、光滑，型芯成型塑件内表面，型芯上面设置推杆，塑件内表面有顶出痕迹，不影响塑件外观质量。

④ 导柱、导套的安装位置

大导柱 12 可装在动模，也可装在定模，但必须与伸出分型面最长的型芯所在位置一致，即伸出分型面最长的型芯在动模，导柱应装动模。伸出分型面最长的型芯在定模时，导柱应装在定模。

四件导柱是井字形等距离排列，一件中心距应错开 3～10 cm，防止合模时调转 180° 而造成模具压伤，另一种办法是把其中一件导柱直径设计成比其他导柱小 2～3 mm。

⑤ 件号 9 拉料杆较短，留出孔深作为储料井（冷料穴），有三点作用：

a. 存储喷嘴前端的冷料、防止进入型腔造成塑件融合不良，形成熔接痕。

b. 冷料穴塑料可起到型腔内塑料冷却时补缩作用。

c. 拉料杆拉住流道，确保浇注系统脱离定模、留在动模，以便推出机构推出。因为定模通常不设推出装置，塑件留在定模将难以脱模。

⑥ 导套大端平面靠近模具边缘侧，加工排气槽

排气槽尺寸：宽×深 =（2～3）×（0.6～1.2）mm，模具在装到注射机安装板上时，便于合模时导柱、导套排气。由于配合间隙较小，像气缸、活塞一样，严重时合不了模。

⑦ 件号 19 支承钉装入件号 18 动模座板后，统一磨平，确保高度一致，有两点作用：

a. 起限位作用，保证推杆与型芯分型面平齐，保证塑件上没有凸起或凹坑（推杆端面低时塑件上有凸起，端面高时塑件上有凹坑）。

b. 当推板与动模座板之间有塑料屑或其他杂物时，易于清理，不影响合模，保证合模到位。因此，该零件又称垃圾钉。

⑧ 在件 6 定模型腔板的型腔外围四周加工去除 0.5 mm 材料，比分型面低 0.5 mm，以减小分型面的密合面积，保证合模时密封可靠，防止塑件出现飞边。塑件推出后浇口很容易从拉料杆上取出。

⑨ 设置推板导柱、导套导向结构，见件号 1 推出系统导柱和 2 推出系统导套。

目前大中型及精密注射模具，均设置推板导柱，导套结构。小型低档模具可省略该导向机构。顶出系统设置导向机构的作用有三点：

a. 保证推出和复位平稳，防止推杆、推管、推块等推出零件与型芯孔产生剧烈摩擦，致使顶出孔过早磨损而使塑料进入空隙中，出现较大塑料飞边，严重时甚至顶断推杆或复位时拉断推杆，折断的推杆合模时插坏定模型腔镜面，出现较大的模具安全事故，影响产品质量和正常生产。

b. 推杆固定板、推板等活动板均悬挂在导柱上，由导柱承受其重量，避免这些模具零件因自重下垂，使推杆、推管及复位杆顶出及复位时受力不均。

⑩ 图中型芯、型腔均设有冷却水道，提高塑件质量和生产效率。

1.4.5 分型面的选择

为了将塑件从密闭的模腔内取出，或能够顺利安放嵌件、取出浇注系统，必须将模具分成两个或几个部分。

把分开模具能取出塑件的面称为分型面。以分型面为界,把模具分成两部分,即动模与定模部分,其他分开面,可称为分离面或分模面,如图1-89所示。

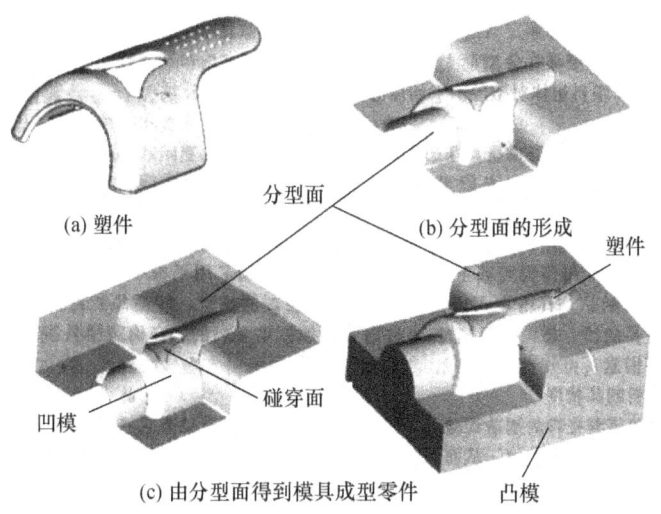

图1-89 分型面的形成

有的模具较简单,只有一个分型面;有的模具较复杂,具有多个分型面,将脱模时取出塑件的分型面称为主分型面。分型面的方向尽量与注射机开模方向垂直,如图1-90(a)、1-90(b)所示,特殊情况下采用与注射成型机开模方向平行的方向,如图1-90(c)所示的Ⅱ分型面。

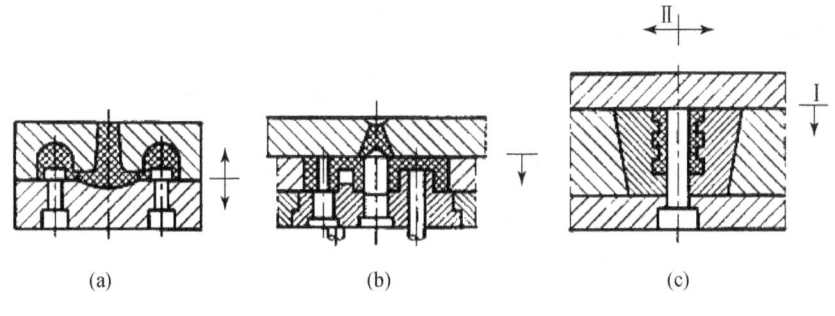

图1-90 分型面的表示方法

1. 分型面的表示方法

在模具的装配图上分型面的表示方法如图1-90所示。当模具分型时,若分型面两边都在移动,用"←┼→"表示,如图1-90(a);若分型面其中一侧不动,另一侧做移动,用"┼→"表示,如图1-90(b)。箭头指向移动方向,有多个分型面时,按分型的先后顺序用Ⅰ、Ⅱ、Ⅲ表示,如图1-90(c)所示。

2. 分型面的形状

分型面的形状主要有如下几种。

(1) 平面分型面，平面分型面有水平和垂直两种，如图 1-91 所示。

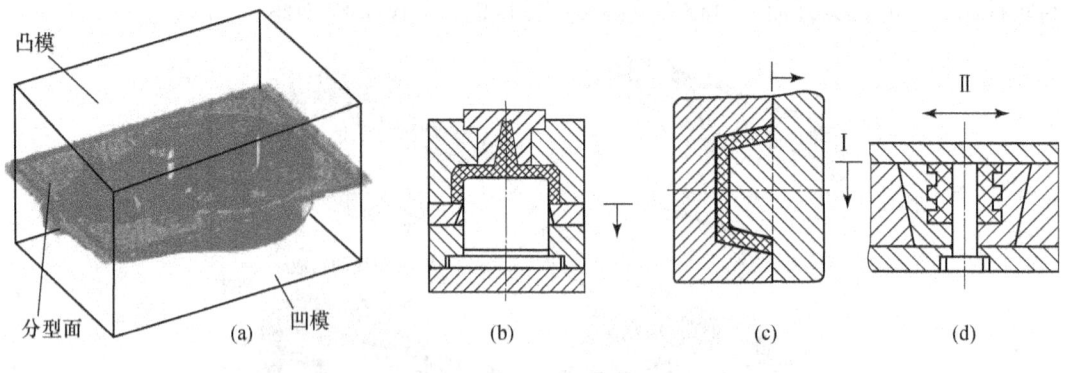

图 1-91　平面分型面

(2) 斜分型面，如图 1-92 所示。
(3) 阶梯分型面，如图 1-93 所示。

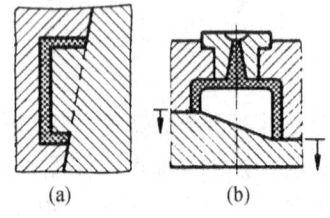　　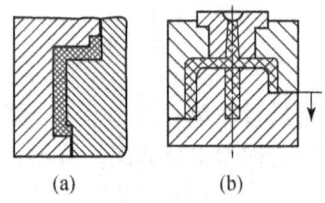

图 1-92　斜分型面　　　　　　　　图 1-93　阶梯分型面

(4) 曲面分型面，如图 1-94 所示。

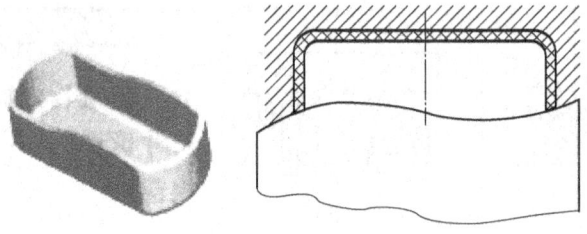

图 1-94　曲面分型面

3. 分型面选择的基本原则

分型面的选择是否合理对模具制造、塑件生产及产品质量都有很大影响，是模具设计中非常重要的环节。其基本原则如下：

(1) 有利于脱模。

因为塑件的顶出机构通常都设置在动模部分，所以塑件在开模时应留在动模部分。只有特殊情况时，定模才有顶出机构。为确保塑件能顺利从模具中脱出，主分型面应选在塑件外形最大轮廓处。另外，尽量做到凹模成型塑件外表面，凸模成型内部结构，这种结构俗称"天地模"，如图 1-95 所示。

当塑件带有金属嵌件时，因为嵌件不会收缩而包紧型芯，所以型腔应设在动模上，否则开模后塑件留在定模上，使脱模困难，如图1-96所示。

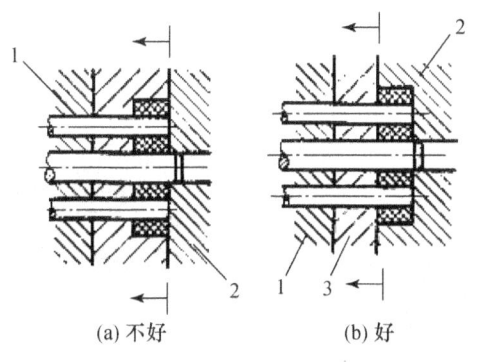

图1-95 塑件留模方式

1—动模；2—定模；3—推出板

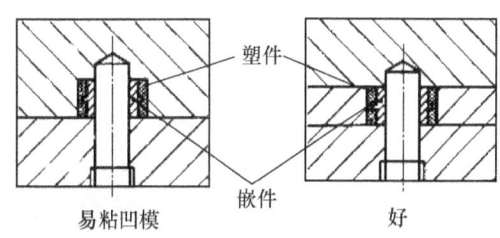

图1-96 带有嵌件的塑件留模方式

（2）保证塑件的尺寸精度。

有同轴度要求的部分全部在动模内成型，则可满足同轴度的要求，如图1-97所示。若塑件较高，由于脱模斜度的存在，大小端尺寸差异较大，当减小脱模斜度时，又会造成脱模困难。若塑件外观无严格要求时可将分型面选在塑件中间，如图1-98所示。

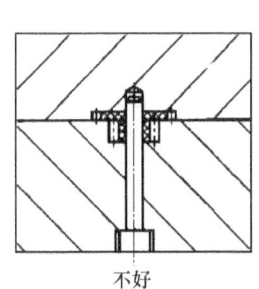
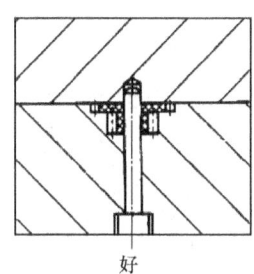

图1-97 选择分型面位置保证塑件同轴度要求

图1-98 选择分型面位置减小脱模斜度

（3）保证塑件的外观质量。

分型面应尽可能选择在不影响塑件外观的部位，而且在分型面处所产生的飞边应易于修整和加工，如图1-99所示。

（4）简化模具结构。

① 简化侧抽芯机构。

- 尽量避免侧抽芯机构，若无法避免，应使抽芯行程尽量短，如图1-100所示。

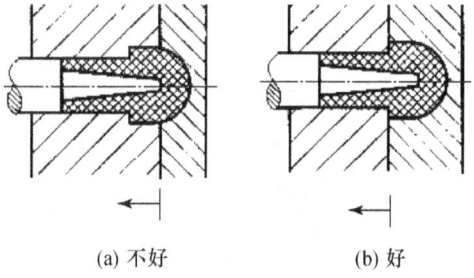

图1-99 分型面对外观质量的影响

- 尽可能把侧滑块设计在动模，避免定模抽芯而使模具结构复杂，如图1-101所示。

② 方便浇注系统的布置，对于二板模，分流道都是沿分型面走向，要使熔体在分流

道内的能量损失最小，布置分流道的分型面起伏不宜过大。

③ 便于排气，分型面是主要排气的地方，为了有利于气体的排出，分型面尽可能与料流的末端重合，如图 1-102 所示。

④ 便于嵌件安放，同时应尽量减少分型面数目。

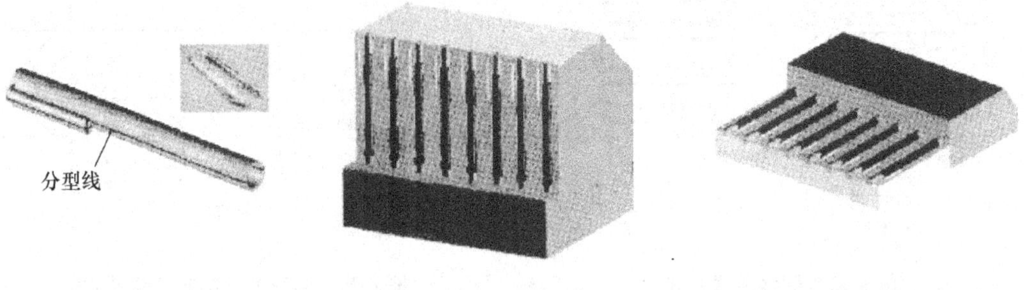

(a) 塑料制品：笔杆　　(b) 纵向摆放时抽芯距离短　　(c) 横向摆放时抽芯距离太长

图 1-100　侧向抽芯距离越小越好

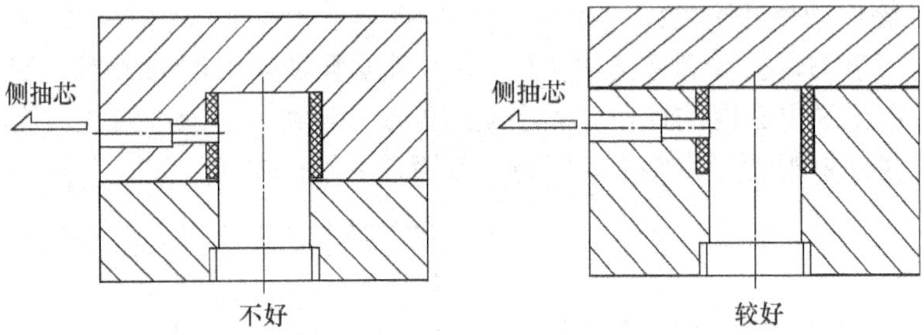

图 1-101　侧抽芯放在动模

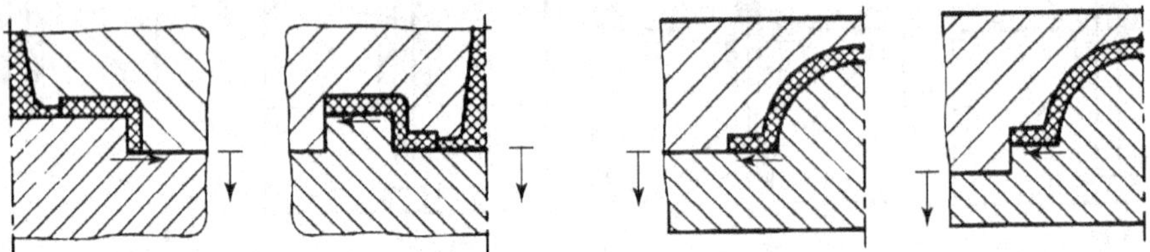

(a) 合理　　(b) 不合理　　(c) 合理　　(d) 不合理

图 1-102　分型面应便于排气

（5）有利于模具制造。

为方便模具机械加工，尽量采用平直分型面，做到能用平面（与开模方向垂直）不用斜面，能用斜面不用曲面，如图 1-103 所示。

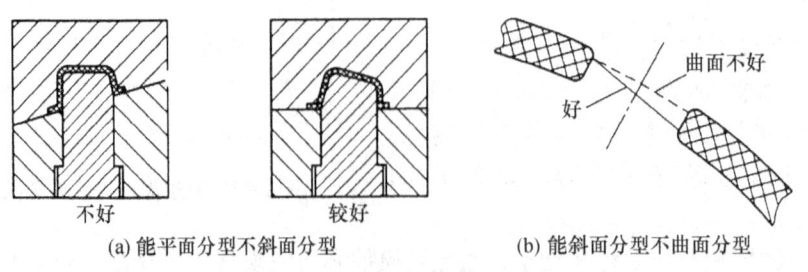

(a) 能平面分型不斜面分型　　(b) 能斜面分型不曲面分型

图 1-103　分型面选择应有利于模具制造

4. 确定分型面的注意事项

（1）台阶分型面处的插穿面倾斜角度取 3°～5°，如图 1-104 所示。

（2）封料距离 $L \geqslant 5$ mm，保证熔融塑料不泄露，如图 1-105 所示。

（3）创建基准平面

在创建分型面时，若同时具有斜面、台阶、曲面等高度差异的一个或多个分型面时，必须设计一个基准平面，以方便加工和测量，如图 1-106 所示。

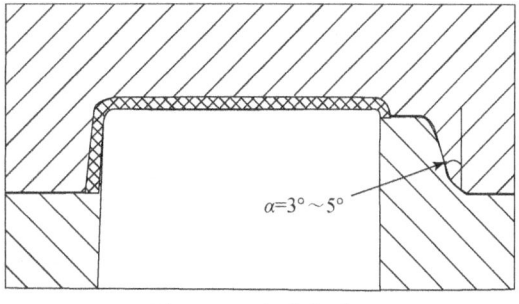

图 1-104 台阶分型面

（4）平衡侧向压力

由于型腔内熔融塑料产生的侧向压力使动、定模不能自身平衡，容易引起动、定模的错位，通常采用增加斜面锁紧，利用动、定模的刚性，平衡侧向压力，如图 1-107 所示。锁紧斜面在合模时要求完全贴合，锁紧斜面倾斜角度一般取 10°～15°，斜度越大，平衡效果越差。

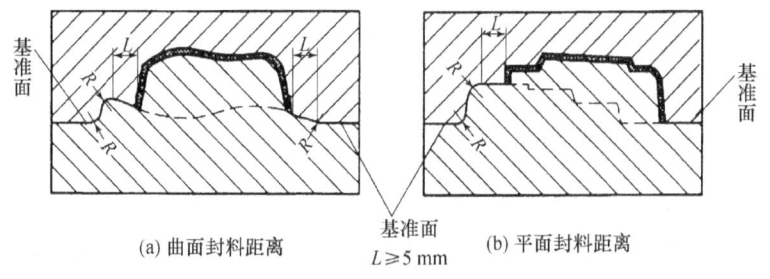

图 1-105 分型面上封胶距离

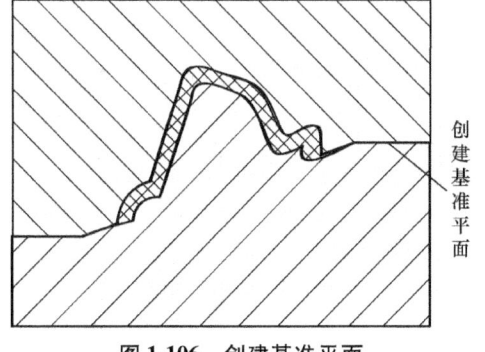

图 1-106 创建基准平面　　　　图 1-107 分型面加锥面定位

1.4.6 浇注系统的设计

浇注系统是指模具中从喷嘴开始到型腔入口为止的一段塑料熔体的流动通道。其作用是将塑料熔体顺利地充满型腔，并在填充及凝固过程中，将注射压力传递到型腔的各个部位，以获得外形清晰、内在质量优良的塑件。浇注系统设计合理与否，将直接影响到塑件的外观和内部质量、尺寸精度和成型周期，甚至关系到模具设计的成败。

1. 浇注系统的组成和分类

浇注系统可分为普通浇注系统和热流道浇注系统。

普通浇注系统都是由主流道、分流道、浇口及冷料穴组成，如图 1-108 和图 1-109 所示分别为侧浇口浇注系统和点浇口浇注系统。

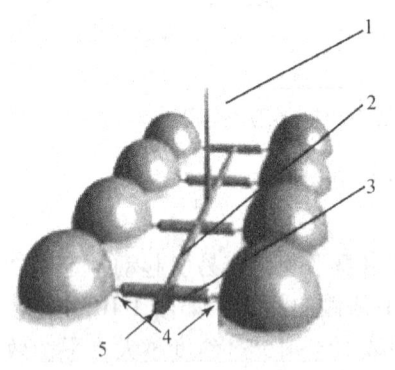

图 1-108　侧浇口浇注系统组成
1—主流道；2—一级分流道；3—二级分流道；4—浇口；5—冷料穴

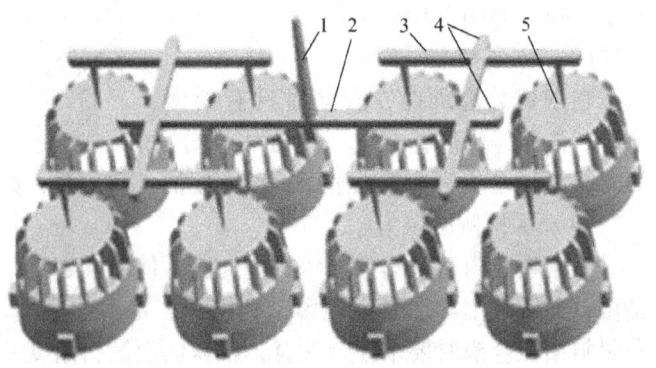

图 1-109　点浇口浇注系统组成
1—主流道；2——级分流道；3—二级分流道；4—冷料穴；5—浇口

2. 浇注系统的设计原则

浇注系统设计应遵循如下设计原则：

（1）保证塑件外观质量，浇口在塑件表面会留下痕迹，影响表面质量。因此，浇口应设置在塑件隐蔽部位，且浇口容易切除、痕迹不明显。

（2）避免熔料直接冲击细小型芯、嵌件或薄壁等薄弱环节，防止模具型芯和其他成型零件的变形。

（3）应有良好的排气，如图 1-110（a）所示的浇注系统不合理，因为熔体流入型腔后，首先封闭分型面，使气体无法排出。如果塑件表面要求较高，可改用图 1-110（b）所示的浇注系统，但模具结构复杂。若塑件表面没有要求，可改用图 1-110（c）所示的浇注系统，即可克服上述缺点。

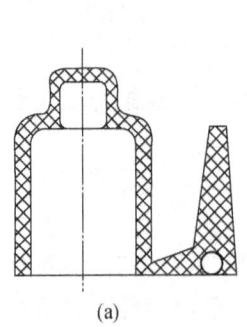
(a)

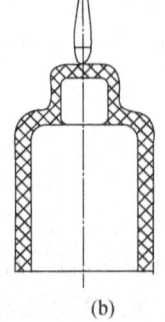
(b)

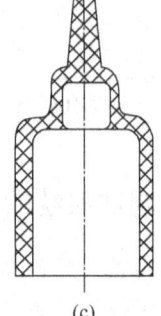
(c)

图 1-110　浇注系统应排气良好

(4) 流程要短，塑料熔体应以最短的流程来充满型腔，以缩短成型周期，提高成型质量，节约塑料用量，降低生产成本。

(5) 尽可能采用平衡式布置使收缩均匀，尺寸精度高，塑件有互换性。

(6) 当塑件的生产批量较大时，浇注系统应采用潜伏式浇口或点浇口，使浇口与塑件自动分离并脱落，便于实现自动化，如图1-109所示点浇口。

3. 浇注系统的设计

浇注系统设计主要是对主流道、分流道、浇口及冷料穴进行形状和尺寸确定。

(1) 主流道设计。

① 普通主流道尺寸。

主流道是指浇口套口进料口至分流道入口处止的一段锥形流道，在浇口套内成型，与注射机喷嘴在同一轴心线上，熔料在主流道中不改变方向。

主流道尺寸确定如图1-111所示，L应尽量短。

$D_1 = 3 \sim 6$ mm，$D_2 = 3.5 \sim 5.5$ mm，
$R = 1 \sim 3$ mm，$\alpha = 2° \sim 6°$，$\beta = 6° \sim 10°$

注意：主流道应设计在浇口套内，避免做在模板上或采用镶拼结构，防止塑料进入接合面形成横向飞边，造成脱模困难。

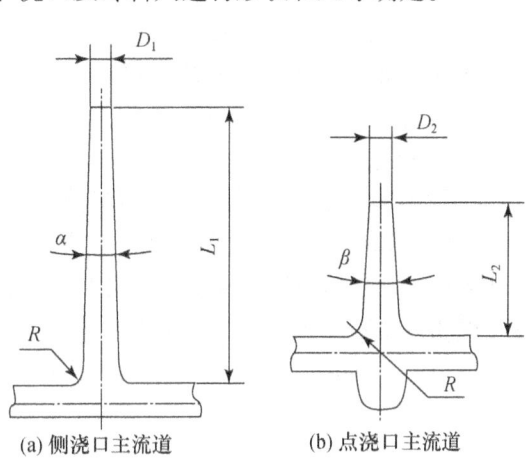

(a) 侧浇口主流道　　(b) 点浇口主流道

图1-111　主流道形状与尺寸

② 倾斜式主流道设计。

由于受塑件结构或模具结构、浇注系统、型腔数的影响，使主流道偏离模具中心，此时可采用倾斜式主流道，保证模具压力中心与注射机模板中心重合。浇口套倾斜角与塑料品种有关，如韧性较好的塑料，如PP、PE、PA等取$\alpha_{max} = 30°$；韧性一般或较差的塑料，如PS、ABS、PC、POM、PMMA等取$\alpha_{max} = 20°$。如图1-112所示为浇口套带防转销的倾斜式主流道。

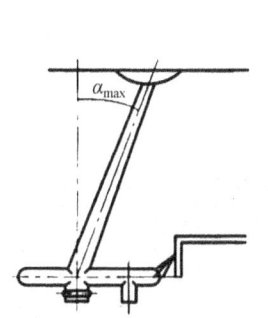 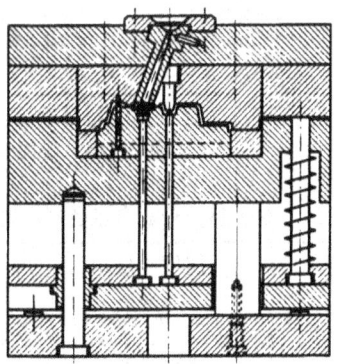

图1-112　带防转销倾斜式主流道

（2）分流道设计。

① 分流道的作用。

分流道是连接主流道与浇口的熔体通道，是塑料熔体从主流道进入单型腔或多型腔模具进料的通道，起分流和转向作用。要求塑料熔体在流动中热量和压力损失最小，使流道中的塑料量较小，且保证各型腔同时充满。

② 设计分流道应考虑的因素：
- 塑料流动性及塑件形状；
- 型腔的数量；
- 壁厚及内在和外观质量；
- 注射机的压力及注射速度；
- 主流道及分流道的拉料方式。

③ 分流道的断面形状及尺寸。

在同等断面面积的条件下，正方形的周边最长，圆形的最短。从传热面积考虑，热固性塑料的注射模的分流道最好是采用正方形；但从散热面积考虑，热塑性塑料注射模分流道的断面形状则采用圆形；从压力损失考虑，由于在同等断面面积时圆形的周边比正方形的短，因此料流阻力小，压力损失亦小。但从加工方便出发，常用圆形、半圆形、梯形和正六边形断面，如图 1-113 所示。分流道直径对应的塑件质量或塑件投影面积如表 1-23 所示。

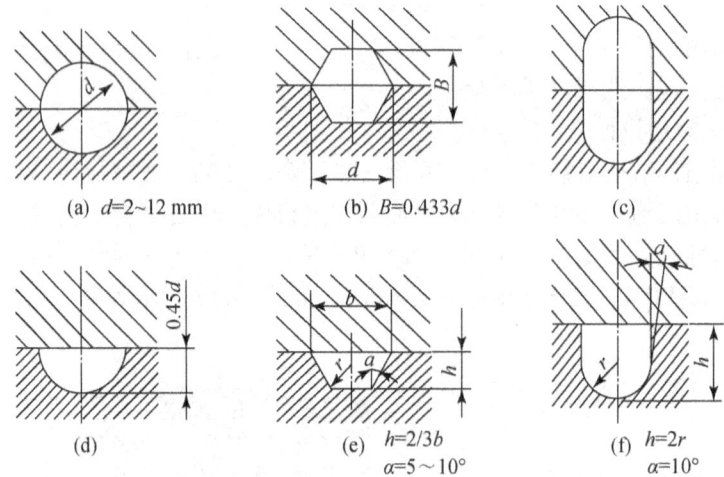

图 1-113 分流道的形状和尺寸

表 1-23 分流道直径对应的塑件质量或塑件投影面积

流道直径 d/mm	塑件质量 m/g	流道直径 d/mm	投影面积 A/cm²
4	$m \leqslant 95$	4	$A \leqslant 10$
6			
8	$95 < m \leqslant 375$	6	$10 < A \leqslant 200$
10	$m > 375$	8	$200 < A \leqslant 500$
12	大型	10	$500 < A \leqslant 1200$
		12	大型

④ 分流道的分布形式。

分流道的分布取决于型腔的布局，型腔与分流道的分布原则是排列紧凑，以缩小模具外形尺寸；分流道的流程长短应适合塑件的质量和结构；保证锁模压力平衡。分流道的长度如图 1-114 所示，$L_1 = 6 \sim 10$ mm，$L_2 = 3 \sim 6$ mm。

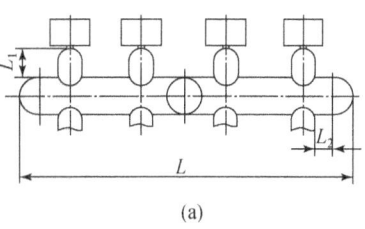
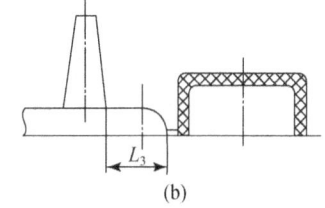

图 1-114　分流道长度

⑤ 分流道的形式。

分流道按特性分有平衡式和非平衡式两种，一般以平衡式分布为佳。

• 平衡式分流道

要求从主流道到各个型腔的分流道长度、形状、断面尺寸都必须对应相等，否则就达不到均衡进料的目的。特点是各个型腔同时均衡进料，如图 1-115 所示。

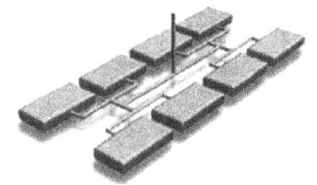
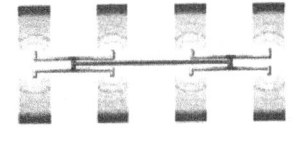

图 1-115　分流道平衡布置

平衡式分流道进料型腔排位的形状有 O 形、H 形、X 形，如图 1-116 所示。

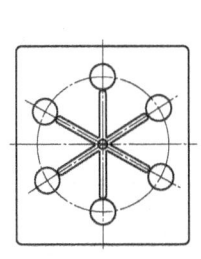
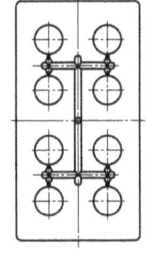
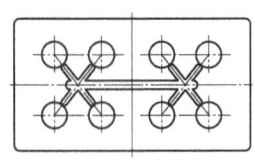

(a) O 形分流道分布　　(b) H 形分流道分布　　(c) X 形分流道分布

图 1-116　平衡式分流道型腔排位

• 非平衡式分流道

如图 1-117 所示，非平衡式分流道特点是主流道到各个型腔的分流道长度不相同。优点是分流道布置较简洁，可缩短流道的总长度，缺点是难以做到同时充满，收缩率难以达到一致，各零件尺寸有误差。但为了使各个型腔同时均衡地进料，必须将浇口开成不同尺寸，如图 1-118 所示。

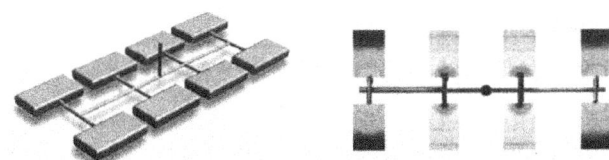

图 1-117　非平衡式分流道型腔排位

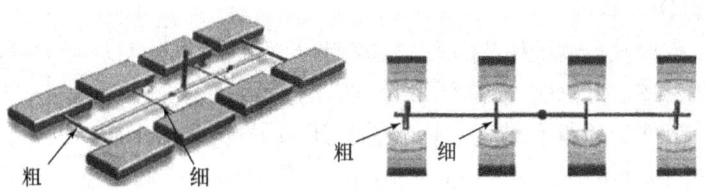

图 1-118　人工平衡分流道（改变流道截面积）

⑥ 型腔排列方式及分流道布置原则。
- 一模多腔，应平衡布置，如图 1-119 所示。
- 浇口平衡布置，使压力平衡，如图 1-120 所示。

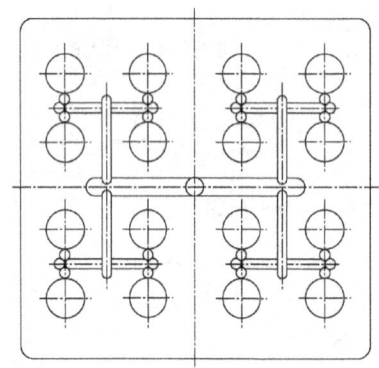　　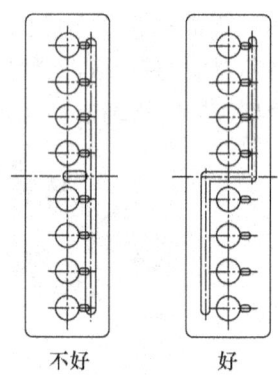

图 1-119　型腔平衡布置　　　　图 1-120　浇口平衡布置

- 大小塑件对称布置，保持压力平衡，防止产生飞边。如图 1-121 所示。
- 大近小远，如图 1-122 所示。
- 同一塑件，大近小远，如图 1-123 所示。

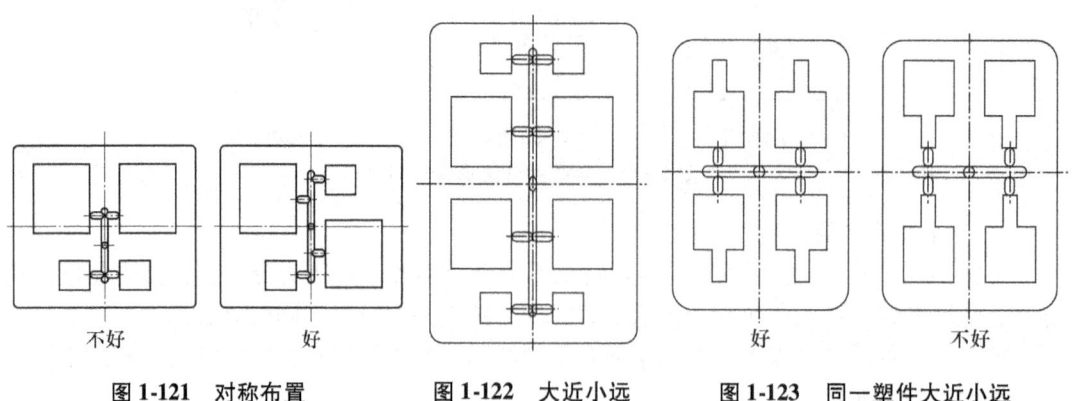

图 1-121　对称布置　　　图 1-122　大近小远　　　图 1-123　同一塑件大近小远

（3）冷料穴和拉料杆的设计。

拉料杆形式多种多样，但最常用的是 Z 形、球形和倒锥形。

① 冷料穴的设计。

冷料穴是用来储存注射时前锋产生的冷料，因冷料进入型腔会影响塑件质量。但并非所有模具都需要设计冷料穴。

- 冷料穴的形式与开设位置。冷料穴通常开设在主流道或分流道末端，形式与开设位置如图 1-124 所示。

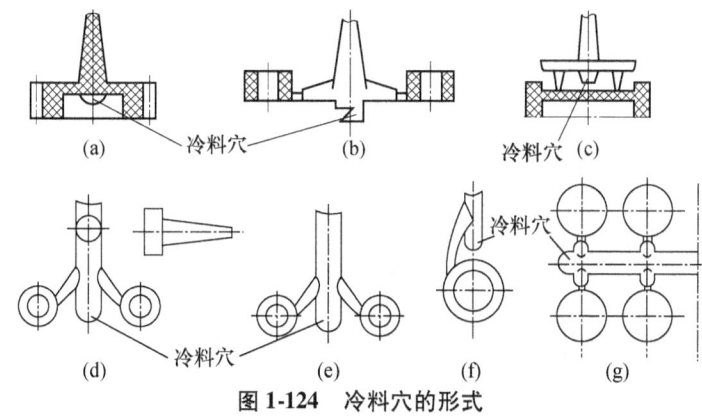

图 1-124 冷料穴的形式

- 冷料穴的尺寸如图 1-125 所示。

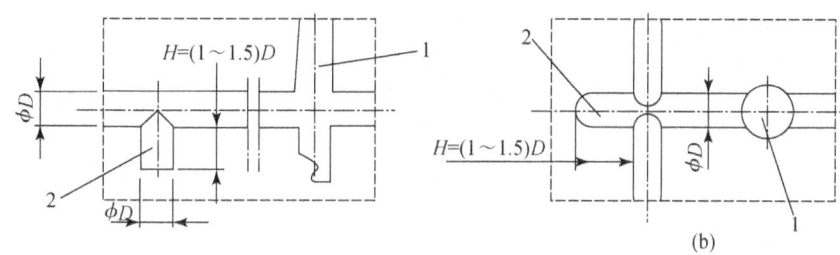

图 1-125 冷料穴尺寸的确定

② 拉料杆和拉料穴的设计。

拉料杆的作用是开模时将流道凝料留在预定的地方。拉料杆与推件板配合公差取 H9/f9（间隙应小于塑料的溢料值），拉料杆固定部分配合公差取 H7/m6；表面粗糙度：配合部分取 $Ra = 0.8$，安装部分取 $Ra = 0.7$。拉料穴通常设计成倒锥孔以增加拉料力，孔下部应设顶杆，确保塑料从拉料穴内顺利脱出。

拉料的形式与结构：

- Z 型拉料杆形式与结构如图 1-126（a）所示。
- 拉料穴形式与结构如图 1-126（b）所示。

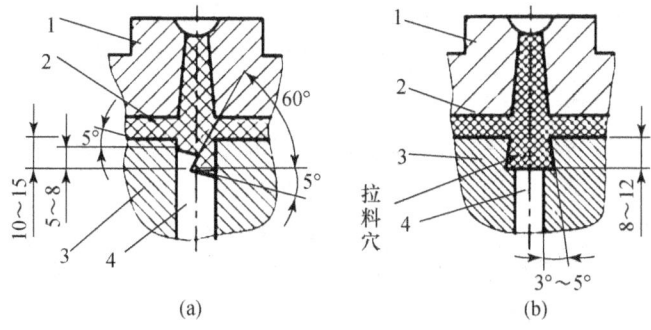

图 1-126 主流道拉料杆

1—浇口套；2—分流道；3—动模板；4—拉料杆（兼顶杆）

- 球形拉料杆用于推板推出机构,如图1-127所示。塑料进入冷料穴后包紧在拉料杆的球形头上,开模时即可将主流道(或分流道)凝料从主流道中拉出。
- 三板模点浇口浇注系统分流道拉料杆如图1-128所示,作用是流道推板和定模板打开时,将浇口凝料拉出定模板,保证浇口凝料和塑件自动切断。

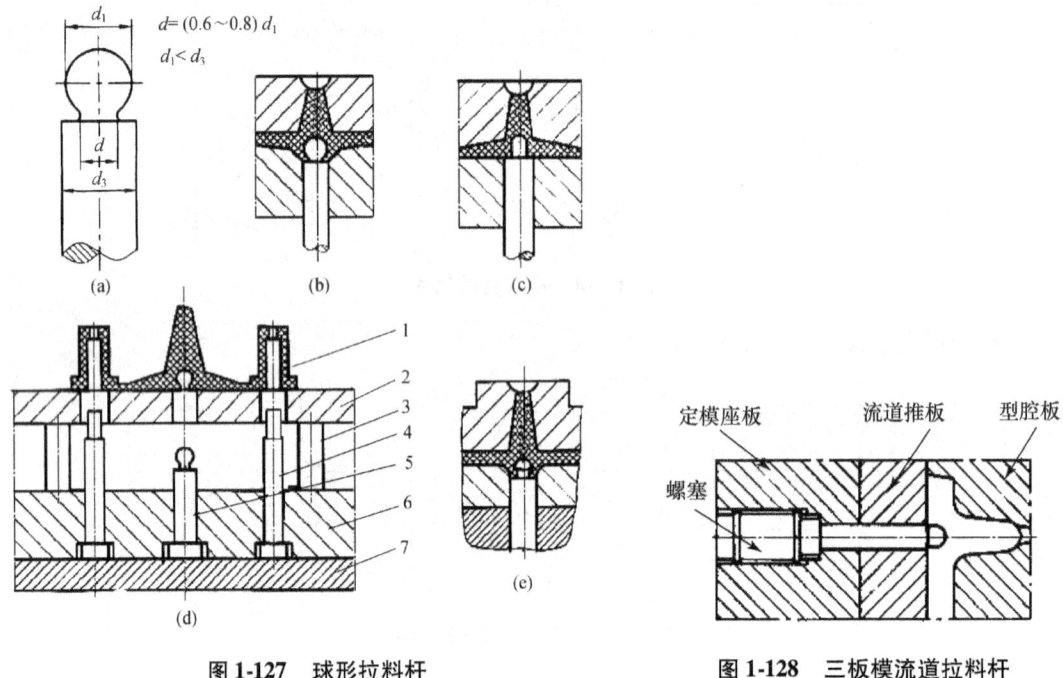

图1-127 球形拉料杆
1—塑件;2—推出板;3—复位杆;4—型芯;
5—球形拉料杆;6—型芯固定板;7—支承板

图1-128 三板模流道拉料杆

(4)浇口的设计。

浇口是指流道末端与型腔之间的一段细短通道(亦称内浇口),它是浇注系统中断面尺寸最小且最短的部分。

① 浇口的作用。

除主流道直接浇口外,其余类型浇口的作用是:
- 使塑料熔体快速充满型腔,并能很快冷却并封闭型腔,防止型腔内熔体倒流。
- 熔体快速经过浇口时,因剪切、挤压、摩擦而升高熔体温度。
- 可以调节和控制进料量和进料速度。
- 浇口设计合理,能克服填充不足、收缩凹陷、熔接痕及翘曲变形等缺陷,提高成型质量。

② 浇口的分类。

常见注射模的浇口形式有侧浇口、点浇口、潜伏式浇口、直接浇口、中心浇口、护耳式浇口、搭接式浇口、薄片浇口等。
- 侧浇口,又称边缘浇口,通常开在分型面上,从塑件侧面进料。它能方便地调整充模时的剪切速率和浇口封闭时间,是一种最简单、最广泛使用的浇口形式,如

图 1-129 及图 1-130 所示。侧浇口长、宽、深尺寸的经验值如表 1-24 所示。

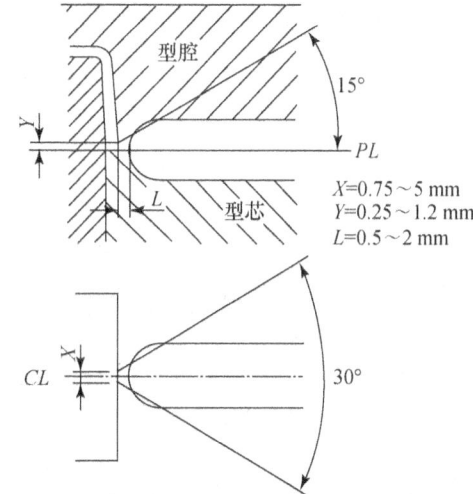

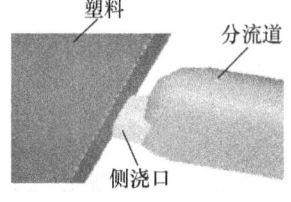

图 1-129 侧浇口立体图　　　　　图 1-130 侧浇口尺寸

侧浇口的优点：浇口与塑件分离容易、分流道较短、模具加工与修正容易、适合所有热塑性塑料。

侧浇口的缺点：注射压力损失大、流动性差的塑料（PC）容易充填不足、面积较大的平板类塑件易造成气泡或流痕、去除浇口麻烦且塑件侧面留有明显痕迹。

表 1-24　侧浇口长、宽、深尺寸的经验值

塑件大小	塑件质量/g	浇口深度 Y/mm	浇口宽度 X/mm	浇口长度 L/mm
很小	0～5	0.25～0.5	0.75～1.5	0.5～0.8
较小	5～40	0.5～0.75	1.5～2	0.5～0.8
中等	40～200	0.75～1	2～4	0.8～1
较大	>200	1～1.2	4～8	1～2

- 点浇口（针点式浇口、细水口），点浇口是一种尺寸很小的浇口形式，用于三板模的浇注系统，塑料可由型腔任何一点或多点进入型腔。适合大多数热塑性塑料。基本结构如图 1-131 所示。

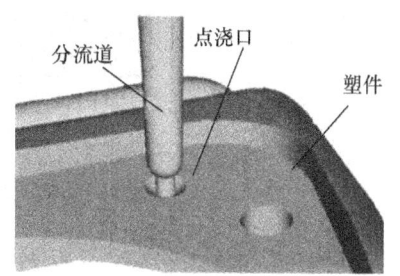

图 1-131 点浇口立体图

优点：点浇口直径很小，一般为 0.5～1.5 mm，熔料通过时，有很高的剪切速率，摩擦生热提高料温；方便多点进料；浇口在开模时自动切断，塑件表面疤痕小。

缺点：注射压力损失大，流道凝料多；模具结构复杂（多一块流道板及拉料装置），成本高。

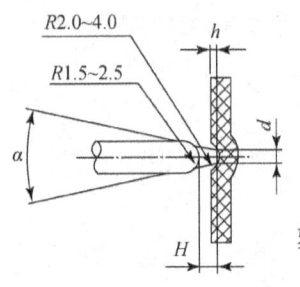

图 1-132 点浇口设计参数

应用场合：
a. 单型腔且塑件壁薄、结构复杂、多点进料才能充满型腔；
b. 一模多腔、各腔大小悬殊、各塑件要求中心进料；
c. 塑料齿轮，常用两点或三点进料可提高尺寸精度；
d. 高度较高的桶形、盒形、壳形件，有利于排气，能提高塑件质量，缩短成型周期。

设计要点：
a. 点浇口应设置在隐蔽处，以免影响外观质量；
b. 点浇口不能开得太大或太小，太大拉断困难且塑件疤痕大。太小拉断点不确定，塑件留有浇口凸点；
c. 点浇口处常做凹坑（肚脐眼）以改善塑料熔体流动状况。

设计参数：如图 1-132 及表 1-25 所示。

表 1-25 点浇口设计参数值

参数值 \ 序号	1	2	3	4	5	6	7
d（mm）	0.5	0.6	0.8	1.0	1.2	1.4	1.5
h（mm）	0.5	0.8	0.8	0.8	1.0	1.0	1.5
H（mm）	1.5	1.5	1.5	1.5	2.0	2.0	2.5

设计实例：如图 1-133 所示为三板模点浇口设计实例，详细内容参见项目二。

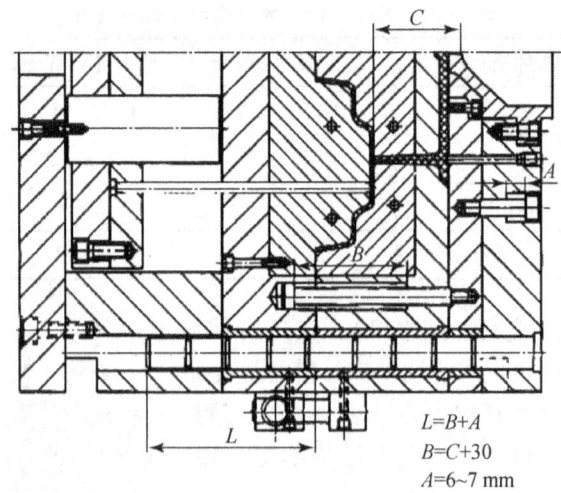

$L=B+A$
$B=C+30$
$A=6\sim7\ mm$

图 1-133 点浇口应用示例

- 潜伏式浇口，又称剪切浇口或隧道式浇口，是由点浇口演变而来，它除了具备点浇口的特点外，其进料口部分一般选在塑件侧面较隐蔽处，因而塑件外表受损伤较小。分流道设置在主分型面上，浇口与流道成一定角度，塑料斜向进入型腔，形成能切断浇口的刀口。立体结构如图 1-134 所示。

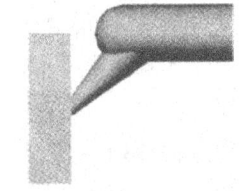

图 1-134 潜伏式浇口立体图

a. 浇口潜伏在凹模上　塑料熔体由凹模通过潜伏浇口进入型腔，开模时塑件包紧凸模而留在动模上，浇口和塑件被凹模切断，实现自动分离，如图 1-135 所示。优点是能改善熔体的流动，易于充满型腔。缺点是塑件外表面会留下浇口痕迹。

b. 浇口潜伏在凸模上　塑料熔体由凸模通过潜伏浇口进入型腔，开模后塑件包紧凸模而留在动模，推出系统顶出塑件时浇口和塑件被凸模切断，实现自动分离，如图 1-136 所示。优缺点与潜凹模相似。

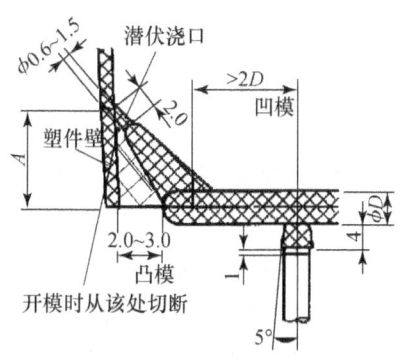

图 1-135　潜凹模

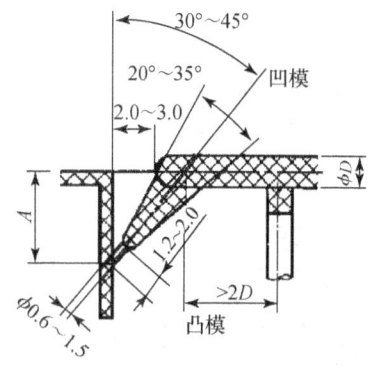

图 1-136　潜凸模

c. 浇口潜伏在小推杆上端孔内　塑料熔体由潜伏浇口通过推杆上部圆孔进入型腔，开模后塑件包紧凸模而留在动模上，推杆推出塑件时浇口和塑件被切断，实现自动分离，如图 1-137 所示。优点是塑件表面没有浇口痕迹，缺点是塑件推出后需人工切除塑件内部的突起塑料。

小推杆直径 $d=(2.5\sim3)$ mm，若直径过大，塑件表面会产生收缩凹坑。

d. 浇口潜伏在大推杆上　推杆边缘加工出小平面作为进入型腔的流道，推出时浇口和塑件自动切断，如图 1-138 所示。优缺点同潜伏在小推杆上相似。

大推杆直径 $D\geqslant5$ mm，加工平面厚度（熔体通道）根据推杆大小确定。

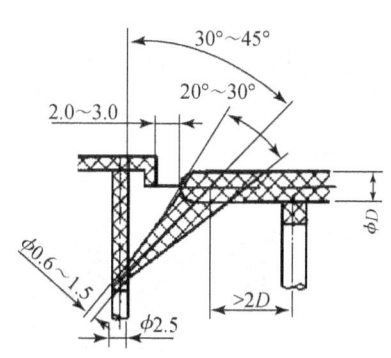

图 1-137　浇口潜伏在小推杆上部孔内

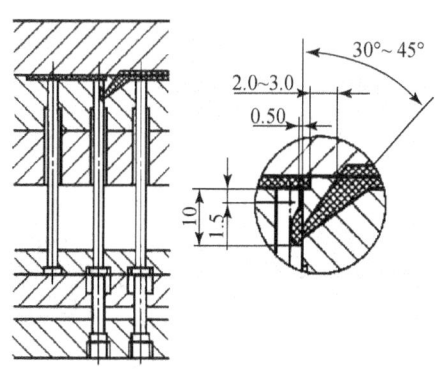

图 1-138　浇口潜伏在大推杆上

e. 浇口潜伏在加强筋上　当分流道尾端没有推杆可潜时，塑料熔体通过塑件附近的加强筋进入型腔，成型后人工切除。

潜伏式浇口的优点：

  a. 进料位置灵活，塑件分型面没有进料口痕迹；

  b. 浇口被自动切断，有时无需后处理；

  c. 有点浇口的优点，又有侧浇口的简单；

  d. 可潜凹模、凸模、推杆、筋等，既可潜塑件内侧又可潜塑件外侧。

潜伏式浇口的缺点：

  a. 注射压力损失大；

  b. 适合弹性好的塑料，如 PE、PP、PVC、ABS、PA、POM 等。对于质脆的塑料如 PS、PMMA 不宜选用；

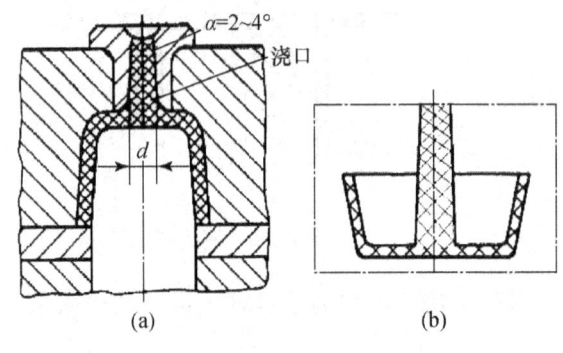

图 1-139　直接浇口

- 直接浇口，又称端浇口，如图 1-139 所示，塑料通过主流道直接进入型腔，无分流道，主流道就是浇口。直接浇口仅适用于单型腔、箱形或深腔壳形塑件，不宜用于平板或易变形的塑件，对于 PE、PP、PVC、ABS、PA、POM、PS、PMMA 等塑料有时采用直接浇口。

直接浇口的优点：塑料通过主流道直接进入型腔，故塑料流程短，流动阻力小，进料快，动能损失小，传递压力好，保压补缩作用强，有利于排气及消除熔接痕，流道料少，模具结构简单紧凑，制造方便。

缺点：去除浇口比较困难、塑件上有明显的浇口痕迹、浇口附近残余应力大，塑件易翘曲变形。

- 中心浇口，是直接浇口的变异形式，塑料直接从型腔中心环形或分股进料，具有与直接浇口相同的优点，去除浇口较直接浇口方便，适用于中间带孔的塑件。

  a. 圆环形浇口，如图 1-140（a）、1-140（b）所示主要用于筒形塑件；图 1-140（c）、1-140（d）图形式中间起分流锥作用。

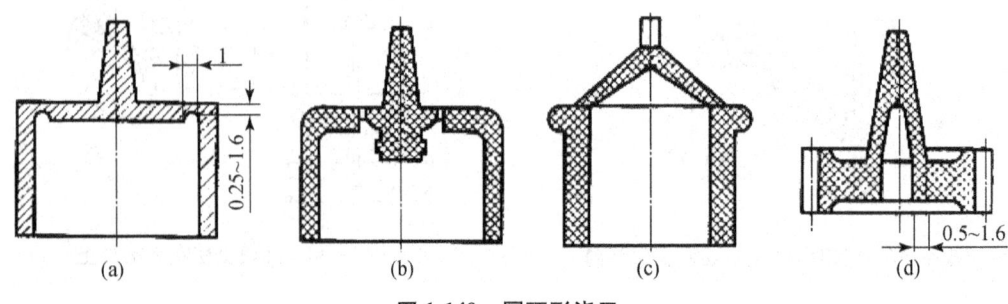

图 1-140　圆环形浇口

b. 轮辐式浇口，是将整个圆周进料改成几小段分流道进料，如图1-141所示。浇口料较少且去除方便，型芯上得以定位而增加了型芯的稳定性，但塑件上熔接痕增多，影响塑件的强度。

c. 爪形浇口，如图1-142所示为爪形浇口，它是轮辐式的一种变异形式。在型芯的头部开设流道，用于高管形塑件或同轴度要求高的塑件。这种浇口去除方便，在成型细长管件时，型芯具有定位作用，能保证同轴度，但容易产生熔接痕，影响塑件外观质量，且开设浇口比较费时。

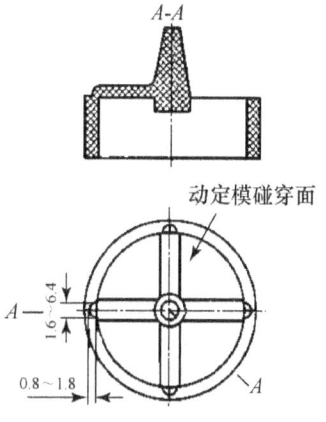

图1-141 轮辐式浇口

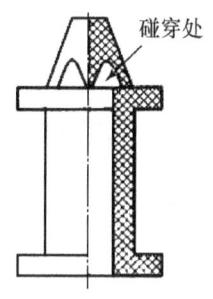

图1-142 爪形浇口

- 护耳式浇口，图1-143（a）所示为护耳式浇口，从分流道来的塑料，通过浇口进入耳槽，由耳槽再进入型腔。塑料经过浇口时由于摩擦使其温度升高，有利于塑料流动；塑料经过与浇口成直角的耳槽，冲击在耳槽对面的壁上，降低了流速，改变了流向，形成平滑的料流均匀地进入型腔，不致造成涡流，保证了塑件的外观质量。当塑件宽度很大时，可用数个护耳如图1-143（b）所示。

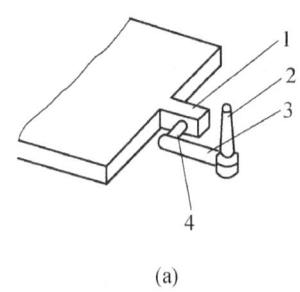
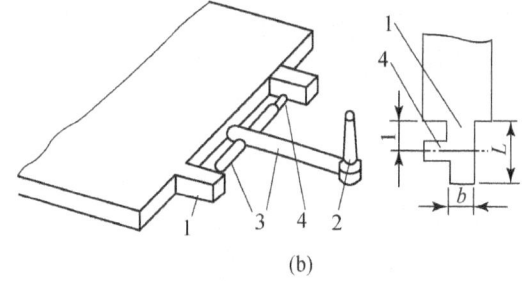

图1-143 护耳式浇口

1—耳槽；2—主流道；3—分流道；4—浇口

- 搭接式浇口，如图1-144所示，是侧浇口的演变形式，具有侧浇口的优点，适用于平板类塑件。缺点是浇口需人工切除，塑件表面有明显的疤痕。
- 薄片浇口，薄片浇口形状如图1-145所示，熔体经过浇口时以较低的速度均匀平稳地进入型腔，避免平板类塑件变形，因此特别适合于大型平板类塑件。但去除浇口需用专用工具，影响生产效率。

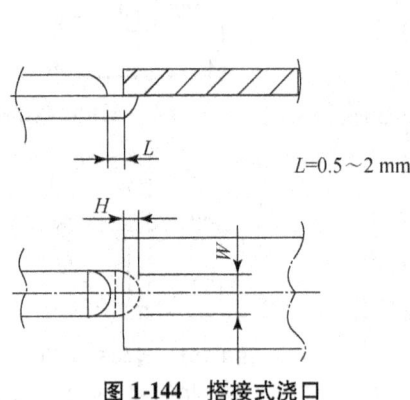
图 1-144 搭接式浇口

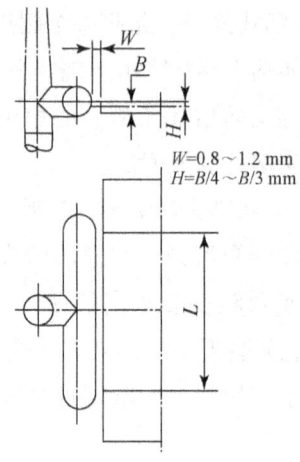
图 1-145 薄片浇口

③ 浇口设计要点。
- 浇口位置尽量选择在分型面上,以便于清除及模具加工,因此,能用侧浇口不用点浇口;
- 浇口应开设在塑件断面最宽、最厚处,有利于填充和补缩,如图 1-146 所示。
- 避免浇口开设在细长型芯和模具薄壁处,以免熔体冲弯或冲断模具零件,如图 1-147 所示。

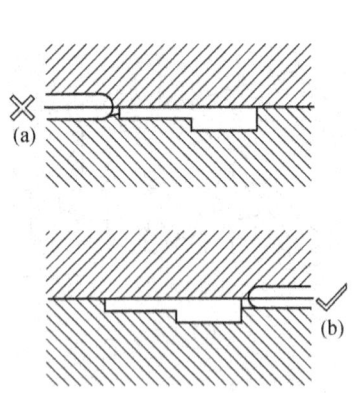
图 1-146 浇口从宽处、厚处进料

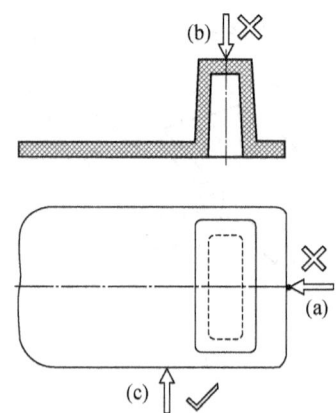
图 1-147 浇口应避免直对细长型芯和模具薄壁处

- 浇口位置的选择应使塑料流程最短,料流变向最少,如图 1-148 所示。

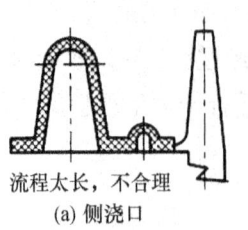
流程太长,不合理
(a) 侧浇口

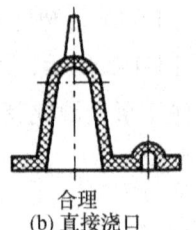
合理
(b) 直接浇口

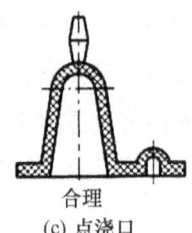
合理
(c) 点浇口

图 1-148 浇口位置对填充的影响

- 在保证塑件质量和正常生产情况下，浇口数量越少越好，以减少或避免塑件的熔接痕，增加熔接牢固度，大型薄壁塑件采用多点进料。如图1-149所示。

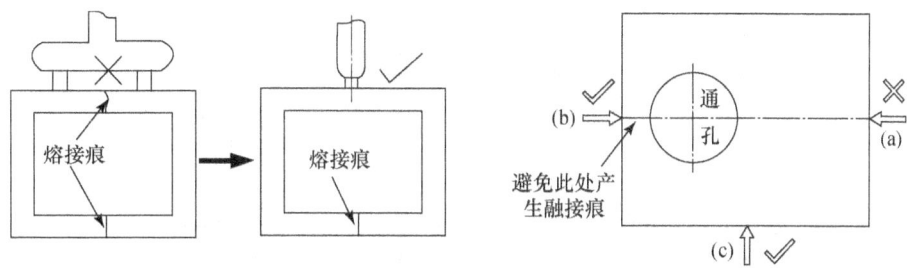

图1-149 浇口位置对熔接痕的影响

- 浇口位置应有利于模具排气，如图1-150所示。

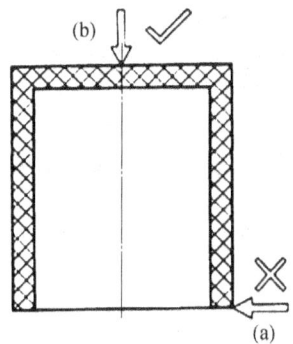

图1-150 浇口位置应有利于排气

1.4.7 排气和引气系统设计

塑料模具属于型腔模，在塑料的注射填充过程中，型腔内除空气外，还有塑料受热或凝固而产生的挥发性气体。在注射时型腔内气体要及时排出，在塑料凝固和推出过程中空气要及时进入，避免产生真空。因此，设计排气和引气系统是必须要考虑的。

1. 排气系统设计

（1）型腔内气体排不出造成的后果：
① 被压缩的气体产生高温（数百度），造成塑件局部烧焦碳化；
② 塑件表面形成流痕、气纹、接缝等缺陷；
③ 阻碍塑料使之难以充满型腔，造成塑件轮廓不清。若加大注射压力，导致动定模被撑开使塑件出现飞边或损坏模具薄弱零件；
④ 使塑件产生气泡，熔接不良、组织疏松引起强度下降；
⑤ 降低填充速度，使成型周期加长，影响生产效率。
（2）模具中容易困气的位置及解决方法：
① 困气在型腔中熔体的末端，如图1-151中图（a）、（b）、（d）、（g）所示，须在困气处开设排气槽；

② 困气在两股或两股以上熔体混合处，如图 1-151 中图（c）、(e)、(f)、(h) 所示，须在困气处开设排气槽；

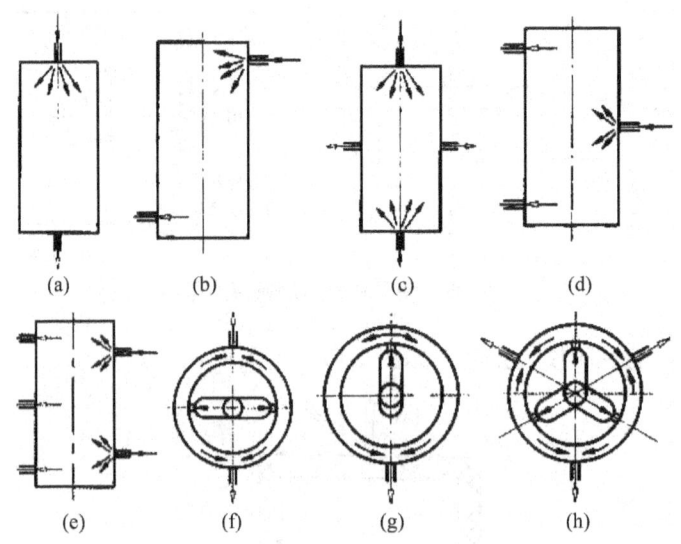

图 1-151　困气位置与排气槽的开设

③ 困气在模具型腔盲孔底部，即塑件突起柱位端部位等，如图 1-152 所示，须在困气处安装排气阀或排气针；

④ 困气在加强筋和螺丝柱的底部，如图 1-153 所示，须在困气处开设排气槽；

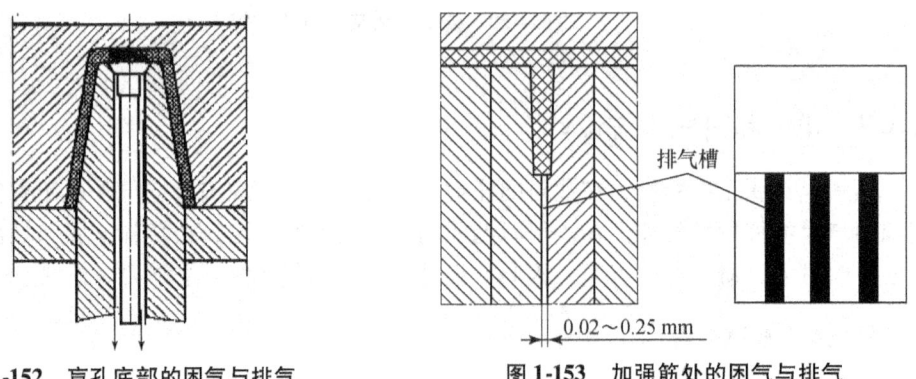

图 1-152　盲孔底部的困气与排气　　　　图 1-153　加强筋处的困气与排气

⑤ 分型面配合较严密时，模具内气体无法从分型面上排出，须在分型面上开设排气槽，如图 1-154 所示。

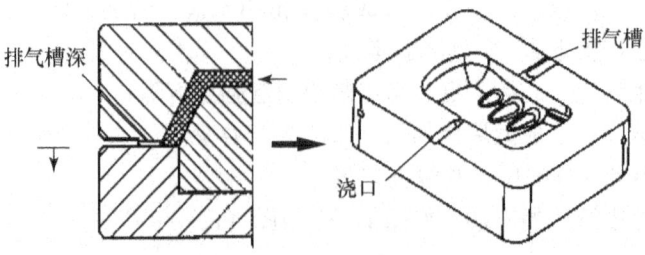

图 1-154　模具分型面的困气与排气

（3）排气槽尺寸的确定。

如图1-155所示为分型面上排气槽的形状与尺寸。

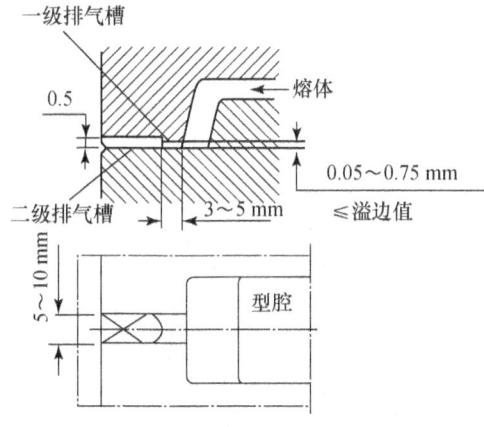

图1-155 分型面上排气槽的形状与尺寸

（4）借助其他模具零件排气：

① 利用镶件接合面缝隙排气，如图1-156所示；

② 利用推杆、推管与模具之间的间隙排气，如图1-157所示；

③ 利用侧型芯间隙排气，如图1-158所示。

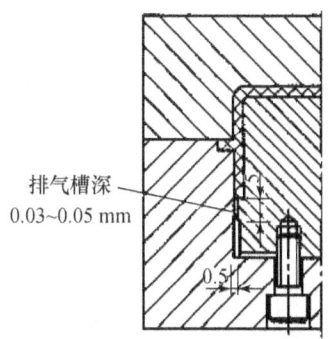

图1-156 镶件侧面开排气槽

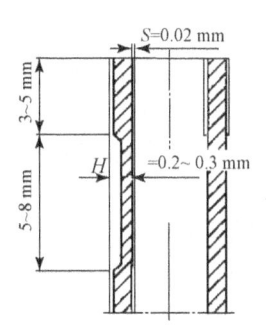

图1-157 利用推杆、推管与模具之间的间隙排气

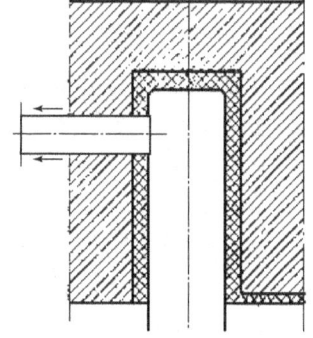

图1-158 利用侧型芯间隙排气

2. 型腔、型芯进气装置的设计

在成型大型深腔类塑件时塑料充满整个型腔，开模时塑件与型腔、型芯之间形成真空，在大气压力作用下造成脱模困难，此时需安装进气装置，如图1-159所示进气阀结构，阀芯锥角80°～90°。阀芯端面应比模具平面高0.05～0.1 mm，否则气阀难以打开。

工作原理是模具开始注射时停止通入压缩空气，阀芯在弹簧作用下复位，与模具锥面密合，防止熔融塑料进入气阀内。推出塑件时通入压缩空气，阀芯抬起时弹簧被压

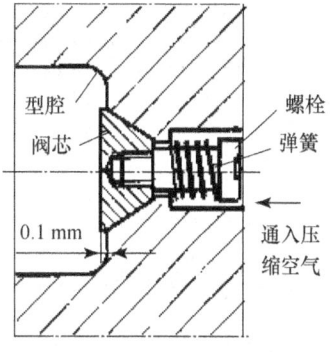

图1-159 进气阀结构

缩，完成进气工作。

当模具较大，在型腔或型芯上加工锥孔困难时，可直接加工出圆形沉孔，然后镶入标准气阀，但必须采用 H7/p6 或 H7/r6 过盈配合，以防被压缩空气吹出。目前模具用进气阀已形成标准系列，市场上可以购买。

如图 1-160 所示为进气装置在注射模具上的应用。

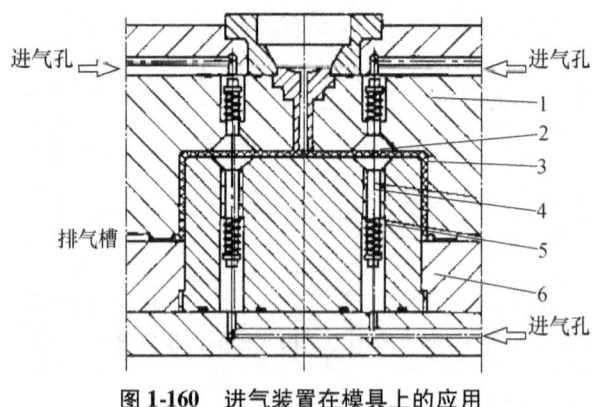

图 1-160　进气装置在模具上的应用

1.4.8　yoyo 塑件的分型面选择与浇注系统设计

1. yoyo 转盘盖分型面的选择

如图 1-161 所示为 yoyo 转盘盖分型面的两种选择，图 1-161（a）为塑件外表面在定模型腔成型，90°转角处的 $R0.2$ 容易成型，冷却后动模推出力会较少。图 1-161（b）为塑料件全部在动模成型，$R0.2$ 无法成型，同时脱模力会增大。

由上面分析可知选择图 1-161（a）所示的分型面较为合适。

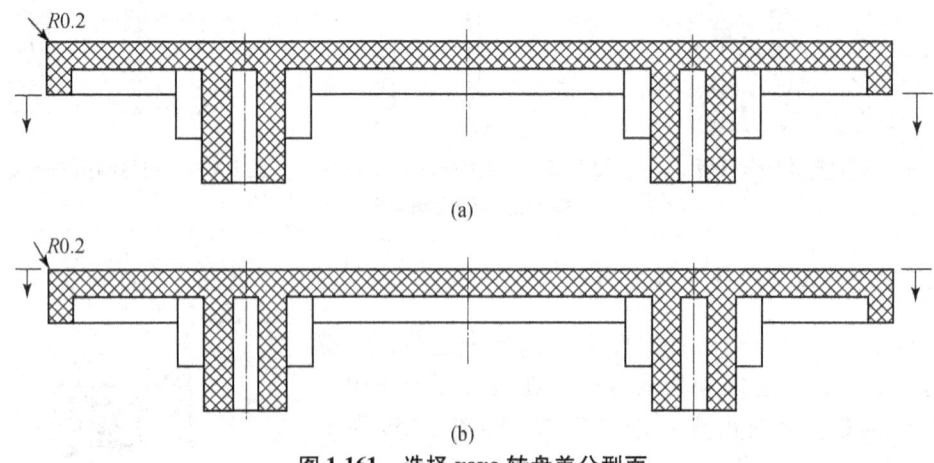

图 1-161　选择 yoyo 转盘盖分型面

2. yoyo 转盘座分型面的选择

如图 1-162 所示为 yoyo 转盘座分型面的三种选择，A-A、C-C 均不在塑件最大轮廓处，成型后将无法脱模，B-B 为塑件的最大轮廓，选择该处作为分型面较合理。此时塑件外表面一部分在定模成型,另一部分在动模成型,因此,型腔加工时应注意位置度与精度要求。

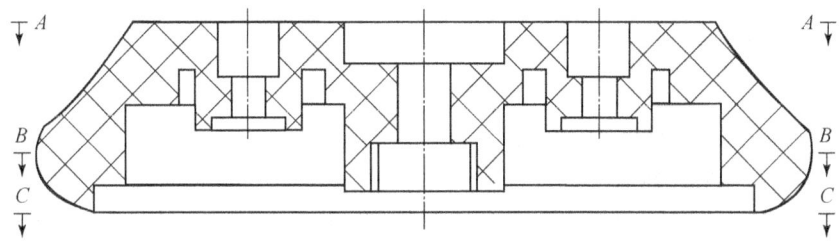

图 1-162 yoyo 转盘座分型面的选择

3. yoyo 塑件浇注系统设计

为减少模具套数和模具外形尺寸,降低模具成本,本任务模具型腔排位采用一模两件,其中一件转盘座,一件转盘盖。但塑件厚度和重量差别较大,为达到注射平衡,应改变分流道和浇口尺寸,尽量做到人工平衡。

(1) 主流道设计。

利用实训车间现有 180 g 注射机进行试模与生产,注射机射嘴直径 (ϕ) 为 3 mm,球面半径 (SR) 为 15 mm,因此成型主流道的浇口套进料口直径 (ϕ) 选为 3.5 mm、球面半径 (SR) 为 18 mm。主流道形状与尺寸如图 1-163 所示。

(2) 分流道设计。

分流道常用截面形状参见 1.4.6 节内容。从加工方便程度和塑料散热面积考虑,本任务选用圆形截面分流道。由于塑件较小,分流道截面 (ϕ) 取直径 6 mm,用 $R3$ 球头刀可直接铣成型,如图 1-164 所示。

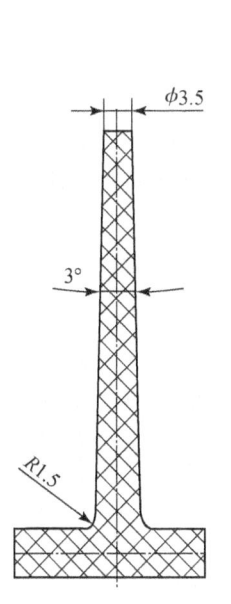

图 1-163 主流道形状与尺寸

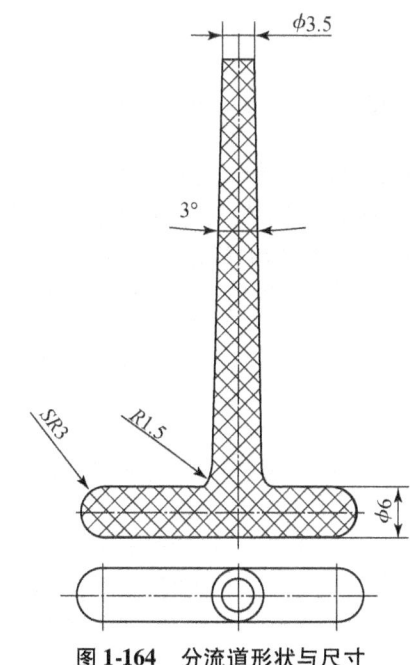

图 1-164 分流道形状与尺寸

(3) 浇口设计

本任务为一模两腔，单分型面注射模，因此，直接浇口、点浇口、中心浇口均不适用，可采用的只有侧浇口和潜伏式浇口。

yoyo转盘盖高度只有3 mm，浇口不能潜伏在定模，只能潜伏在动模顶杆位置，从塑件形状分析可行，如图1-165所示。

yoyo转盘座高度14 mm，分析塑件，理论上浇口可潜伏在定模、也可潜伏在动模顶杆处。浇口若潜伏在定模，流道口较长，倾斜角度很小，加工困难，而且塑件R25圆弧面上留有浇口疤痕，清除困难，与yoyo线绳干涉，影响旋转速度和惯性。故，该方案不可行，如图1-166所示。浇口若潜伏在动模顶杆位置，一方面流道口较长，另一方面浇口凝料在塑件内部，使清除困难，若不清除，塑件重心偏移，旋转动平衡难以保证，该方案亦不可行，如图1-167所示。

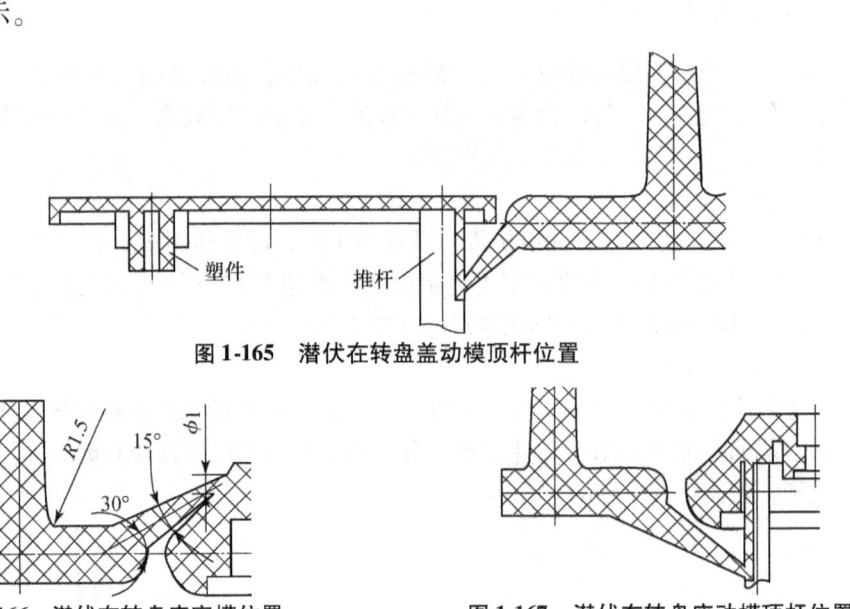

图1-165 潜伏在转盘盖动模顶杆位置

图1-166 潜伏在转盘座定模位置　　图1-167 潜伏在转盘座动模顶杆位置

由上面分析可知，直接浇口、点浇口、中心浇口、潜伏式浇口均不合适。若选用图1-168所示的侧浇口，模具加工简单，塑料成型比较容易，清除浇口方便，缺点是塑件表面有少量疤痕。综合考虑，选用侧浇口比较理想。

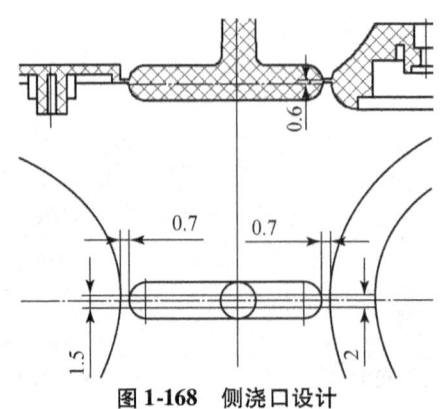

图1-168 侧浇口设计

4．排气系统设计

本任务注射时气体从分型面和型芯、推杆及推管的空隙中排出，不设单独的排气槽或其他排气系统。

1.4.9 拓展与强化训练

如图1-169所示的盒盖塑件，材料为PS，大批量生产，要求一模注射两件。请为其选择分型面，设计浇注系统及浇口形式。

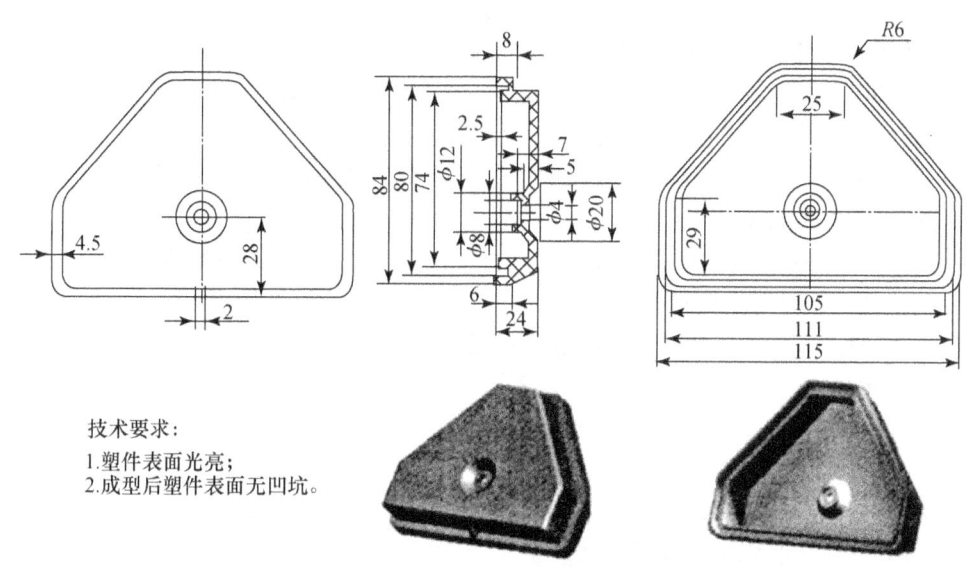

图1-169 盒盖

技术要求：
1. 塑件表面光亮；
2. 成型后塑件表面无凹坑。

思考与练习

一、填空题

1．塑料模按注射方法分类，可以分为_____、_____、_____、_____、_____、_____、_____、_____。

2．把分开模具能取出塑件的面称为_____。以分型面为界，把模具分成两部分，即_____与_____部分。

3．分型面设计的基本原则：_____、_____、_____、_____、_____。

4．普通浇注系统都是由_____、_____、_____及_____组成。

5．常见注射模四大浇口形式有_____、_____、_____、_____。

6．塑料在注射时，型腔内_____要及时排出，在塑料凝固和推出过程中_____要及时进入，避免产生真空。

7．排气是塑料_____的需要，引气是塑件_____的需要。常见的引气形式有模具零件之间_____引气和_____引气两种。

二、选择题

1. 点浇口的作用是_____。
   A. 提高注射压力　　　　　　　　B. 防止型腔中熔体倒流
   C. 有利于塑件与浇口凝料的分离　　D. 以上全是

2. _____截面分流道制造容易，热量和压力损失小，流动阻力不大。
   A. 圆形　　　　B. 矩形　　　　C. 梯形　　　　D. 半圆形

3. 把原本不平衡的型腔布置，通过改变_____尺寸，使塑料能同时充满各型腔。
   A. 主流道　　　B. 分流道和浇口　　C. 冷料穴　　　D. 型腔

4. 双分型面注射模采用的点浇口直径应为_____ mm。
   A. 0.1～0.5　　B. 0.5～1.5　　C. 1.5～2.0　　D. 2.0～3.0

5. 塑料件表面不允许有浇口疤痕时，应选用_____形式。
   A. 侧浇口　　　B. 直接浇口　　C. 潜伏式浇口　　D. 点浇口

6. 塑件分型面应该选在_____。
   A. 塑件外观上最大的那个平面　　B. 塑件外形最大轮廓处
   C. 塑件外形最小轮廓处　　　　　D. 任意位置均可

7. 一般情况下，塑件开模时，应该尽可能留在_____。
   A. 定模上　　　B. 动、定模均可　　C. 动模上　　　D. 以上都不对

8. 大多数模具不另设排气槽的原因是_____。
   A. 气体对塑件成型和推出影响不大　　B. 模腔内无气体
   C. 气体可从模具零件之间的间隙排走　　D. 以上都不对

9. 单分型面注射模结构的主要特点是_____。
   A. 一个分型面　　B. 一个型腔　　C. 多个分型面　　D. 多个型腔

10. 下面哪个顺序符合单分型面注射模的动作过程：_____。
    A. 模具锁紧→注射→开模→拉出浇口凝料→推出塑件和凝料
    B. 注射→模具锁紧→拉出浇口凝料→推出塑件和凝料→开模
    C. 模具锁紧→注射→开模→推出塑件和凝料→拉出浇口凝料
    D. 开模→注射→模具锁紧→拉出浇口凝料→推出塑件和凝料

三、判断题

1. 分型面应选在塑件外形最小轮廓处，且不能选在塑件的光滑表面和外观面。（　　）
2. 选择分型面时最好把有同轴度要求的部分放置在模具的同一侧型腔内。（　　）
3. 为了减少分流道对熔体的阻力，分流道表面必须抛得很光。（　　）
4. 浇口的作用是防止熔体倒流，便于凝料与塑件分离。（　　）
5. 浇口一般应取最大值，试模时逐步修正。（　　）
6. 中心浇口适用于圆筒形、圆环形或中心带孔的塑件成型。属于这类浇口的有盘形、环形、爪形和轮辐式等浇口。（　　）
7. 点浇口对于注射流动性差及热敏料、平板易变形、形状复杂的塑件是很有利的。（　　）

8. 潜伏式浇口是点浇口变化而来的，常设在塑件侧面的隐蔽处而不影响塑件外观。
（　　）
9. 浇口的截面尺寸越小越好。（　　）
10. 浇口的位置应使熔体的流程最短，流向变化最少。（　　）
11. 浇口的数量越多越好，因为这样可使熔体很快充满型腔。（　　）
12. 如果注射过程中不能将气体顺利排出，其后果是产生注不满、出现气泡、熔接不良、局部烧焦炭化等缺陷。（　　）

四、简答题

1. 注射模按模具各部分功能结构划分有哪几部分？
2. 注射模有什么特点？
3. 什么叫分型面？它和塑件的分型有什么关系？
4. 分型面有哪些基本形式？选择分型面的基本原则是什么？
5. 简述普通浇注系统的分类和基本组成。
6. 分流道常用的截面形式有哪些？
7. 通常浇口套锥孔的锥角和小端直径为多少？
8. 简述冷料穴的作用和设计要点。
9. 侧浇口、点浇口及潜伏式浇口各有什么优缺点？什么情况下用点浇口？
10. 简述困气对注射周期和成型质量的影响，什么情况下必须增加进气机构？

五、技能训练题

1. 如图1-170所示的连接座塑件，材料为ABS。请选择分型面并确定浇注系统；考虑是否需要进气与排气装置；绘出模具结构草图。

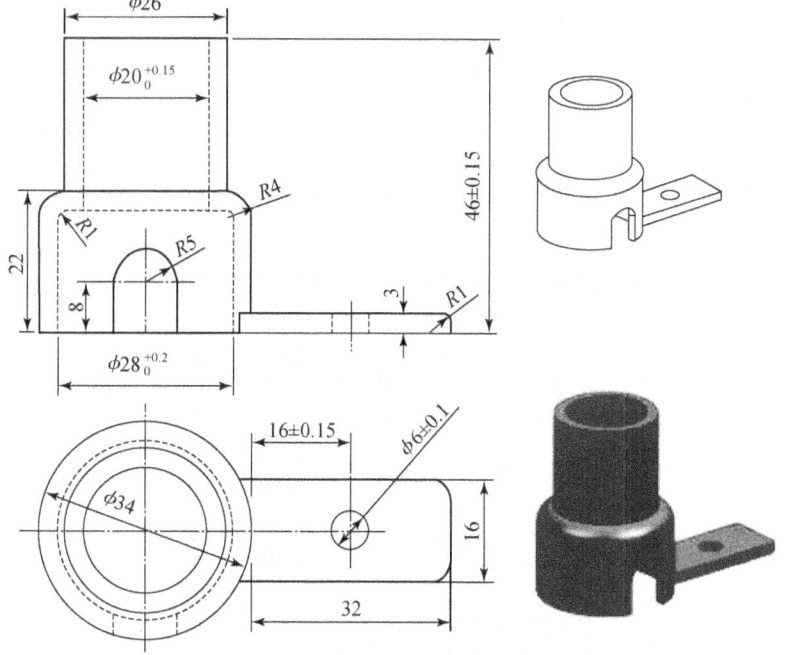

图1-170　连接座塑件

2. 如图 1-171 所示的罩盖塑件,材料为 PP。请选择分型面并确定浇注系统;考虑是否需要进气与排气装置;绘出模具结构草图。

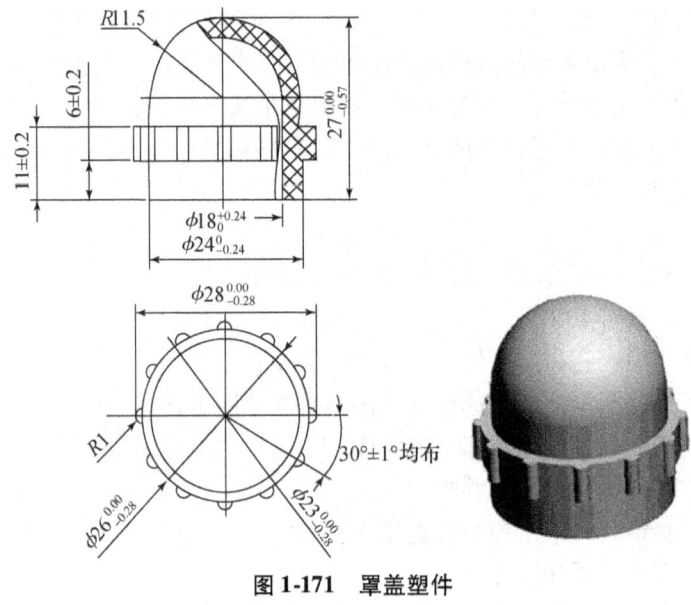

图 1-171 罩盖塑件

任务五 设计 yoyo 玩具注射模成型零件并选用模架

任务要求:
1. 完成 yoyo 塑件注射模成型零件设计与计算;
2. 完成 yoyo 塑件注射模模架选用;
3. 完成 yoyo 塑件注射模成型结构设计。

1.5.1 注射模成型零件设计

成型零件是指与塑料件直接接触、构成型腔的模具零件,包括凹模、凸模(型芯)等。

型腔:指合模时用来填充塑料、成型塑件的空间,如图 1-172 所示。

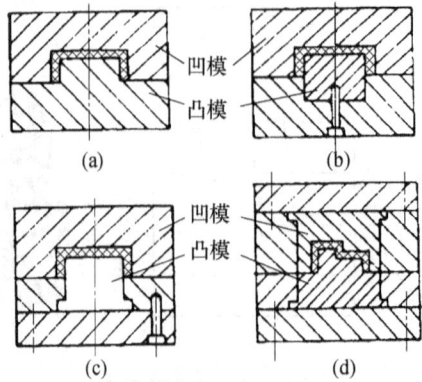

图 1-172 构成型腔的凸模和凹模

1. 凹模结构设计

凹模是指成型塑件外表面的零件。按其结构不同，可分为整体式和组合式两类。

（1）整体式凹模结构。

整体式凹模由整块材料加工而成，如图 1-173 所示。

特点：牢固，使用中不易发生变形，不会使制品产生拼接缝痕迹，成型质量好。但加工工艺性差，热处理不方便，材料成本费用高。

使用范围：只适用于形状简单的中小型模具，或形状复杂但凹模可用线切割、电火花和数控铣加工的中小型塑料模具。

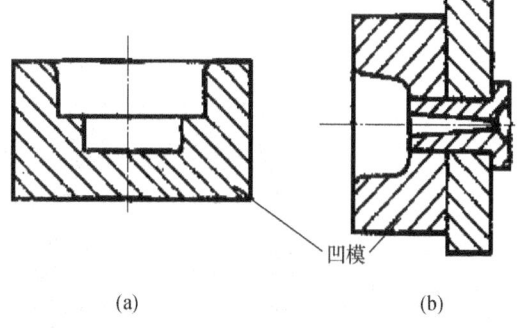

图 1-173　整体式凹模

（2）组合式凹模结构。

组合式凹模结构是指由两个以上零件组成的凹模。按组合方式可分为整体嵌入式、局部镶拼式、四壁镶拼式等形式。

① 整体嵌入式凹模　凹模由整块金属材料加工而成并镶入模套中，如图 1-174 所示。

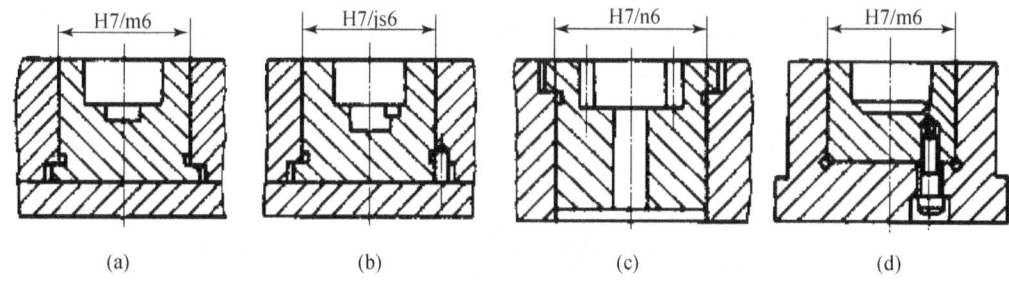

图 1-174　整体嵌入式凹模

结构特点：型腔尺寸小，凹模镶件外形多为旋转体或规则形状，拆卸、维修、更换方便。

图 1-174（a）与图 1-174（b）称为通孔台肩式，即带有台肩的凹模从模板底部嵌入模板，装上底板再用螺栓紧固。如果凹模镶件是回转体，而型腔是非回转体，为防止转动，需用销钉定位，如图 1-174（b）所示；图 1-174（c）是带有台肩的凹模从上部装入，配合更紧一些；图 1-174（d）是盲孔无台肩式，装入模板后用螺栓从底部紧固。为拆卸方便，模板钻有工艺孔，这种结构可省去垫板。

适用范围：塑件尺寸较小的多型腔模具。装配采用过渡配合：H7/js6 较松过渡配合；H7/n6 较紧过渡配合；H7/m6 介于二者之间，应用最广泛。

② 局部镶拼式凹模　为方便机加工、研磨、抛光、热处理及拆卸、维修，通常将凹模中复杂、易磨损的部位做成镶件嵌入模体中，如图 1-175 所示。

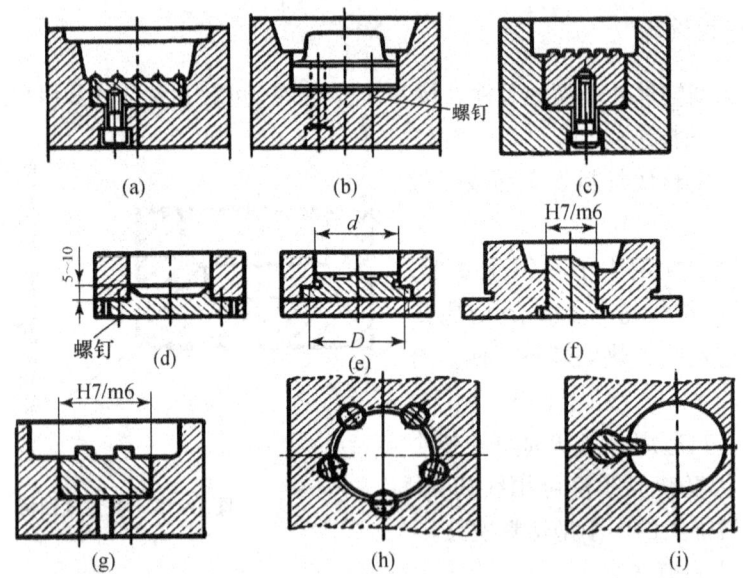

图 1-175 局部镶拼式凹模

结构特点：复杂或易磨损部位易加工、易拆卸和更换，热处理变形小。

③ 四壁相拼结构。

凹模四壁和底部都做成拼块，分别加工研磨后压入模套中，侧壁间用模套或锁扣连接，如图 1-176 所示。

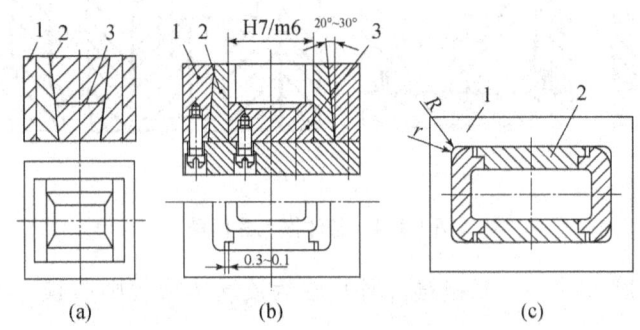

图 1-176 四壁相拼结构

1—模套；2—四壁镶块；3—底部镶块

优点：便于加工、利于淬透、减少热处理变形、节省模具钢材。

适用范围：形状复杂或大型的凹模。

④ 不合理的凹模镶拼结构。

如图 1-177 所示的两种凹模镶拼结构，当镶件与模板配合面不够严密时，容易出现与塑件顶出方向垂直的横向飞边，造成顶出力成倍增加，使塑件顶白或变形，甚

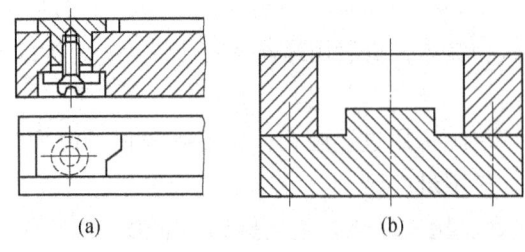

图 1-177 不合理的凹模镶拼结构

至开裂。横向飞边是注射过程中严禁出现的,而纵向飞边在不影响塑件质量的前提下是允许的。

在塑件外观质量要求很高时,尽量不要采用局部镶拼式凹模结构,因为拼合面不管加工得如何精密都会在塑件表面留下痕迹。

2. 凸模(型芯)结构设计

凸模又称型芯、阳模、公模,是成型塑件内表面的模具工作零件。小型芯是成型塑件上较小孔的成型零件。凸模通常装在动模上,但有时定模也有凸模镶件。

凸模的类型也有整体式和组合式。

(1)整体式凸模(型芯)

整体式凸模与动模板做成一体,结构牢固,不易变形,成型的制品质量好,应用在形状简单的小型模具上。缺点是加工不便,热处理变形大,优质模具材料浪费大,如图1-178所示。

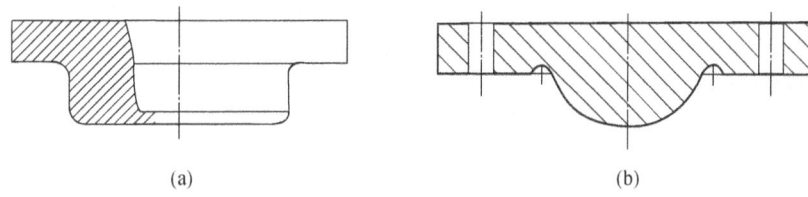

图1-178 整体式凸模

(2)组合式凸模(型芯)

为了节约贵重模具钢和便于加工而把模板和型芯采用不同材料制成,然后拼接起来。凸模固定孔采用通孔或盲孔均可,盲孔的强度和刚度好,但加工工艺性差,如图1-179所示。通孔采用线切割加工,可以加工任意复杂形状的孔,适应性广,加工精度高,如图1-180所示。

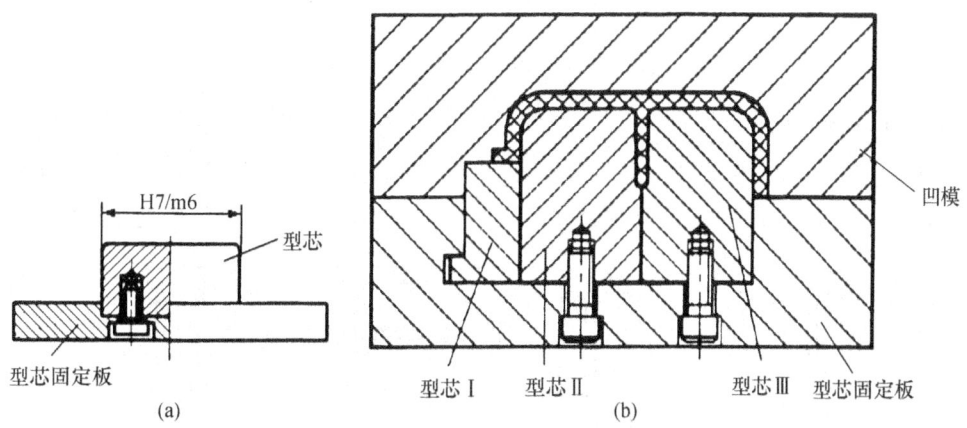

图1-179 盲孔型芯镶拼结构

为防止固定部分为圆形但成型部分为非圆形的型芯在固定板内旋转,必须配有销钉以定位。注意提高型芯镶件的加工和热处理工艺，镶拼必须牢靠严密，同时避免热处理时薄壁处开裂。

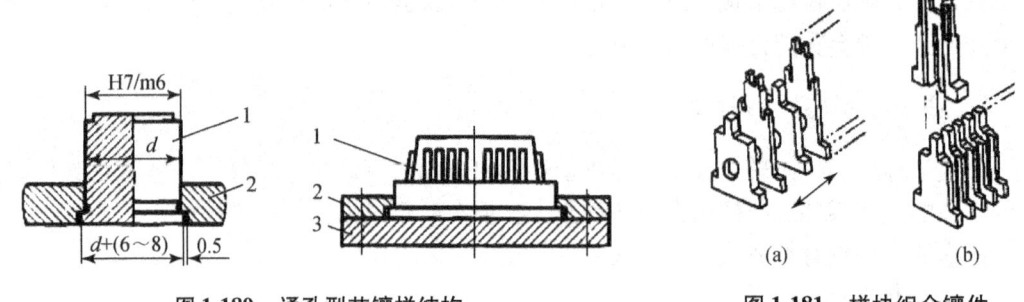

图 1-180 通孔型芯镶拼结构
1—型芯；2—型芯固定板；3—支承板

图 1-181 拼块组合镶件

（3）拼块组合凸模镶件。

如图 1-181 所示为多件拼块组合成复杂型芯，分别用线切割加工，使复杂形状简单化，便于加工与抛光。

（4）小型芯的安装固定方法。

如图 1-182 所示为小型芯的各种固定方式。

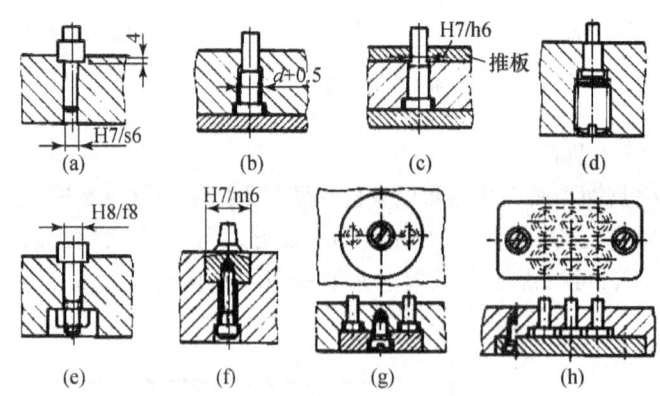

图 1-182 小型芯的各种固定方式

（5）活动型芯的安装方式。

如图 1-183 所示为活动型芯的各种安装方式。图 1-183（a）和图 1-183（b）用弹性夹定位；图 1-183（c）用钢球和弹簧定位；图 1-183（d）用三爪或四爪弹性夹头定位。

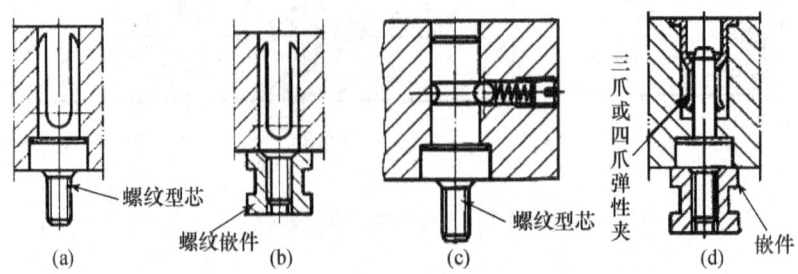

图 1-183 活动型芯的各种安装方式

(6) 异形型芯（镶件）的固定。

对于非圆小型芯无法用螺栓紧固或由于需要加工冷却水道，不允许钻孔时，应考虑台肩固定，并注意加工性和可靠性，如图 1-184 所示。

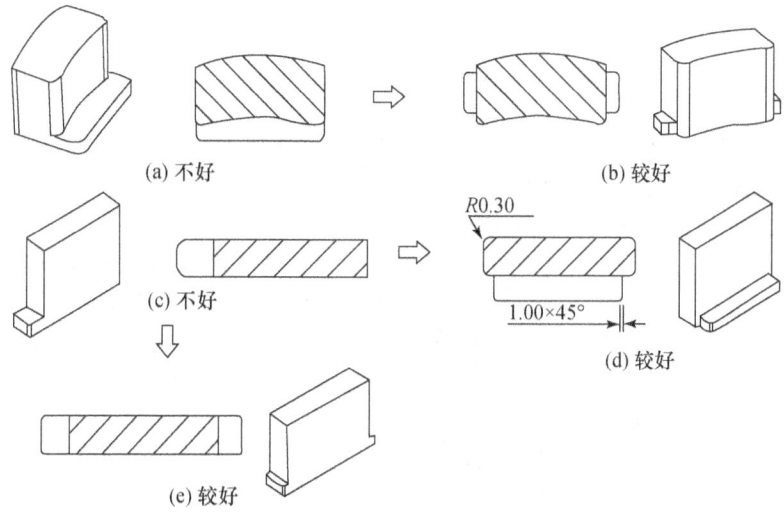

图 1-184　异形型芯的台肩固定

(7) 当塑件口部有圆弧时，只能在型芯根部加工出圆弧来成型塑件，模具上圆弧通常用电火花加工的方法成型，如图 1-185 所示。

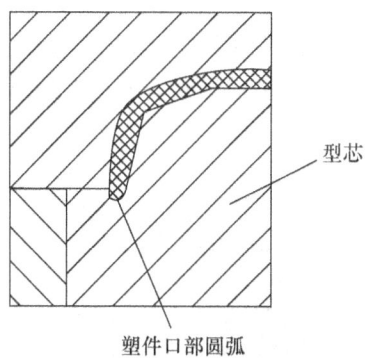

图 1-185　塑件口部成型圆弧的方法

(8) 不合理的凸模镶拼结构。

如图 1-186 所示的两种凹模镶拼结构，当型芯镶件与模板配合面不够严密时，容易出现与塑件顶出方向垂直的横向飞边，造成零件顶出困难，应避免出现该结构。

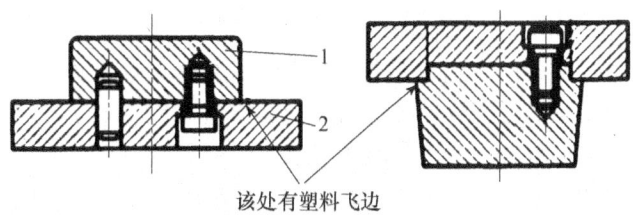

图 1-186　不合理的凸模镶拼结构

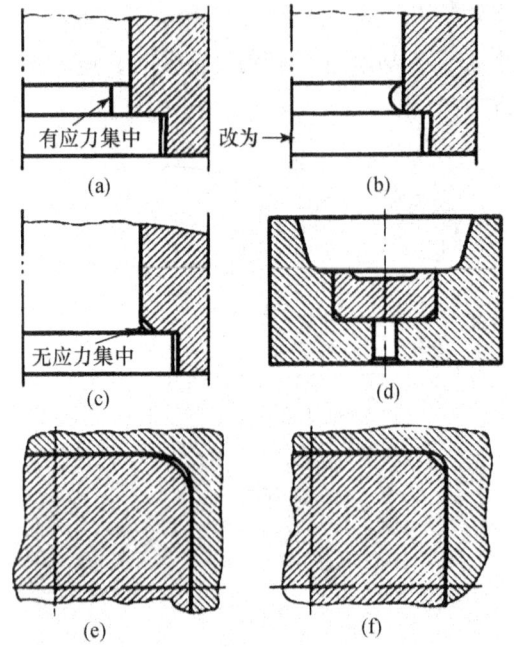

图 1-187 镶拼结构的角部配合

3. 凸模、凹模组合镶拼中的注意事项

（1）有台肩的镶件，根部退刀槽应用 R 车刀加工，避免应力集中，如图 1-187（a）、1-187（b）所示。

（2）为提高镶件强度，根部最好不加工退刀槽，而把固定板孔口加工倒角。当镶件台肩根部 $R=1.5$ 时，孔口倒角 $2\times45°$ 或 $2.5\times45°$，如图 1-187（c）所示。

（3）盲孔镶拼时，镶件底部应倒角或倒圆，如图 1-187（d）所示。

（4）镶件外形为方形或矩形时，各角应倒圆或倒角，如图 1-187（e）、1-187（f）所示。

4. 孔的成型

孔有圆孔与异形孔、有通孔与盲孔。塑料模具成型通孔的方式有碰穿（考破）、擦穿（擦破）与（插）穿。碰穿是指成型塑件的模具对熔体塑料密封面和开模方向垂直或相当于垂直，如圆弧面或曲面；插穿则指模具对熔体的密封面与开模方向不垂直，如图 1-188 所示。

模具上碰穿面为平面或曲面。而擦穿面应有斜度，优点：一是斜面密封好，可有效防止溢料产生飞边，因为垂直贴合面无法承受锁模力；二是减少型芯和凹模的磨损；三是可降低加工精度，便于配研。

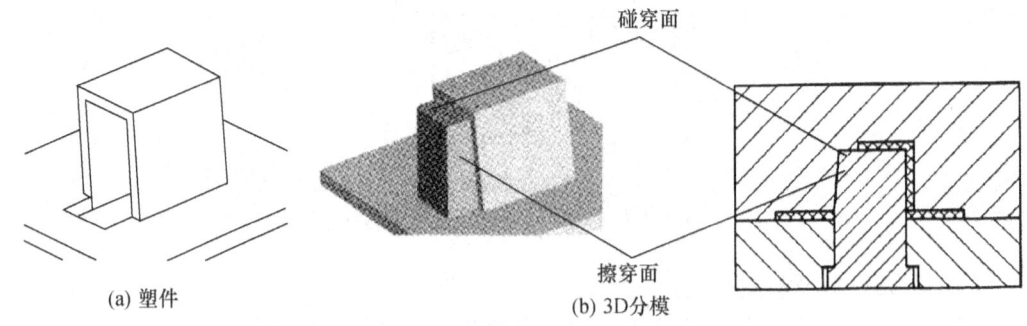

图 1-188 碰穿与擦穿结构

（1）圆孔的成型。

成型圆孔应采用圆形镶件（俗称镶针），镶件通常选用标准件，如标准推杆等，方便损坏后更换和缩短制模周期。圆形通孔的成型有碰穿和插穿两种方法。如果是台阶孔，还有对碰、对插和插穿三种方式，如图 1-189 所示。

当圆孔直径大于等于 5 倍孔深时，即成型较大直径的孔，为方便模具制造可采用碰穿，但碰穿面应尽量在塑件内表面，因为碰穿面总是有飞边存在。成型小圆孔宜采用插穿，尤其是斜面或曲面上的圆孔。原因是：① 圆孔加工容易；② 圆型芯插穿磨损小；③ 插穿时镶件不易被熔胶冲弯。另外，插穿的飞边方向是轴向的，碰穿的飞边方向是径向的，哪一种飞边会影响装配，也是设计时必须考虑的。

斜面上的圆孔必须插穿，以保证型芯受力和方便加工，如图 1-190 所示。图中 α 取 $10°\sim15°$，A 取 $2\sim3$ mm。

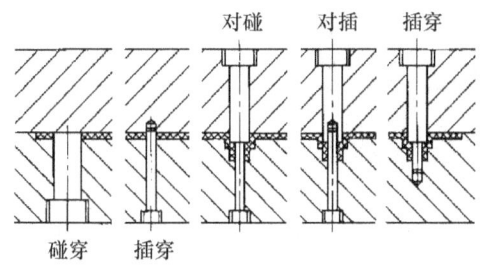

图 1-189　圆形通孔的成型

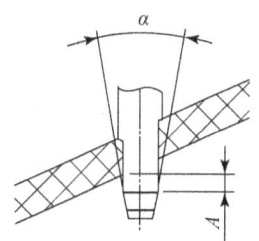

图 1-190　斜面圆形通孔采用插穿成型

（2）异型孔的成型。

成型异型孔时，如果孔很深，尺寸较小，生产时易损坏凸模，此时应采用镶件，否则可不用镶件。

① 实例一：简化模具结构。原则上异型孔成型：能做碰穿（靠破）不做插穿（擦破），能做插穿不做侧抽芯，能大角度插穿，不小角度插穿，如图 1-191 所示。

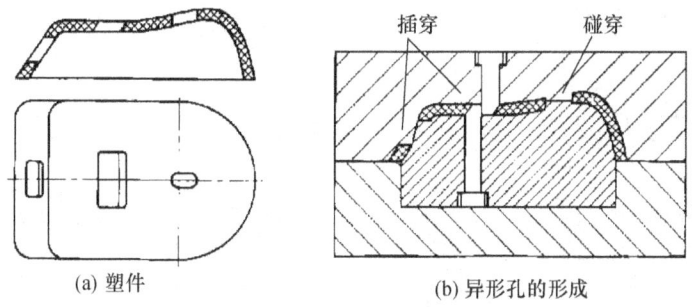

图 1-191　成型异型孔的插穿与碰穿

② 实例二：保证结构强度。

如图 1-192 所示，为避免模具凸出部位因过高而变形或折断，设计上 $H\leqslant 3B$ 较合理。碰穿面最小密封距离 $A\geqslant 3$ mm。插穿面倾斜角度取决于插穿面高度，$H\leqslant 3$ mm 时，$\alpha\geqslant 5°$；$H>3$ mm 时，$\alpha\geqslant 3°$；对斜度有特定要求时，若插穿面高度 $H\geqslant 10$ mm，允许 $\alpha\geqslant 2°$。

 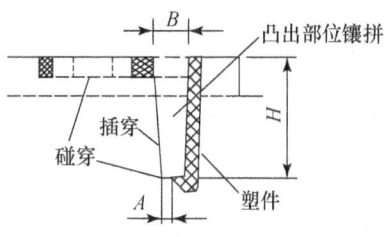

图 1-192　高型芯成型异型孔的插穿与碰穿

③ 实例三：侧孔做枕起成型。

如图 1-193 所示，用枕起成型侧孔，可避免侧抽芯，降低模具复杂程度，减少成本并缩短模具制造周期，枕起封胶尺寸应大于 5 mm，枕位插穿面斜度取 3°～5°。

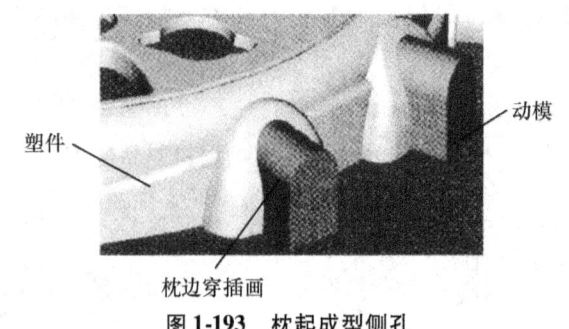

图 1-193 枕起成型侧孔

（3）其他复杂孔的成型。

图 1-194（a）所示为动定模异形型芯擦穿成型塑件斜孔，图 1-194（b）所示为定模圆形型芯单边加工出斜面成型塑件单侧斜孔，图 1-194（c）所示为动定模异形型芯擦穿成型塑件转折孔，图 1-194（c）所示为动定模方形型芯擦穿成型塑件转折孔，图 1-194（e）为动定模型芯擦穿成型塑件三通孔。

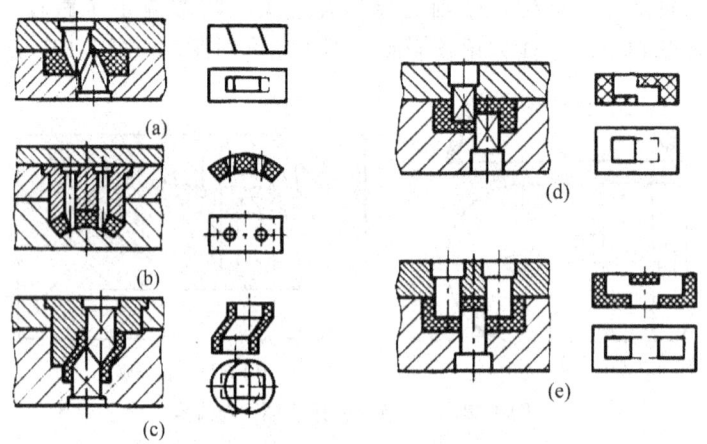

图 1-194 复杂孔的成型方法

1.5.2 注射模成型零件尺寸的确定

影响塑件的尺寸和精度的因素很多，主要有塑料材料、塑件结构和成型工艺过程、模具结构、成型零件尺寸和精度及磨损量。此外，还有成型零件的结构形式、安装尺寸和滑动部分配合间隙的变化等因素。

1. 决定成型零件尺寸的因素

（1）成型收缩

成型收缩是决定成型尺寸精度的重要因素，准确选用收缩率是保证塑件尺寸的关键。生产大型塑件时，收缩率对塑件的公差影响较大。

（2）成型零件的制造公差

一般模具成型零件工作尺寸制造公差取塑件公差值的 1/3～1/4，或取 TT8～IT9。

（3）成型零件的磨损

生产小型塑件时，制造公差与磨损量对塑件公差影响较大，最大磨损量可取塑件公差的 1/6。

2. 型腔、型芯的尺寸确定

确定型腔、型芯镶件外形尺寸的方法有两种：经验法和计算法。在实际设计工作中通常采用经验确定法。但对于大型、精密及重要模具，为确保安全，最好再用计算法校核其强度和刚度。

为了保证塑件尺寸的精确性，力图使它符合设计图纸的要求，按影响成型尺寸的因素，需对成型零件尺寸进行精确的计算。

（1）型腔、型芯外形尺寸经验确定法

① 确定型腔镶件长、宽尺寸

- 首先确定各型腔的摆放位置。
- 按下面经验数据确定各型腔相互位置尺寸。

一模多腔的模具，各型腔之间的壁厚通常取 15～25 mm，型腔越深，型腔壁应越厚，如图 1-195 所示。大型深腔模具的型腔之间壁厚可取 30 mm。当采用潜伏式浇口时，应有足够的潜伏浇口位置及布置推杆的位置；当塑件较大，且固定型芯或型腔镶件的固定板的孔为通孔，此时镶件固定板成框架结构，刚性较差，镶件之间壁厚应加厚，如图 1-196 所示；当型腔之间需加工水道用来冷却模具时，型腔之间距离要大一些。

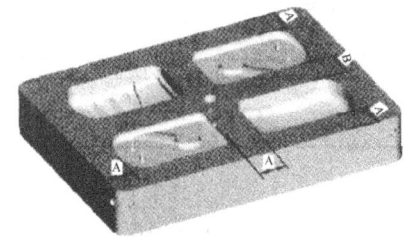

图 1-195 型腔排位确定凹模镶件大小

图 1-196 型芯排位确定镶件大小

- 型腔镶件长、宽尺寸确定

型腔至型腔镶件边缘的厚度与型腔深度有关，通常取 15～50 mm。可参照表 1-26 经验数值选取。

表 1-26 型腔至型腔镶件边缘厚度的经验数值

型腔深度（mm）	型腔至型腔镶件边缘厚度（mm）	型腔深度（mm）	型腔至型腔镶件边缘厚度（mm）
≤20	15～25	30～40	30～35
20～30	25～30	>40	35～50

② 型芯、型腔镶件高度尺寸确定

- 型腔镶件厚度：$A =$ 型腔深度 $+ H_1$，通常 $H_1 = (15～20)$ mm，当塑件在分型面上的投影面积大于 200 cm^2 时，$H_1 = (25～30)$ mm，如图 1-197 所示。在满足强度和刚度的情况下型腔镶件厚度尽量小一些，以减小主流道的长度，减少浇注系统凝料以及不至于使熔融塑料温度降低过快。

- 型芯固定板镶件厚度

a. 型芯与固定板镶件无型腔（天地模）时，应保证型芯有足够的强度和刚度。固定板镶件及型芯厚度取决于型芯的长宽尺寸，$B = 沉孔厚度 + H_2$，通常 $H_2 = (15 \sim 20)$ mm，如图 1-197 所示。

b. 型芯与固定板镶件有型腔时，如图 1-198 所示。型芯固定板镶件厚度 $B =$ 型腔深度 $a +$ 封料尺寸 b（大于 8 mm）+ 固定板镶件沉孔厚度 c。

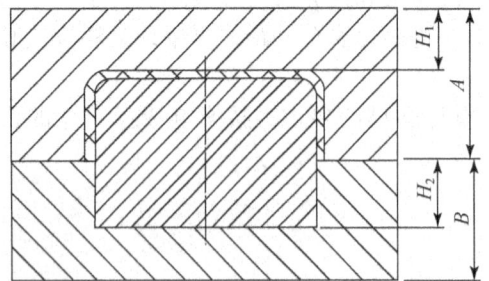
图 1-197 型芯与固定板镶件无型腔时镶件厚度

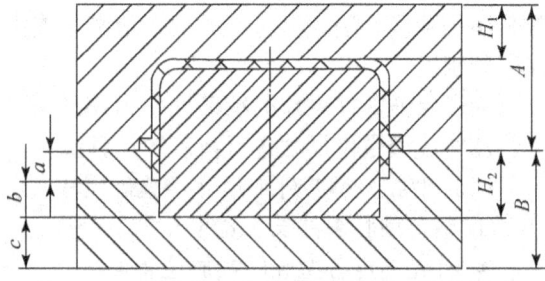
图 1-198 型芯与固定板镶件有型腔时镶件厚度

如果计算得到的厚度小于表 1-27 中型芯固定板镶件厚度 B，则以表 1-27 中厚度为准。

表 1-27 型芯固定板厚度经验确定法

型芯长×宽（mm）	型芯固定板厚度 B（mm）	型芯长×宽（mm）	型芯固定板厚度 B（mm）
≤50×50	15～20	150×150～200×200	30～40
50×50～100×100	20～25	≥200×200	40～50
100×100～150×150	25～30		

（2）型腔、型芯成型尺寸的传统计算法

① 成型尺寸的分类和性质

成型零件的尺寸，主要有构成塑件外形尺寸的型腔内径（D_A）及其高度（H_A）；构成塑件内形尺寸的型芯外径（d_T）及其高度（h_T）；以及中心距 C，如图 1-199 所示。

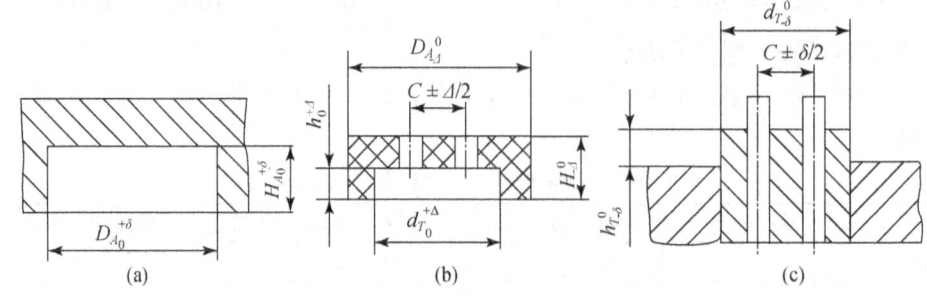
图 1-199 模具零件工作尺寸与塑件尺寸的关系

模具轴类尺寸采用基轴制，公差为负值；模具孔类尺寸采用基孔制，公差为正值；塑件及模具的中心距尺寸公差带对称分布，则为正负双向公差。

型腔尺寸为增大尺寸，因为它在生产过程中，随着使用时间的延长会磨损或抛光而变大；型芯尺寸为缩小尺寸，它随着磨损或维修而变小；中心距尺寸为常量尺寸，不随型腔或型芯尺寸变化而变化。

随着模具是磨损或维修而变大的尺寸用 D_A 表示,而变小的尺寸用 d_T 表示,既不变大也不变小的称作中心尺寸,用 C 表示,如图 1-200 所示。

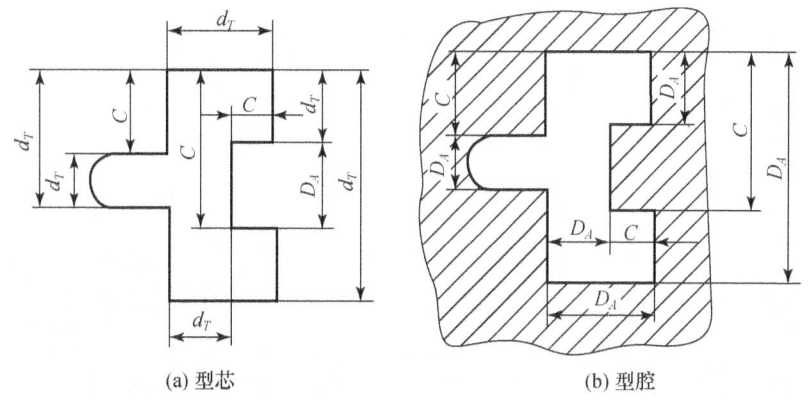

(a) 型芯　　　　　　　　(b) 型腔

图 1-200　型芯、型腔尺寸的分类

塑件设计时应有合理的公差,模具设计时,则选用塑件所规定的公差作为依据。一般塑件的精度较低,即公差值较大。在设计模具时,外形尽量取上限尺寸,内孔取下限尺寸,这是为了塑件装配使用的需要及在生产过程中,由于模具磨损而留有修模余地。以上情况,对厚壁塑件影响不大;但对薄壁塑件,如壁厚在 1.5 mm 以下时,壁厚会因被内、外形状尺寸所占,构成过分薄壁塑件,而降低强度,影响使用。

配合尺寸的确定,如图 1-201 所示。型腔尺寸向偏小方向设计,且塑件上外形以大端为准,斜度取向小端;模具型腔也以大端为准,斜度取向小端。型芯尺寸向偏大方向设计,塑件上的孔以小端为准,斜度取向大端;模具型芯也以小端为准,斜度取向大端。

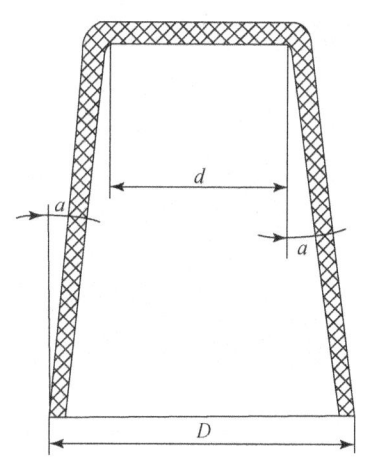

图 1-201　型腔、型芯尺寸取向

② 计算如图 1-202 所示塑件的成型尺寸。

- 型腔径向尺寸的计算

$$(D_A)_0^{+\delta} = (D_0 + D_0 S - \frac{3}{4}\Delta)_0^{+\delta}$$

式中　D_A——型腔的最小基本尺寸(mm);
　　　D_0——塑件的最大基本尺寸(mm);
　　　S——塑料的平均收缩率;
　　　Δ——塑件公差;
　　　δ——模具制造公差,按塑件公差的 1/3～1/6 来取,或按 IT9 查表标注。

- 型腔深度尺寸的计算

$$(H_A)_0^{+\delta} = (H_0 + H_0 S - \frac{2}{3}\Delta)_0^{+\delta}$$

式中　H_A——型腔深度的最小基本尺寸(mm);

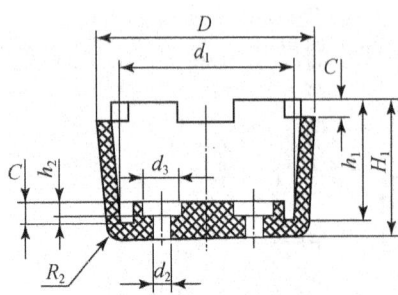

H_0——塑件的最大基本尺寸（mm）。

- 型芯径向尺寸的计算如下：

$$(d_T)^0_{-\delta} = (d_0 + d_0 S - \frac{3}{4}\Delta)^0_{-\delta}$$

式中　d_T——型芯的最大基本尺寸（mm）；
　　　d_0——塑件的最小基本尺寸（mm）。

- 型芯高度尺寸计算如下：

$$(h_T)^0_{-\delta} = (h_0 + h_0 S - \frac{2}{3}\Delta)^0_{-\delta}$$

式中　h_T——型芯深度的最大尺寸（mm）；
　　　h_0——塑件内形深度的最小尺寸（mm）。

- 中心距（双向公差）尺寸的计算

$$C \pm \frac{1}{2}\delta = (C_0 + C_0 S) \pm \frac{1}{2}\delta$$

式中　C——模具的中心距基本尺寸（mm）；
　　　C_0——塑件中心距的基本尺寸（mm）。

③ 计算实例

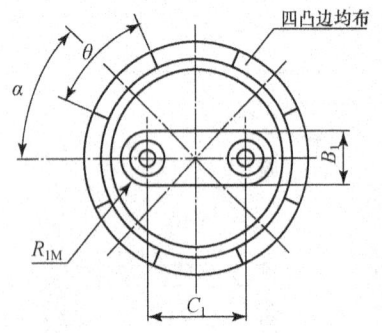

图 1-202　塑件图

如图 1-202 所示的塑件图，已知条件：所采用塑料的收缩率为 0.6%～1%，取其平均收缩率为 0.8%。

a. 型腔尺寸的计算

外形直径　$D = 40^0_{-0.34}$
$$D' = (40 + 40 \times 0.008 - 3/4 \times 0.34)^{+0.062}_0 = 40.07^{+0.062}_0$$

凸台宽度　$B_1 = 10^0_{-0.2}$
$$B'_1 = (10 + 10 \times 0.008 - 3/4 \times 0.2)^{+0.036}_0 = 9.93^{+0.036}_0$$

凸台半径　$R_{1M} = 5^0_{-0.1}$
$$R'_{1M} = (5 + 5 \times 0.008 - 3/4 \times 0.1)^{+0.03}_0 = 4.97^{+0.03}_0$$

外形高度　$H_1 = 24^0_{-0.28}$
$$H'_1 = (24 + 24 \times 0.008 - 3/4 \times 0.28)^{+0.052}_0 = 23.98^{+0.052}_0$$

起伏凸边角度　$\theta_1 = (44°)^0_{-10'}$
$$\theta' = (44° - 3/4 \times 1°)^{1/4 \times 1°}_0 = 43°15'^{+15'}_0$$

b. 型芯尺寸的计算

内孔直径　$d_1 = 34^{+0.34}_0$
$$d'_1 = (34 + 34 \times 0.008 + 3/4 \times 0.34)^0_{-0.062} = 34.5^0_{-0.062}$$

内孔直径　$d_2 = 3.5^{+0.16}_0$
$$d'_2 = (3.5 + 3.5 \times 0.008 + 3/4 \times 0.16)^0_{-0.03} = 3.65^0_{-0.03}$$

扩孔直径　$d_3 = 6.5^{+0.2}_0$
$$d'_3 = (6.5 + 6.5 \times 0.008 + 3/4 \times 0.2)^0_{-0.036} = 6.7^0_{-0.036}$$

内形深度　$h_1 = 19^{+0.28}_0$
$$h'_1 = (19 + 19 \times 0.008 + 3/4 \times 0.28)^0_{-0.052} = 10.36^0_{-0.052}$$

扩孔深度　$h_2 = 3.5_0^{+0.16}$

$h_2' = (3.5 + 3.5 \times 0.008 + 3/4 \times 0.16)_{-0.03}^{0} = 3.65_{-0.03}^{0}$

c. 中心距尺寸的计算

孔距　$c_1 = 16 \pm 0.2$

$c_1' = (16 + 16 \times 0.008) \pm 0.021 = 16.13 \pm 0.021$

凸台高度　$c_2 = 4 \pm 0.1$

$c_2' = (4 + 4 \times 0.008) \pm 0.015 = 4.03 \pm 0.015$

起伏凸边高度　$c_3 = 3 \pm 0.1$

$c_3' = (3 + 3 \times 0.008) \pm 0.015 = 3.02 \pm 0.015$

起伏凸边位置　α（45°）

$\alpha' = 45° \pm 1/4 \times 1° = 45° \pm 0.15'$（这里 45°为自由公差，参考 JB7-59 查表为 45°±1'）

（3）型腔壁厚的刚度和强度计算

在塑件成型过程中，由于注射压力 P 的作用，会使型腔产生弹性变形。轻则影响塑件的尺寸精度，重则溢料过多而增加飞边。开模时，由于注射压力的消除，型腔恢复弹性变形，致使脱模困难，有时会使塑件留在模腔内，影响正常生产。特别在大型模具中较常见，个别严重的有可能会出现模具破裂的现象，为了增加模具的强度和刚度，应按模具零件工作时的受力情况对其进行强度或刚度计算。

单位注射力 p 是计算模具强度和刚度的主要依据，必须正确选取。一般情况下，注射模型腔内壁所受到的单位压力约等于注射机料筒内单位压力的 25%～50%。通常型腔内压力取 $(1.96 \sim 4.90) \times 10^7$ Pa 范围内。

经验数据：一般淬硬到 53～58HRC 的钢材，许用应力 $[\sigma] = (1.372 \sim 1.568) \times 10^8$ Pa，未淬硬钢材采用 $[\sigma] = (7.84 \sim 9.80) \times 10^7$ Pa。

表1-28 计算得到的壁厚，均指设计时的理论最小壁厚值。

表1-28　常用型腔壁厚及底板厚度的计算公式

类型		图	部位	强度计算	刚度计算
圆形凹模	整体式		侧壁	$S_{强} \geq r\left(\sqrt{\dfrac{[\sigma]}{[\sigma] - 2p}} - 1\right)$	$S_{刚} \geq 1.15 \sqrt[3]{\dfrac{phl}{Ee_{许}}}$
			底板	$h_{强} \geq \sqrt{\dfrac{3pr^2}{4[\sigma]}}$	$h_{刚} \geq \sqrt[3]{\dfrac{0.1758pr^4}{Ee_{许}}}$
	组合式		侧壁	$S_{强} \geq r\left(\sqrt{\dfrac{[\sigma]}{[\sigma] - 2p}} - 1\right)$	$S_{刚} \geq r\left(\sqrt[3]{\dfrac{\dfrac{Ee_{许}}{rp} - (\mu - 1)}{\dfrac{Ee_{许}}{rp} - (\mu + 1)}} - 1\right)$
			底板	$h_{强} \geq \sqrt{\dfrac{1.22pr^2}{[\sigma]}}$	$h_{刚} \geq \sqrt[3]{\dfrac{0.74pr^4}{Ee_{许}}}$

续表

类型		图	部位	强度计算	刚度计算
矩形凹模	整体式		侧壁	$H_1/l \geq 0.41$ 时, $S_强 \geq r\sqrt{\dfrac{pl^2(1+W_\alpha)}{2[\sigma]}}$ $H_1/l < 0.41$ 时, $S_强 \geq r\sqrt{\dfrac{3pH_1(1+W_\alpha)}{[\sigma]}}$	$S_刚 \geq \sqrt[3]{\dfrac{cpHl}{Ee_许}}$
			底板	$h_强 \geq \sqrt{\dfrac{\alpha' pb^2}{[\sigma]}}$	$h_刚 \geq \sqrt[3]{\dfrac{c'pb^4}{Ee_许}}$
	组合式		侧壁	$S_强 \geq \sqrt{\dfrac{pH_1 l^2}{2H[\sigma]}}$	$S_刚 \geq \sqrt[3]{\dfrac{pH_1 l^4}{32EHe_许}}$
			底板	$h_强 \geq \sqrt{\dfrac{3pbl^2}{4B[\sigma]}}$	$h_刚 \geq \sqrt[3]{\dfrac{5pbl^4}{32EBe_许}}$

注：表中所列各公式中：

$S_强$——按强度计算的型腔侧壁厚度（mm）；
$S_刚$——按刚度计算的型腔侧壁厚度（mm）；
$h_强$——按强度计算的底板厚度（mm），
$h_刚$——按刚度计算的底板厚度（mm）；
r——型腔内壁半径（mm）；
σ——模具材料许用应力（MPa）；
p——型腔内熔融塑料的压力（MPa）；
E——钢的弹性模量，取 2.06×10^5 Pa；
$e_许$——许用变形量，mm；
μ——泊松比（取 0.25）；
H_l——型腔深度（mm）；
l——型腔侧壁长边长度（mm）；
L——双支脚间距（mm）；
H——型腔侧壁总高度（mm）；
b——底板受压宽度（mm）；——B 底板总宽度（mm）；
W——抗弯截面系数；
α'——由矩形型腔的边长比 b/l 所决定的系数；
α——由双支脚间距和型腔短边之比 L/b 所决定的系数；
c——由 $H1/l$ 所决定的系数；
c'——由型腔边长比 l/b 所决定的系数（mm）。

【实例1】 今有组合式矩形型腔内壁宽 $a=22$ cm，长 $l=34$ cm，深 $H_1=6.8$ cm，镶件总厚 $H=10$ cm，塑料进入型腔单位压力 $P=4.90 \times 10^7$ Pa，$[\sigma_b]=700$ MPa，$e_许=0.05$ mm，$E=2.058 \times 10^{11}$ Pa，试求型腔侧壁的厚度 S。

解

$$S_强 = \sqrt[3]{\dfrac{pH_1 l^2}{2H[\sigma]}} = \sqrt[3]{\dfrac{4.90 \times 10^7 \times 6.8 \times 34^2}{2 \times 10 \times 700 \times 10^6}} = 3.09(\text{cm}) = 30.9(\text{mm})$$

$$S_刚 = \sqrt[3]{\dfrac{pH_1 l^4}{32EHe_许}} = \sqrt[3]{\dfrac{4.90 \times 10^7 \times 6.8 \times 34^4}{32 \times 2.058 \times 10^{11} \times 10 \times 0.005}} \approx 11(\text{cm}) = 110(\text{mm})$$

$S_强 < S_刚$，因此，型腔厚度按刚度选取。

【实例2】 已知 $P = 4.90 \times 10^7$ Pa，$e_{许} = 0.05$ mm，$H_1 = 6.8$ cm，$H = 10$ cm，$\sigma = 568 \times 10^6$ Pa，分别计算 $b = 100$ mm，150 mm，…，600 mm 时，按刚度和强度计算的侧壁厚度 S。

解 计算值如表1-29所示。

表1-29 镶拼矩形型腔壁厚与边长的关系

S \ b	100	150	200	250	300	350	370	400	450	500	550	600
$S_{刚}$	22.8	39	57	78	98.7	121	131	145	170	195	222	248
$S_{强}$	35	53	71	88.5	106	124	131	141	159	177	195	212

由此可见，当型腔的长边 $l < 370$ mm 时，采用强度计算；当 $l > 370$ mm 时，采用刚度计算。

目前，在塑料模具设计中利用UG、Pro/E、PowerSHAPE等模具设计软件，由塑件尺寸可自动生成模具型腔、型芯尺寸，不需要人工计算。但模具强度、刚度仍需人工计算或校核。

1.5.3 注射模导向与定位机构设计

注射模结构零件、导向定位零件及模架已标准化和系列化，因此在设计模具时只需根据塑料零件的结构、尺寸及使用情况进行合理选用即可。

1. 导向和定位机构

注射模具上的零件按其活动形式可分为相对固定零件和相对活动零件。相对固定零件通过螺栓、销钉或零件本身的子口形状定位；相对活动零件必须有精确的导向机构，使其按照预定的轨迹运动，这样的活动机构称为导向机构。

注射模具的导向机构组成有合模导柱与导套；侧向抽芯机构中的滑块与导轨、斜导柱与滑块；推出系统导柱与导套等，如图1-203所示。

通常注射模具成型塑料时，模具型腔内的压力在 $(1.96 \sim 4.90) \times 10^7$ Pa 范围内。若塑件不对称时，在高压的熔融塑料作用下，

模具成型零件会受到很大的侧向力，使动定模错位，造成塑件壁厚不均或损坏模具，因此必须有定位结构。能承受侧向力，保证动、定模及活动零件相对

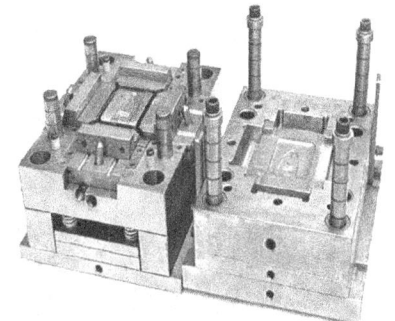

图1-203 模具导向机构

位置精度，防止模具变形错位的结构称为模具定位机构。包括：锥面定位块、锥面定位柱、模板锥面定位、边锁等。在侧向力不大的情况下，导向系统也可起到一定的定位作用，但对于精密模具或具有较大侧向力时，仅靠导向系统难以保证模具正常使用，轻则导套与导柱磨损，重则导套和导柱拉伤（烧伤）或黏结。

2. 导向、定位机构的分类

（1）导向机构分类。

① 导柱与导套类导向机构。

a. 导向机构对动、定模（A、B板）合模时起导向作用，如图1-204中件1、2零件。

b. 三板模流道推板及定模板的导柱、导套，如图 1-204 中件 5、6、7。

c. 推出机构的导柱、导套，如图 1-204 中件 3、4 零件。

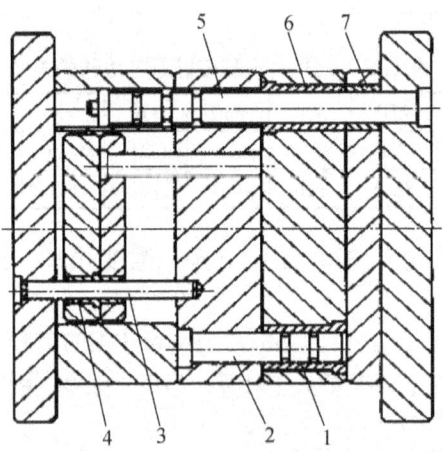

图 1-204　模具导向机构

1—合模导套；2—导柱；3—推出机构导柱；4—推出机构导套；
5—流道推板导柱；6—定模板导套；7—流道推板导套

② 侧向抽芯机构中的滑块与导轨、斜滑块（哈夫块）与导轨，如图 1-205 所示。

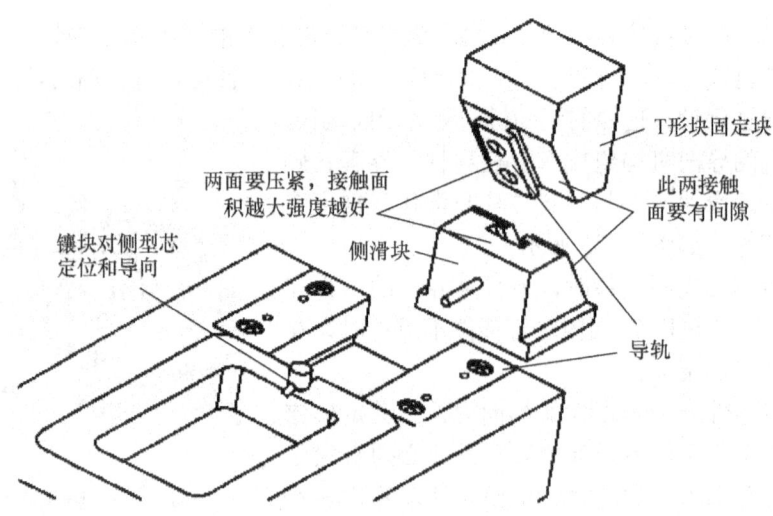

图 1-205　侧向抽芯机构的滑块与导轨

（2）定位机构的常用形式。

动、定模板之间的定位机构用来保证动、定模板之间的相互位置精度。常用的结构有：

① 锥面定位块，装配于动、定模板之间，使用数量四个，对称或对角布置效果最好，如图 1-206 所示。

② 锥面定位柱，它的装配位置、作用及使用场合与锥面定位块完全相同，数量为 2～4 个，如图 1-207 所示。

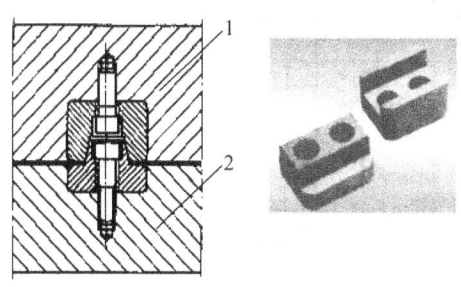 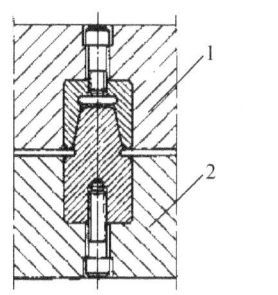 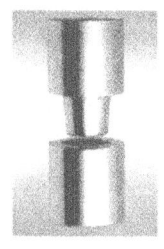

图 1-206　锥面定位块　　　　　　图 1-207　锥面定位柱
1—定模板；2—动模板　　　　　　　1—定模板；2—动模板

③ 边锁，通常装于模具的四个侧面，藏于模板内，防止搬运、装模、维修碰坏。边锁有锥面锁和直身锁两种，如图 1-208 所示。

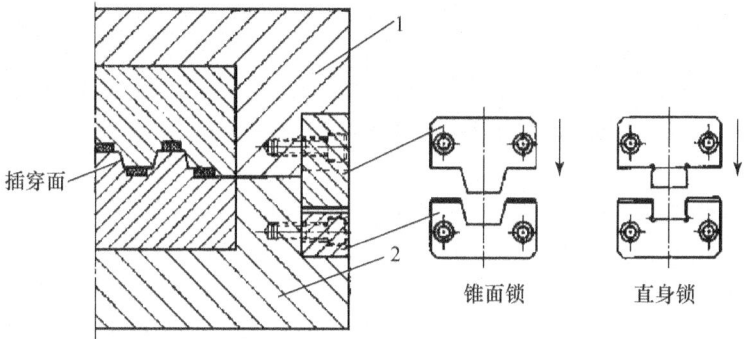

图 1-208　边锁类型及应用
1—定模板；2—动模板

④ 模具镶件之间的定位，保证动、定模镶件模和注射时的相互位置精度，如图 1-209、1-210 所示的动、定模镶件锥面定位。图 1-211、1-212 所示的动、定模镶件四角锥面定位。

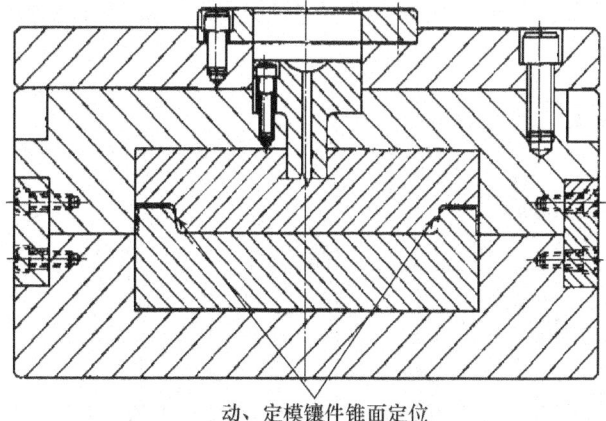

图 1-209　动、定模镶件锥面定位

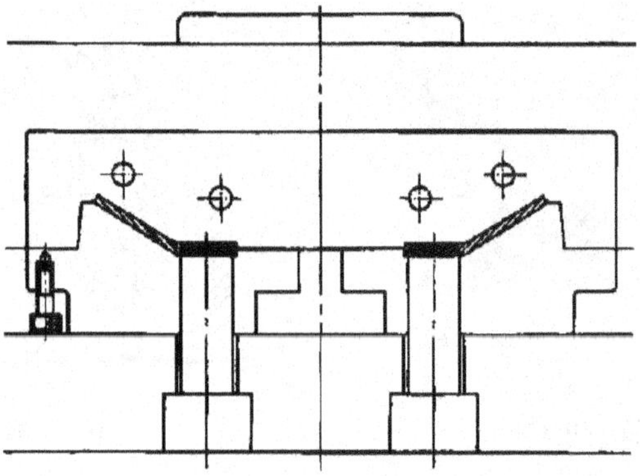

图 1-210 动模、定模镶件四角锥面定位

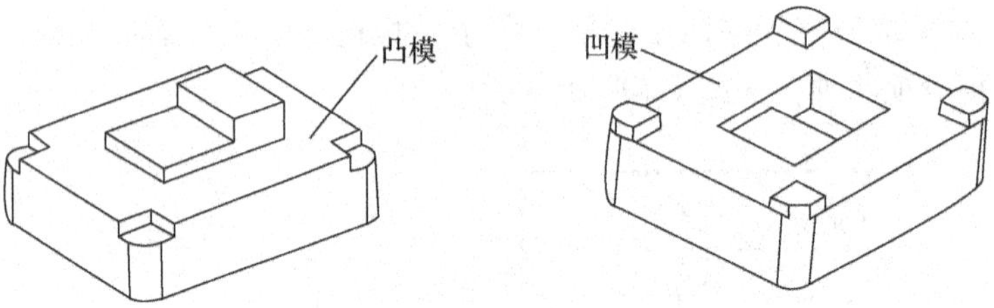

图 1-211 动模、定模镶件四角锥面定位立体图

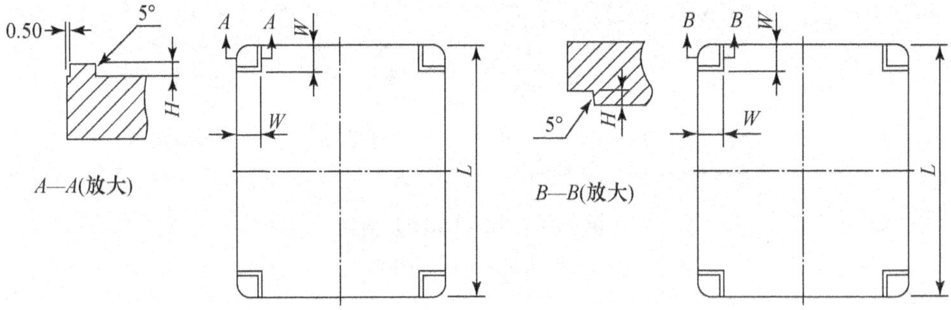

图 1-212 动模、定模镶件四角锥面定位平面图

⑤ 模架本身定位，锥面定位块和锥面定位柱的组合形式用在中小型模具上。大型模具要承受较大的侧向力，通常采用在模架本身的模板上加工出锥面的方法，定位效果更好，如图 1-213 所示。

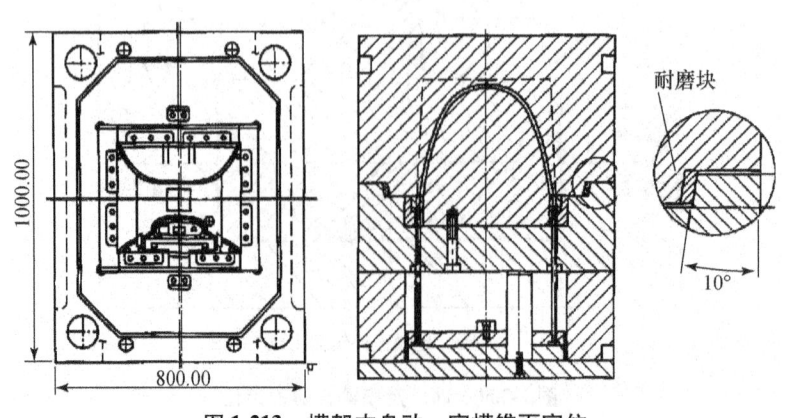

图 1-213 模架本身动、定模锥面定位

3. 导向、定位机构的作用

（1）定位作用。

模具合模后，应保证动、定模位置准确，确保型腔内塑件的形状和尺寸精度。同时导向机构在模具的装配与拆卸过程中也起到定位作用，便于模具的装配与调整，如图 1-214 所示。

（2）导向作用。

当动模和定模合模时，导向零件引导动、定模准确合模，避免型芯先进入凹模可能造成的型芯、凹模及其他成型零件的损坏。在推出机构中，导向零件保证推杆定向运动（尤其是细长杆），避免推杆在推出过程中折断、变形或磨损擦伤，如图 1-215 所示。

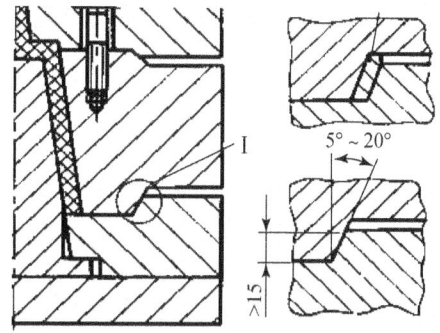

图 1-214 锥面定位

（3）承受一定的侧向压力。

由于塑料熔体充模过程中可能产生单向侧压力，或成型设备、精度低的影响，在注射过程中需要导向机构承受一定的单向侧压力，以保证模具的正常工作。当侧压力很大时，不能单靠导向机构来承担，需要增设锥面定位机构，如图 1-214 所示。

（4）承受模具重量。

推杆固定板、推板、推出板、点浇口流道板等活动板均悬挂在导柱上，由导柱承担重量，如图 1-215 与图 1-216 所示。

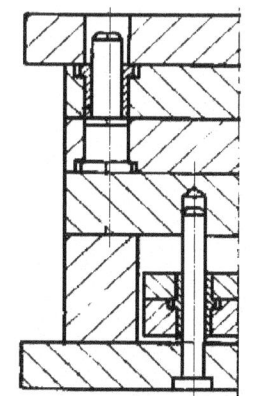

图 1-215 合模导柱导套与推出系统导柱导套的作用

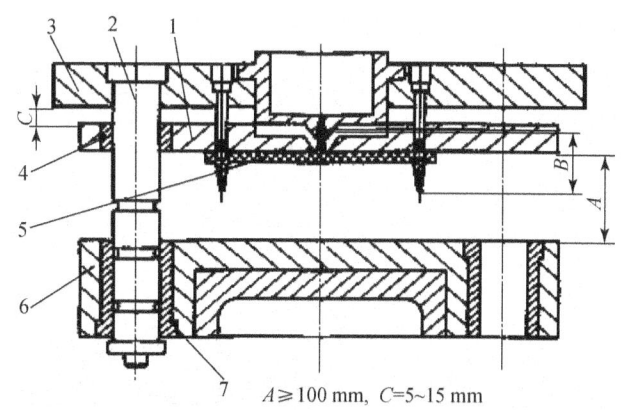

图 1-216 定模板与流道板导柱导套的作用

1—流道推板；2—导柱；3—定模座板；4—流道推板导套；
5—流道凝料；6—定模板（A 板）；7—定模板导套

4. 导向定位机构的设计

（1）导向零件的设计原则

① 合模导向通常采用导柱导套导向，而锥面定位承受侧向力。

② 导柱的导向部分应比型芯高，导向后，型芯再进入型腔，以免型芯进入型腔时与型腔相碰而损坏，如图 1-217 所示。

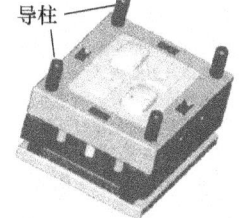

图 1-217 导柱的数量及布置

③ 导柱与导套的配合为间隙配合，公差配合为 H7/f7，与模座的配合为过盈或过渡配合。

（2）导柱的结构、大小、数量及其布置。

① 导柱的大小、数量及其布置。

无论模具形状及尺寸大小，一副塑料模导柱数量均需要 4 个，均匀地布置在模具四个角上，导柱孔至模具边缘应有足够的距离，以增加模板强度及对导柱的稳定性，布置方式如图 1-217 所示。导柱直径的大小根据模架尺寸而定，已形成标准化和系列化。为防止合模时动、定模装错方向而压坏模具，有的模架采用等直径导柱不对称布置或不等直径导柱对称布置。

② 导柱的结构。

导柱前端应倒圆角、半球形或做成锥台形，以使导柱能顺利地进入导套。导柱表面有多个环形油槽，用于储存润滑油，减小导柱和导套表面的摩擦力。

导柱材料应具有硬而耐磨的表面和坚韧而不易折断的内芯，因此多采用 20 钢（经表面渗碳淬火处理）或者 T8、T10 钢（经淬火处理），硬度为 50～55HRC。导柱固定部分的表面粗糙度为 0.8 μm，导向部分的表面粗糙度为 0.4 μm。

导柱与固定板的配合为 H7/k6，导柱与导套的配合为 H7/f7。

导柱易出现的问题是弯曲变形或导柱、导套磨损拉伤而无法滑动。

导柱的结构与尺寸标注如图 1-218 所示。

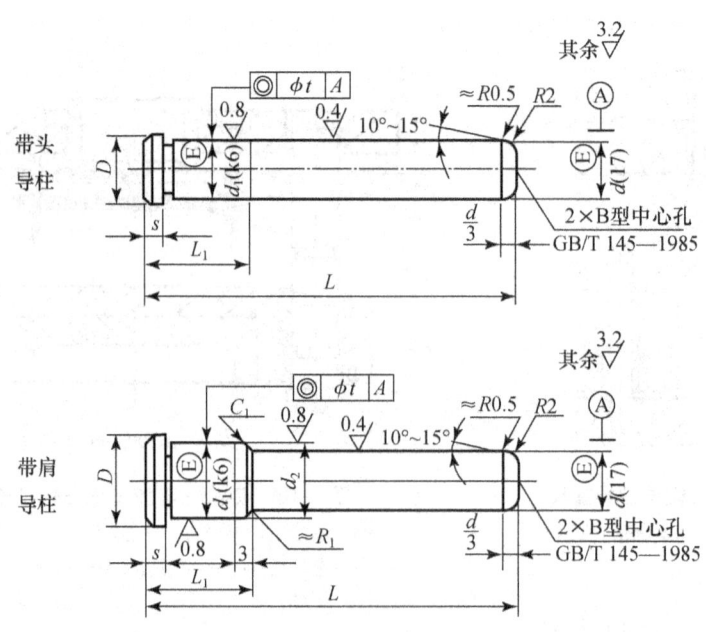

图 1-218　导柱的结构与尺寸标注

③ 导柱的装配方式。

导柱的安装一般有如图 1-219 所示的四种，一般常用图 1-219（a）型；定模板较厚时，为减小导套的配合长度，则常用图 1-219（b）型；动模板较厚及大型模具，为增加模具强度用图 1-219（c）型；定模镶件落差大，塑件较大，为便于取出塑件，常采用图 1-219（d）型。

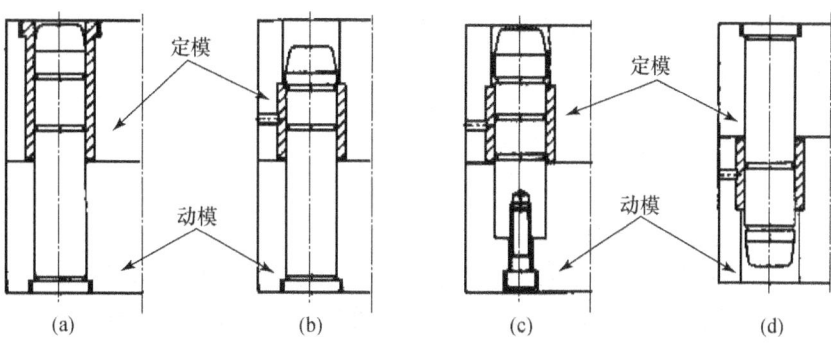

图 1-219 导柱与导套的装配方式

④ 合模导柱的长度设计。

定模板、动模板之间导柱的长度一般应比型芯端面的高度高出 $A = 15 \sim 25$ mm，如图 1-220 所示。当有侧向抽芯机构或斜滑块时，导柱的长度应满足 $B = 10 \sim 15$ mm，如图 1-221 所示。当模具动模部分有推件板时，导柱必须装在动模板内，导柱导向部分的长度要保证推件板在推出塑件时，自始至终不能离开导柱，如图 1-222 所示。

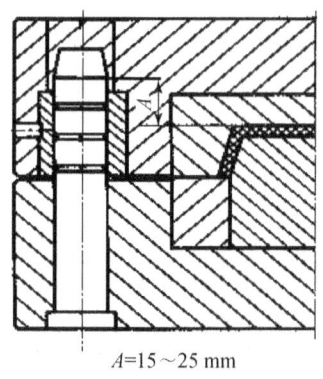

$A = 15 \sim 25$ mm

图 1-220 导柱的长度设计

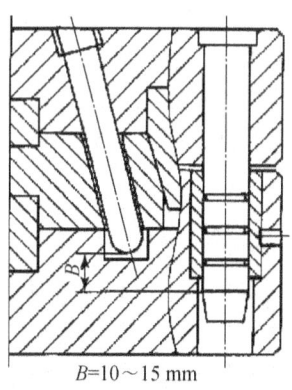

$B = 10 \sim 15$ mm

图 1-221 有侧向抽芯时导柱长度设计

⑤ 推出系统导柱设计。

• 推出系统导柱的作用

推出系统导柱主要作用是承受推杆板的重量和推杆在推出过程中所承受的扭力，对推杆固定板和推板起导向定位作用，终极作用是减少复位杆、推杆、推管或斜推杆等零件和动模镶件的摩擦，防止把孔磨大，导致塑料进入间隙中，使模具过早需要大修。

• 推出系统导柱的使用场合

很多情况下，模具上不加推杆板导柱导套，但下列情况必须加推杆板导柱导套。

a. 模具浇口套偏离模具中心时，如图 1-223 所示，主流道偏心会导致注射机顶杆 1 相对于模具偏心，在

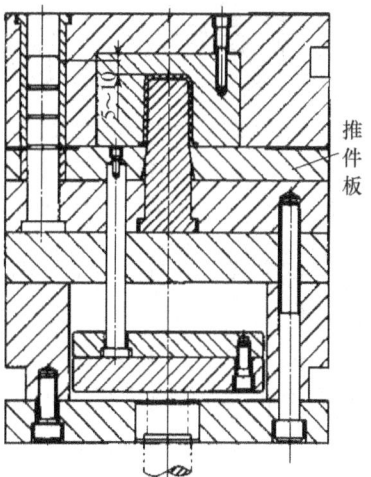

图 1-222 有推件板时导柱长度设计

推出过程中，推板会承受扭力的作用，采用推杆板导柱2可以分担这一扭力，以提高复位杆和推杆等的使用寿命。

b. 推杆直径越小，承受推板重量后越易变形，甚至断裂。因此，当直径小于2.0 mm的推杆数量较多时，应使用推出系统导柱导套。

c. 有斜推杆的模具，由于斜推杆和动模的摩擦阻力较大，推出塑件时推板会受到较大的扭力作用，因此需要用导柱导向。

d. 精密模具要求模具的整体刚性和强度很高，因此活动零件要有良好的导向性。

e. 当塑件生产批量大、模具寿命要求高时，推出机构需要用导柱导向。

f. 有推管的模具，由于推管中间的型芯通常较细，若承受推杆板的重量则很易弯曲变形，甚至断裂，因此推出机构需要用导柱导向。

h. 用双推板二次推出模具，此时推板的重量加倍，必须由导柱来导向。

g. 特制塑件推出距离大，垫块（方铁）需要加高，力臂加长，导致复位杆和推杆承受较大的扭矩，必须增加导柱导向。

i. 模架大于350 mm时，由于模架较大，应加推出系统导柱来承受推板的重量、增加推杆板活动的平稳性和可靠性。

● 推杆板导柱的装配　推杆板导柱的装配通常有三种方式：

装配方式一：导柱固定于动模底板上，穿过推板和推杆固定板，插入动模支承板或动模板内，导柱的长度以伸入支承板或动模板深 $H = 10 \sim 15$ mm 为宜，如图1-224所示。这种方式最为常见，用于一般模具。

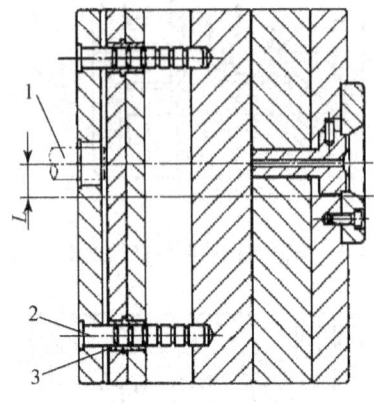

图1-223　浇口偏离模具
中心时使用推板导柱

1—注射机顶杆；2—推杆板导柱；3—推杆板导套

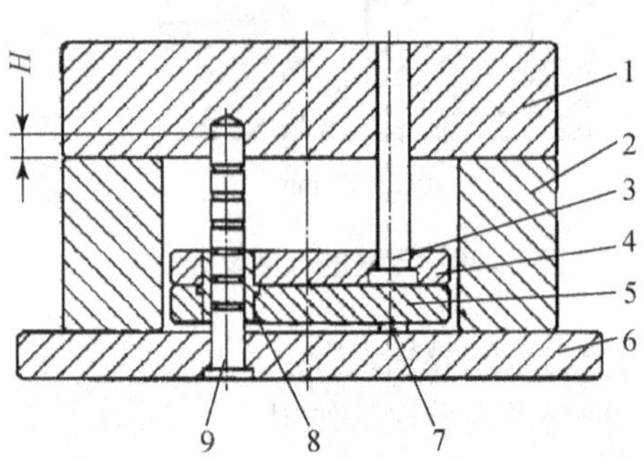

图1-224　推杆板导柱的装配方式（一）

1—动模板；2—垫块；3—复位杆；4—推杆固定板；5—推杆底板；
6—动模底板；7—限位钉；8—推杆板导套；9—推杆板导柱

装配方式二：导柱固定于动模托板上，穿过推杆固定板和推板，不插入底板，如图1-225所示。

装配方式三：导柱固定于动模座板上，穿过推板和推杆固定板，但与装配方式一不同的是它不插入动模支承板或动模板，如图1-226所示。

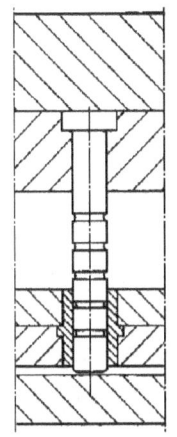

图 1-225 推出系统导柱的装配方式（二）

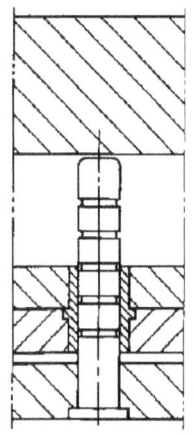

图 1-226 推出系统导柱的装配方式（三）

装配方式二和三常用于模温高及压铸模具中。

- 推杆板导柱的直径和数量　推杆板导柱的直径一般与标准模架的复位杆直径相同，但也取决于导柱的长度和数量。如果垫块加高，则导柱的直径应比复位杆直径大 5～10 mm。

推杆板导柱的数量按图 1-227 确定。

对于宽 400 mm 以下的模架，采用 2 支导柱即可，B_1 = 复位杆之间距离，此时导柱直径可取复位杆直径，或根据模具大小取复位杆直径加 5 mm。

对于宽 400 mm 以上的模架，采用 4 支导柱，尺寸 A_1 = 复位杆至模具中心的距离，尺寸 B_2 参见表 1-30，此时导柱直径取复位杆直径即可。

表 1-30 推出系统导柱位置

模架	4040	4045	4050	4055	4060	4545	4550	4555	3560	5050	5060	5070
B_2/mm	252	302	352	402	452	286	336	386	436	336	436	536

注：模架 4045 是指模具宽 400 mm，长 450 mm，其余类推。

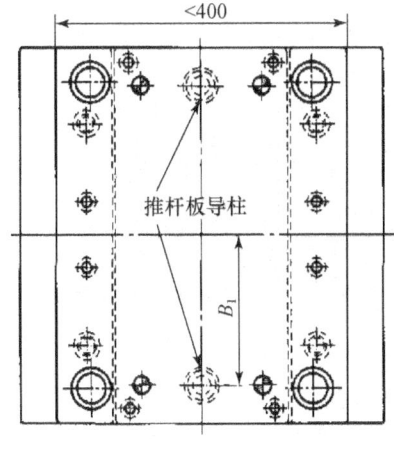
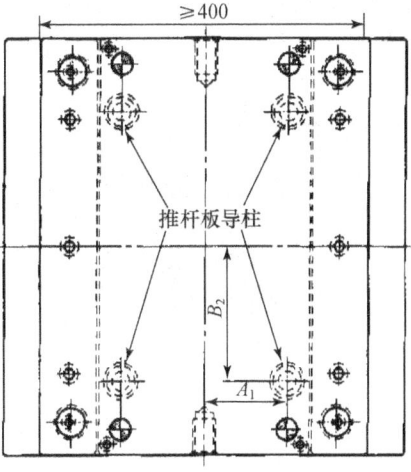

图 1-227 推板系统导柱的数量和位置

(3) 导套的结构及固定形式。

导套材料选用及热处理方法与导柱基本相同，个别情况下采用青铜材料做导套。

① 导套结构。

导套的前端应有倒角，以便导柱能顺利进入导套。其结构有直导套的，制造方便，用于小型模具，如图 1-228（a）所示；头部带台肩导套的，用于精度较高或大型模具，如图 1-228（b）所示；中间带台肩导套的，如图 1-228（c）所示。

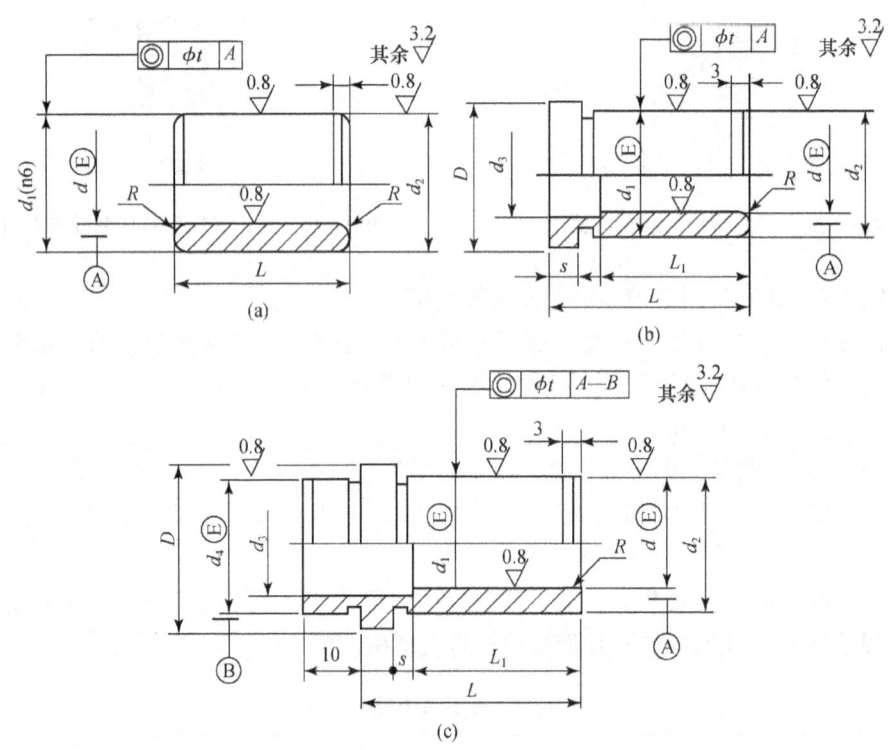

图 1-228 导套结构

② 导套固定形式。

导套固定形式如图 1-229 所示。

(4) 导柱、导套与模板的配合，如图 1-229 所示。

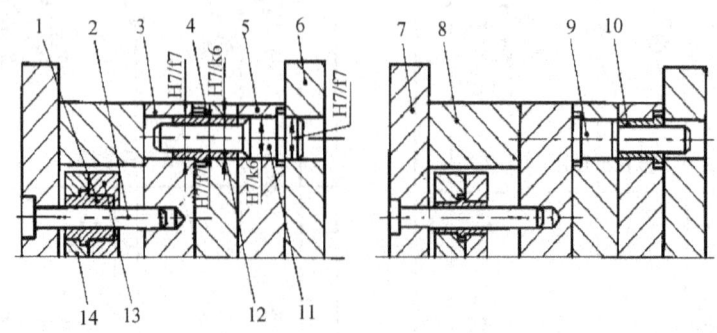

图 1-229 导柱、导套与模板的配合

1—推出系统导套；2—推出系统导柱；3—支承板；4—动模板；5—定模板；6—定模座板；7—动模座板；8—垫块；9—合模导柱；10—带台肩导套；11—带台肩导柱；12—中间带台肩导套，13—推杆固定板；14—推板

5. yoyo 注射模导向与定位机构设计

由于 yoyo 塑件外形较小,高度较低,塑件基本对称,所受侧向力不大,依靠导柱与导套、动模与定模合模时压力能够克服侧向力,因此该模具没有另外设置定位装置。模架中的导柱与导套尺寸和结构按照标准模架选用即可,参见 1.5.4 节内容。

由于该模具需要采用推管推出,为保护推管中间的型芯,提高模具使用寿命,推出机构应设置导向机构,由于模具较小,采用 2 套导柱与导套即可,导柱直径比复位杆直径略大,该模具推出机构导柱直径选 16 mm,参见图 1-228 的模架图。

1.5.4 塑料注射模标准模架的选用及相关零件设计

模架是设计、制造塑料注射模的基础部件。国家已制定标准,模架国标代号为 GB/T 12555—2006,标准规定了塑料注射模模架组合形式、尺寸与标记。

1. 注射模标准模架规格

(1) 模架组成零件名称。

注射模架以其在模具中的应用方式分为直浇口与点浇口两大类型,直浇口模架组成零件名称如图 1-230 所示。

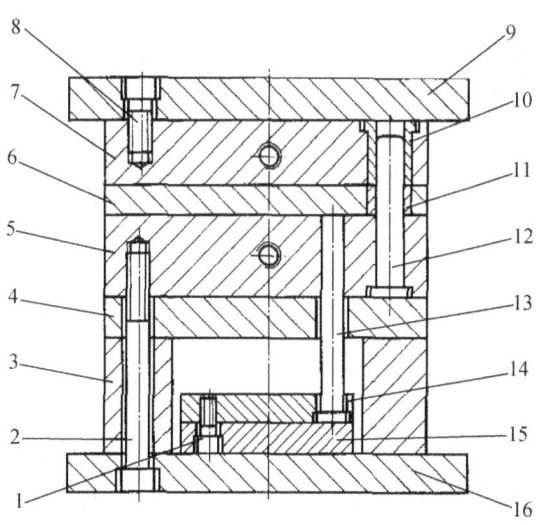

图 1-230 直浇口模架组成零件名称

1、2、8—内六角螺钉;3—垫块;4—支承板;5—动模板;6—推件板;7—定模板;
9—定模座板;10—带头导套;11—直导套;12—带头导柱;13—复位杆;
14—推杆固定板;15—推板;16—动模座板

(2) 模架组合形式。

模架组合形式按模架结构特征分为 36 种主要结构。其中直浇口模架为 12 种、点浇口模架 16 种、简化点浇口模架 8 种。下面主要介绍直浇口模架(点浇口模架参见项目二)。

① 直浇口基本型有:A 型、B 型、C 型、D 型四个品种。A 型:定模两模板,动模两

模板。B型：定模两模板，动模两模板，加装推件板。C型：定模两模板，动模一模板。D型：定模两模板，动模一模板加装推件板。如图1-231所示为四种基本型模架实物，图1-232所示为四种基本型模架剖视图。

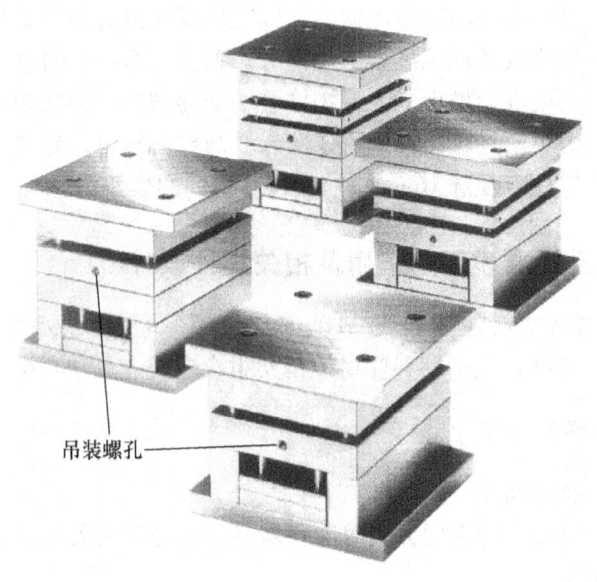

图1-231 四种基本型模架实物图

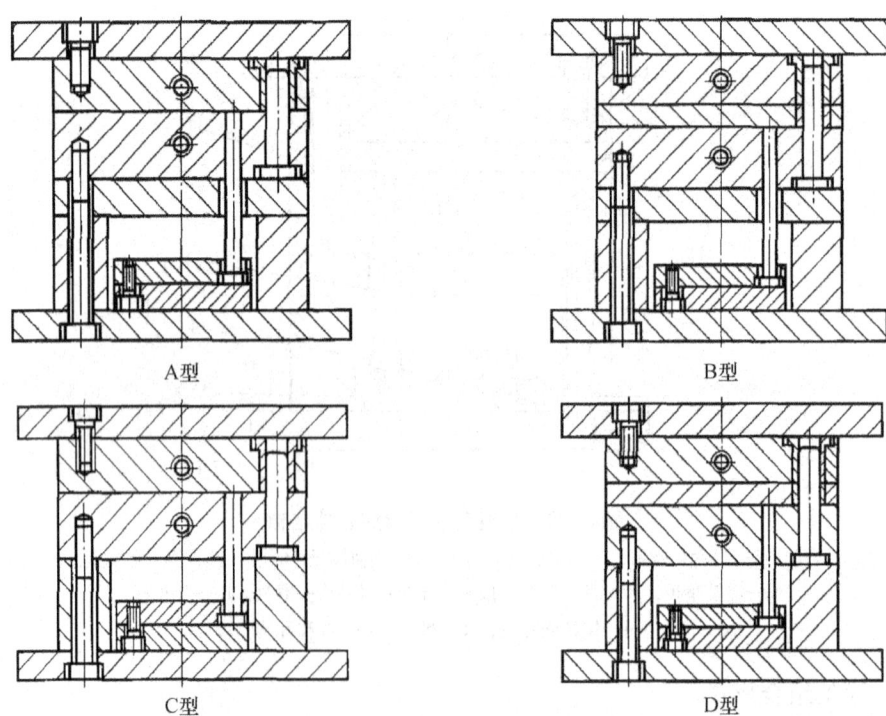

图1-232 A、B、C、D四种直浇口基本型模架

② 直身基本型分为ZA型、ZB型、ZC型和ZD型四种，如图1-233所示。

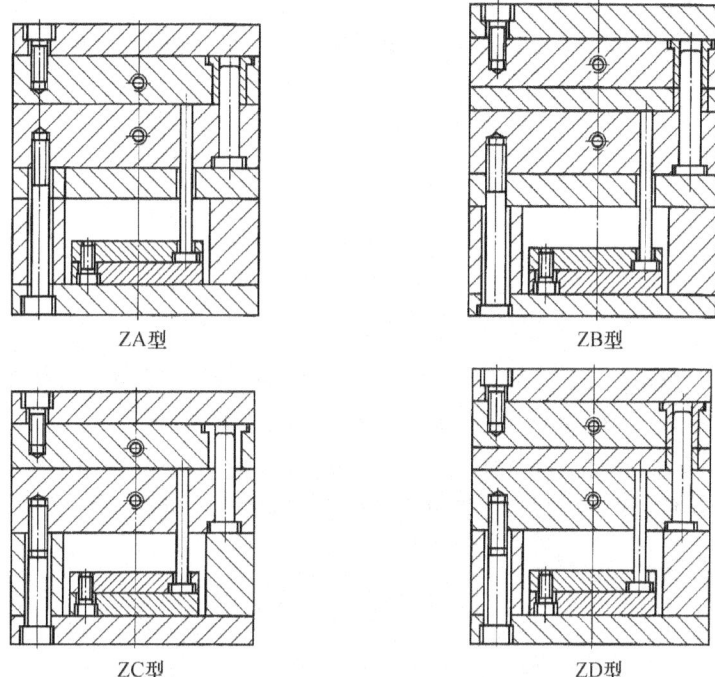

图 1-233　ZA、ZB、ZC、ZD 四种直浇口直身基本型模架

③ 直身无定模座板型分为 ZAZ 型、ZBZ 型、ZCZ 型和 ZDZ 型，如图 1-234 所示。

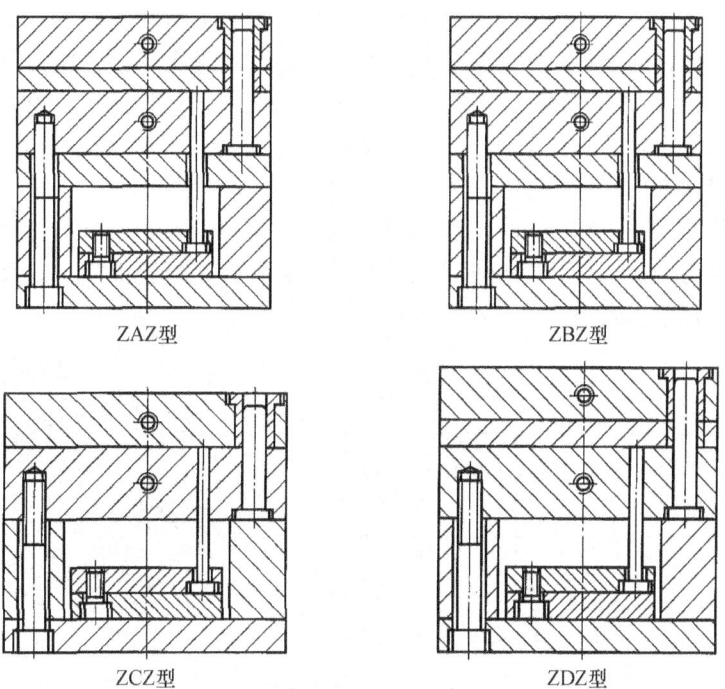

图 1-234　ZAZ、ZBZ、ZCZ、ZDZ 四种直浇口直身无定模座板型模架

(3) 模架标记。

按照 GB/T 12555—2006《塑料注射模模架》标准规定的模架应有下列标记：

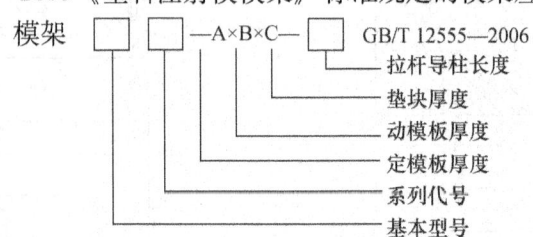

标记示例：

① 模板宽 200 mm、长 250 mm，A = 50 mm，B = 40 mm，C = 70 mm 的直浇口 A 型模架标记为：模架 A2025—50×40×70GB/T 12555—2006。

② 模板宽 300 mm、长 300 mm，A = 50 mm，B = 60 mm，C = 90 mm，拉杆导柱长度 200 mm 的点浇口 B 型模架标记为：模架 DB3030—50×60×90—200GB/T 12555—2006。

2. 两板模架设计与选用

虽然模架已标准化，但型号和大小需要设计者自行确定。模架型号一旦确定下来，模板的大小、螺钉大小及位置，导柱、导套大小及位置等参数就已经确定。而模架尺寸系列很多，应充分考虑各方面因素，正确选择。如果尺寸选择过小，会使模架强度、刚度不够，也会使螺孔、销孔、导套的安防位置不够；模架选择尺寸过大，不仅使模具成本过高，还可能使注射机型号增大，造成生产成本过高。

两板模模架俗称大水口模架，优点是结构简单，制造成本相对较低，成型塑件的适应性强，模具维修率低。缺点是开模顶出后塑件和流道凝料连在一起，通常需人工切除（除潜伏式浇口外）。图 1-232 四种模架均属于两板模模架，由定模部分和动模部分组成。两板模模架应用广泛，约占总注射模的 75% 左右。因此，能用两板模模架时不要用三板模模架。热流道模具通常用两板模架。

模具宽度尺寸大于 300 mm 时，宜选用直身模架，如图 1-235 所示。直身模架动、定模座宽度及长度与模板相等，定模所用的压模凹槽直接在定模座上加工，动模座所用的压模凹槽在垫块上加工出台肩。

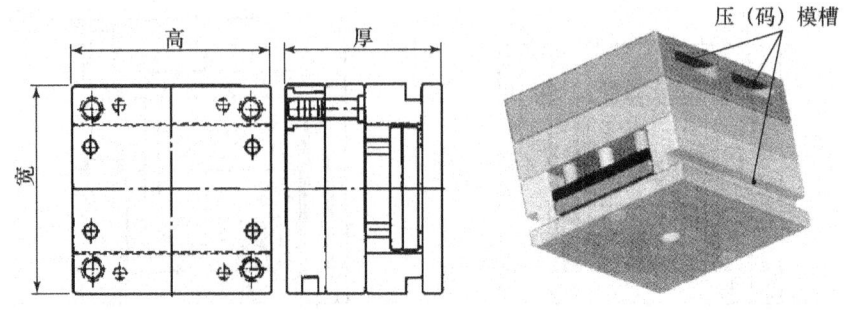

图 1-235 直身模架

3. 动、定模板大小的经验确定法

（1）动、定模板长度、宽度的确定。

动、定模板宽度即模架的宽度 D，长度即模架长度 L，如图1-236所示。推板宽度应和模板开框宽度相当，两者之差应在10 mm之内。推板长度通常等于模架长度（封闭型除外）。型腔排位必须在推板投影面之内，以利于推杆的布置。

开框宽度尺寸 $A = B \pm (0 \sim 10)$ mm，B 为推板宽度。

开框长度尺寸至复位杆圆孔边缘距离 $C = (10 \sim 15)$ mm。

对于小型模具（≤250 mm）：模板宽度 $D = A + 80$ mm，模板长度 $L = L_1 + 80$ mm

对于中型模具（250～350 mm）：模板宽度 $D = A + 100$ mm，模板长度 $L = L_1 + 100$ mm

对于大型模具（>350 mm）：模板宽度 $D = A + 120$ mm，模板长度 $L = L_1 + 120$ mm

以上为经验估算值，计算之后取模架标准值。

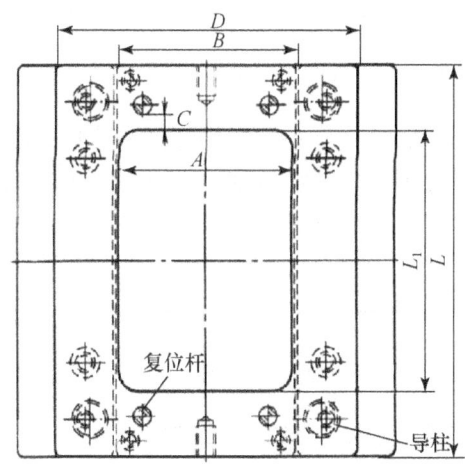

图1-236 模架长宽的经验确定　　　　图1-237 动、定模板厚度的确定

（2）动、定模板厚度的确定。

① 动模板厚度的经验确定。

如图1-237所示，动模板厚度 B = 开框深度 $b + (30 \sim 60)$ mm，B 值应尽量取大些，以增加模具的强度与刚度。具体可按表1-31选取。

② 定模板厚度的确定参见图1-237，$A = a + (30 \sim 40)$ mm。通常镶件装配后高出分型面0.5 mm左右。

表1-31　动模板开框后底部留钢位厚度的经验确定法

长×宽 \ 框深	<20	20～30	30～40	40～50	50～60	>60
<100×100	20～25	25～30	30～35	35～40	40～45	45～50
100×100～200×200	25～30	30～35	35～40	40～45	45～50	50～55
200×200～300×300	30～35	35～40	40～45	45～50	50～55	55～60
>300×300	35～40	40～45	45～50	50～55	≈55	≈60

4. yoyo 注射模动、定模板尺寸选择

（1）定模镶件与定模板的结构设计与尺寸确定。

yoyo 注射模型腔排位如图 1-238 所示。

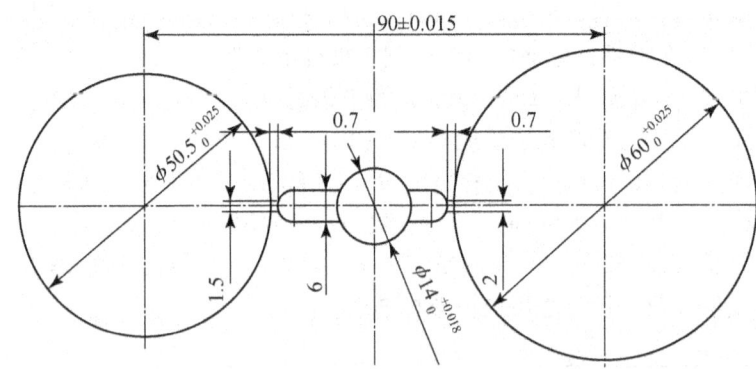

图 1-238 型腔排位

由型腔排位尺寸可确定定模镶件长、宽尺寸。查表 1-25 可知，型腔至型腔镶件边缘厚度取 20 mm。由塑件高度确定型腔镶件厚度，塑件在型腔内成型最厚尺寸为 9.5 mm，则镶件厚度应加高 15～20 mm，取镶件厚度 25 mm，则定模镶件外形尺寸 180×100×25 mm，如图 1-239 所示。

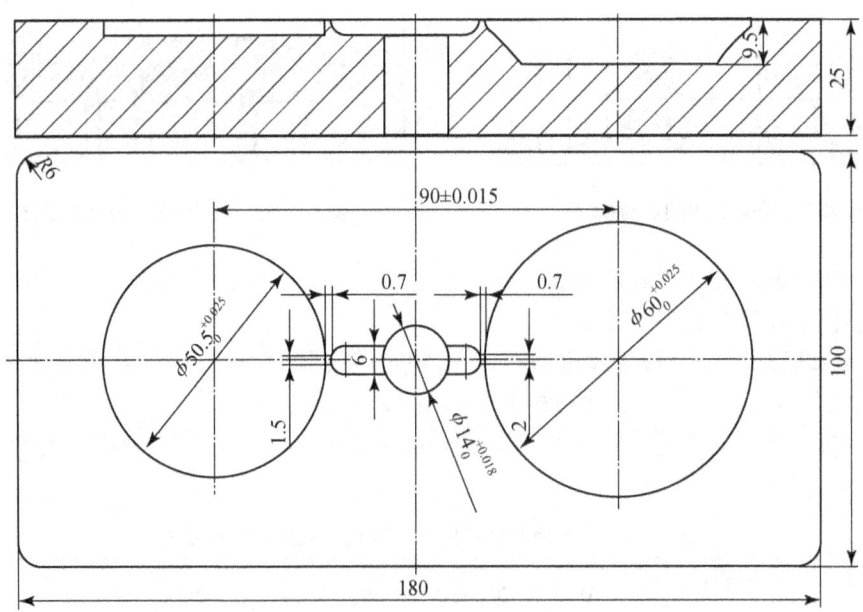

图 1-239 定模型腔镶件

由定模镶件确定定模板大小，定模板开框后留边厚度为 40 mm，定模板开框后底部留钢位厚度 20 mm，则长×宽×厚 = (180 + 2×40)×(100 + 2×40)×(25 + 20) = 260×180×45，取标准尺寸 250 mm×180 mm×45 mm，如图 1-240 所示。

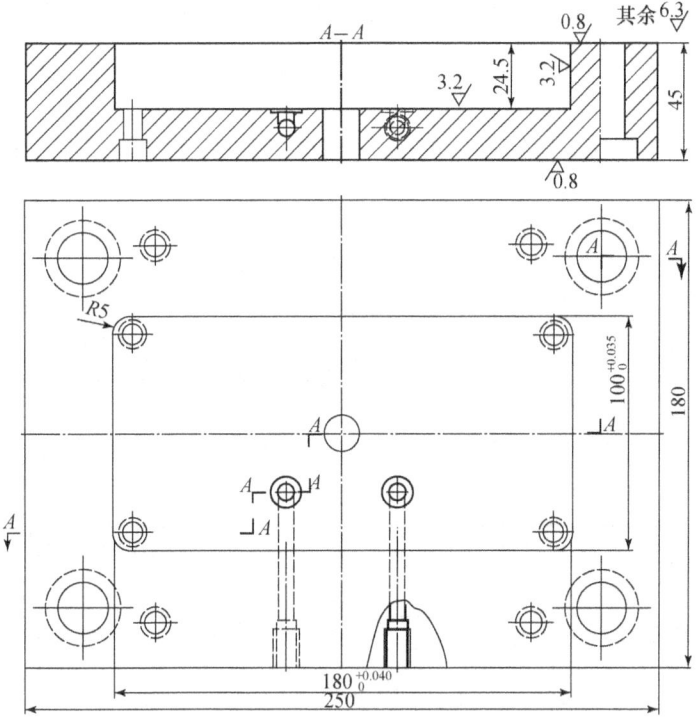

图 1-240　定模板外形与开框尺寸

（2）动模镶件与动模板的结构设计与尺寸确定。

动模镶件长宽尺寸与定模镶件相同即 180×100 mm，厚度取 20 mm，。为方便加工和维修，动模采用组合式镶拼结构，复杂的型芯采用镶入结构，如图 1-241 及图 1-367 所示。

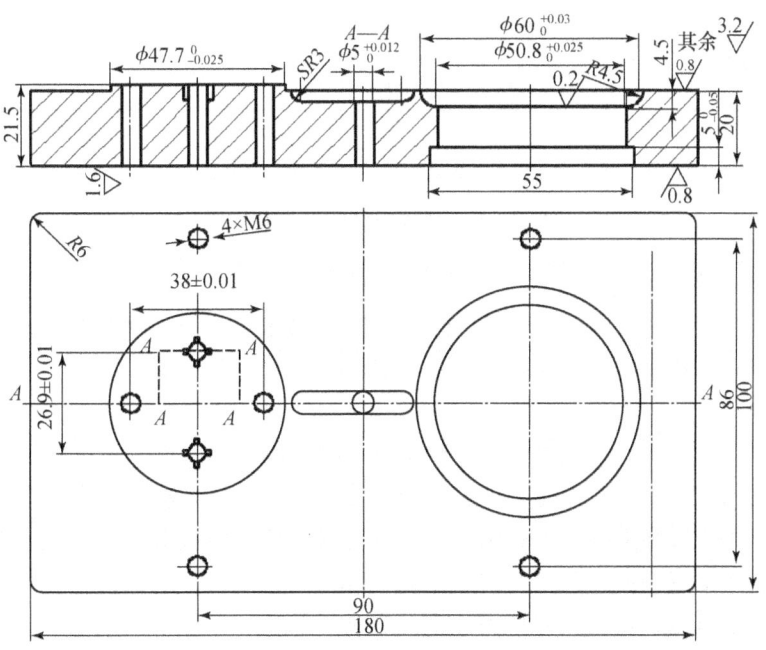

图 1-241　动模镶件

动模板长宽尺寸与定模板相同即 250 mm × 180 mm，查表 1-31 知开框后底部留钢位厚度 30 mm，则动模板厚度取 50 mm。动模板结构与开框尺寸如图 1-242 所示。

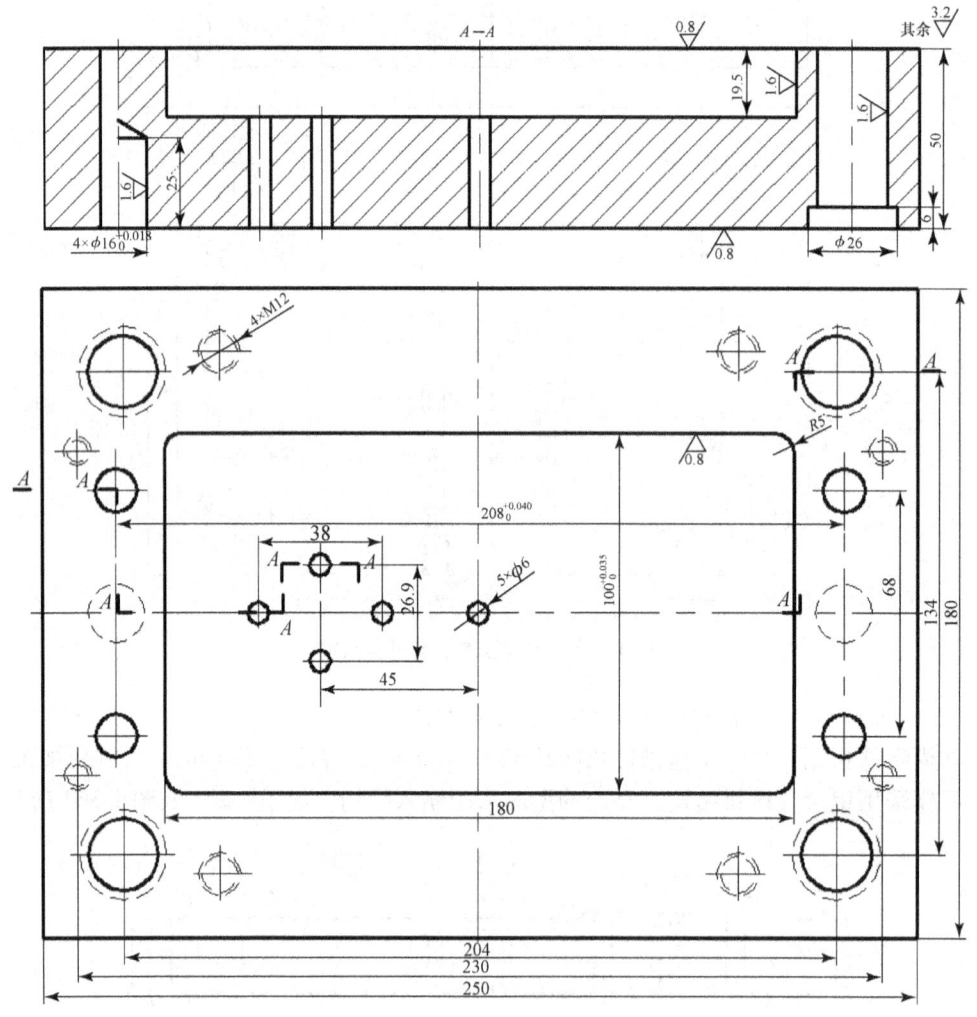

图 1-242 动模板结构与开框尺寸

（3）动、定模座板尺寸选择

由动、定模板尺寸，查 GB/T 12555—2006 模架标准，取定模座板尺寸：250 mm × 230 mm × 30 mm，动模座板尺寸：250 mm × 230 mm × 25 mm。

5. 限位钉的设计

限位钉结构如图 1-243 所示。装配结构如图 1-244 所示，限位钉安装在推板和动模座板之间，其作用是减少推板与动模座板之间的接触面积，防止推板与动模座板之间因掉入脏物使复位系统复位不良，影响塑件质量或压坏模具，因此，限位钉俗称垃圾钉，它通过过渡（H7/m6）或过盈配合（H7/n6）安装在动模座板上，数量与直径见表 1-32。

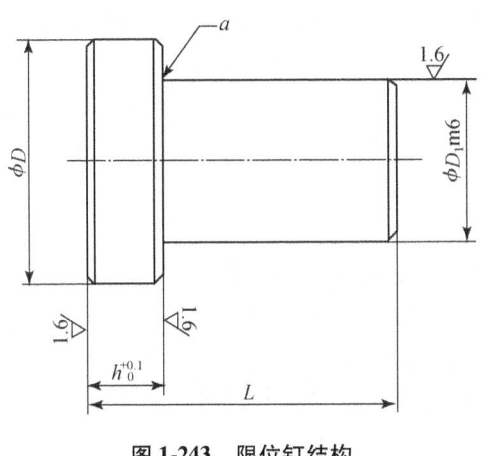

图 1-243 限位钉结构

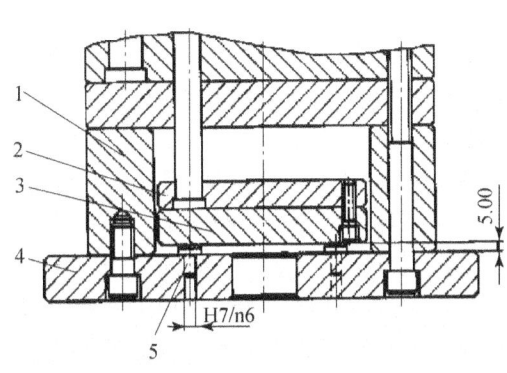

图 1-244 限位钉的装配

1—垫块；2—推杆固定板；3—推板；4—动模座板；5—限位钉

表 1-32 限位钉的直径与数量

安装直径 D_1（H7/n6）/mm	6、8、12、16		
头部直径 D×厚度 h/mm	10×5、16×5	20×6	25×10
总长度 L/mm	16		25
模板长度/mm	≤350	350～550	>550
数量	4	6～8	10～12
安装位置	四条复位杆下方	尽量平均分布	

由表 1-32 可选择 yoyo 注射模限位钉 4 支，形状与尺寸如图 1-245 所示。

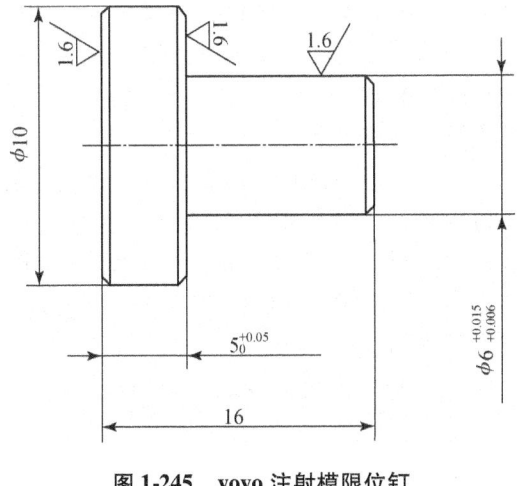

图 1-245 yoyo 注射模限位钉

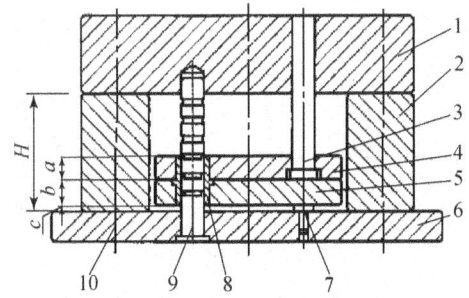

图 1-246 垫块的结构与安装

1—动模板；2—垫块；3—复位杆；4—推杆固定板；5—推板；6—动模座板；7—限位钉；8—推板导套；9—推板导柱；10—内六角螺栓

6. 垫块设计

如图 1-246 所示的垫块，其作用是形成推出机构所需的推出空间，以及调节模具闭合高度以适应注射机最大或最小装模厚度的要求。垫块的高度根据推出行程来确定，使推杆固定板离动模板（或支承板）有 10 mm 左右的间隙，不允许推杆固定板碰到动模板时才能顶出塑件。

垫块的高度 $H = a + b + c + L + (10 \sim 15)$ mm。其中，a 为推杆固定板厚度；b 为推板厚度；c 为限位钉高度，限位钉高度 $c = (5 \sim 10)$ mm；顶出距离 $L =$ 塑件需顶出的高度 $+ (5 \sim 10)$ mm。

通常垫块高度符合模架标准即可，但下列情况需加高：

（1）塑件很高，顶出距离大，标准模架垫块高度不够时，需加高垫块；

（2）双推板二次顶出，有四块板，顶出空间不足，需加高垫块；

（3）内螺纹旋转脱模时，顶出空间内有齿轮传动机构，需加高垫块；

（4）有斜推杆抽芯的模具（后面内容讲解），斜推杆倾斜角度和顶出距离成反比。若抽芯距离较大，可加大顶出距离来减小斜推杆的倾斜角度，以便减小斜推杆所受的侧向力，减小磨损，使推出平稳可靠。

加高垫块后推出系统应设计导柱、导套导向机构，使推出稳定可靠。

由上面公式可计算垫块高度 H：

由塑件顶出距离 $L = 11 + 5 = 16$ mm，限位钉头部高度 $c = 5$ mm，推杆固定板厚度 $a = 15$ mm，推板厚度 $b = 20$ mm 得出：

$H = a + b + c + L + 10 = 15 + 20 + 5 + 16 + 10 = 66$（mm），取标准尺寸 70 mm。

7. 支承柱的设计

如图 1-247 所示，由于两个垫块支撑起一个空间，使动模板中间悬空，为防止合模时的锁模力、注射时的注射压力将动模板压弯变形，使塑件尺寸发生变化或出现飞边，塑件质量达不到要求。因此，需要在模具动模座板和动模板之间加支承柱，以提高模具刚性和模具寿命。支承柱通常用螺丝固定在动模座板或动模板上。

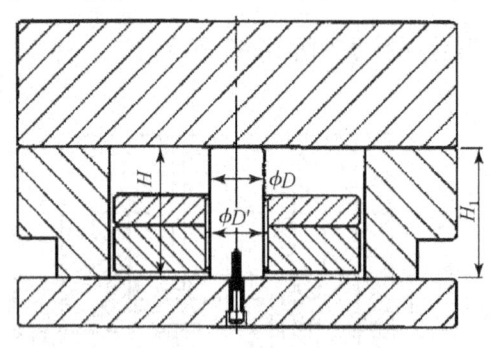

图 1-247 支承柱装配图

（1）支承柱的位置应放在动模板受注射压力集中处，尽量布置在模板的中间位置，应避免与推杆、推管、斜推杆、复位弹簧、推板导柱及注射机顶杆孔等零件发生干涉。

（2）支承柱的数量根据空间位置大小，越多效果越好。

（3）支承柱直径根据模具大小而定，直径越大效果越好，通常在 $25 \sim 80$ mm 之间。

（4）支承柱的长度见表 1-33。

表 1-33 支承柱的长度

模具宽度 B/mm	≤300	300～400	400～700	>700
支承柱长度 H/mm	$H_1 + 0.05$	$H_1 + 0.1$	$H_1 + 0.15$	$H_1 + 0.2$

yoyo 塑件较小，所选模架亦较小，中间悬空距离短，而所选动模板厚度足够，因此本套模具不需要再设支承柱。

8. 注射机顶杆孔的设计

为方便加工，注射机顶杆孔均设计为圆孔。其作用是模具经注射、保压、冷却、开模后，注射机顶杆通过顶杆孔推动顶出系统，将塑件从模具上推离。顶杆孔加工在动模座板上，如图 1-248（a）所示。有的注射机除具有顶出功能外，还具有拉回功能，此时推板上应加工螺纹孔，如图 1-248（b）所示。

顶杆孔的直径通常在 30～60 mm 之间，小型模具顶杆孔数量一般为 1 个；大、中型模具为保持顶出时平稳可靠，注射机使用 2 个或 4 个顶杆，此时动模座板需加工出相应的过孔。

下述情况注射机需用多条顶杆：
(1) 模具型腔配制处于偏心位置；
(2) 斜推杆数量较多；
(3) 模具尺寸大；
(4) 浇口套偏离模具中心
(5) 推杆数量一边多，一边少，推出力不平衡。

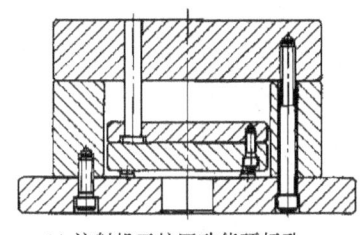 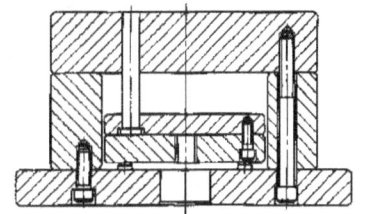

(a) 注射机无拉回功能顶杆孔　　　　　　(b) 注射机带拉回功能顶杆孔与推板螺纹孔

图 1-248　顶杆孔的形状与位置

现有小型注射机的顶杆直径为 30 mm，而本套模具不需推出系统自动带回功能，因此只需在动模座板上钻出 $\phi 35$ mm 的通孔即可，如图 1-249 所示模架俯视图。

9. yoyo 注射模模架选择

根据上面的分析，yoyo 注射模选用两板模基本型 C 型模架，定模板（A 板）厚度 45 mm，动模板（B 板）厚度 50 mm，垫块高度 70 mm。查表动模座板厚度取 25 mm，定模座板厚度取 30 mm，模架规格为：模架 C180×250×70GB/T 12555—2006。模架结构如图 1-249 所示。

1.5.5　推出系统复位弹簧

弹簧的作用主要是缓冲、减震及储存能量。塑料模中使用的弹簧有圆弹簧（弹簧钢丝截面直径为圆形）和矩形弹簧（弹簧钢丝截面直径为矩形或近似矩形）。目前圆形弹簧在塑料模具中应用较少，广泛使用的是矩形弹簧。

1. 矩形弹簧的颜色与规格

矩形弹簧以颜色来区分轻重负荷，颜色越深，弹簧强度越大；弹簧压缩比越小，使用寿命就越长。形状如图 1-250 所示。

矩形弹簧的标记：外径（D）×内径（d）×自由长度（L）

如外径为 30 mm、内径为 16 mm、自由长度为 100 mm，可标记为：30×16×100，弹簧尺寸标注如图 1-251 所示。

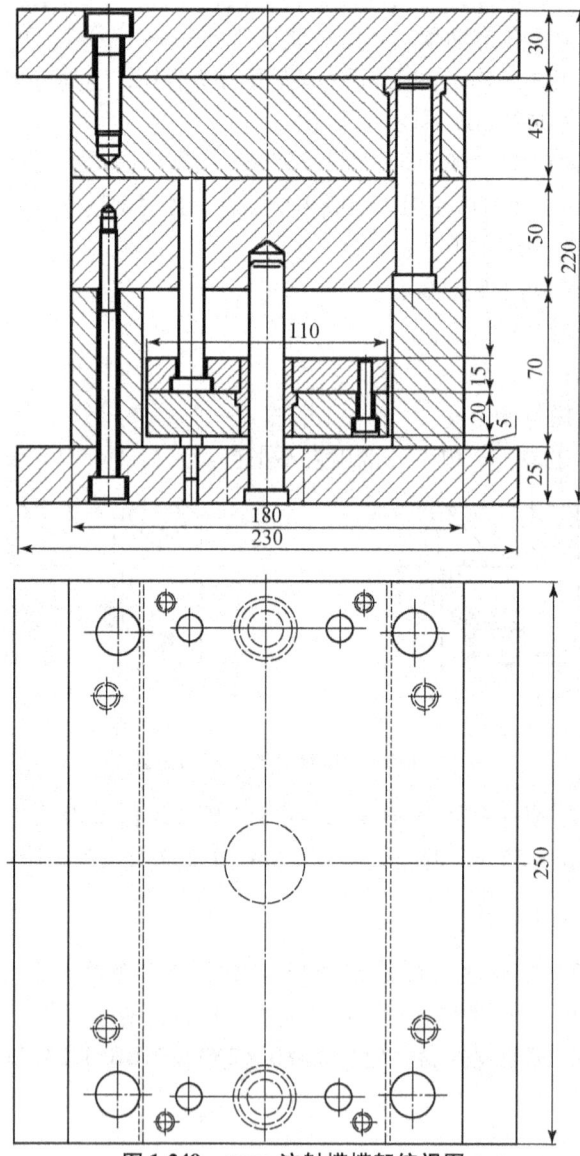

图 1-249 yoyo 注射模模架俯视图

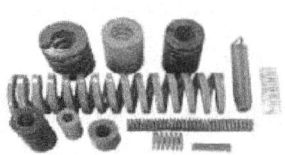

图 1-250 矩形弹簧

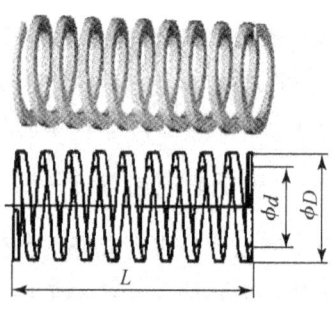

图 1-251 矩形弹簧标注

表1-34列出了弹簧的颜色与负荷、压缩比与寿命的关系。

表1-34 矩形弹簧的颜色与负荷、压缩比与寿命的关系

种类	较小荷重	轻荷重	中荷重	重荷重	极重荷重
颜色（代号）	黄色（TF）	蓝色（TL）	红色（TM）	绿色（TH）	茶色（TB）
100万次/压缩量	40%	32%	25.6%	19.2%	16%
50万次/压缩量	45%	36%	28.8%	21.6%	18%
30万次/压缩量	50%	40%	32%	24%	20%
最大压缩量	58%	48%	38%	28%	24%

2. 推出系统复位弹簧的设计

推出系统复位弹簧的作用是在注射机的顶杆退回后，模具的定模板和动模板合模之前，就将推板推回原位。有些塑件必须推出多次才能安全推落，或者在全自动化注射时，为安全起见，将注射机推出程序设计为多次顶出，如果注射机的顶杆没有拉回推板的功能，这种情况中都是靠弹簧来复位。

模具中常用的弹簧是轻载的矩形蓝弹簧。如果模具较大，推杆数量较多时，必须考虑使用重载弹簧。选用弹簧时应注意以下几个方面。

（1）预压量和预压比

当推杆板退回原位时，弹簧依然要保持对推板有弹力的作用，这个力来源于弹簧的预压量，预压量一般要求为弹簧自由长度的10%左右。

预压量除以自由长度就是预压比，直径较大的弹簧选用较小的预压比，直径较小的弹簧选用较大的预压比。

在选用模具推板复位弹簧时，一般不采用预压比，而直接采用预压量，这样可以保证在弹簧直径尺寸一致的情况下，施加于推板上的预压力不受弹簧自由长度的影响。预压量一般为10～15 mm。

（2）压缩量和压缩比

模具中常用压缩弹簧，推板推出塑件时弹簧受到压缩，压缩量等于塑件的推出距离。压缩比是压缩量和自由长度之比，一般根据寿命要求，矩形蓝弹簧的压缩比在30%～40%之间，压缩比越小，使用寿命越长。

（3）复位弹簧数量、直径的经验确定法参见表1-35。

表1-35 复位弹簧数量和直径的经验确定法

模架宽度 L	≤200	200≤L≤300	300<L≤400	400<L≤500	>500
弹簧数量	2	4	4	4～6	4～6
弹簧直径/mm	25	25	30～40	40～50	50

注：① 矩形蓝弹簧安装在复位杆旁边，矩形蓝弹簧内孔较小，不宜套在复位杆上，较长的弹簧内部要加直导向心轴，防止弹簧弯曲变形。

② 当模架为窄长形状（长度为宽度两倍左右）时，弹簧数量应增加两根，安装在模具中间。

③ 弹簧位置要求尽量对称。弹簧直径规格根据模具所能利用的空间及模具所需的预压力而定，尽量选用直径较大的规格。

(4)弹簧自由长度的确定

① 自由长度计算:弹簧自由长度应根据压缩比及所需压缩量而定。

$$L_{自由} = (A+B)/C$$

式中 A——推板行程+弹簧沉入凹坑中的距离,A > 制品推出的最小距离 + $(15 \sim 20)$ mm;

　　　B——预压量,一般取 $10 \sim 15$ mm,根据复位时的阻力确定,阻力小则预压小;

　　　C——压缩比,一般取 $30\% \sim 40\%$,根据模具寿命、模具大小及塑件推出距离等因素确定。

$L_{自由}$ 须向较大尺寸上取标准规格长度。

② 推板复位弹簧的最小长度 $L_{\min}$ 必须满足藏入动模板 $L_2 = 15 \sim 20$ mm,若计算长度小于最小长度 $L_{\min}$,则以最小长度为准,如图 1-252 所示。

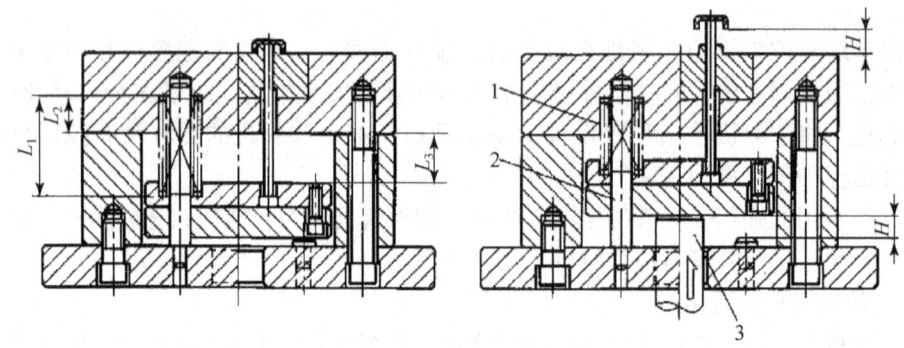

图 1-252 复位弹簧工作过程
1—复位弹簧;2—弹簧心轴(或复位杆);3—注射机顶杆

(5)不用复位弹簧的几种情况

① 注射机的顶杆具有拉回推板的功能时;
② 主流道或分流道装有 Z 形拉料杆时;
③ 塑件顶出后有可能被推出机构带回时。

弹簧复位是一种常用的复位方式。但由于摩擦、晃动以及弹簧疲劳失效等原因,有时易导致复位不准确甚至失灵。所以对于大中型模具,要充分考虑弹簧的可靠性,同时复位杆绝不能省略,以防弹簧无法复位时推杆插坏定模型腔。

注:图 1-252 中弹簧为预压状态,长度 L_1 = 自由长度 – 预压量。

3. yoyo 注射模复位弹簧选用

本例由于采用 Z 形拉料杆,塑件推出后浇注系统凝料仍嵌在拉料杆 Z 形槽内,需人工取走,因此,推出机构不允许自动复位,此时不能使用弹簧复位,Z 形拉料杆如图 1-253 所示。

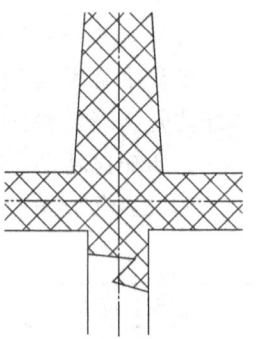

图 1-253 Z 形拉料杆

1.5.6 浇口套设计

由于成型主流道的零件要与注射机喷嘴(射嘴)接触和碰撞,所以模具的主流道部分设计成可拆卸、更换的衬套，简称浇口套（又称唧嘴）。浇口套内的锥形孔是熔体进入模具的第一条通道，叫主流道。主流道的设计见任务四。

浇口套要承受注射机喷嘴一定的压力和冲击力，应选用优质钢材加工并热处理。各种浇口套已形成系列并已标准化，在市场上可以购买，但长度或外圆直径有时需二次加工。

浇口套的安装通常是将浇口套通过定位圈固定在模板上，并加装销钉以防生产中浇口套转动或被带出，如图 1-254（a）所示。

1. 浇口套的作用

（1）定位圈通过浇口套使模具安装时能快速进入注射机定模安装板孔内，并与注射机喷嘴孔吻合。注射机射嘴给以压力使其能经受塑料的反压力，不致被推出模具。

（2）作为浇注系统的主流道，将料筒内的塑料过渡到模具内，保证料流畅通、快速地到达型腔，在注射过程中喷嘴与浇口套应配合严密，不应有塑料溢出，确保主流道凝料脱出方便。配合的有关参数见 1.3.3 节。

2. 浇口套的形式

浇口套的形式有多种，根据不同模具结构来选择。按浇注系统不同，浇口套通常被分为二板模浇口套及三板模浇口套两大类。侧浇口浇口套指使用于两板模的浇口套，点浇口浇口套是指使用于三板模的浇口套。

（1）二板模浇口套。

浇口套的直径根据塑件所需的塑料重量多少来选用，料多时用较大的浇口套。根据浇口套的长度选取不同的主流道锥度，使主流道出口孔径与分流道直径相匹配。通常模架 4040 以下，选用直径 12 mm 或 14 mm，模架 4040 以上选用 $D = 16$ mm 或更大尺寸。浇口套的形状与装配关系如图 1-254 所示。

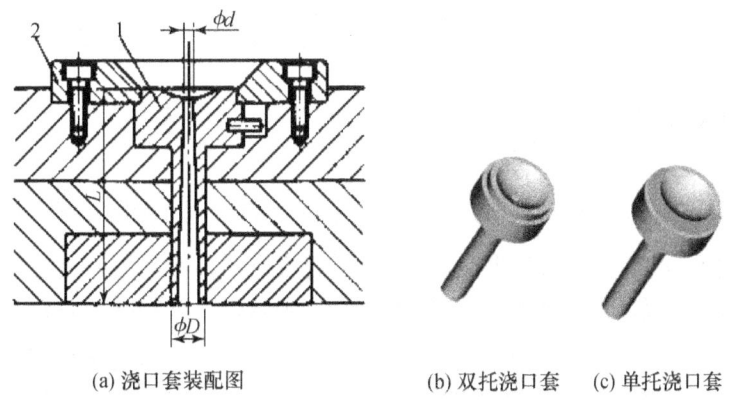

(a) 浇口套装配图　　(b) 双托浇口套　(c) 单托浇口套

图 1-254　二板模浇口套及装配图

（2）三板模浇口套。

三板模浇口套常采用美（国）式浇口套，有时也用二板模浇口套。美式浇口套外形较大，主流道较短，定位圈与浇口套为一体，装配图见 1-255。注射完毕开模时浇口套要脱离流道推板，所以采用 90°锥面配合，以减少合模时的摩擦，降低磨损。

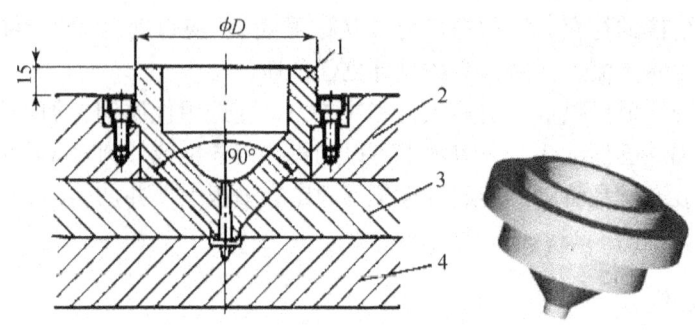

图 1-255　三板模浇口套及装配图

1—浇口套；2—定模座板；3—流道推板；4—定模板（B板）

3. yoyo 注射模浇口套设计

yoyo 注射模浇口套采用双托二板模形式，直径 14 mm，长度由定模座板和定模板厚度决定。头部球面半径和进料口直径由所选用注射机决定，结构与尺寸如图 1-256 所示。

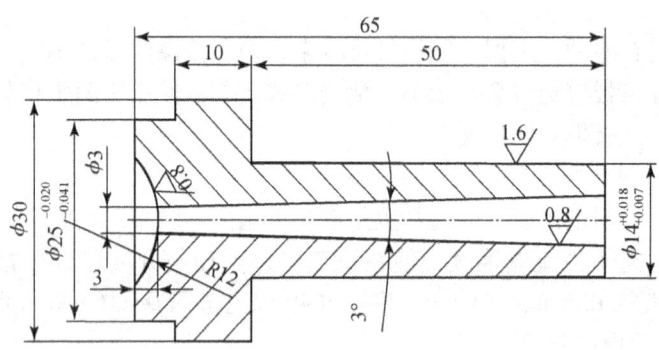

图 1-256　yoyo 注射模浇口套

1.5.7　定位圈设计

1. 定位圈的作用与直径

定位圈的作用是模具在安装到注射机上时起定位作用，保证注射机喷嘴与模具浇口套对中，另外还起着压紧浇口套的作用，常用定位圈的形状和尺寸标注如图 1-257 所示。

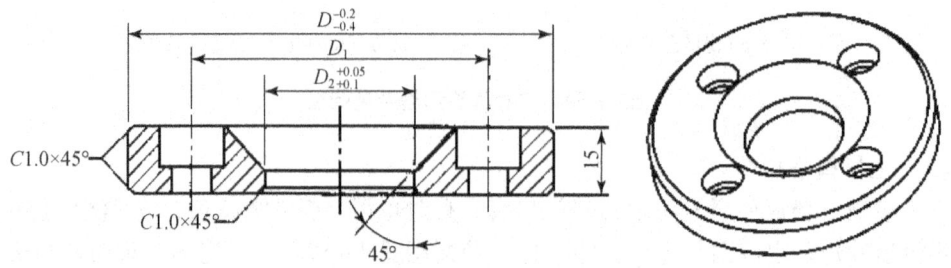

图 1-257　定位圈结构与尺寸标注

定位圈直径 D 随设备大小而不同，常见的尺寸有 100 mm、120 mm、125 mm、150 mm、180 mm、200 mm、250 mm 等。

2. 定位圈的装配

定位圈的装配方法如图 1-258 所示，图 1-258（a）直接装在定模座板上，图 1-258（b）沉入定模座板内 5 mm 左右。常用 M6×20 mm 或 M8×20 mm 内六角螺栓紧固，使用数量由定位圈大小决定，小型 2 个，大型 3～4 个。浇口套防转销钉直径 3～4 mm。

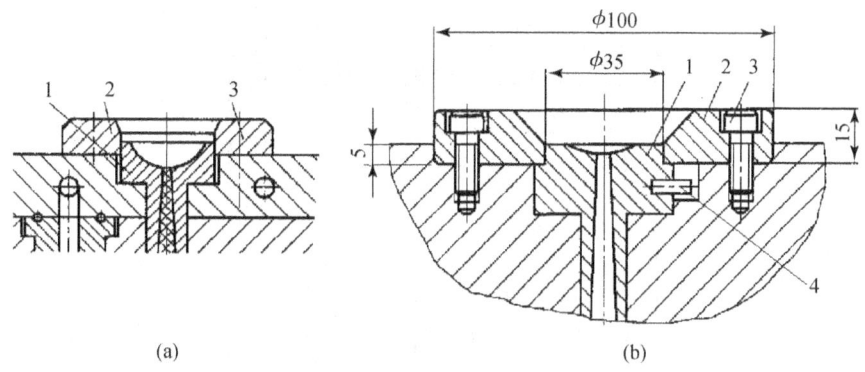

图 1-258 定位圈装配结构

1—浇口套；2—定位圈；3—内六角螺栓；4—防转销钉

3. yoyo 注射模定位圈选用

由注射机型号可知定模安装板定位孔直径为 125 mm，定位圈结构与尺寸如图 1-259 所示。

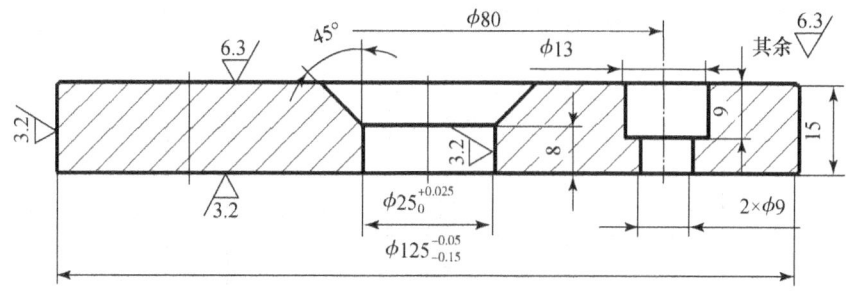

图 1-259 yoyo 注射模定位圈

1.5.8 yoyo 注射模结构设计

由模架及上面各零件分析可绘制模具成型零件结构（暂不设计推出机构及冷却系统），步骤如下：

（1）打开 AutoCAD，建立新图名，将该制品图形插入；

（2）建立新图层：其中包括尺寸线图层、冷却水图层、推杆图层、型腔和型芯图层、中心线图层、虚线图层；

（3）将图纸缩放到 1∶1，塑件尺寸加收缩率；

（4）将塑件图镜射成型腔、型芯图，并更换成型腔、型芯图层；

(5)绘制并完善装配图各零件；

如图1-260所示为模具成型部位平面结构。模具整体装配图及各零件正式图纸见项目一中的任务八。

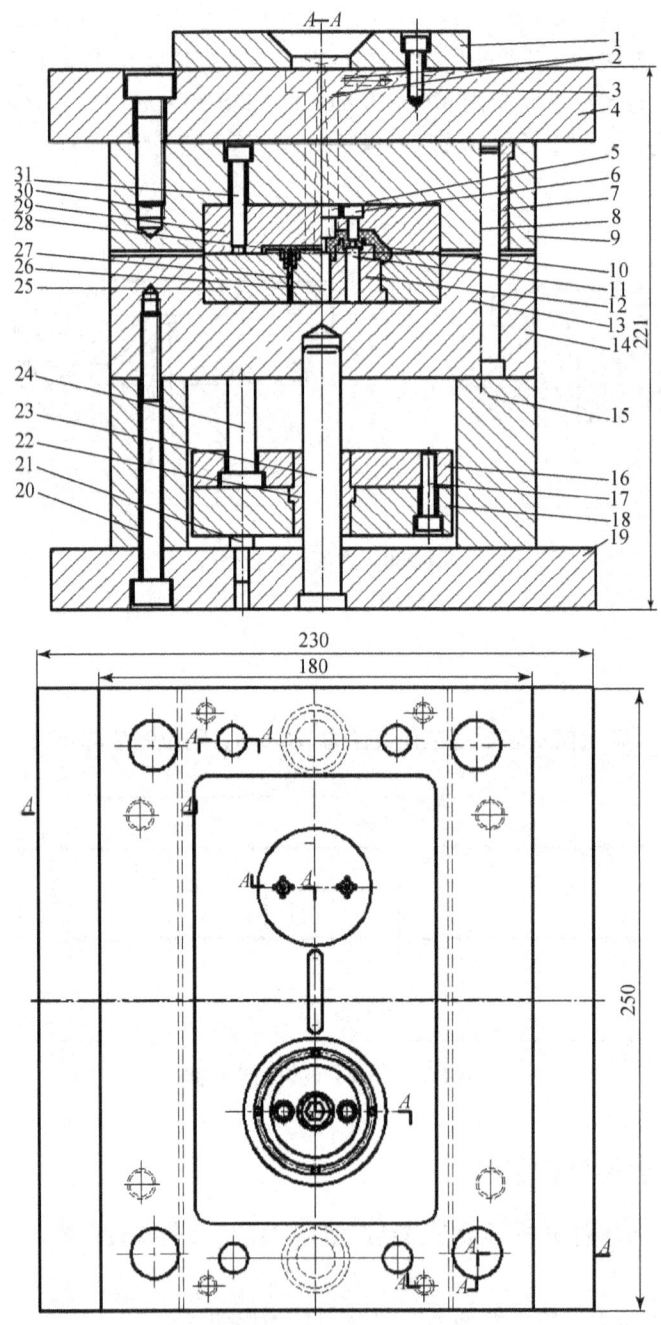

图1-260 yoyo注射模装配图（暂无推出机构及冷却系统）

1—定位圈；2—浇口套；3、18、20、30、31—内六角螺栓；4—定模座板；5、6—定模型芯；7—导套；
8—导柱；9—A板；10—yoyo转盘座塑件；11、12、26、27—动模型芯；13—B板；14—支承板；
15—垫块；16—推杆固定板；17—推板；19—动模座板；21—限位钉；22—推板导套；23—推板导柱；
24—复位杆；25—动模镶件；28—yoyo转盘塑件；29—定模镶件

1.5.9 拓展与强化训练

如图1-261外壳塑件，材料为ABS，大批量生产，完成如下工作内容：
① 确定模具结构类型，要求一模两件生产。
② 设计模具工作零件，如型腔、型芯结构及尺寸。
③ 模架规格选用及模板厚度确定。
④ 模具其他结构零件的设计与选用。

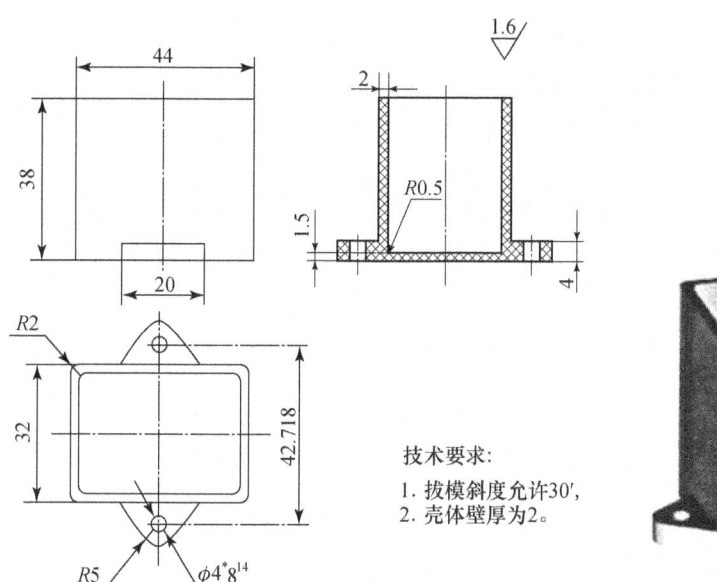

图 1-261 外壳

思考与练习

一、填空题

1. 对于小型的塑件常采用嵌入式多型腔组合凹模，各单个凹模通常采用_____或等_____法制成，然后整体嵌入模板中。

2. 当塑件较大、精度要求高、深型腔、薄壁及为非对称塑件时，会产生较大的侧压力，不仅用_____和_____导向，还需增设_____导向和定位。

二、选择题

1. 导套的周围比分型面低2～3 mm，其作用是_____。
   A. 方便导套正确安装　　　　　　B. 使分型面能很好地接触
   C. 为了加工方便　　　　　　　　D. 提高模板强度

2. 下面所述不是限位钉作用的是_____。
   A. 减少推板与动模座板之间的接触面积　B. 避免复位系统复位不良
   C. 支起的空间可以储存脏物　　　　　　D. 限制推出距离

3. 对推出系统复位弹簧叙述不正确的是_____。
   A. 复位弹簧的作用使推出系统复位
   B. 复位弹簧有时是为了满足自动化生产的需要
   C. 用复位弹簧可以省略复位杆
   D. 用复位弹簧时不能省略复位杆

三、判断题

1. 注射模的合模导向装置主要是导柱、导套导向和定位销定位。（ ）
2. 合模导向的导柱高度必须高于在同侧的凸模型芯的高度。（ ）
3. 导柱能够承受的侧向压力比锥面大。（ ）
4. 注射模上的定位圈与注射机固定模板上的定位孔呈过盈配合。（ ）
5. 凡凸模上的尺寸，均按型芯尺寸计算，凹模上的尺寸，均按型腔尺寸计算。（ ）
6. 在进行型腔尺寸计算时，刚度和强度取其最大值作为壁厚和底板厚度。（ ）
7. 塑料模的垫块是用来调节模具高度及塑件推出距离，以适应成型设备上模具安装空间对模具总高度的要求。（ ）
8. 支撑柱的作用是为防止注射压力将动模板压弯变形而设，但不是所有模具都必须设置支撑柱。（ ）

四、简答题

1. 何谓凹模（型腔）和凸模（型芯）？绘出整体组合式凹模或凸模的三种基本结构，并标出配合精度。
2. 型芯与其他零件的装配形式有哪些？
3. 简述注射模导向定位系统的作用和分类。
4. 指出四种基本型模架的特点和区别。

五、计算题

根据图 1-262 所示的塑件形状与尺寸，分别计算出凸模 l 和 h，凹模 L_1 和 H_1 的尺寸。塑料材料为 PP，平均收缩率取 1.5%，δ 取 $\Delta/4$。

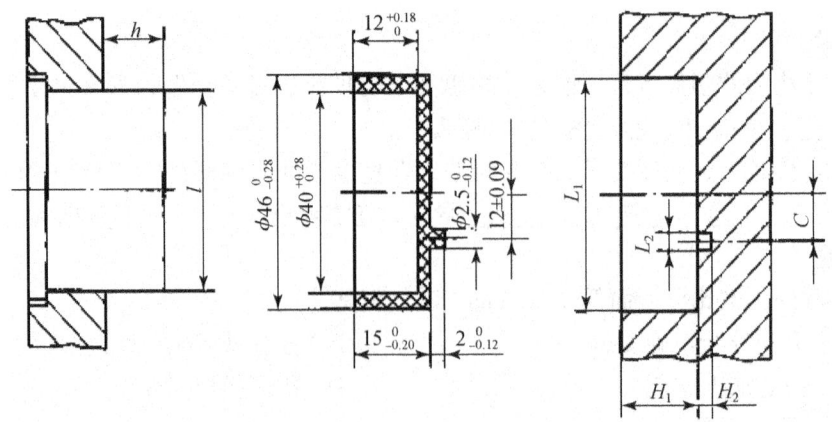

图 1-262　塑件尺寸计算

六、技能训练题

根据图 1-263 饭盒盖塑料件要求，完成如下工作内容：

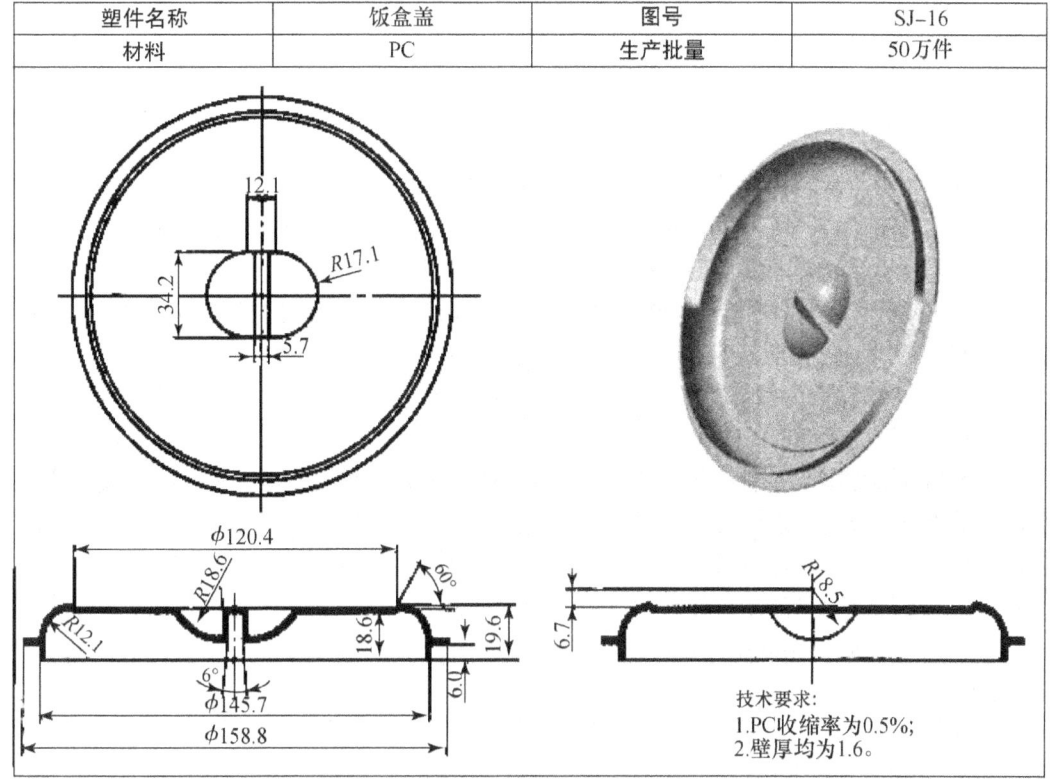

图 1-263　饭盒盖

① 确定模具结构类型，如注射模（单分型面、双分型面）、吹塑模、挤出模等。
② 模具工作零件设计，如型腔、型芯结构及尺寸确定。
③ 模架选用，如二板模架、三板模架等。
④ 模具结构零件设计与选用，如定位与导向机构、注射系统浇口套与定位圈、顶出系统复位弹簧与垫块、限位钉、注射机顶杆孔等零件与结构。

任务六　设计 yoyo 注射模推出机构

任务要求：
1. 能够正确选择推出机构的形式和推出零件的位置；
2. 能够设计注射模具的推杆、推管、推板等推出机构；
3. 了解气动推出、二级推出的结构与工作原理；
4. 完成 yoyo 注射模推出机构设计。

要完成上述工作内容，应掌握有关推出机构相关知识和设计方法、技巧。

1.6.1 脱模机构的组成、分类和设计原则

在注射模中,将冷却固化后的塑件及浇注系统凝料从模具中完好地推出的机构称为脱模机构。

1. 脱模机构的组成

如图 1-264 所示动模部分,常用脱模机构的结构和组成。

(1) 推出部件 与塑件相接触,直接完成推出塑件的工作如推杆 1、推管 2、推杆固定板 7、推板 8 等。有的模具还有推块或推件板等推出零件。

(2) 复位部件 完成推出系统的复位工作,保证下次正确注射与推出,如复位杆 4、复位弹簧 6 等。有的模具还有推杆先复位机构等复位零件。

(3) 固定部件 为保证推出零件和复位零件准确推出和复位,设置有推杆固定板 7、推板(推出底板)8 等固定零件;

(4) 推出系统导向部件 导向部件的作用是推出平稳,推出零件不至于弯曲或卡死,承受推出系统自身重量,减少与动模型芯的摩擦,使型芯顶杆孔不至于过早磨损使塑件出现飞边,提高模具寿命、塑件质量与生产效率。如图 1-264 中的推板导柱 12、推板导套 11。

(5) 气体推出系统中的气阀,管件、接头等配件;

(6) 内螺纹脱模系统中的齿轮、齿条、马达、油缸等配件。

2. 脱模机构的分类

(1) 按动力来源分类

① 手动脱模机构,有模内手工推出和模外手工推出,如图 1-265 所示手动脱螺纹机构。

② 机动脱模机构,依靠注射机开模动作完成塑件推出,如推杆类推出、推管类推出、推板类推出、自动脱螺纹机构等,如图 1-264 所示的推杆、推管推出机构。

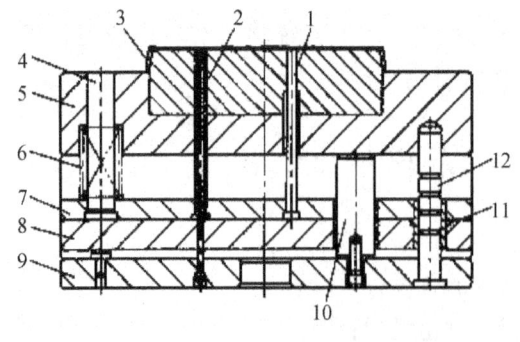

图 1-264 推出机构

1—推杆(顶杆);2—推管(顶管);3—塑件;
4—复位杆;5—动模板;6—复位弹簧;7—推杆固定板;
8—推板;9—动模座板;10—支撑柱;
11—推板导套;12—推板导柱

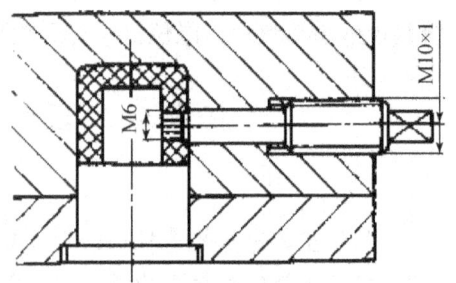

图 1-265 手动脱螺纹机构

③ 液压和气动推出机构，如图1-266所示。

（2）按模具结构分类

① 一次推出机构；

② 二次或多次推出机构；

③ 定模推出机构；

④ 浇注系统凝料推出机构；

⑤ 带螺纹塑件推出机构。

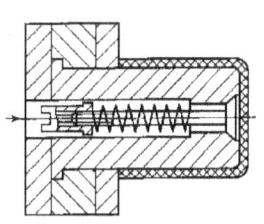

图1-266　气动推出机构

3．脱模机构的设计原则

（1）设法使塑件留于动模。

由于动模有推出装置，有时塑件会粘附在凹模难以脱出，产生的原因及预防措施主要有：

① 塑件形状，如盒形、壳形等无碰穿孔位，开模时塑件与凹模之间形成真空而留在凹模，改善措施是加装进气装置；

② 定模型腔抛光不够，改善措施是加强抛光并注意抛光方向；

③ 分型面设计不合理，塑件在定模的脱模力大于动模，应合理选择分型面；

④ 定模型腔脱模斜度太小或存在倒扣，使塑件扣在定模型腔内，改善措施是加大定模型腔脱模斜度，消除倒扣。

为确保塑件留在动模，常采取的措施有：

① 增加动模脱模阻力，必要时降低型芯的表面粗糙度或减小脱模斜度，或在动模型芯上雕刻花纹，或设凹槽、凸棱结构等；

② 在模具结构上采用强行留模措施，如筋槽、倒扣等；

③ 定模设置顶出装置。

（2）确保塑件推出不变形。

要保证塑件在顶出过程中不变形，必须正确分析塑件型腔附着力的大小和所在部位，以便选择合适的推出方式和推出位置，使推力均匀合理分布，以便塑件平稳脱出而不变形。

（3）保证塑件外观质量，不顶穿、不顶白，不拉白；

（4）推出行程合理，确保塑件完全推出。通常推出行程等于动模型芯最大高度加 $5\sim10$ mm 安全距离，如图1-267（a）所示。当型芯锥度较大时，推出行程取型芯高度的 $1/2\sim2/3$ 即可，如图1-267（b）所示。

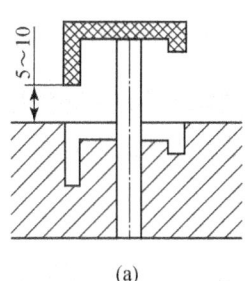
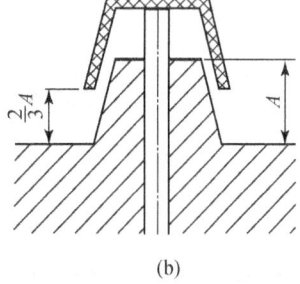

(a)　　　　　　　　(b)

图1-267　推出行程

(5) 结构可靠，位置合理。推杆设置在塑件包紧力最大的地方，同时应注意避开冷却水道（避免漏水）、侧向抽芯机构、支撑柱、螺栓等，防止干涉。

1.6.2 脱模力的计算

脱模力是指将塑件从型芯上脱出时所需克服的阻力，它是设计脱模机构的重要依据之一。

1. 脱模力的影响因素

(1) 型芯成型部分的表面积及断面几何形状　表面积愈大，包紧力就愈大，所需顶出力就愈大。圆形的型芯所需的脱模力小于矩形型芯及其他异型断面形状的型芯。

(2) 塑件的壁厚　厚壁塑件收缩大，所需脱模力大，薄壁塑件则相反。

(3) 塑件的收缩率及塑料的摩擦系数　塑件的收缩率愈大，对型芯的包紧力就愈大，脱模力也愈大。表面润滑性较好的塑料所需脱模力小。软性塑料比硬性塑料所需的脱模力小。

(4) 型芯表面粗糙度及脱模斜度　型芯表面粗糙度愈低，脱模斜度愈大，所需脱模力愈小，反之越大。

(5) 塑件同侧抽芯数量　当塑件同侧有 2 个以上的孔时，由于塑件孔距间的收缩，所需脱模力较大。型芯越多所需脱模力越大。

(6) 成型工艺　注射压力低，保压、冷却时间短，塑件尚未完全冷凝收缩，塑件对型芯的包紧力小，脱模力亦小，反之则大。

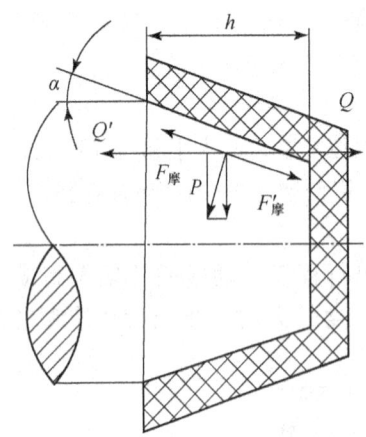

图 1-268　塑件脱模力分析图

2. 脱模力的分类

(1) 初始脱模力

开始顶出塑件的瞬间所需克服的阻力最大，称为初始脱模力。

(2) 相继脱模力

初始脱模力之后所需的力称为相继脱模力，后者要比前者小得多，所以计算脱模力时，总是计算初始脱模力。

3. 脱模力的计算

塑件包紧型芯时，受力情况如图 1-268 所示。

因型芯有锥度，在顶出力 Q 的作用，使型芯对塑件的总压力降低了 $Q\sin\alpha$。

$$F_{摩} = (P - Q \cdot \sin\alpha) \cdot f \tag{1-1}$$

式中　$F_{摩}$——摩擦力；Q——顶出力；P——总压力；f——摩擦系数。

由 $\sum Fx = 0$，得

$$F_{摩} \cdot \cos\alpha = Q + P \cdot \sin\alpha \qquad (1\text{-}2)$$

把式（1-1）代入式（1-2）整理后得

$$Q = P \cdot \cos\alpha \cdot (f - \tan\alpha) / (1 + f \cdot \sin\alpha \cdot \cos\alpha)$$

因 f、$\sin\alpha$ 较小，$\cos\alpha \leqslant 1$，故 $f \cdot \sin\alpha \cdot \cos\alpha$ 可忽略不计，则上式可简化为

$$Q = P \cdot \cos\alpha \cdot (f - \tan\alpha)$$
$$= P \cdot (f\cos\alpha - \sin\alpha)$$
$$= Lhp(f \cdot \cos\alpha - \sin\alpha)$$

式中　L——型芯被塑件包紧的平均断面的周长（m）；
　　　h——成型部分深度（m）；
　　　p——单位面积的正压力，一般取 $7.84 \times 10^6 \sim 1.176 \times 10^7$（Pa），薄件取小值，厚件取大值；
　　　f——摩擦系数，PA、PC、POM 取 $0.1 \sim 0.2$，其余取 0.3；
　　　α——脱模斜度（°）。

当顶出不带通孔的壳类塑件时，需克服大气压力造成的阻力，大气压力按 9.8×10^4 Pa 计算

$$Q = Lhp(f \cdot \cos\alpha - \sin\alpha) + 9.8A$$

式中　A——垂直于顶出方向的投影面积，m²。

1.6.3　推杆推出机构设计

常用推杆种类有圆推杆、扁推杆、异形推杆。圆推杆形状简单，制造容易，维修方便，应用广泛。扁推杆截面呈矩形，制造费用高，易磨损和烧伤。异形推杆是根据塑件推出位置的形状而设计制造的。

1. 圆推杆的设计与装配

圆推杆已形成标准系列，作为标准件广泛使用。

（1）圆推杆的结构和尺寸。

① 圆推杆的结构有直杆和阶梯杆两种形式，如图 1-269 所示。常用材料有 T8A、65Mn、GCr15 等。热处理硬度为：头部为：50～55HRC，尾部为：38～42HRC。

② 圆推杆直径在 1～25 之间，长度 100 mm，150 mm，…，650 mm。

（2）圆推杆与型芯的配合。

① 推杆上端面应高出型芯

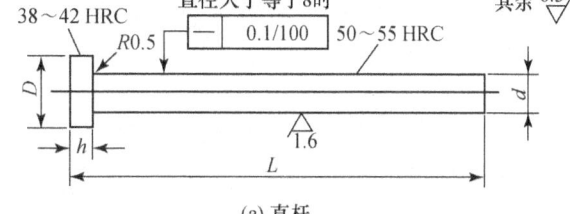

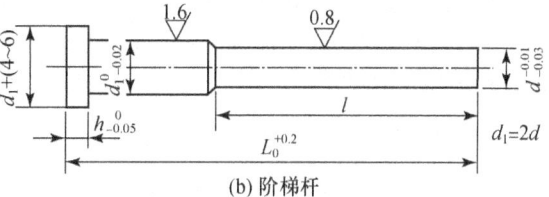

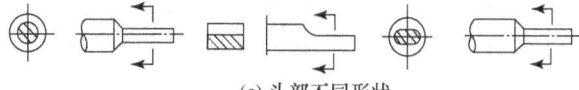

图 1-269　圆推杆的结构

0.05～0.1 mm，以不影响塑件装配要求。如无特殊要求，对脱模力较大或薄壁易顶白处，可低于型芯表面，增加塑件局部壁厚，如图 1-270 所示。

② 为减少推杆与模具的接触面积，防止推出时与模具拉伤，推杆与型芯的有效配合长度一般为直径的 3 倍左右，即 $10 \leqslant L_1 \leqslant 20$，推杆与型芯封胶部位的配合公差为 H7/f7 或 H8/f8。

推杆过孔直径 d_1 及推杆固定板上固定孔直径 d_2 应比推杆直径 d 大（0.8～1）mm，如图 1-271 所示。即

$$d_1 = d_2 = [d + (0.8 \sim 1)] \text{mm}, \quad D' = D + 1$$

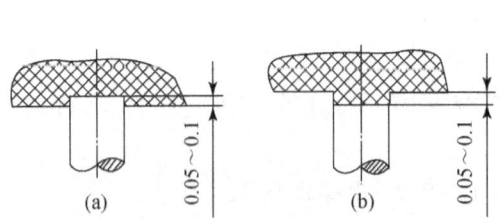
图 1-270 推杆上端面装配位置

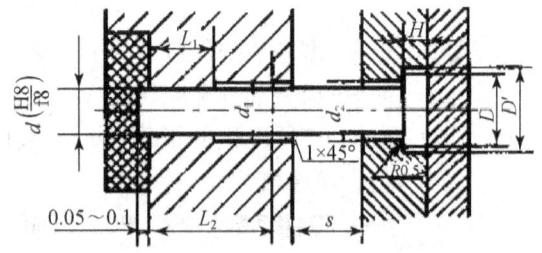
图 1-271 圆推杆与其他零件装配关系

（3）圆推杆的设计与装配。

① 推杆应布置在塑件抱紧力大的地方，如角部、四周、加强筋、螺丝柱等处，推杆到模具边缘距离不能小于 1 mm，如图 1-272 所示。

② 对于表面不允许有推杆痕迹或细小塑件难以布置顶杆时，可在塑件外侧合适位置加辅助溢料槽推出，如图 1-273 所示。

③ 推杆避免布置在高低面过渡处或镶件拼接处，无法避免时可做镶套，如图 1-274。

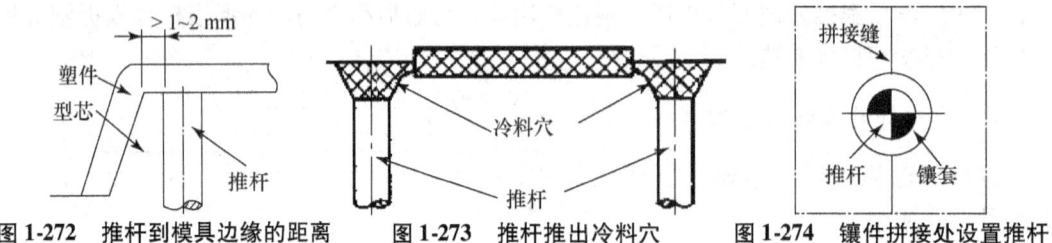

图 1-272 推杆到模具边缘的距离　　图 1-273 推杆推出冷料穴　　图 1-274 镶件拼接处设置推杆

④ 当柱台深度超过 10 mm 时下部应加推杆，便于推出和排气，如图 1-275 所示。

⑤ 当螺丝柱高度小于 15 mm 时，应在旁边设置两条推杆，型芯处可不用推管推出，如图 1-276 所示。

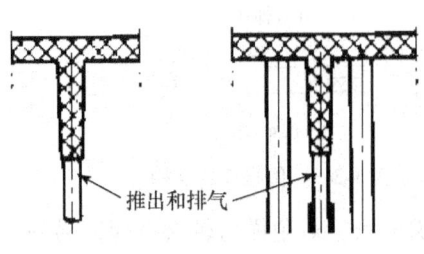
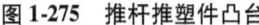
图 1-275 推杆推塑件凸台

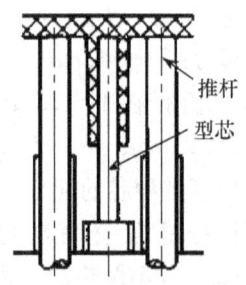
图 1-276 推杆推型芯两边

⑥ 推杆推塑件边缘部位，如图1-277所示，图1-277（a）形式容易把定模型腔边缘碰伤，可改为图1-277（b）形式。塑件若有凸缘，推杆推凸缘部位，如图1-277（c）所示。

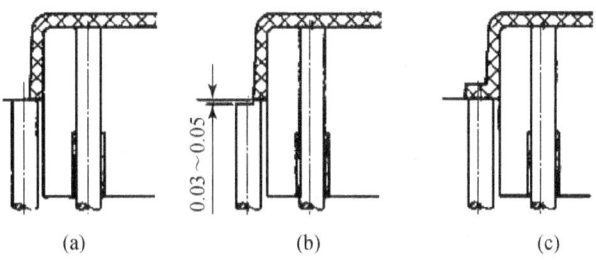

图1-277 推杆推塑件边缘

⑦ 推杆推加强筋部位，推出力大，效果好，如图1-278所示。图1-278（a）的形式最常用，推杆直径在2 mm～3 mm之间；图1-278（f）中推杆小，易折断，推出效果差。

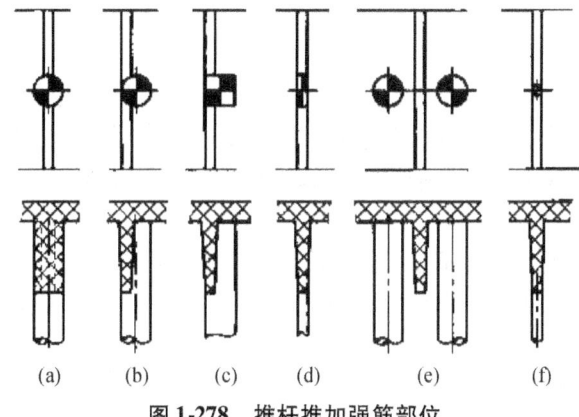

图1-278 推杆推加强筋部位

⑧ 若塑件上有嵌件，推杆推嵌件效果较好，如图1-279所示。

⑨ 若推杆需要布置在型芯斜面上，推杆上端面应加工出凹槽或平行台阶，如图1-280所示。此时推杆底部台肩处应安装防转销来定位，常用防转结构有三种，如图1-281所示。图1-281（a）中推杆台肩处铣扁，推杆固定板铣长孔，装入防转销；图1-281（b）中推杆台肩处铣扁，推杆固定板铣方孔；图1-281（c）中推杆尾部外圆钻孔，镶防转销钉，推杆固定板铣长孔。

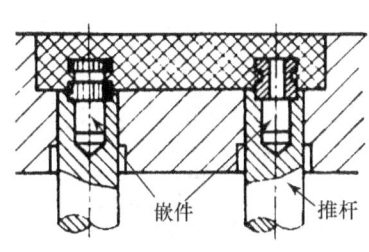

图1-279 推杆推嵌件

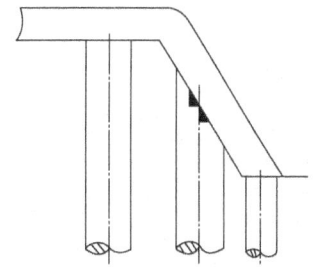

图1-280 推杆推斜面

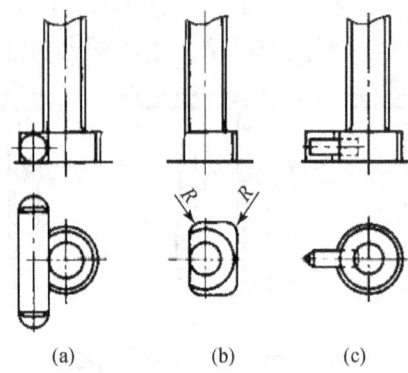

图 1-281　推杆设置防转装置

2. 扁推杆的设计与装配

（1）应用场合。

① 不允许在底部安装推杆的透明塑件，采用扁推杆推塑件边缘壁厚处；

② 深腔塑件圆推杆难以推出或零件易顶白、变形，使用扁推杆推边缘壁厚处；

③ 对于高度超过 20 mm 的加强筋，用扁推杆推出效果较好。

（2）特点。

① 根据塑件形状制造扁推杆形状，推出力大，效果好；

② 扁推杆为非标准件，需提前制造或定做，另外模具加工长孔费用高，时间长，推杆和孔易磨损，不要轻易采用。

（3）扁推杆的形状与配合。

① 扁推杆的形状如图 1-282 所示，扁位通常采用线切割加工。

② 扁推杆的装配如图 1-283 所示，与型芯采用 H7/f7 间隙配合，起到密封、导向及排气作用。配合长度 L 按表 1-36 选取。

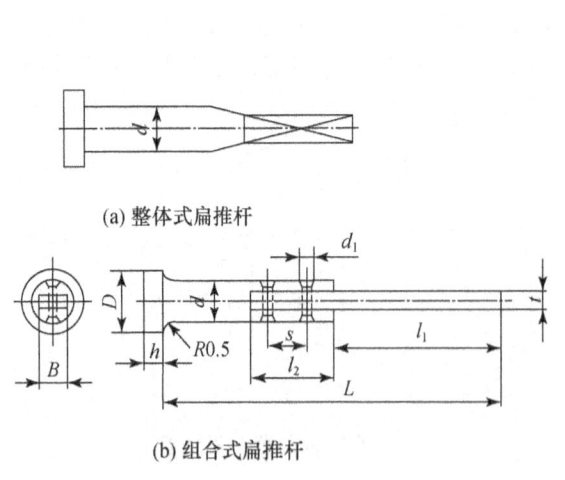

图 1-282　扁推杆的形状

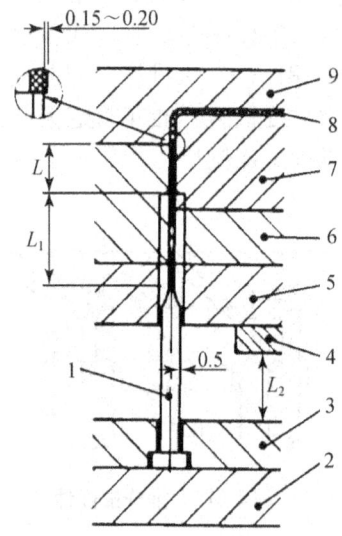

图 1-283　扁推杆的装配

表 1-36 扁推杆配合长度

扁推杆厚度 t (mm)	配合长度 L (mm)	扁推杆厚度 t (mm)	配合长度 L (mm)
<0.8	10	1.5~1.8	18
0.8~1.2	12	1.8~2.0	20
1.2~1.5	15		

1.6.4 推管推出机构设计

推管（也称"司筒"），其推出方式、装配方法和推杆相似。

1. 推管（顶管）推出基本结构

推管和推管型芯成套配合使用，推管型芯底部用压板或顶丝压紧，如图 1-284 所示。

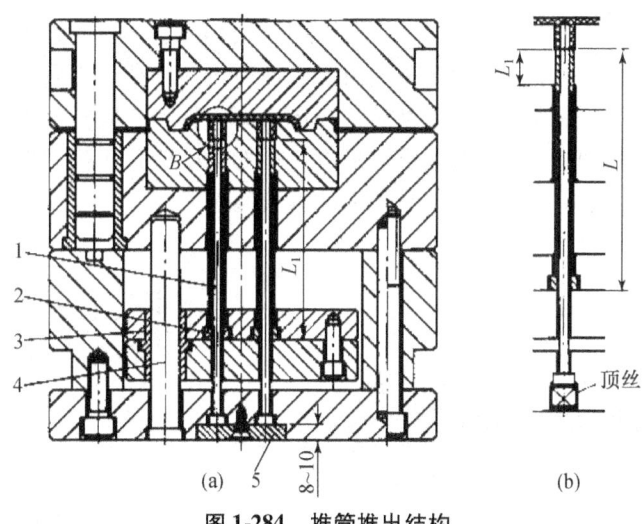

图 1-284 推管推出结构
1—推管型芯；2—推管；3—推板导套；4—推板导柱；5—推管型芯压板

2. 推管的应用

推管适于环形、筒形塑件或塑件上中心带孔部分的推出，由于推管整个周边接触塑件，推顶塑件力均匀，塑件不易变形，也不留下明显的顶出痕迹。采用推管推出时，型芯和凹模同时设计在动模侧，可提高塑件的同心度。对于过薄的塑件（厚度<1mm），过薄的推管加工困难，且易损坏，此时尽量不要采用推管推出。推管形式如图 1-285 所示。

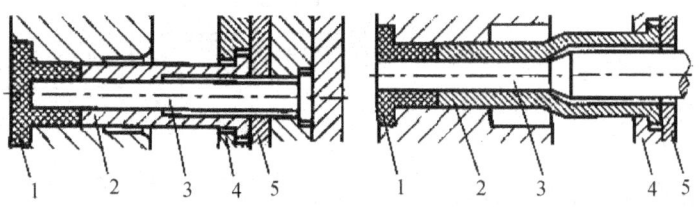

图 1-285 推管结构
1—塑件；2—推管；3—推管型芯；4—推管固定板；5—推板

3. 推管设计

（1）推管直径确定。推管内孔直径应大于或等于塑件内孔直径，内孔与推管型芯的配合取 H7/f7 或 H8/f8。外径应小于或等于塑件外径，并取标准值，外径与凸模的配合取 H8/f9 或 H9/f9，如图 1-286 所示。

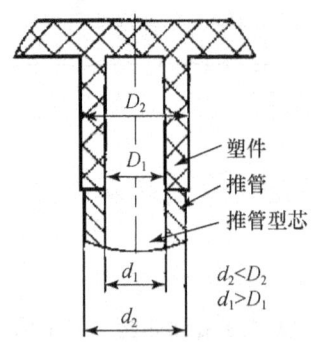

图 1-286 推管直径与塑件直径的关系

（2）推管的配合尺寸如图 1-287 所示，s 为推出距离。

（3）推管固定。推管与推杆一样都固定在推杆固定板上，而推管型芯固定在动模座板上，相对于模架静止不动。推管在推出塑件过程中与型芯产生滑动，完成内孔抽芯。

当注射机顶杆顶出方向上塑件有深孔需用高型芯成型时，要用推管推出塑件，而动模座上由于有注射机顶杆孔，推管型芯无法固定在动模座上。解决方法是采用方销固定推管型芯，如图 1-288 所示。模板上铣槽固定方销，推管上加工长槽避开方销，使推管能够顶出和复位，槽的长度应大于推出距离。方销固定推管型芯强度较弱，稳定性差，不宜用于受力大的推管型芯。

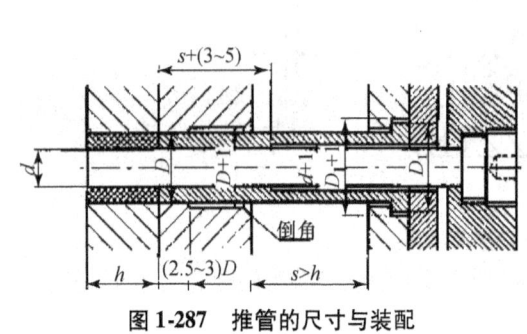

图 1-287 推管的尺寸与装配

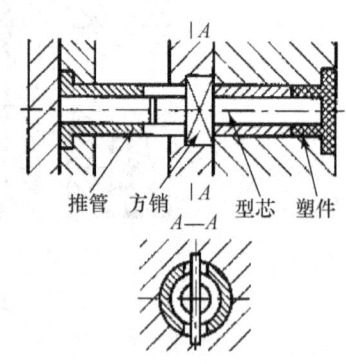

图 1-288 方销固定推管型芯

（4）推管规格。

标注一：推管型芯直径×推管直径×推管长度，注明推管型芯长度，如 $\phi 3 \times \phi 6 \times 150$，型芯长度 180；

标注二：推管直径×长度，推管型芯直径×长度，如 $\phi 8 \times 200$，$\phi 4 \times 230$。

（5）使用推管时注意事项。

① 用推管时，推板和推杆固定板应装导柱、导套。

② 当中间有推管而注射机只有中间一个顶杆孔时，采用方销固定推管型芯；也可采用开叉顶杆来避开中间推管型芯，如图 1-289 所示。

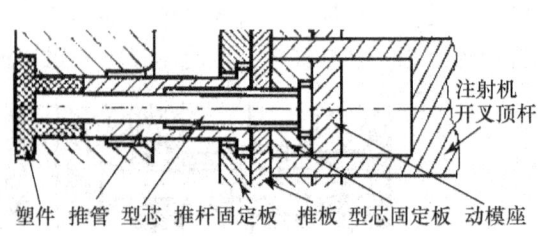

图 1-289 注射机采用开叉顶杆

③ 当凸起塑件外侧有倒角要求时，倒角不能做在推管上，而做在模具型孔内，如图1-290（a）所示。内孔有倒角要求时，倒角应做在推管型芯上，如图1-290（b）所示。

④ 推管常用材料：45、T8A（T10A）、65Mn、GCr15 等。推管热处理硬度：头部为 50～55HRC，尾部为 38～42HRC。

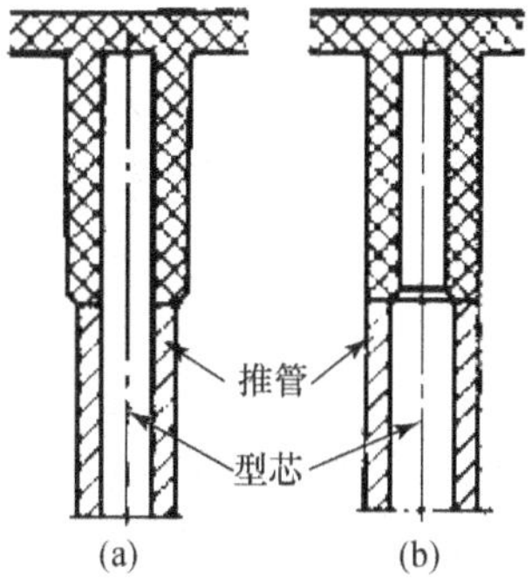

1.6.5 推件板推出机构设计

图1-290 有内外倒角结构的塑件

在动模型芯根部安装一个与之密切配合的推件板，推出时，推件板沿型芯轴向移动，将塑件从型芯上推出。

1. 推件板推出机构的特点

塑件内表面不留推出痕迹，塑件受力均匀，推出平稳，且推出力大。它适用于各种容器、筒形制品及中心带孔塑件的推出。对于一些高壳、壁薄的塑件，单独使用推杆不能完成推件任务，必须借助于推件板推出机构。对薄壁环形件和多型芯的薄板件，因推杆过细制造困难，且推出强度不够，安排推杆很难取得合理的位置，即使勉强推出，也容易使塑件产生翘曲。

2. 推件板推出机构的类型

（1）整体式推件板推出机构。

标准模架上已有整体推件板，模具设计制造方便，应用普遍，如图1-291所示。

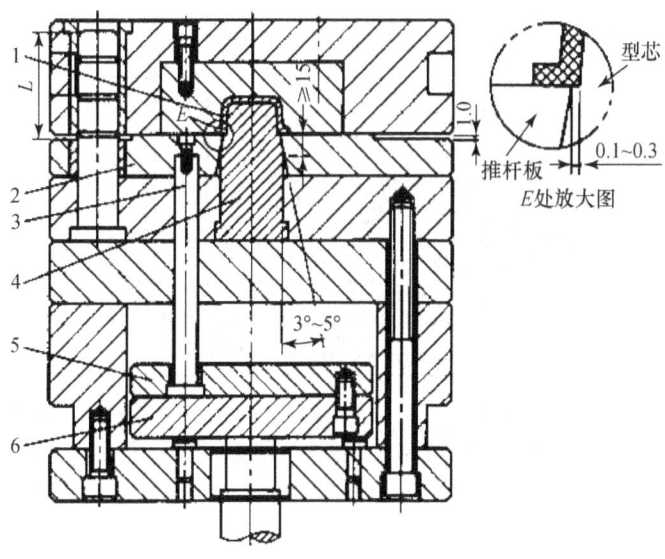

图1-291 推件板推出机构注射模
1—塑件；2—推件板；3—复位杆；4—型芯；5—推杆固定板；6—推杆底板

① 推件板与型芯采用3°~5°锥面配合，配合精度为H8/f8，间隙需小于溢边值；
② 型芯应淡化或淬火处理；
③ 推件板推出应有导柱导向；
④ 大型深腔壳体、薄壁塑件应设进气装置，避免形成真空。
⑤ 推件板应设置限位装置，防止推出时从模具上脱落。常用的限位装置有复位杆上安装螺钉，如图1-292所示。也可直接在推件板上安装限位螺钉。

推件板与型芯的配合常见形式如图1-293所示。其中，图1-292（a）为推件板与型芯以3°~5°整段斜面配合，图1-292（b）为推件板与型芯以3°及5°两段斜面配合，图1-292（c）为推件板与型芯以整段斜面配合且推件板内孔小端比成型型芯大0.1~0.5mm。

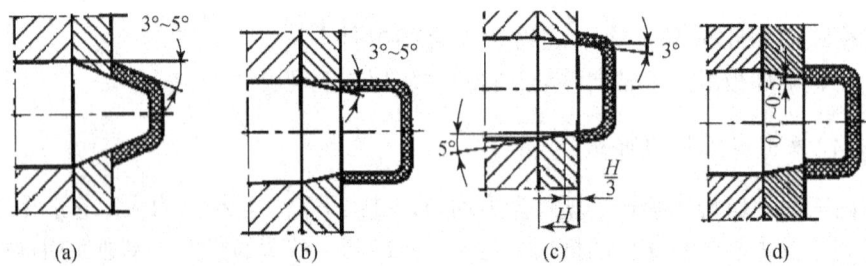

图1-292 推件板与型芯常用配合形式

（2）沉入式推件板推出机构

如图1-293所示为简化点浇口模架，合模导柱装在定模座上，动模上没有导柱，此时塑件需要用推件板推出时，可采用沉入式推件板。推件板的粗导向靠复位杆，合模到位时精导向靠推件板内外锥面定位。

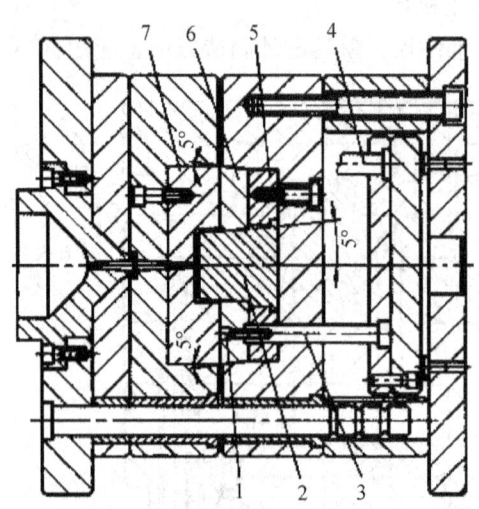

图1-293 简易三板模沉入式推件板注射模
1—螺栓；2—型芯；3—推件板复位杆；4—复位杆；5—型芯固定板；6—沉入式推板；7—型腔板

3. 推块推出机构

如图1-294所示推块推出机构，推块材料应采用738、H13等优质塑料模具钢，淬火硬度52~54HRC。图1-294（a）所示推块4在推块1作用下推出塑件，在复位杆7作用下复位,图1-294(b)所示推块在推杆作用下推出塑件,在复位杆作用下通过推杆使其复位,图1-294(c)所示推块推动塑件局部壁厚完成推出。推块与模具成锥面配合,减少磨损,降低推出力。

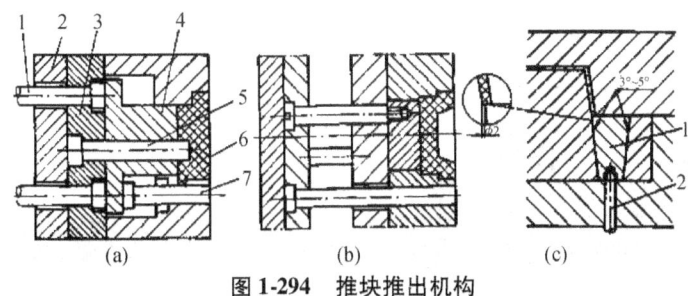

图1-294 推块推出机构

(a) 1—推杆;2—支承板;3—型芯固定板;4—推块;5—型芯;6—塑件;7—推块复位杆;(c) 1—推块;2—推杆

1.6.6 多元联合推出机构的设计

由于塑件的特殊要求,大多数情况下需采用联合推出机构,如表1-37所示。

表1-37 多元联合推出机构

推出机构简图	简要说明	推出机构简图	简要说明
1—推件板;2—推杆	采用以推件板1为主、推杆2为辅的联合推出机构。避免型芯阻力大而单独采用推杆或推件板时损坏塑件的现象	1—型芯;2—推管;3—推件板	为克服型芯和塑件深桶周边阻力,防止塑件被顶坏,宜采用以推件板为主,推管为辅的联合推出机构
1—型芯;2—推管;3—推杆	当塑件有凸起深桶或脱模斜度较小时,深桶周边阻力大,宜采用以推管为主,推杆为辅的联合推出机构	嵌件;型芯;方销	考虑嵌件的安放位置及型芯的脱模阻力,使用推杆定位嵌件,而且推嵌件时推出力较大,因此,采用推管、推杆和推件板联合推出机构

1.6.7 脱螺纹机构的设计

塑料制品有外螺纹和内螺纹。外螺纹成型模具采用型环螺纹套,侧向分型脱模。内螺纹采用型芯成型,旋转脱模。

1. 手动脱内螺纹机构

如图1-295所示的手动侧向脱内螺纹机构,适合于塑件要求不高,批量较小的试制品。图1-296所示为手动轴向脱内螺纹机构。

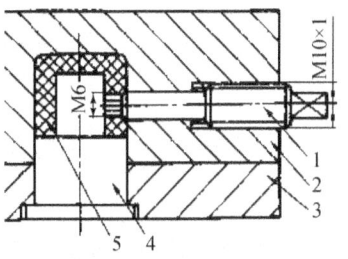

图1-295 手动侧向脱内螺纹机构
1—螺纹型芯;2—定模板;
3—动模板;4—型芯;5—塑件

2. 斜导柱、侧滑块脱外螺纹机构

塑件外螺纹通常采用斜导柱、侧滑块脱外螺纹机构，如图 1-297 所示。

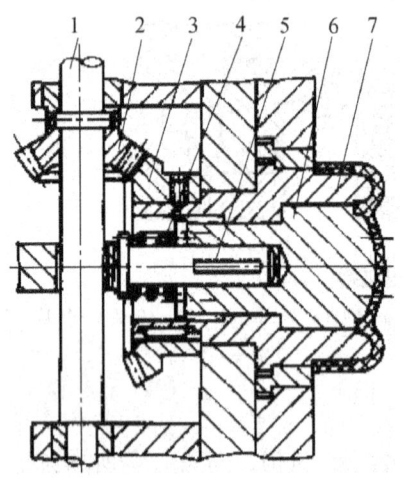

图 1-296 手动轴向脱内螺纹机构
1—手动转轴；2、3—锥齿轮；4—弹簧；
5—导向键和心轴；6—型芯；7—内螺纹型芯

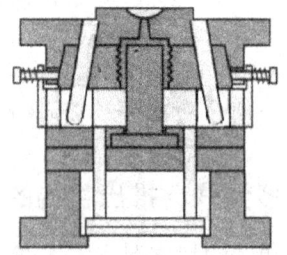

图 1-297 侧滑块脱外螺纹机构

3. 自动脱内螺纹机构

（1）侧向自动脱螺纹机构，模具开模或合模时导柱 3 兼齿条作用，在齿条作用下带动齿轮轴 2 旋转，完成侧向脱螺纹动作，如图 1-298 所示。

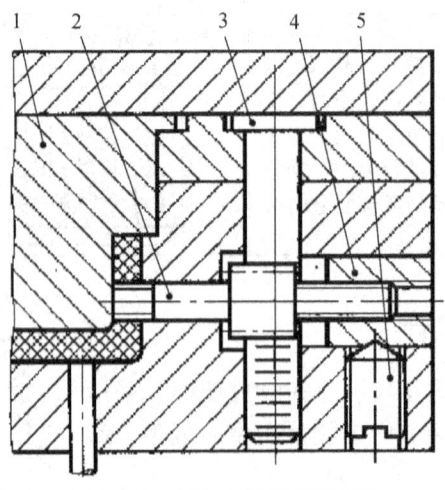

图 1-298 侧向自动脱螺纹机构
1—定模镶件；2—带齿轮螺纹型芯；3—齿条兼导柱；4—螺母；5—顶丝

（2）齿条兼导柱轴向脱螺纹机构，模具开模或合模时导柱 1 兼齿条作用，在齿条作用下带动齿轮轴 3 旋转，进而带动锥齿轮 4、5 旋转，再驱动轴 9 旋转，又通过齿轮 6、7 旋转，最后驱动螺纹轴 8 旋转，完成轴向脱螺纹动作，如图 1-299 所示。

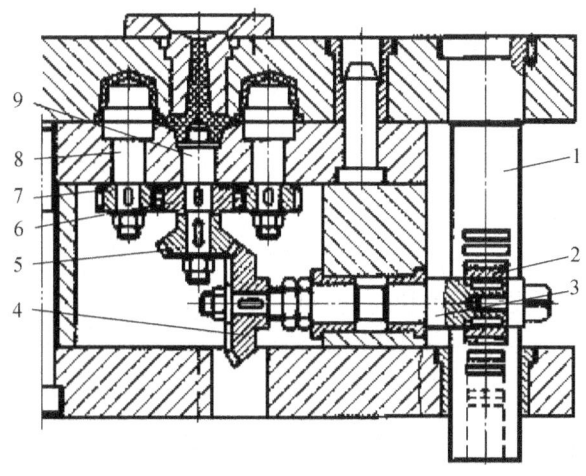

图 1-299 齿条齿轮脱螺纹机构
1—齿条兼导柱；2—齿轮；3—传动轴；4、5、6、7—齿轮；8—螺纹型芯；9—螺纹式拉料杆

(3) 电机、链条自动脱螺纹机构。

如图 1-300 所示电机、链条自动脱螺纹机构，多用于螺纹扣数较多、脱出距离较长的情况。动力来源于电机（马达），使用双向变速电机带动齿轮，实现内螺纹脱出。

(4) 液压油缸、齿条脱螺纹机构，液压油缸 5 带动齿条 4 动作，进而驱动齿轮 1、3 及螺纹轴 2 旋转，完成轴向脱螺纹动作，如图 1-301 所示。

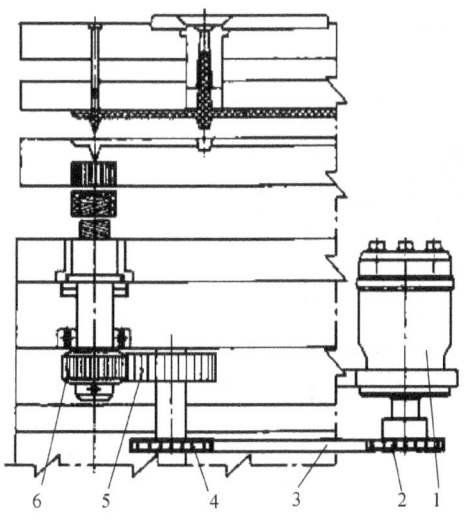

图 1-300 电机、链条自动脱螺纹机构
1—电极；2—链轮Ⅰ；3—链条；4—链轮Ⅱ；
5—齿轮Ⅰ；6—齿轮Ⅱ

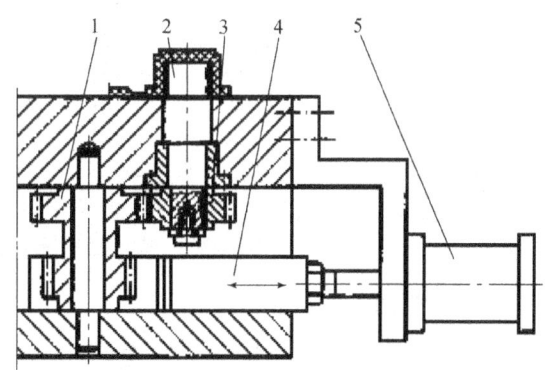

图 1-301 液压油缸、齿条脱螺纹机构
1—双联齿轮Ⅰ；2—螺纹型芯；3—齿轮Ⅱ；
4—齿条；5—油缸

1.6.8 气动推出机构设计

利用压缩空气压力推出薄壁深腔、壳型塑件是简单有效的办法，但塑件顶部应是闭合状态，不允许有孔，否则漏气，难以推出塑件。若塑件有孔，应在孔口留厚度 0.5 mm 左右的塑料薄壁用来封气，塑件脱模后切除。如图 1-302 所示，注射时锥面气阀靠弹簧的弹力而关闭，开模后通入 $(49 \sim 58.8) \times 10^4$ Pa 的压缩空气，使弹簧压缩开启阀门，压缩空气进入塑件与型芯间，使塑件推出脱落。

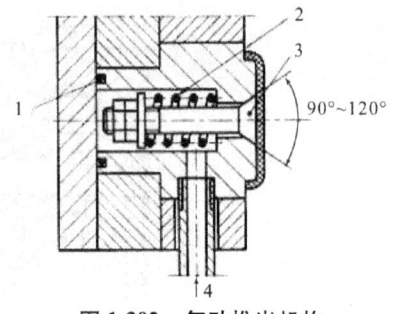

图 1-302　气动推出机构
1—密封圈；2—弹簧；3—阀门；4—进气管

大型壳体类塑料模具通常不设推出机构，使用压缩空气推出，推出效果好，模具简单，应用广泛。

1.6.9　强行推出结构

利用推杆或推件板使塑件产生变形，将塑件的侧向凹凸结构强行推离模具达到脱模目的，该推出方式称为强行脱模，避免了模具采用侧向抽芯的复杂结构，简化了模具结构，降低了模具制造与维修成本。如图 1-303 所示的塑件，在设计模具时可采用强行脱膜结构。

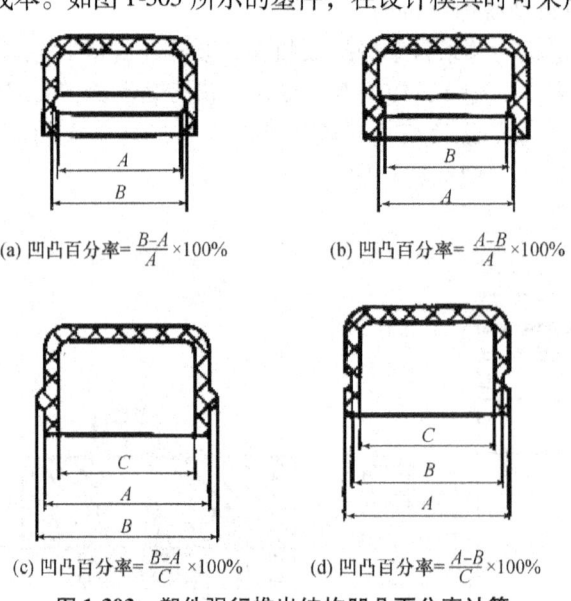

(a) 凹凸百分率 = $\dfrac{B-A}{A} \times 100\%$　　(b) 凹凸百分率 = $\dfrac{A-B}{A} \times 100\%$

(c) 凹凸百分率 = $\dfrac{B-A}{C} \times 100\%$　　(d) 凹凸百分率 = $\dfrac{A-B}{C} \times 100\%$

图 1-303　塑件强行推出结构凹凸百分率计算

强行脱模的条件：
(1) 软质塑料 PE、PP、POM、软 PVC；
(2) 侧向凹凸有圆角；
(3) 侧向凹凸较浅，变形量较小。

含玻璃纤维的工程塑料凹凸百分率在 3% 以下；一般塑料凹凸百分率在 5% 以下可采用强行脱模机构。

1.6.10　定模推出机构的设计

通常推出机构设在动模一侧，塑件应留在动模上。但有时因塑件的特殊要求，或受塑件的形状限制，开模后塑件人为留在定模上或有可能留在定模上，则定模应设置推出机构。开模时将通过拉板、链条带动、油缸等推出机构将塑件推出。

1. 塑件留在定模的情况

（1）当塑件外表面不允许有浇口痕迹，需要浇注系统与推出系统在同一侧时，塑件需留在定模，使定模成型塑件内表面，动模成型塑件外表面。定模需设推出装置。

（2）通常定模成型塑件外表面，动模成型塑件内表面，但定模成型结构较动模复杂，塑件对定模的包紧力比动模大，开模时塑件易留在定模。定模需设推出装置。

2. 定模推出机构的组成

定模推出机构的组成与动模推出机构基本相同，也有推杆、复位杆、推杆固定板、推板、导向装置等零件。

3. 定模推出机构的形式

（1）机械式。

依靠注射机的开模力，通过拉杆或链条，拉动定模中的推板，把塑件从定模中推出。

如图1-304所示塑料刷定模定距推板推出机构。开模后塑件留在定模上，在定模一侧设置推件板6，开模到一定行程后由设在动模一侧的定距拉板22拉动推件板6，把塑件从型芯5上脱出。

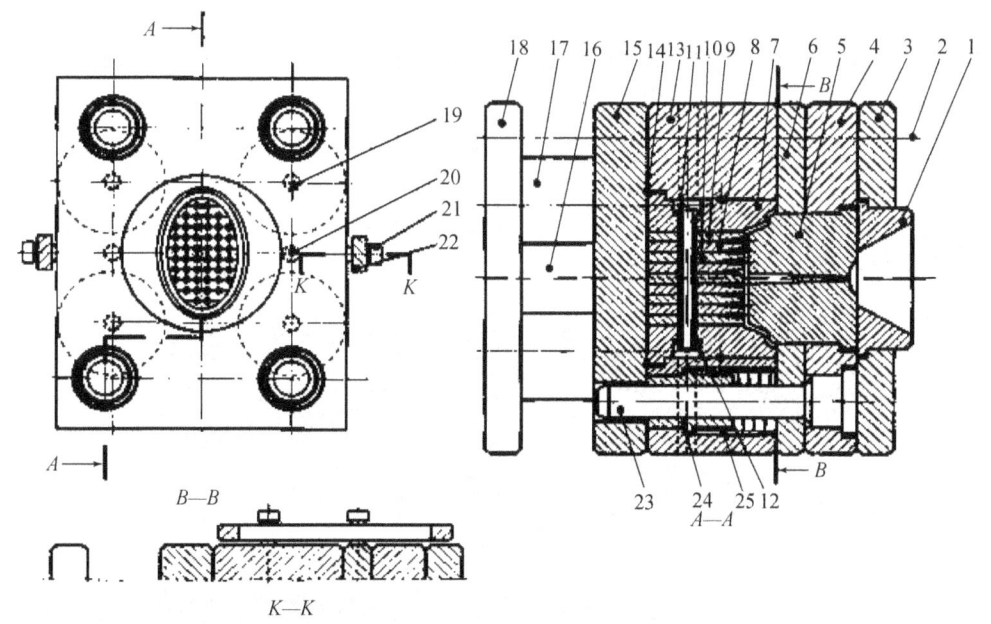

图1-304　塑料刷定模定距推板推出注射模

1—定位圈；2、19、21—内六角螺栓；3—定模座板；4—定模板；5—定模型芯；6—推件板；7—动模型腔镶件；8—动模镶件Ⅰ；9—动模镶件Ⅱ；10—动模镶件Ⅲ；11—冷却水管；12—弹簧卡圈；13—动模板；14—密封圈；15—支承板；16—支撑柱Ⅰ；17—垫块；18—动模座板；20—定位销；22—定距拉板；23—导柱；24—导套；25—弹簧

（2）弹簧式。开模时依靠弹簧力推动推板，把塑件从定模中推出，适合于塑件和推出力较小的场合。

(3) 液压式。在定模上安装顶出油缸，油缸拉动推板把塑件从定模中推出，如图1-305所示。

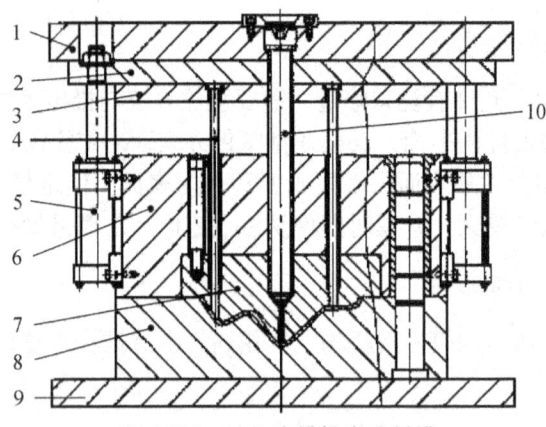

图1-305 油缸定模推出注射模

1—定模座板；2—推板；3—推杆固定板；4—推杆；5—推出油缸；6—定模板；
7—定模型芯；8—动模板；9—动模座板；10—热流道射嘴

(4) 气压式。定模通入压缩空气，把塑件从定模中推出。

1.6.11 二级推出机构

通常塑件只需推一次即可取出，但有时塑件经一次推出后仍难以从模具中取出或不能自动脱落，此时需采用二级脱模推出，完成二级脱模的机构称为二级脱模机构。二级推出机构的形式多种多样，本书仅列两种。

1. 弹簧式二级推出机构

如图1-306所示弹簧式二级推出机构，开模后弹簧推动推件板7把塑件从型芯上推出，然后推板2推动推杆3把塑件从推件板7的型腔内推出。图中 $l_2 \geq h_1$，$L = l_1 + l_2 \geq h$。

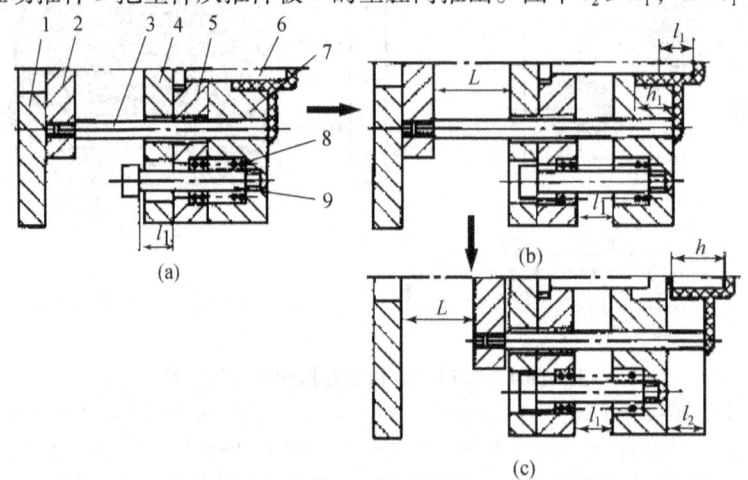

图1-306 弹簧式二级推出机构

1—动模座板；2—二级推杆固定板；3—二级推杆；4—支承板；5—动模板；
6—动模型芯；7—推件板；8—弹簧；9—定距拉杆

2. 摆杆式二级推出机构

如图 1-307 所示摆杆式二级推出机构。图 1-307（a）为开模状态，图 1-307（b）和 1-307（C）为一级推出状态，推杆 9 固定在一级推板 10 上。一级推板 10 通过推杆 9 推动推件模板 7 向前移动 $S_0 \sim S_1$ 距离，使塑件与型芯脱开，实现一级推出动作。在一级推出过程中，由于定距块 1 的传力作用，二级推板 2 和推杆 5、9 均与一级推板 10 和推件板 7 同步运动，从而把塑件从型芯 6 的凹槽中推出。一级推出动作完成后，摆杆 11 在一级推板 10 作用下，经过一定角度转动，图 1-307（c）所示，此时摆杆 11 开始和二级推板 2 接触，继续顶出时，一级推板 10 将通过摆杆 11 使二级推板 2 和推杆 5 发生超前于它自身和推件板的推出运动，于是塑件将在推杆 5 作用下从推出板 7 中脱出，从而实现二级推出，如图 1-307（d）所示。

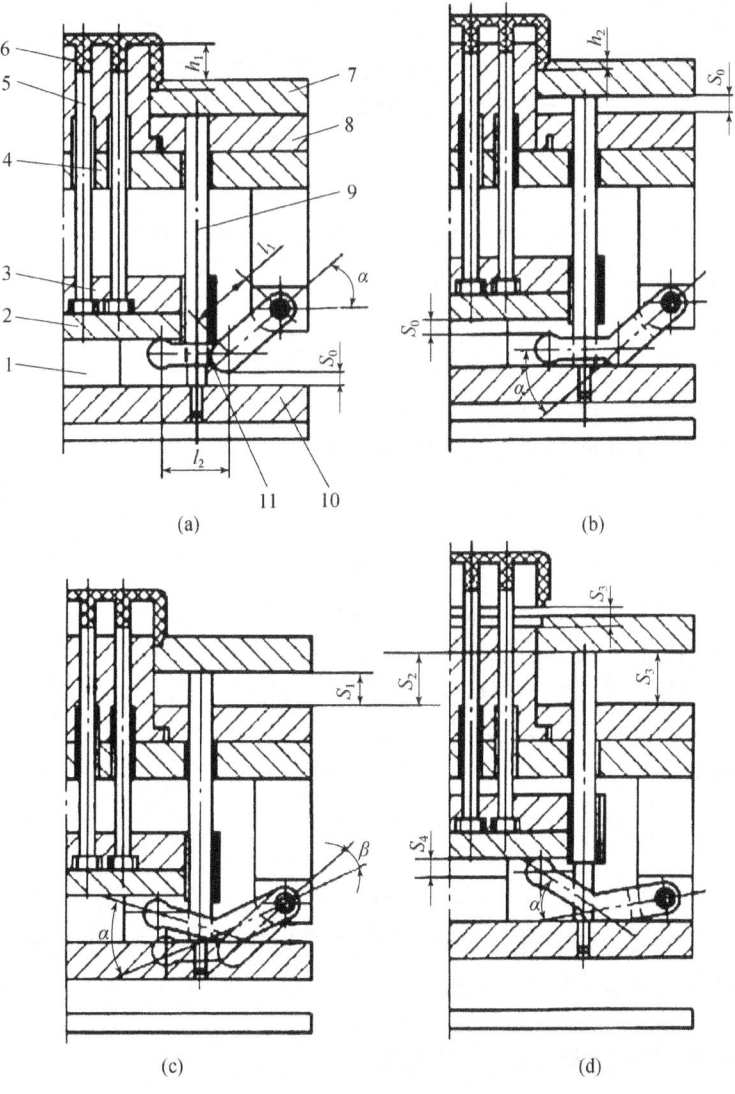

图 1-307　摆杆式二级推出机构
1—定距块；2—二级推板；3—推杆固定板；4—支承板；5—二级推杆；6—型芯；
7—推件板；8—动模板；9——一级推杆；10——一级推板；11—摆杆

1.6.12　塑件推出的常见问题

塑件推出过程中经常会出现各种质量或模具问题，分析如下：

1. 顶白

顶白是由于塑件在被推杆推出时局部承受推力过大而发生轻微变形，使塑件颜色局部变白，如图 1-308 所示。

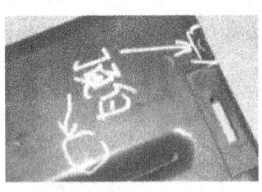

图 1-308　塑件顶白

直接原因主要有：
（1）推杆数量不够或直径太小，单个推杆承受过大的推出力；
（2）型芯抛光不够，塑件对型芯的包紧力过大；
（3）型芯有倒扣或脱模斜度太小；
（4）注射工艺不合理，如注射压力太大或保压时间太长，都会增大塑件对模具的包紧力。冷却时间太短时，塑件没有固化顶出时也会出现顶白现象。

2. 粘凹模或凸模

塑件在开模时局部或全部留在凹模一侧即粘凹模。塑件在推出时局部或全部留在凸模一侧即粘凸模。

粘模原因有：
（1）分型面选择不对，导致塑件对凹模或凸模的包紧力过大；
（2）型腔表面抛光不够，或型腔、型芯出现负脱模斜度或倒扣；
（3）塑件开模或推出时与模具之间产生真空。

3. 推杆（或推管）断裂

推杆（推管）在推出时因受力过大而断裂，主要原因有：
（1）推杆太小或数量不够（或推管壁太薄）；
（2）推杆位置布置不对，使推杆承受过大推力而折断；
（3）模具制造精度差，使推杆承受过大摩擦力或扭力；
（4）小于 2 mm 的推杆过多，或推杆固定板无导向装置，且推杆一边多一边少，造成推杆受扭力而断裂。

4. 推杆、推管与型芯配合处有飞边

推杆、推管与型芯配合处有飞边的原因有：
（1）模具加工时配合间隙过大，超过溢边值而出现飞边；
（2）模具使用时间长出现磨损。

1.6.13　yoyo 玩具注射模推出机构设计

在完成前面五项任务基础上可进行推出机构设计。分析塑件形状及图 1-260 模具成型零件装配结构图，yoyo 转盘盖上有两个外圆直径为 5 mm，内孔直径 1.5 mm，高度 6.5 mm

的螺丝柱，该处塑件包紧力较大，应设推管推出机构。塑件 $\phi49.8 \times 1.5$ mm 的内孔包在型芯上，应设推杆推出机构。

yoyo 转盘座中间有直径 15 mm，高度 8.5 mm 凸台，内部有正六边形沉孔及直径为 4 mm 的通孔，该处塑件包紧力较大，应设推管推出机构。直径 50 mm 沉孔应设推杆推出机构。

由上面分析可知本套模具采用推杆、推管联合推出。根据模具成型零件大小与位置选用合适直径的推杆、推管。在图 1-260 所示模具成型零件装配结构基础上绘制推杆、推管结构与大小，如图 1-309 所示。

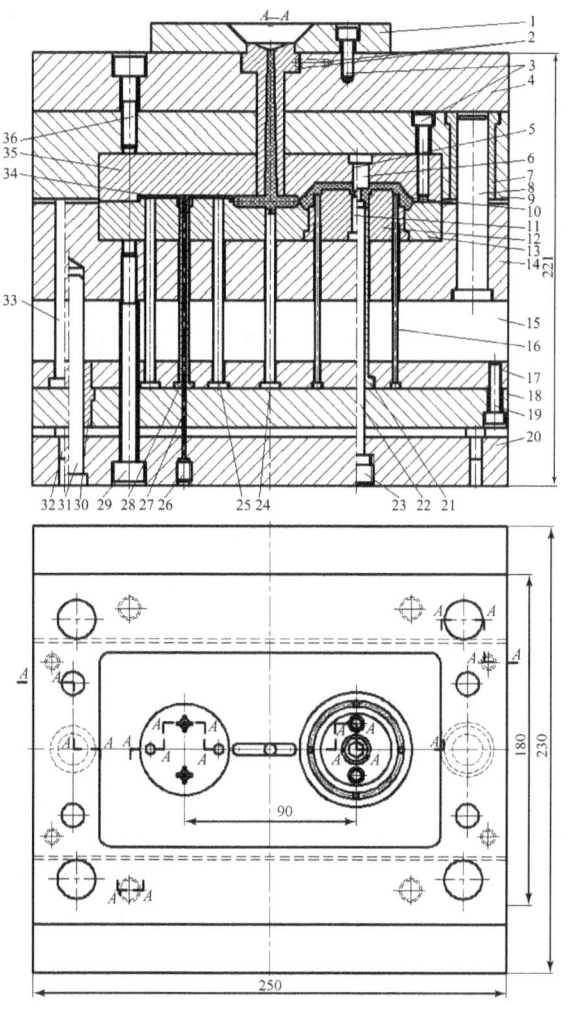

图 1-309　yoyo 注射模装配图（暂无冷却系统）

1—定位圈；2—浇口套与防转销；3、19、29、36—内六角螺栓；4—定模座板；5、6—定模型芯；7—导套；8—导柱；9—定模板（A 板）；10—yoyo 转盘座塑件；11、12—动模型芯；13—动模镶件；14—动模板（B 板）；15—垫块；16、25—推杆；17—推杆固定板；18—推板；20—动模座板；21、28—推管；22、27—推管型芯；23、26—螺塞；24—拉料杆；30—推板导套；31—推板导柱；32—限位钉；33—复位杆；34—yoyo 转盘盖塑件；35—定模镶件

1.6.14 拓展与强化训练

如图 1-310 所示的磁铁吸盘盖塑料件立体图与平面图，材料为 PP，大批量生产，要求一模 10 件。试完成模具脱模机构及相关设计：

（1）模具推出机构设计；
（2）模具整体结构设计；
（3）填写标题栏和明细表；
（4）由模具装配图拆画各零件图。

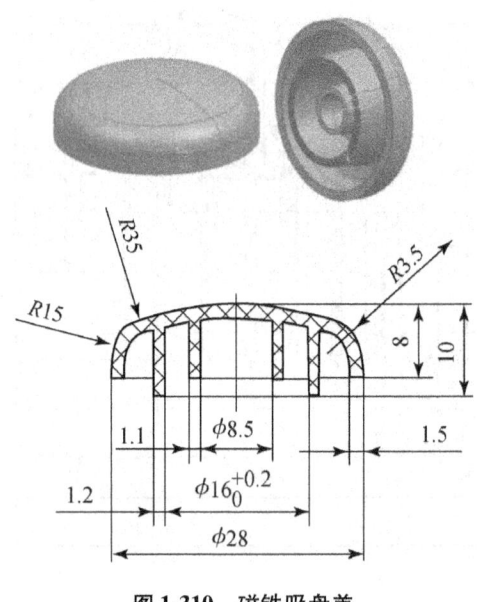

图 1-310　磁铁吸盘盖

思考与练习

一、填空题

1. 对于＿＿＿＿＿或＿＿＿＿＿的塑件，可用推管推出机构进行脱模。

2. 对＿＿＿＿＿、＿＿＿＿＿、＿＿＿＿＿以及不允许有推杆痕迹的塑件，可采用推件板推出机构。

3. 设计注射模时，要求塑件留在动模上，但由于塑件结构形状的关系，塑件留在定模或留在动、定模上均有可能时，就须设＿＿＿＿＿机构。

4. 设计注射模的推出机构时，推杆要尽量短，一般应将塑件推至高于＿＿＿＿＿mm 左右。注射成型时，推杆端面一般高出所在＿＿＿＿＿或＿＿＿＿＿0.05～0.1 mm。

5. 当推杆较细和推杆数量较多时，为了防止在推出过程中＿＿＿＿＿而折断的现象，应当在推出机构中设置＿＿＿＿＿装置。

二、选择题

1. 简单推出机构中的推杆推出机构，不宜用于_____塑件的模具。
   A. 柱形 　　　　　　　　　　B. 管形
   C. 箱形 　　　　　　　　　　D. 形状复杂而脱模阻力大

2. 推管推出机构对软质塑料如聚乙烯、软聚氯乙烯等不宜用单一的推管脱模，特别对薄壁深筒形塑件，需用_____推出机构。
   A. 推板　　　B. 顺序　　　C. 联合　　　D. 二级

3. 大型深腔容器，特别是软质塑料成型时，用推件板推出，应设_____装置。
   A. 先复位　　B. 引气　　　C. 排气　　　D. 二级推出机构

4. 对于深腔壳类零件，可与大气连通的引气装置的作用是_____。
   A. 降低脱模阻力　　B. 气压顶出　　C. 降低注射压力　　D. 降低塑料温度

5. 壳类塑件用推杆在塑件内侧边缘推出时，必须离开塑件内壁一段距离，其原因是_____。
   A. 增加型芯的强度　　　　　　B. 防止推杆孔破坏塑件内部形状
   C. 保证塑件质量　　　　　　　D. 减小推出力

6. 用推管顶出塑件时，必须_____。
   A. 推管外径小于塑件外径，推管内径大于塑件内径
   B. 推管外径大于塑件外径，推管内径等于塑件内径
   C. 推管外径小于塑件外径，推管内径小于塑件内径
   D. 推管外径大于塑件外径，推管内径大于塑件内径

7. 推板复位后，推板与动模座板之间必须留 3～10 mm 空间，其原因是_____。
   A. 留出适当的顶出调节距离，防止脏物进入，导致合模时损坏模具
   B. 便于模具制造
   C. 便于模具维修
   D. 使模具结构紧凑

三、判断题

1. 塑件留在动模上可以使模具的推出机构简单，故应尽量使塑件留在动模上。（　　）
2. 脱模斜度小、脱模阻力大的管形和箱形塑件，应尽量选用推杆推出。（　　）
3. 为了确保塑件质量与顺利脱模，推杆数量应尽量地多。（　　）
4. 推板推出时，由于推板与塑件接触的部位，需要有一定的硬度和表面粗糙度要求，为防止整体淬火引起变形，常用镶嵌的组合结构。（　　）
5. 二级推出机构即为顺序推出机构。（　　）
6. 通常推出元件为推杆、推管、推块时，需增设先复位机构。（　　）
7. 推出力作用点应尽可能安排在制品脱模阻力大的位置。（　　）
8. 推杆起推件作用，有时参与成型。（　　）
9. 所有推出机构都需要复位装置。（　　）
10. 塑件顶白是由于冷却时间短。（　　）

四、简答题

1. 简述脱模机构的组成、分类。
2. 影响脱模的因素有哪些？简述脱模机构的设计原则。
3. 在什么情况下必须用推管推出？推管与型芯、模板的配合精度如何？
4. 推板推出机构的特点和应用、设计要点有哪些？
5. 绘出常用推管脱模结构和一种推板推出机构。
6. 常见螺纹脱模机构形式有哪些？
7. 是否所有的零件都适合气动推出？有孔的筒形件采取什么措施才能用气动推出？
8. 强行脱模的条件有哪些？
9. 常用定模推出的形式有哪些？
10. 塑件顶白的原因是什么？

五、计算题

计算图 1-311 所示零件的脱模力，未注脱模斜度均为 1°。

六、技能训练题

如图 1-312、1-313、1-314 所示的塑件，试设计推出机构并绘出模具整体结构简图。

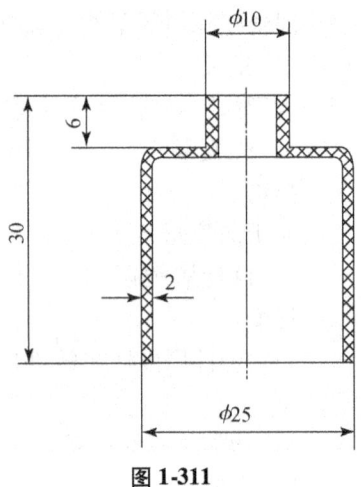

图 1-311

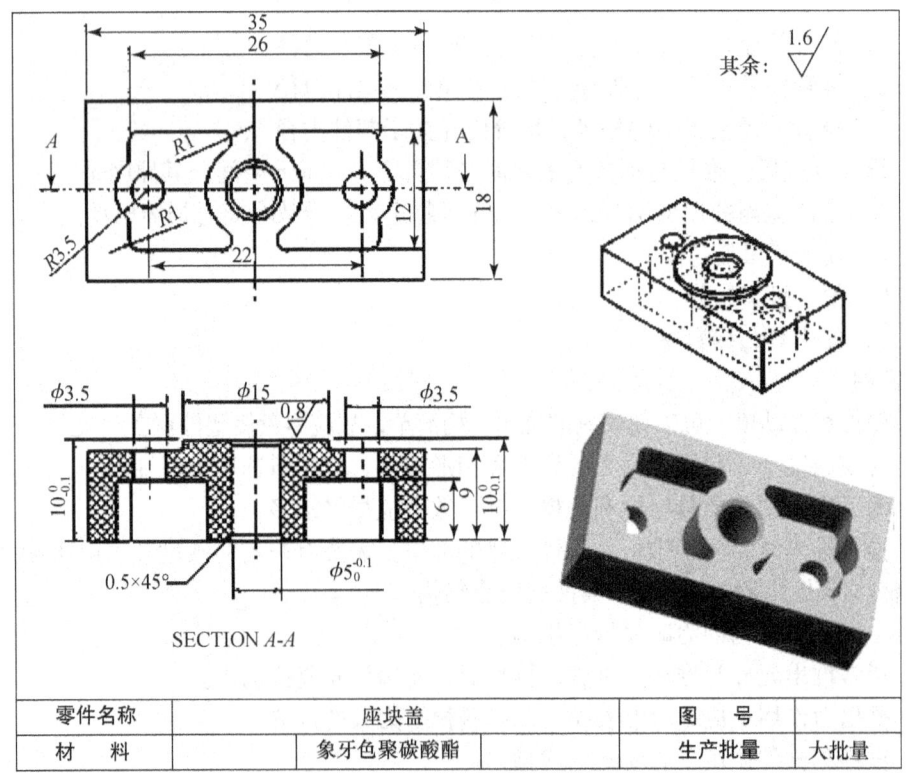

图 1-312 座块盖

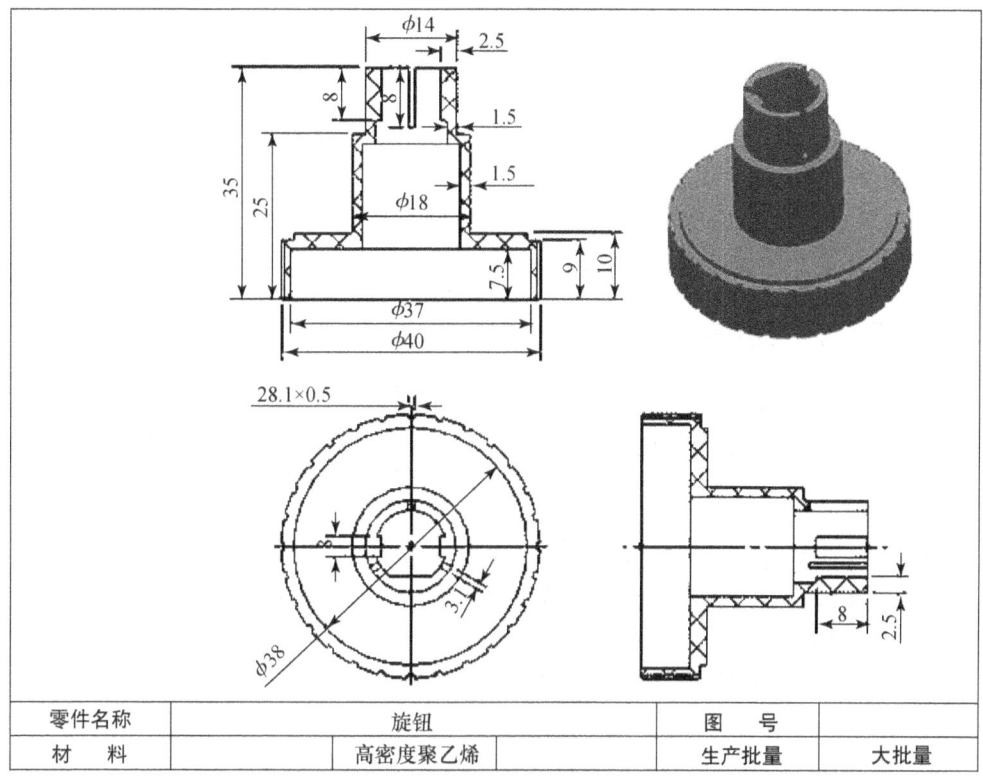

零件名称	旋钮	图 号	
材 料	高密度聚乙烯	生产批量	大批量

图 1-313　旋钮

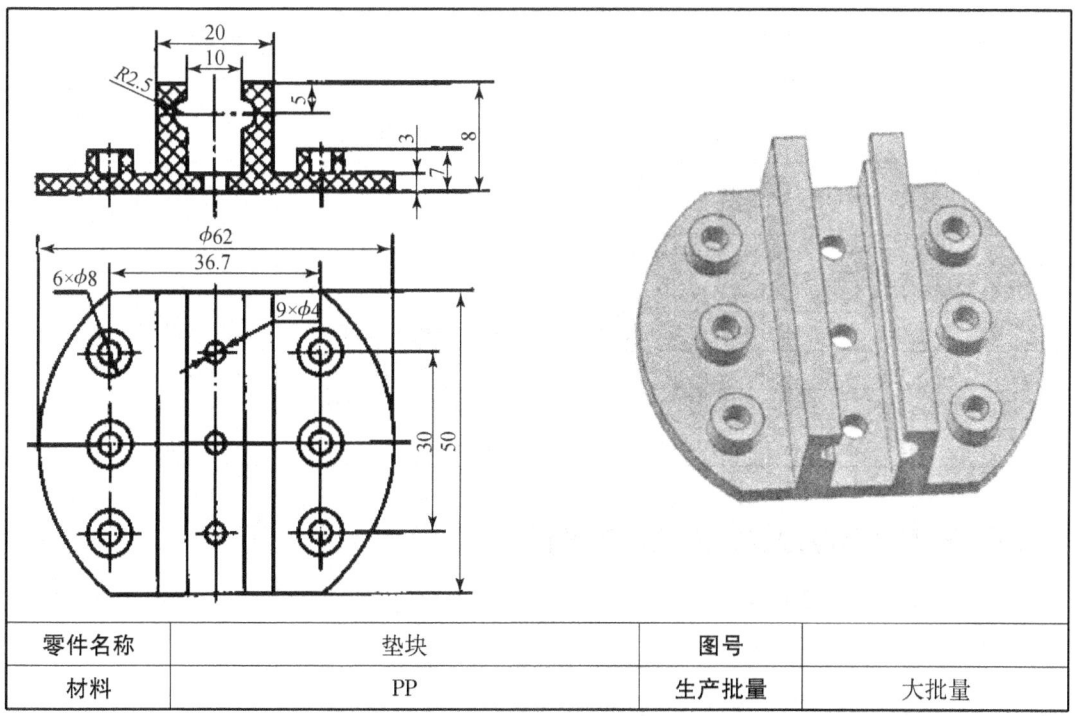

零件名称	垫块	图 号	
材 料	PP	生产批量	大批量

图 1-314　垫块

任务七 设计yoyo玩具注射模冷却系统

任务要求：
1. yoyo注射模是否需要加热装置；
2. yoyo注射模是否需要冷却系统，若需要，请设计。

要完成上述工作任务，应首先掌握模具冷却方面的知识和有关设计过程。

1.7.1 模具温度对塑件的影响

塑料模具的温度直接影响到熔体的填充和成型、塑件的质量和生产效率。在整个成型周期中，冷却时间占70%～80%左右。

模具温度过高时，成型收缩不均匀，脱模后塑件变形大，同时造成溢料或粘模。

模具温度过低时，塑料熔体流动性差，若加大注射压力，又会使塑件表面产生银丝、水纹、局部飞边，另外对模具和设备的使用寿命也不利。

模具温度不均匀时，造成塑料固化不均匀，导致产品收缩不均匀，产生内应力，使塑件出模后变形、翘曲。

对于大多数热塑性塑料，模具温度不高于80℃。通常模具开始生产时不需加热，可利用熔融塑料传给模具的余热来提升模具温度，因此，模具通常不需设置加热装置，但必须设置冷却装置。因为模具温度升高以后，塑件冷却时间和质量都难以符合生产要求。为缩短成型冷却时间，提高生产效率，在设计模具时应根据塑料的需要，设置可调的冷却装置。

不同的塑料对模具温度要求不同，表1-38列出了常用塑料的成型温度与模具温度。

若模具温度要求在120℃以上时，模具就要有设置可调的加热装置。模具的加热方法很多，可向模具内通入热水、蒸汽、热空气及电加热等。目前，应用较多的是电加热。

表1-38 常用塑料的成型温度与模具温度

树脂名称	成型温度（℃）	模具温度（℃）	树脂名称	成型温度（℃）	模具温度（℃）
低压聚乙烯（LDPE）	190～240	30～65	聚酰胺（PA6）	200～210	40～80
高压聚乙烯（HDPE）	200～250	30～65	有机玻璃（PMMA）	170～230	30～60
聚丙烯（PP）	160～210	40～80	聚甲醛（POM）	180～220	60～100
ABS	210～230	40～80	AS树脂	210～230	50～70
聚碳酸酯（PC）	280～310	80～110	硬聚氯乙烯（RPVC）	180～210	40～60
聚苯乙烯（PS）	170～210	40～60	软聚氯乙烯（FPVC）	170～190	45～60

1.7.2 影响模具冷却的因素及相关设计

影响模具冷却的因素主要有冷却介质及其出入口的温度、冷却介质的流量、塑料注射温度与塑件开模推出时的模具温度、模具零件的导热率等。

1. 单位时间内从模具带走的总热量

$$Q = m_1 [C_p(T_1 - T_2) + L]$$

式中　Q——从模具带走的总热量（J）；
　　　m_1——单位时间进入模具的塑料重量（g）；
　　　C_p——塑料的比热（J/g℃）；
　　　T_1——塑料的注射温度（℃）；
　　　T_2——模具的表面温度（℃）；
　　　L——塑料的熔化潜热（J/g）

2. 冷却介质出口和入口的温差

$$Q_1 = C_s m (T_2 - T_1)$$

式中　Q_1——冷却介质带走的热量（J）；
　　　T_2——出口冷却介质的温度（℃）；
　　　T_1——入口冷却介质的温度（℃）；
　　　C_s——冷却介质的比热（J/g℃）；
　　　m——单位时间进入模具的冷却介质质量（g）。

冷却水出、入口温差一般应小于5℃，精密塑件成型模具应控制在2℃以下。

在南方炎热夏季常用冷水机把水冷却到5℃左右，以增加冷却效果，提高生产效率。但需注意空气中水分易凝聚在模具型腔表面，影响塑件质量。另外，停机后型腔表面水分造成型腔表面生锈，因此，停止生产后应把型腔表面水分擦拭干净，并喷涂防锈剂。

3. 冷却介质

从经济与冷却效果考虑，冷却介质通常采用水。但水也存在缺陷，如水易使模具内冷却水道生锈，水中杂质或钙质在水道上沉淀，造成水道堵塞和降低传热能力，影响冷却效果。因此，冷却水道要经常检查与疏通，简单的冷却水道可拆下水管接头或打开模具，用钻头或铁棍进行清理；拐弯较多且复杂、又不宜拆卸的冷却水道，可采用专用除水垢溶剂通入冷却水道，把水道内的水垢腐蚀掉。

4. 冷却的形式

常用的冷却形式有管道冷却、喷流冷却、水胆冷却和铍青铜冷却，在后面的学习中再讲解。

5. 冷却水孔的尺寸设计

(1) 冷却水孔的形状

冷却水孔一般为圆孔，便于加工，同时降低模具的应力集中。通常入口与出口端加工成管螺纹或锥度管螺纹，安装时管接头上缠绕密封带以提高密封性，防止漏水而影响生产。

(2) 冷却水孔的直径

牛顿冷却定律：

$$Q = \alpha A \Delta T \theta'$$

式中　Q——冷却介质从模具中带走的热量（J）；
　　　α——模具与介质间的传热系数（W/m²·K）；
　　　A——冷却水道传热面积（m²）；

ΔT——模具温度与介质温度差（K）；

θ'——冷却时间（s）。

由上式可知，冷却水孔直径越大，传热面积也越大，冷却效果越好。但孔过大会降低模具强度、增加加工难度、延长加工时间。

冷却水孔的直径常凭经验确定，常用的有 $\phi 5$ mm、$\phi 6$ mm、$\phi 8$ mm、$\phi 10$ mm、$\phi 12$ mm 等。表 1-39 是根据模具大小确定水孔直径，表 1-40 是根据塑件壁厚确定水孔直径。

表 1-39　是根据模具大小确定水孔直径

模宽/mm	冷却水孔直径/mm	模宽/mm	冷却水孔直径/mm
200 以下	5	400～500	8～10
200～300	6	大于 500	10～12
300～400	6～8		

表 1-40　是根据塑件壁厚确定水孔直径

塑件平均厚度/mm	冷却水孔直径/mm	塑件平均厚度/mm	冷却水孔直径/mm
1.5	5～6	4	10～12
2	6～10	6	12～14

6. 冷却水孔的数量与位置设计

（1）冷却水孔的数量越多，对塑件冷却越均匀，使塑件变形较小，尺寸精度容易保证，塑件内部应力也较小，如图 1-315 所示。

（2）冷却水孔与型腔表面各处最好有相同的距离，使孔的排列与型腔形状相一致，如图 1-316（a）所示。图 1-316（b）为不等距的排列易使冷却不均，造成塑件翘曲。

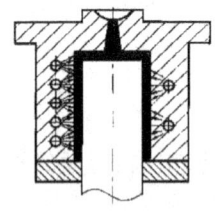
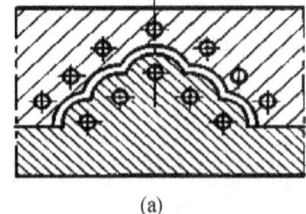
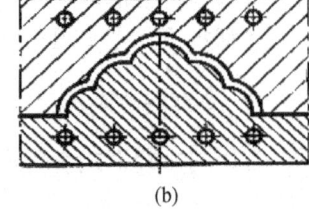

图 1-315　冷却水孔数量与冷却效果　　　　图 1-316　冷却水孔的排列位置

（3）塑件局部壁厚处应加设冷却水孔，如图 1-317 所示。大型塑件或薄壁零件成型时，料流较长，而料温越流越低，要保证塑件大致相同的冷却速度，应适当改变冷却水孔的排列密度，在料流末端冷却水孔排列稀一些，如图 1-318 所示。

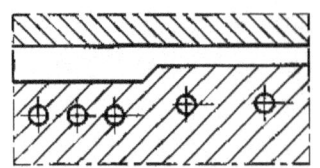
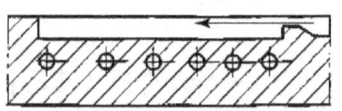

图 1-317　局部壁厚处加设冷却水孔　　　　图 1-318　冷却水孔的布置密度

(4) 冷却水孔相对位置与长度设计

图 1-319 为冷却水孔相对位置尺寸, 当设计冷却孔直径为 d 时, 它的孔距最好有 $5d$, 孔与型腔或型芯距离 $\leqslant 3d \approx (10\sim15)$ mm。

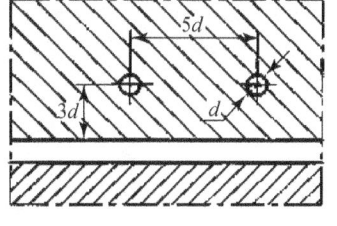

图 1-319　冷却水孔相对位置

冷却流道越长阻力越大, 拐弯多阻力更大。因此水道不宜太长, 拐弯一般不超过 5 个。通常较大、较高的型芯应单独冷却。

(5) 模具浇口附近温度最高, 冷却水应从浇口附近开始流向其他地方, 如图 1-320 所示。必要时在进、出水口标出 "IN" "OUT"。

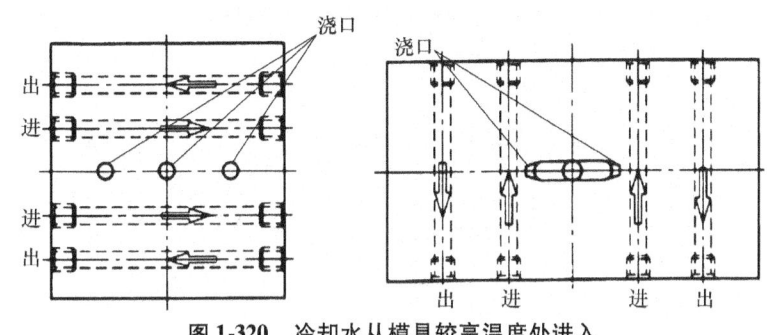

图 1-320　冷却水从模具较高温度处进入

(6) 冷却水孔要避开塑料的熔接痕部位, 以免熔接不牢, 降低塑件强度, 影响外观质量, 如图 1-321 所示。

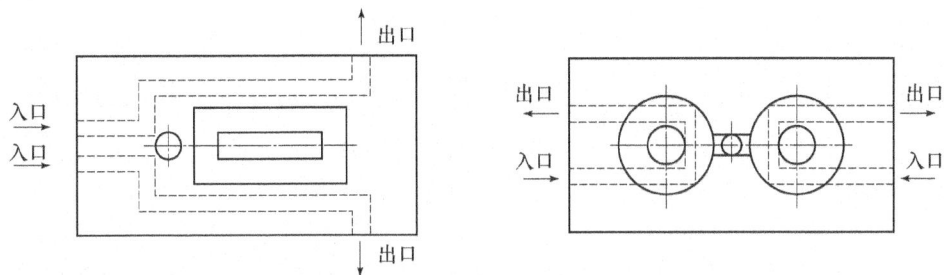

图 1-321　冷却水孔应避开塑件熔接处

(7) 冷却水孔应避开镶块或其接缝部位, 以防漏水, 如图 1-322 所示。图 1-323 为循环水孔、水嘴、软管连接方式。

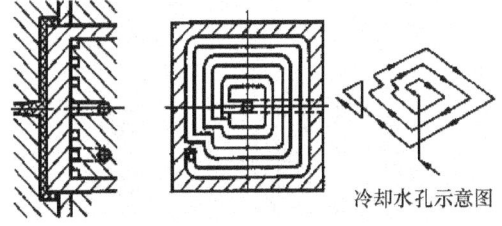

图 1-322　冷却水孔应避开镶块或接缝部位

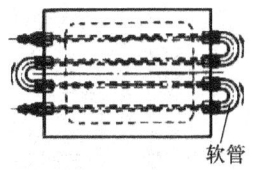

图 1-323　循环水孔、水嘴、软管的连接方式

7. 冷却水孔的串联和并联

冷却水孔有串联和并联两种。冷却介质总是沿阻力最小的方向流动, 并联会出现死

水，而水孔内不应有死水或产生回流的部位，因此水道应避免并联，如图 1-324 所示。有时为加工方便采用并联，但此时应用铜制的"中途塞"分隔水孔，如图 1-325 所示。

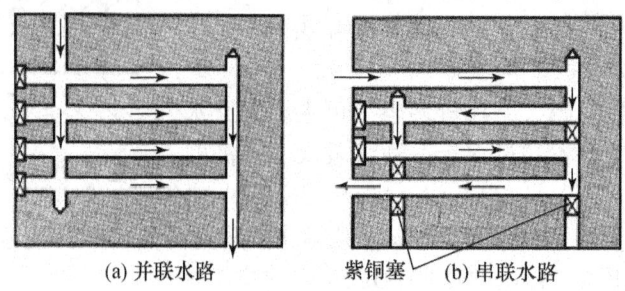

图 1-324　冷却水孔有串联和并联

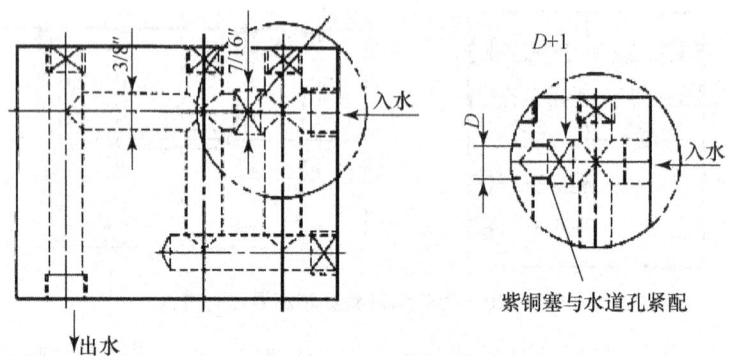

图 1-325　中途塞的应用

8．水井隔片式冷却

如图 1-326 所示的水井隔片式冷却水孔，冷却效果好，但深度和直径要适当，通常水井直径在 12～25 mm 之间，隔片通常采用紫铜片或铝片，一方面防止锈蚀，另一方面利用其良好的塑性，隔水效果更好。图 1-327 为环形槽加水井式冷却，冷却效果更好。

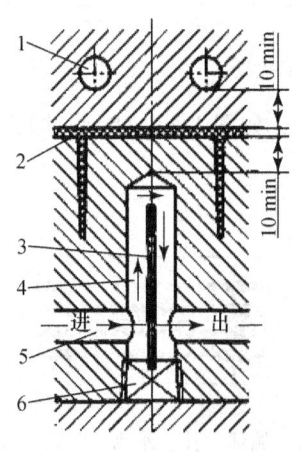

图 1-326　水井隔片式冷却水孔

1、5—冷却水孔；2—塑件；3—隔片；4—水井；6—螺塞

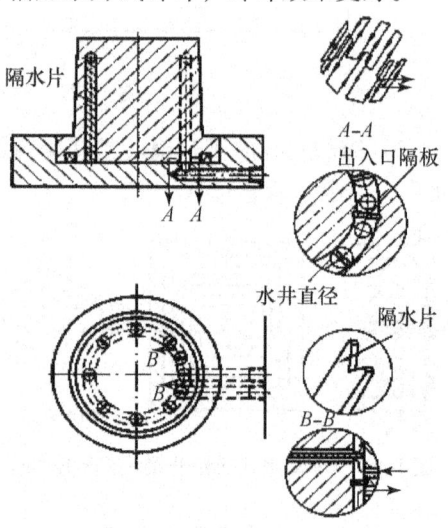

图 1-327　环形槽加水井式冷却

1.7.3 型腔板的冷却

如图 1-328、1-329 所示型腔板的冷却形式与结构。

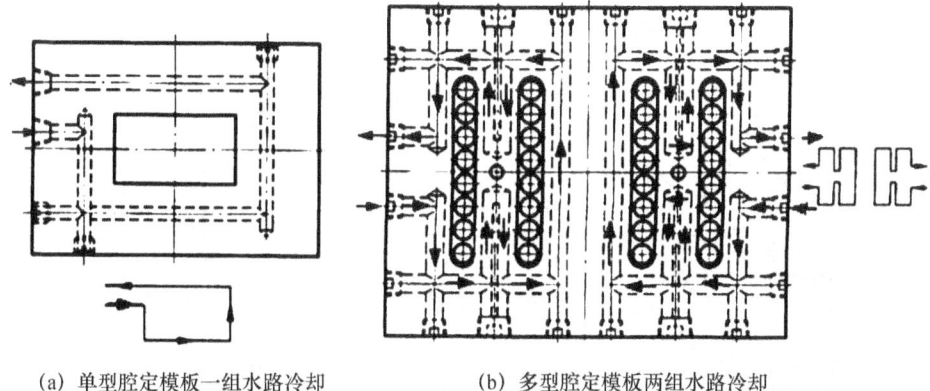

(a) 单型腔定模板一组水路冷却　　(b) 多型腔定模板两组水路冷却

图 1-328　定模型腔板的冷却（一）

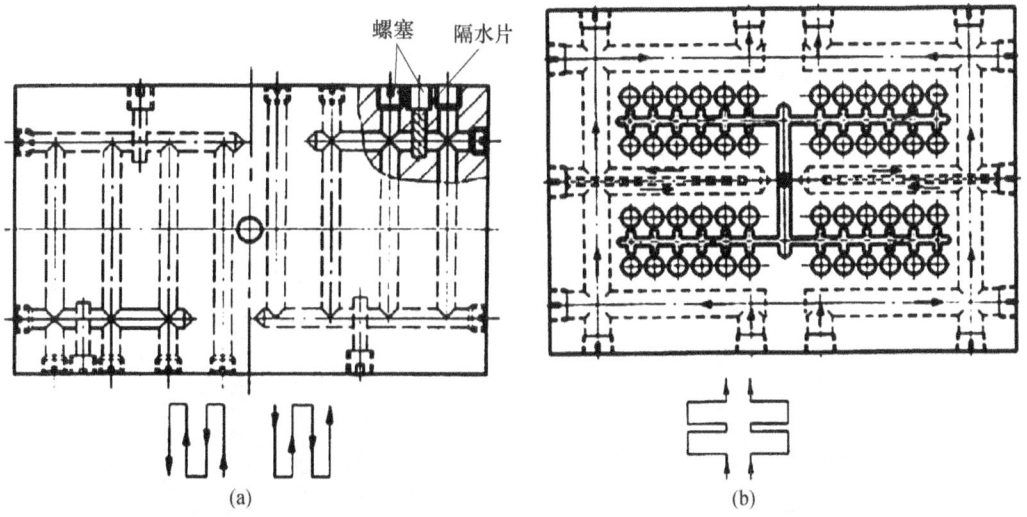

图 1-329　定模型腔板的冷却（二）

1.7.4 型芯的冷却

高温塑料熔体固化时大部分热量都传递给型芯，冷却后紧包在型芯上。对于较大的型芯可采用加工冷却水孔并通入冷却水进行冷却。对于较小的型芯无法加工冷却水孔，这就有必要采用其他的冷却方式。

1. 小型芯的冷却

（1）型芯直径小于 10 mm，可利用空气冷却，即自然冷却。当塑件批量大，要求生产率高；或局部热量集中难以传出时，型芯可用铍铜制作，如图 1-330 所示。由于铍铜传热率高又有较高的强度和刚度,具有良好的加工性能,因此能够满足模具使用要求。缺点是价格较高,每公斤超过100元。

(2) 型芯直径为 10～20 mm, 如果塑件精度要求不高,批量不大时,型芯可采用空气自然冷却或通过型芯固定板传热。塑件精度要求较高或批量很大,需具有良好的传热功能时,型芯可采用铍铜制作或内部镶铍铜的方法增加散热,如图1-331 所示。

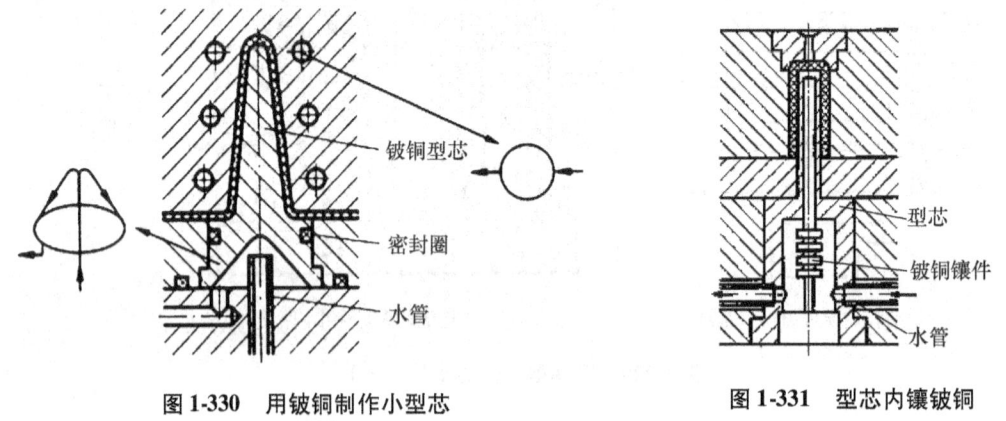

图1-330　用铍铜制作小型芯　　　　　　　图1-331　型芯内镶铍铜

2. 中等型芯的冷却

(1) 型芯直径在 20～30 mm, 高度较高,开设冷却水道比较困难时,可采用喷流冷却,如图1-332 所示。

(2) 型芯直径在 30～40 mm, 可采用水井式冷却,如图1-333 所示。

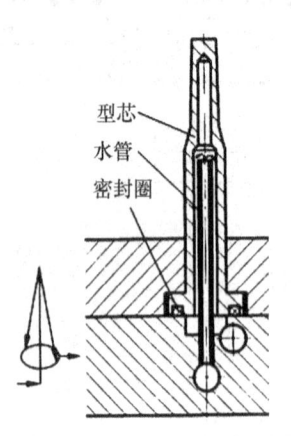 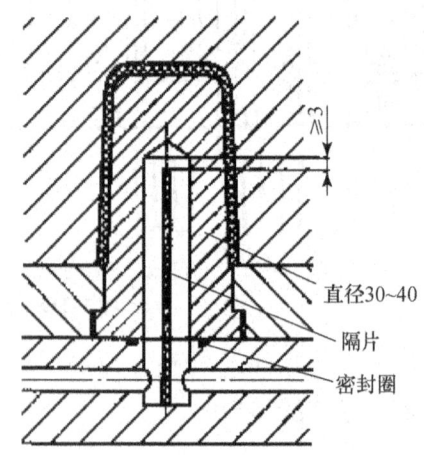

图1-332　细长型芯采用喷流冷却　　　　图1-333　型芯采用水井式冷却

3. 较大型芯的冷却

(1) 型芯直径大于 40 mm, 高度小于 40 mm, 中间不便加工冷却水道时可采用底面环形槽冷却,如图1-334 所示。

(2) 型芯直径大于 40 mm, 中间不便加工冷却水道时可采用外侧面冷却,如图1-335

所示,图 1-335(a)密封效果好,不易漏水;图 1-335(b)密封效果差,易漏水。

(3)图 1-336 是型芯冷却的另一种形式,型芯上钻斜孔,结构简单。

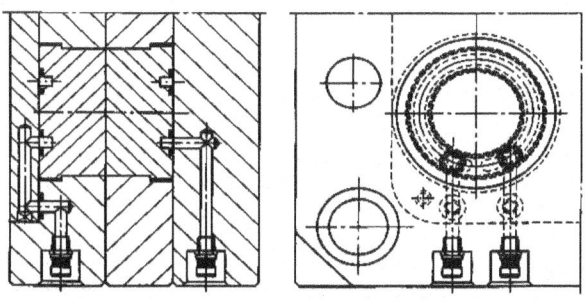

图 1-334 型芯底面环形槽冷却

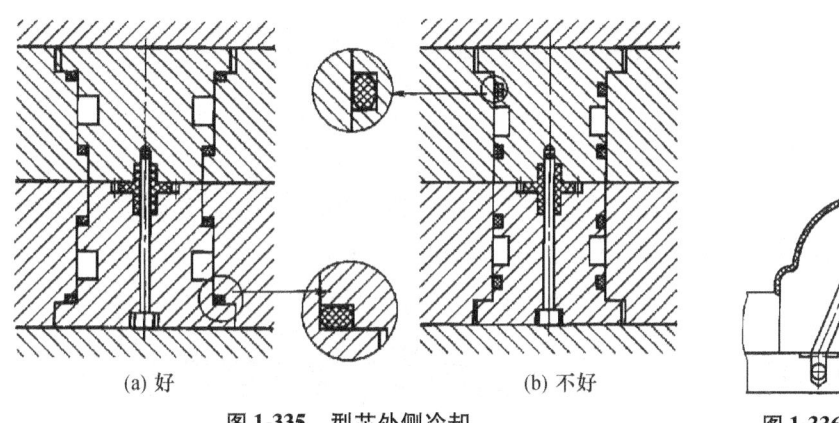

(a) 好　　　　　　　　　(b) 不好

图 1-335 型芯外侧冷却

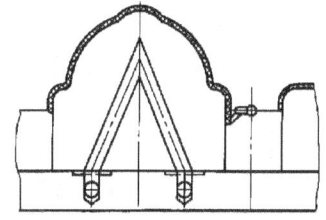

图 1-336 型芯钻斜孔冷却

4. 型芯安装镶件冷却

如图 1-337 所示型芯内部安装镶件冷却,镶件上加工螺旋槽,冷却效果好,但工艺复杂,加工量大。

5. 冷却水孔通过多层模板时的密封

如图 1-338 所示型芯上冷却水孔通过多层模板的冷却形式,这种冷却形式要解决密封,使用时应引起重视。

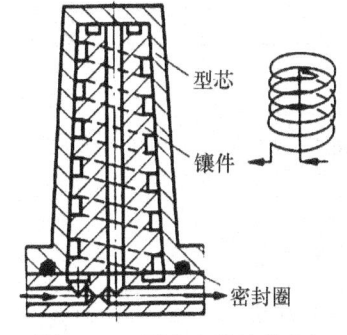

图 1-337 型芯安装镶件冷却

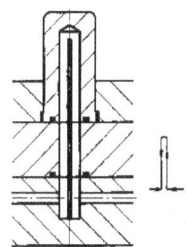

图 1-338 冷却水孔通过多层模板

6. 侧滑块、斜滑块的冷却

如图1-339（a）所示为侧滑块的冷却，图1-339（b）所示为斜滑块的冷却。

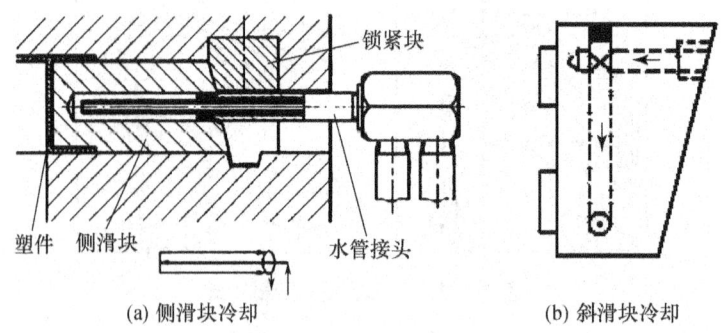

图 1-339　滑块的冷却

7. 多组冷却水路应用

对于复杂的高型芯或深型腔模具，由于温升高，一组冷却水路难以满足要求，因此需采用多组水路冷却。如图1-340所示的模具采用3组冷却水路。

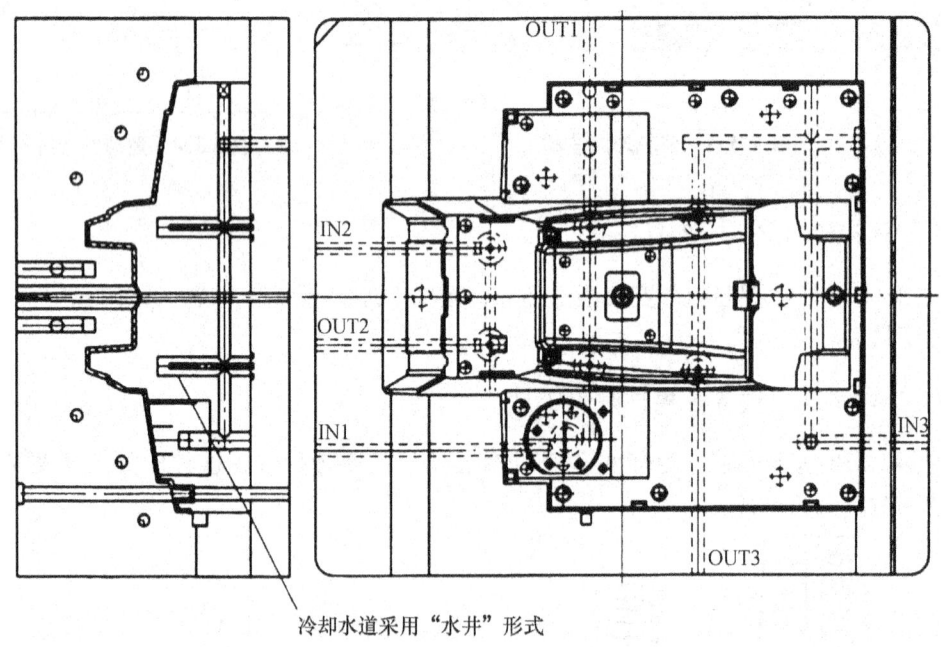

图 1-340　多组水路冷却模具

1.7.5　管接头与管塞的形式及选用

管接头又称喉嘴，材料多为黄铜H62，有时用低碳结构钢镀彩锌。与模具连接处用管螺纹或锥管螺纹，有时也用标准细牙螺纹，安装时螺纹部位缠绕密封带防止漏水。

1. 普通管接头

如图 1-341 所示为普通管接头的形式，表 1-41 是普通管接头的常用规格。

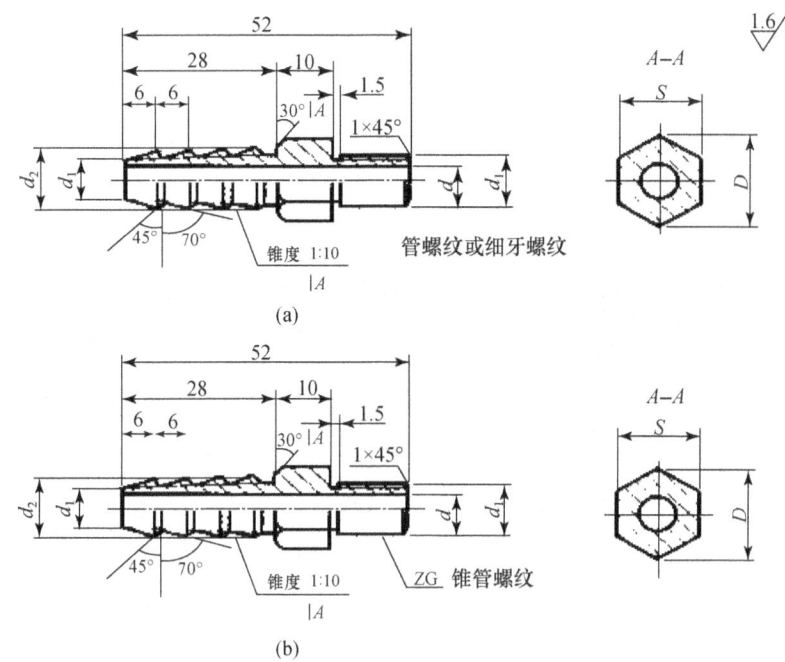

图 1-341 普通管接头的形式

表 1-41 普通管接头的规格

d（H12）	d_1	D_2	D	S	d_3	ZG
6	8	11.2	16.2	14	M10×1	—
					—	1/4″
8	10	13.2	19.6	17	M12×1.25	—
					—	1/4″
10	12	15.2	21.9	19	M16×1	—
					—	3/8″

2. 快换管接头

快换管接头和水管上装配的另一部分弹簧套配合使用，用手压缩弹簧套即可装配和拆卸，装配与拆卸效率高，是近年来广泛使用的一种管接头，其材料多为塑料注射而成。形状如图 1-342 所示，规格见表 1-42。

3. 管塞

管塞又称丝堵，用于堵塞模具上不用的螺纹孔，其外螺纹部位多为锥管螺纹，中间凹坑为内六角形，以配合内六角扳手使用，形状如图 1-343 所示，规格见表 1-42。

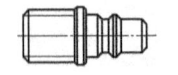
图 1-342 快换管接头

图 1-343 管塞

表 1-42 快换接头与管塞规格

水管内孔直径	φ6	φ8	φ10	φ12
水管接头螺纹规格	1/8″	1/8″	1/4″	1/4″
管塞规格	1/8″	1/8″	1/4″	1/4″
模板螺纹底孔与螺纹规格	φ6.00 1/8″	φ8.00 1/8″	φ10.00 1/4″	φ12.00 1/4″

1.7.6 管接头的位置设计

水管位置通常设计在模架上，冷却水通过模架进入镶件内，中间加密封圈密封。

水管接头应设置在不影响操作者的侧面，尽量不要设置在上下侧，因为拆装与维修不方便，如图 1-344（a）所示，另外下侧接头又使模具无法摆放，如图 1-344（b）所示。

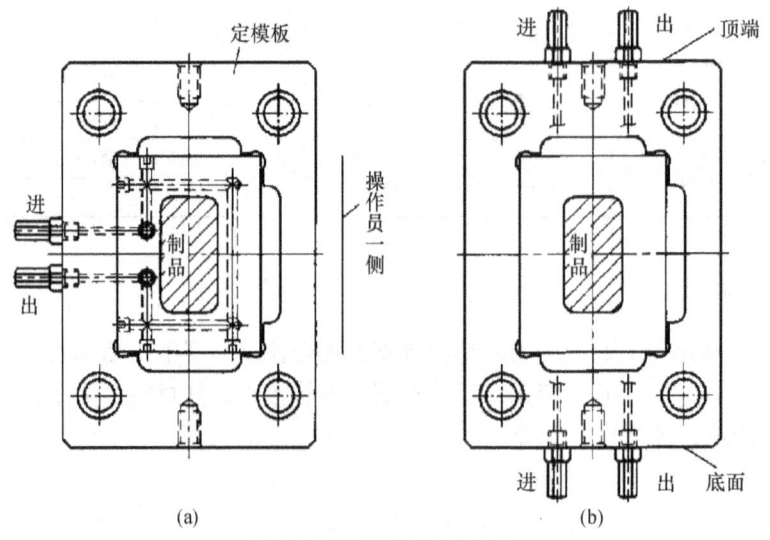

图 1-344 管接头安装位置

管接头之间的距离通常应大于 30 mm，方便安装及胶管连接，如图 1-345 所示。

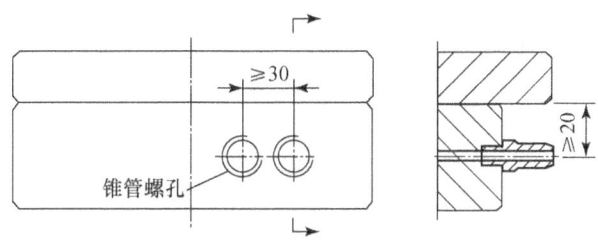

图 1-345 管接头间距

由于快换接头的广泛使用,目前大中型模具管接头多采用沉入式,这种结构避免模具在装模、维修与运输过程中损坏接头,如图 1-346(a)所示。

表 1-43 列出沉入式接头管螺纹及公制螺纹。

有时水管直接设置在镶件上,这会使水管接头加长,成为非标准件,在使用过程中由于设备的振动等因素的影响极易漏水。另外每次维修镶件都要首先拆下接头,不仅麻烦,有时还会忘记拆卸接头,若强行拆卸镶件又造成接头或镶件的损坏。因此,采用该结构,拆卸镶件前务必牢记先拆卸接头,如图 1-346(b)所示。

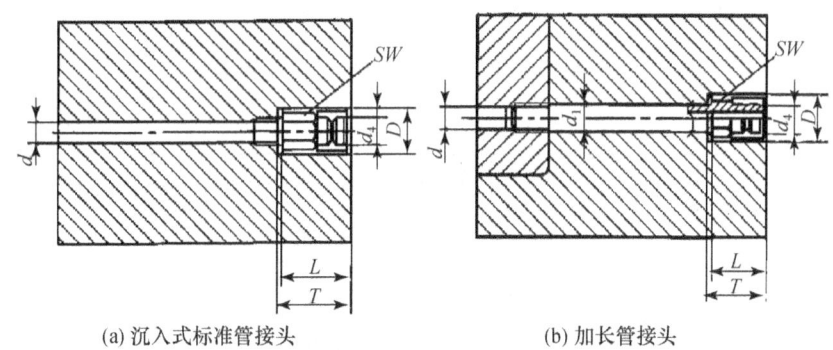

(a) 沉入式标准管接头　　　　(b) 加长管接头

图 1-346 沉入式管接头

表 1-43 沉入式接头管螺纹与公制螺纹

管螺纹	公制螺纹	d_4/mm	d_1/mm	标准管接头				加长管接头			
				D	T	SW	L	D	T	SW	L
1/8 1/4	M8 M14×1	9	10	25	35	17	32.5	19	23	11	21
1/4 3/8	M14×1 M16×1	13	14	34	35	22	32.5	24	25	15	23
1/2 3/4	M24×1.5	19	21	—	—	—	—	34	35	22	33

1.7.7 冷却水道密封圈的选用

常用 O 形密封圈来进行密封防漏水,材料为天然橡胶或丁氰胶,结构如图 1-347 所示。

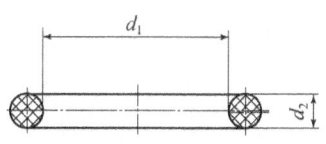

图 1-347 O 形密封圈

1. 对密封圈的性能要求

（1）具有耐热性，在120℃的热水或热油中不失效。
（2）密封圈的软硬程度应符合国标要求。

2. 密封圈的规格

密封圈通常以"内孔直径×线径"表示。如内孔直径25 mm，线径2.5 mm，可表示为"$\phi25\times2.5$"。

使用时可查阅 GB 3452.1—1992。

3. 密封圈与密封槽的关系

如图1-348所示为密封槽的加工尺寸。

表1-44列出了常用密封圈的规格与密封槽的装配关系。

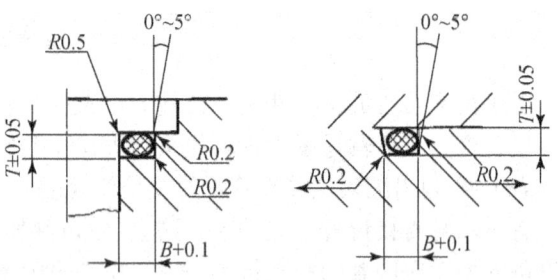

图1-348 密封圈与密封槽的关系

表1-44 密封圈规格与密封槽的装配关系　　　　　　　　　　　单位：mm

d_1	d_2	$B\pm0.1$	$T\pm0.05$	d_1	d_2	$B\pm0.1$	$T\pm0.05$
6	1.8	2.2	1.4	16	2.65（1.8）	3.5	2.1
8	1.8	2.2	1.4	20	2.65（1.8；3.55）	3.5	2.1
10	1.8	2.2	1.4	25	2.65（1.8；3.55）	3.5	2.1
12.5	1.8（2.65）	2.2	1.4	30	3.55（1.8；2.65）	4.4	2.9
14	1.8（2.65）	2.2	1.4	100	5.3（2.65；3.55）	4.4	2.9

4. 密封设计时的注意事项

（1）水孔经过两个镶件时，中间一定要加密封圈。
（2）模具零件之间使用密封圈时，螺栓必须拧紧，给以较大的压力，保证密封效果。
（3）镶件端面需要密封时，高度方向的间隙要适当。间隙过大，压力不足，易漏水；间隙过小，密封圈易压坏或失去弹性，起不到密封作用。
（4）密封槽加工尺寸要合适，表面要光滑，见表1-44。
（5）由于镶件多数成不规则形状，因此密封槽加工也成不规则形状，此时难以使用O形密封圈。解决办法是使用密封条，让密封条随着密封槽形状铺设，接口处用刀切出30°斜面，然后用502快干胶粘牢。注意斜面应处于压合方向上，确保压紧，如图1-349所示。

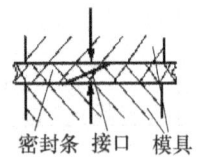

图1-349 密封条的使用

1.7.8 yoyo注射模冷却系统设计

由上面模具冷却系统设计知识和冷却系统零件选用，可对yoyo塑件注射模冷却系统进行分析和设计。

1. 定模型腔镶件冷却系统设计

分析图1-239定模型腔镶件和图1-240定模板，如果型腔镶件冷却水路设计良好，就能保证生产时的模具温度符合要求，此时定模板就不需再另外设置冷却水道。出水口与入水口尽量设计在宽度方向，应避免设计在长度方向。根据型腔形状和位置，采用1组环形冷却水道回路由定模板一侧孔进入，另一侧孔流出。水道直径由表1-44经验法查得6 mm即可满足使用要求。定模型腔镶件冷却系统如图1-350所示。

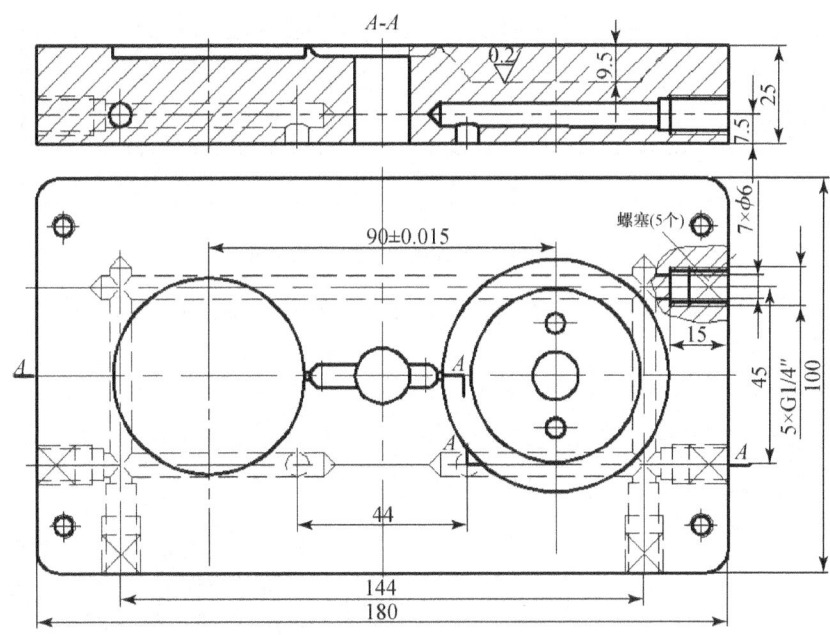

图1-350 定模型腔镶件冷却水道布置

yoyo转盘座塑料壁较厚，所用塑料较多，该处模具升温高，因此，冷却水应从模具高温处进入，以提高冷却效果。生产时为方便操作人员接入水管，需画出冷却水道轴测图，如图1-351所示。

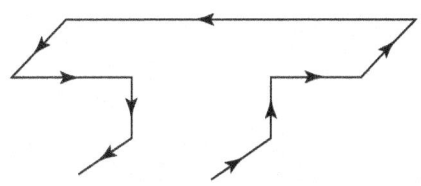

图1-351 定模镶件冷却水道轴测图

2. 动模板冷却系统设计

由图1-308分析动模板及各型芯形状与位置，大型芯上有推杆、推管、推管型芯及小型芯，无法直接用水井隔片式冷却水道来冷却，只有通过冷却动模镶件来间接冷却型芯。动模镶件冷却水道采用1组φ6循环水回路冷却，如图1-352所示。

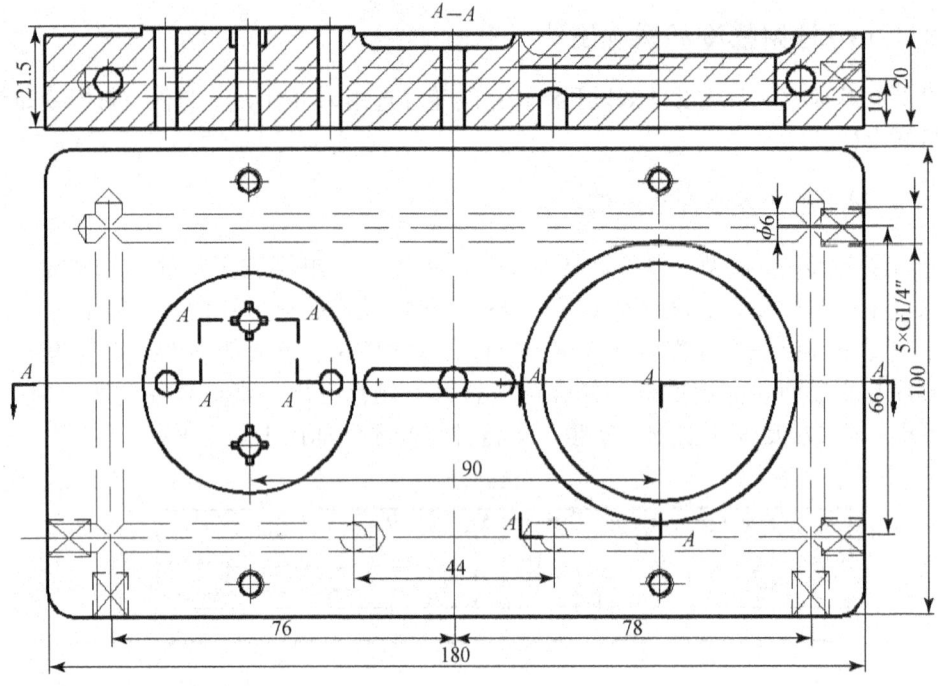

图 1-352 动模镶件冷却水道布置

回路轴测示意图如图 1-353 所示，两组都是从模具高温处接入，低温处流出。

1.7.9 拓展与强化训练

如图 1-354 所示为某型号洗衣机波轮零件（局部），材料为 PP，大批量生产。试完成如图 1-355 所示的模具冷却系统及结构设计。

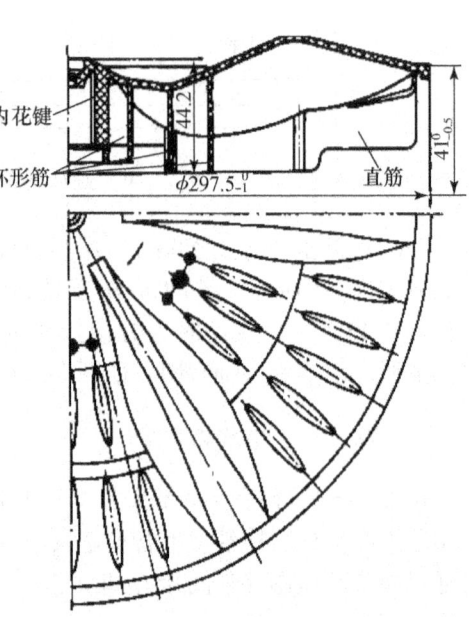

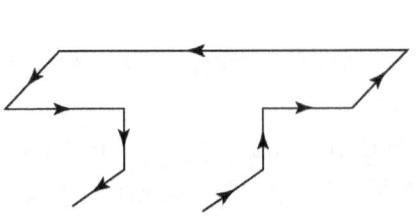

图 1-353 动模镶件冷却回路轴测图　　　　图 1-354 洗衣机波轮塑料零件

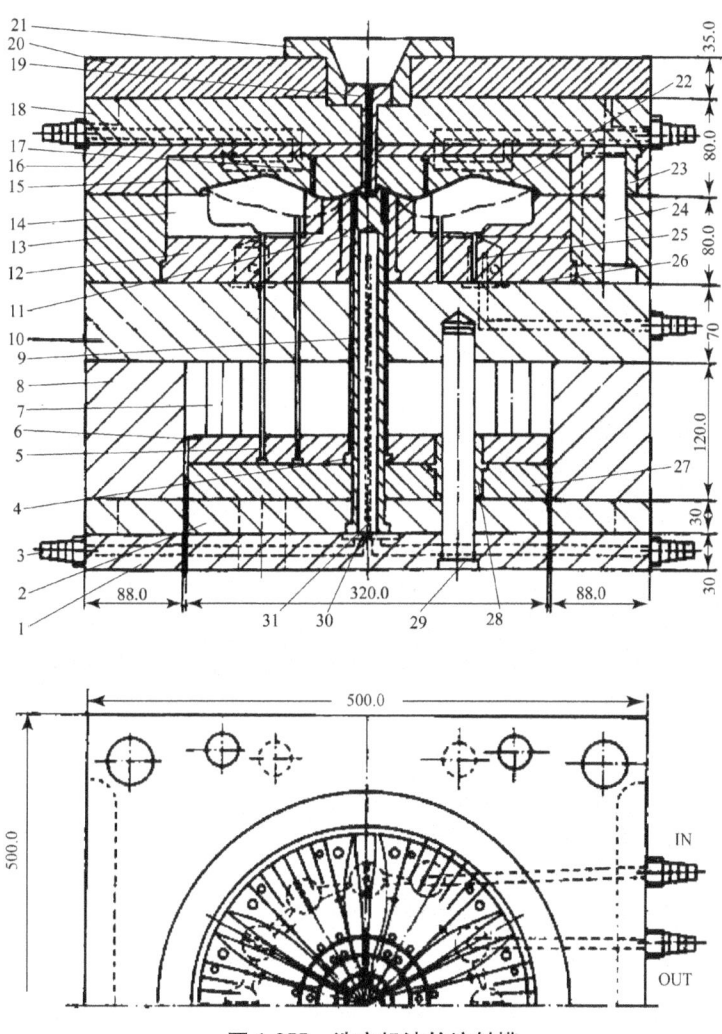

图 1-355　洗衣机波轮注射模

思考与练习

一、填空题

1. 塑料成型模冷却回路排列方式应根据塑件形状和塑料特性及对模具温度的要求而定。对收缩率大的塑料，应沿_____设置冷却回路；用中心浇口注射成型四方形塑件，采用_____，_____的螺旋式回路。冷却通道应避免靠近可能产生_____的部位。

2. 模具冷却水道与型腔壁的距离通常取_____，太近时，型腔壁温度_____；太远时，冷却效果_____。

3. 塑料模具的温度直接影响到熔体的_____和_____、塑件的_____和_____。在整个成型周期中，冷却时间占_____左右。

4. 冷却水孔要避开塑料的_____部位，以免熔接不牢，降低塑件_____，影响_____。

5. 水井隔片式冷却就是在水孔中间插入_____，冷却效果_____，但深度和直径要适当。

二、选择题

1. 模具需要冷却的原因是_____。
   A. 缩短冷凝固化时间、防止树脂分解　　B. 缩短冷凝固化时间和物料塑化时间
   C. 降低塑件内应力　　　　　　　　　　D. 减少塑件推出力
2. 塑料模具常用的冷却介质为_____。
   A. 机油　　　　　B. 煤油　　　　　C. 水　　　　　D. 酒精
3. 冷却水孔有串联和并联，冷却效果好的是_____。
   A. 串联　　　　　　　　　　　　　　　B. 并联
   C. 串联和并联同时使用　　　　　　　　D. 以上都不正确
4. 下列说法错误的是_____。
   A. 冷却水应从浇口附近进入　　　　　　B. 冷却水从模具低温处进入
   C. 冷却水应从高温处进入　　　　　　　D. 厚壁处应加设冷却水道
5. 当密封槽呈不规则形状时，应采用
   A. O形密封圈　　　B. Y形密封圈　　　C. 不用密封圈　　　D. 密封条

三、判断题

1. 为了提高生产率，模具冷却水的流速要高，且呈湍流状态，因此，入水口水的温度越低越好。（　）
2. 冷却回路应有利于减小冷却水进、出口水温的差值。（　）
3. 冷却水的体积需通过计算确定，然后根据湍流状态下的流速、流量与管道直径的关系来确定水道孔径、排列方式和水道数量。（　）
4. 模具的温度调节，就是考虑如何冷却模具。（　）
5. 应该尽可能使冷却水进出口的温度差减小。（　）
6. 模具温度稳定，塑件收缩稳定，尺寸稳定，变形小。（　）

四、简答题

1. 塑料模具冷却装置设计要遵循什么原则？
2. 什么情况下模具需要冷却？什么情况下模具需要加热？
3. 冷却水道为什么要避开塑件熔接缝和镶件拼接缝？
4. 型芯的冷却形式有哪些？
5. 冷却水密封设计应注意哪些问题？

五、应用题

1. 模具冷却水道不易采用并联，否则易产生死水，把图1-356的并联改为串联，用箭头表示。

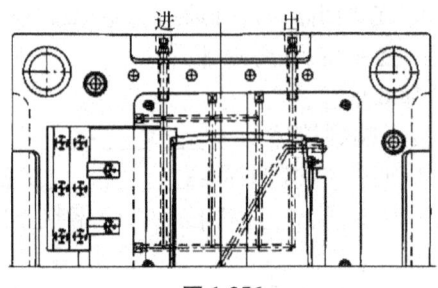

图1-356

2. 设计如图 1-357 所示模具的冷却系统

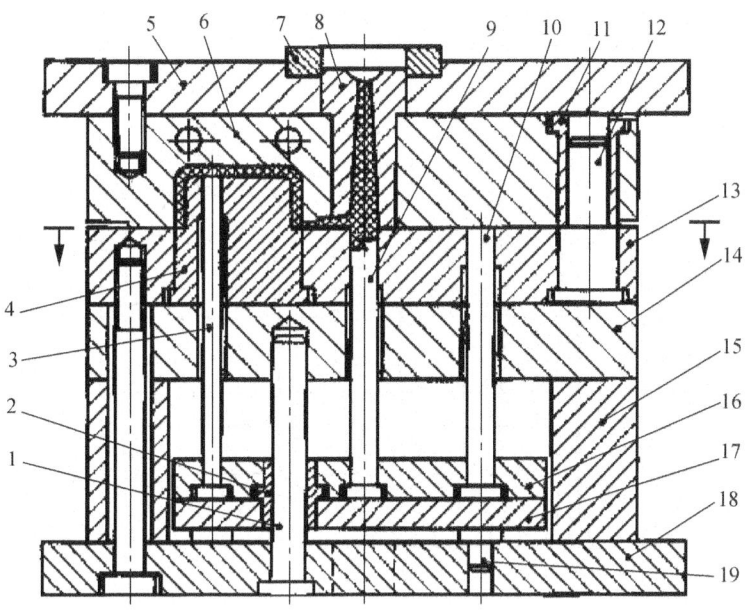

图 1-357　单分型面注射模

1—推板导柱；2—推板导套；3—推杆；4—型芯；5—定模座板；6—定模板（A 板）；7—定位圈；
8—浇口套；9—拉料杆；10—复位杆；11—导套；12—导柱；13—动模板（B 板）；14—支承板；15—垫块；
16—推杆固定板；17—推板；18—动模座板；19—支承钉

任务八　设计制造 yoyo 玩具注射模整体结构及零件

任务要求：
1. 设计模具整体结构；
2. 绘制模具装配图与零件图；
3. 选择模具零件材料及热处理硬度、编制模具制造工艺。

1.8.1　绘制模具整体结构

由前述学习内容可设计模具三维结构，如图 1-358 所示。由模具三维结构生成模具工程图，如图 1-359 所示。由 yoyo 注射模整体结构填写标题栏和明细表及技术要求，如表 1-45 所示。

图 1-358　yoyo 玩具注射模具三维结构

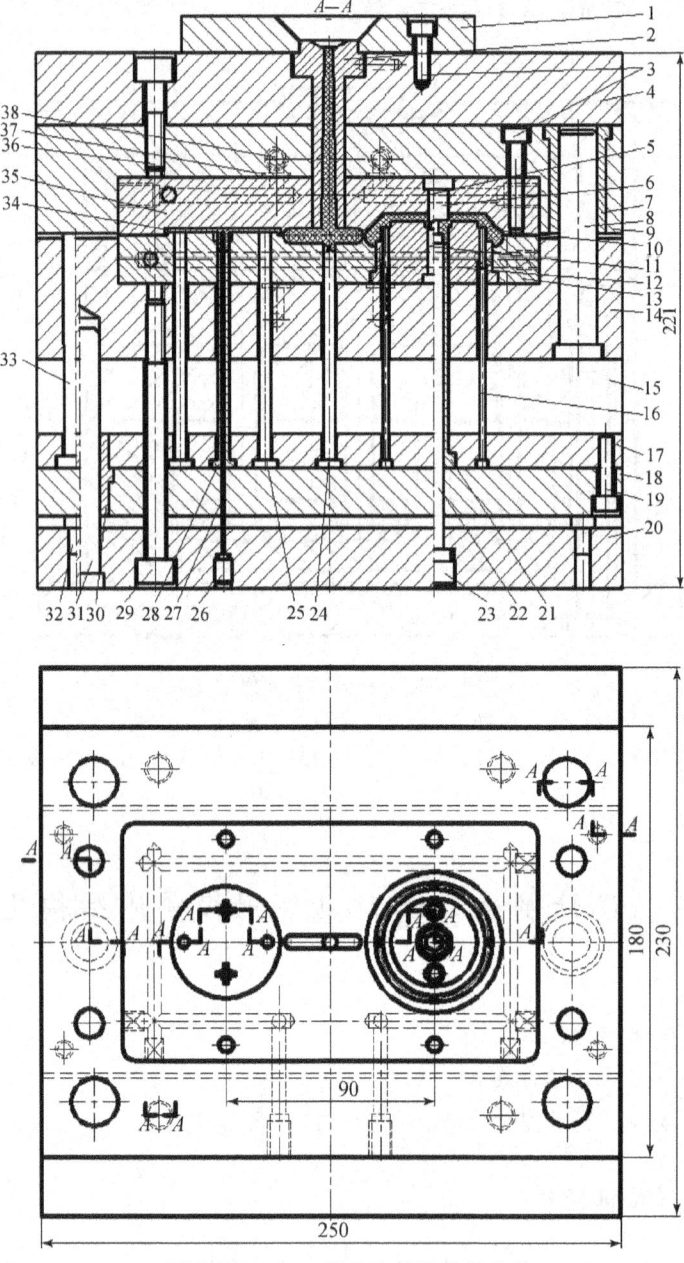

图 1-359 yoyo 玩具注射模整体结构

1.8.2 注射机校核

查表 1-19,XS-Z-60 型注射机模板最大安装尺寸为 190 mm × 300 mm,模具最大安装厚度为 200 mm,最小厚度为 70 mm。

本模具的外形尺寸为 250 mm × 230 mm × 221 mm,因此,外形和厚度均不能满足模具的安装要求,初选注射机不合用。

查表 1-19,选用 XS-Z-125 型注射机的最大开模行程 S = 300 mm,最大模具厚度 300 mm,

长宽最大安装尺寸为260×300，满足注射量、注射压力及安装尺寸要求。

二板模开模行程计算：$S_{min} \geqslant H_1 + H_2 + (5 \sim 10) = 10.5 + 85 + 10 = 105.5$ mm，注射机满足开模要求。

因此，XS-Z-125型注射机能够满足使用要求。

表1-45 yoyo注射模标题栏、明细表（工厂生产常用格式）

序号	图号	名称	材料	数量	备注
38		冷却水嘴	黄铜	4	M10
37		O形橡胶密封圈		4	φ12×1.8
36	GB/T 70.1—2000	内六角螺钉		4	M12×40
35	MS10-100-25	定模镶件	738	1	35～40HRC
34	MS10-100-24	yoyo转盘盖塑件	PP	1	
33		复位杆	Gr15	4	50～54HRC
32	MS10-100-22	限位钉	45	4	35～38HRC
31		推板导柱	T8A	2	56～60HRC
30		推板导套	T8A	2	56～60HRC
29	GB/T 70.1—2000	内六角螺钉		4	M12×95
28	MS10-100-21	推管Ⅱ	Gr15	2	50～54HRC
27	MS10-100-20	推管型芯Ⅱ	Gr15	2	50～54HRC
26		螺塞	45	2	M8
25	MS10-100-19	推杆Ⅱ	65Mn	4	48～52HRC
24	MS10-100-18	Z拉料杆	45	1	40～44HRC
23		螺塞	45	1	M18
22	MS10-100-17	推管型芯Ⅰ	Gr15	1	50～54HRC
21	MS10-100-16	推管Ⅰ	Gr15	1	50～54HRC
20	MS10-100-15	动模座板	45	1	
19	GB/T 70.1—2000	内六角螺钉		4	M6×20
18	MS10-100-14	推板	45	1	
17	MS10-100-13	推杆固定板	45	1	
16	MS10-100-12	推杆Ⅰ	65Mn	4	48～52HRC
15		垫块（方铁）	45	2	
14	MS10-100-11	动模板	45	1	
13	MS10-100-10	动模镶件	738	1	35～40HRC
12	MS10-100-09	动模型芯Ⅱ	738	1	35～40HRC
11	MS10-100-08	动模型芯Ⅰ	738	2	35～40HRC
10	MS10-100-07	yoyo转盘座塑件	PP	1	
9	MS10-100-06	定模板	45	1	
8		导柱			56～60HRC
7		导套	T8A	4	56～60HRC
6	MS10-100-05	定模型芯Ⅱ	738	1	35～40HRC
5	MS10-100-04	定模型芯Ⅰ	738	2	35～40HRC
4	MS10-100-03	定模座板	45	1	
3	GB/T 70.1—2000	内六角螺钉		7	M6×20
2	MS10-100-02	浇口套	45	1	40～44HRC
1	MS10-100-01	定位圈	45	1	

技术要求：
1. 塑件未注精度均为MT5；
2. 模架规格C1825，闭合高度221 mm；
3. 使用注射设备：XS-Z-125。

1.8.3　由模具装配图拆画零件图

1. 定模镶件设计与制造

定模镶件形状与尺寸如图 1-360 所示。

材料选择与加工工艺：材料选用 738 塑料模具钢，预硬 35～40HRC。备料尺寸 30×106×190 mm，加工上下底面并留磨量 0.3～0.4 mm，平面磨上下底面至 25，线切割外形，钻各水道孔并攻 5×G1/4″管螺纹。装入定模板后数控铣各型腔、流道、浇口、2×ϕ5、ϕ12 孔，与定模板配钻铰 ϕ14 孔，保证公差要求。粗抛光流道、浇口、型腔，待试模各尺寸达到要求后，精抛光至图 1-360 中粗糙度值。

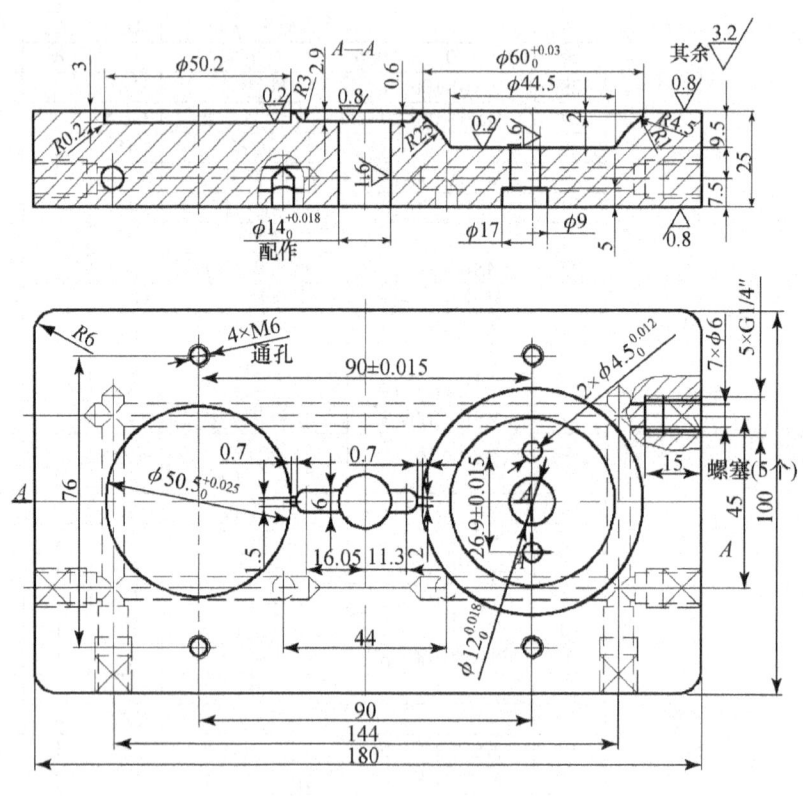

图 1-360　定模镶件

2. 定模板设计与制造

定模板及开框尺寸如图 1-361 所示，模架材料通常为 45 钢或 50 钢，调质硬度 20～24HRC。外形及导套孔、螺丝孔已按标准尺寸加工成形。

加工工艺：普通铣粗加工，留 1～2 mm 加工余量，数控铣框到尺寸。划线并钻各孔，与定模镶件装配后配钻铰 ϕ14 孔。

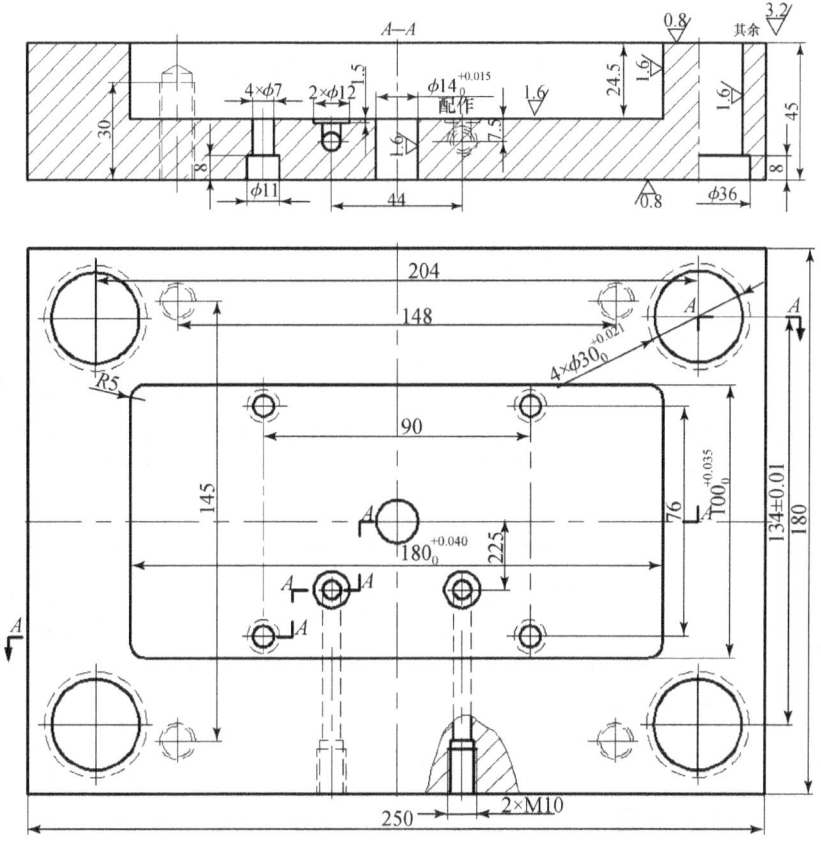

图 1-361 定模板

3. 定模型芯设计与制造

(1) 定模型芯Ⅰ结构与尺寸如图 1-362 所示。材料为 738,预硬 35～40HRC。用数控车或普通车床加工成型,成型表面抛光至粗糙度要求。

(2) 定模型芯Ⅱ结构与尺寸如图 1-363 所示。材料与加工方法同定模型芯Ⅰ相同。

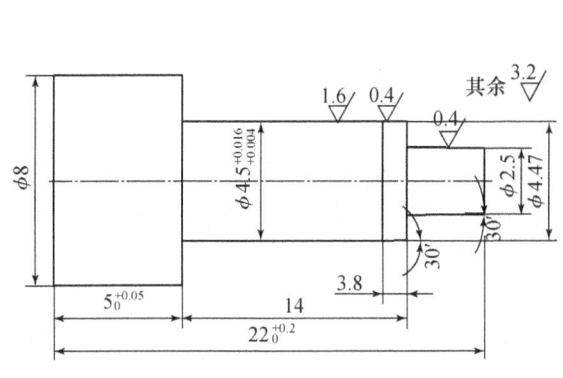

图 1-362 定模型芯Ⅰ

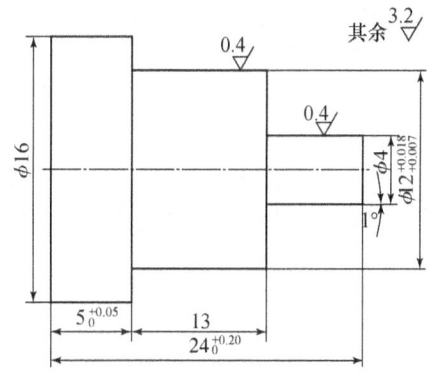

图 1-363 定模型芯Ⅱ

4. 动模镶件与制造

动模镶件结构如图 1-364 所示，材料为 738，预硬 35～40HRC。备料尺寸 25 mm × 106 mm × 190 mm，加工上下底面并留磨量 0.3～0.4 mm，平面磨上下底面至 20.1，线切割外形，钻各水道孔并攻 5×G1/4″管螺纹。装入定模板后数控铣各型腔、流道及 5×φ5、φ60、φ50.8 孔，电火花机床加工筋位，粗抛光塑料成型部位。待试模各尺寸达到要求后，再精抛光成型表面至图中粗糙度值。

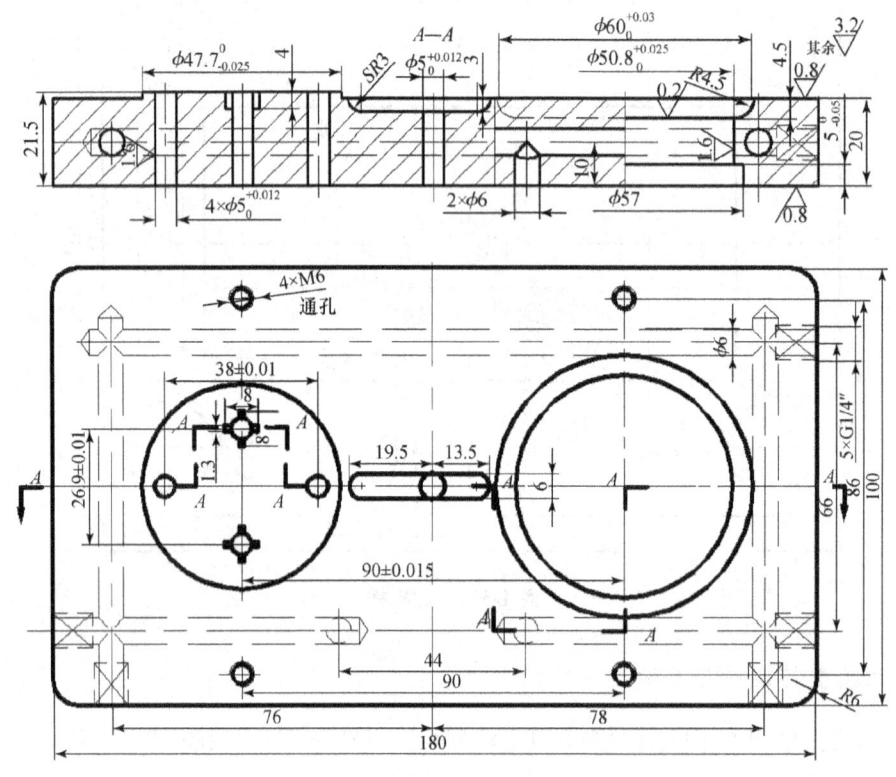

图 1-364 动模镶件

5. 动模板设计与制造

如图 1-365 所示动模板形状与尺寸。备料尺寸 55 mm × 185 mm × 256 mm，加工周边六面，倒棱 1.5×45°，保证基准面相互垂直，上下底面留磨量 0.3～0.4 mm，平面磨上下底面至 55，钻各水道孔并攻 5×G1/4″管螺纹。数控铣开框 100 mm × 180 mm。推出机构导柱固定孔 φ16 与推杆固定板、推板、动模座板配做或用镗床加工，以确保孔中心距公差。

6. 动模型芯设计与制造

（1）动模型芯Ⅰ结构与尺寸如图 1-366 所示。材料为 738，预硬 35～40HRC。用数控车或普通车床加工成型，成型塑料部位抛光至表面粗糙度要求。

（2）动模型芯Ⅱ结构与尺寸如图 1-367 所示。材料为 738，预硬 35～40HRC。用数控车或普通车床加工成型。普通铣床铣底部沉孔，装入动模板后配作防转销钉，数控铣床加工各孔。成型部位粗抛光，待试模后各尺寸达到要求，再精抛光成型表面至图 1-367 中粗糙度值。

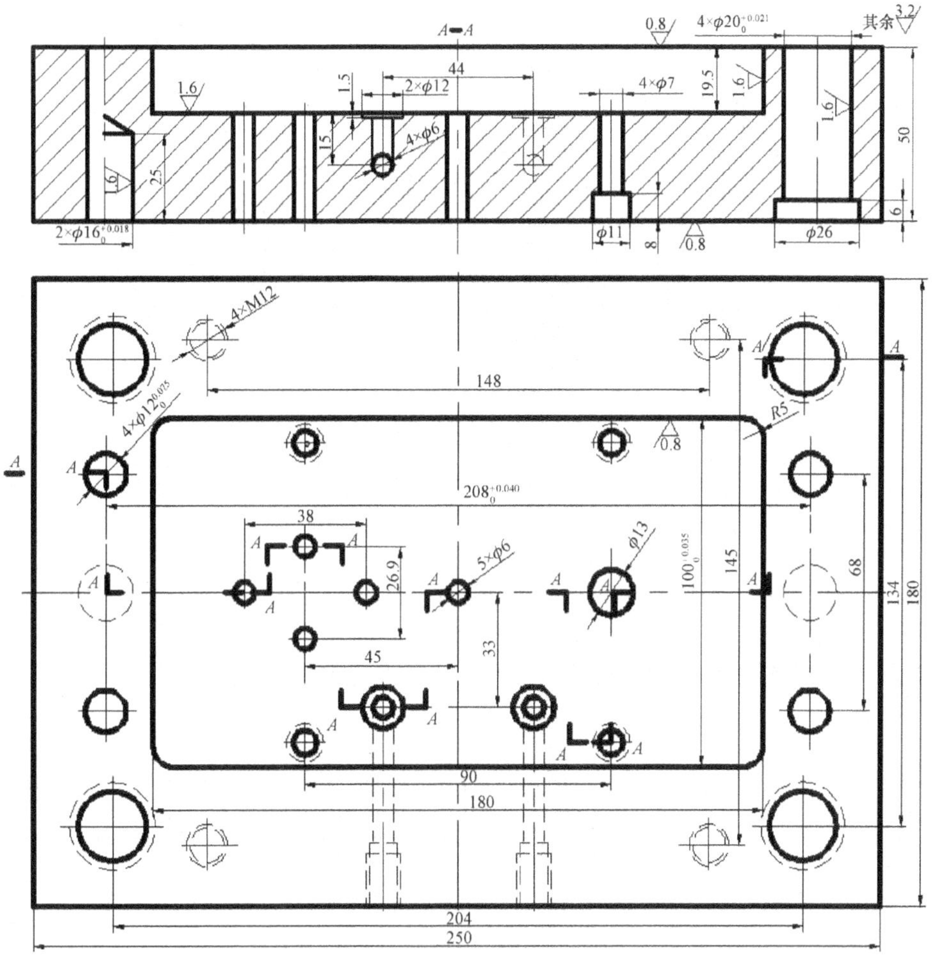

图 1-365 动模板

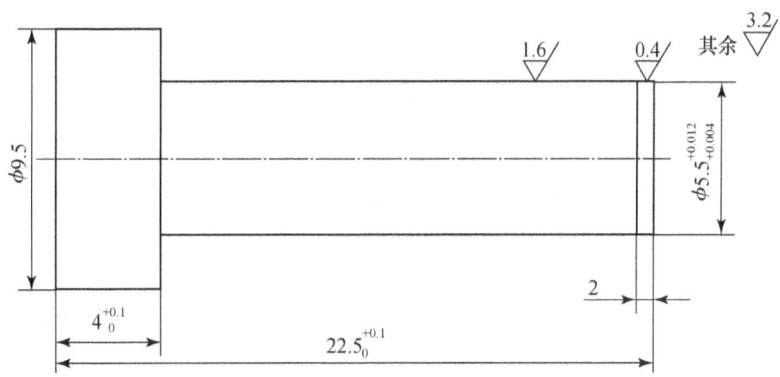

图 1-366 动模型芯 I

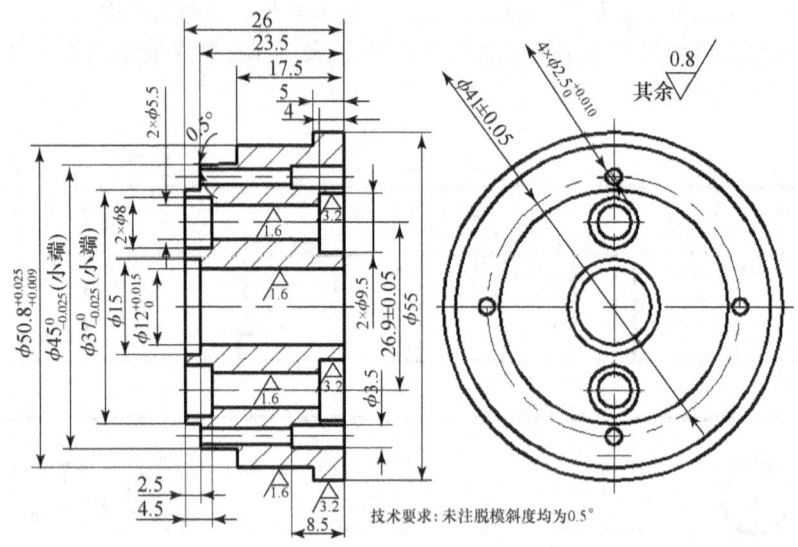

图 1-367 动模型芯 II

7. 推杆固定板设计与制造

推杆固定板为模架零件，材料通常为 45 或 50 钢，调质硬度 20～24 HRC。各推杆、推管固定孔与型芯 II、动模镶件配作，或数铣加工。推出机构导套固定孔应采用镗床或线切割加工，或与动模板、推板、动模座板配作，确保孔中心距公差，如图 1-368 所示。

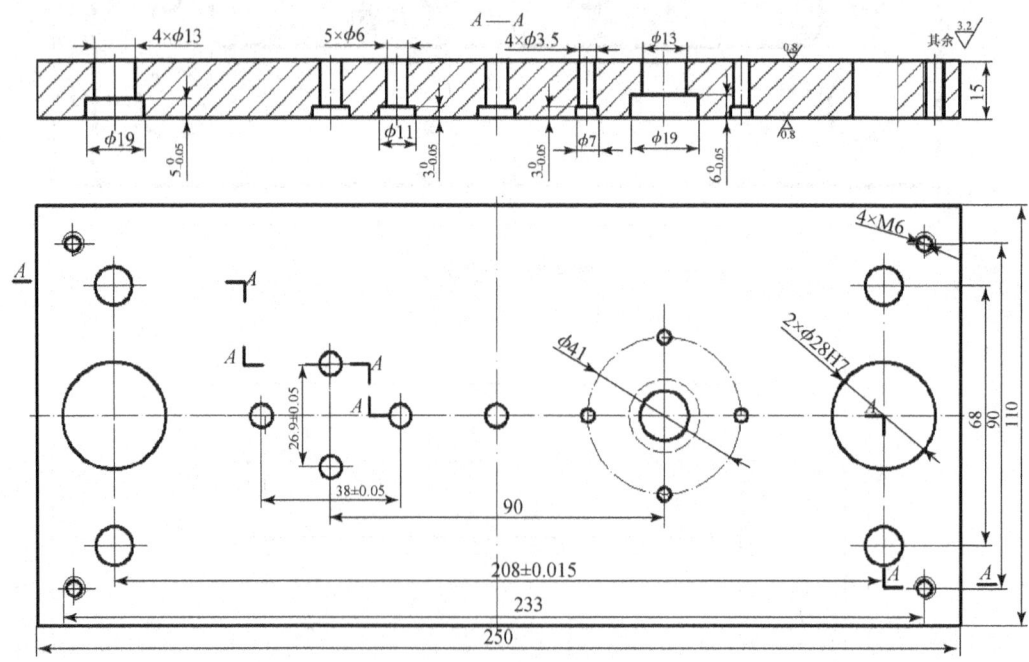

图 1-368 推杆固定板

8. 动模、定模座板设计与制造

动、定模座板均为标准模架零件，材料通常为 45 或 50 钢，调质硬度 20～24HRC。定模座板浇口套固定孔应与定模板、定模型腔镶件配做，与浇口套呈 H7/m6 过渡配合，如图 1-369 所示。动模座板上推管型芯固定孔应与动模型芯、镶件配做。推出机构导柱固定孔 $\phi16$ 与推杆固定板、推板、动模板配做或采用镗床、线切割分别加工，确保孔中心距公差，如图 1-370 所示。

9. 推管、推管型芯设计与制造

本套模具使用两种规格的推管，推管作为标准件可在市场上购买或到模具标准件厂定做，但长度需用线切割机床切断，如图 1-371、1-372 所示。

推管型芯长度分别用线切割机床切断，$\phi8$ 推管型芯头部六角形状可装夹在分度头上用线切割机床加工，如图 1-373、1-374 所示。

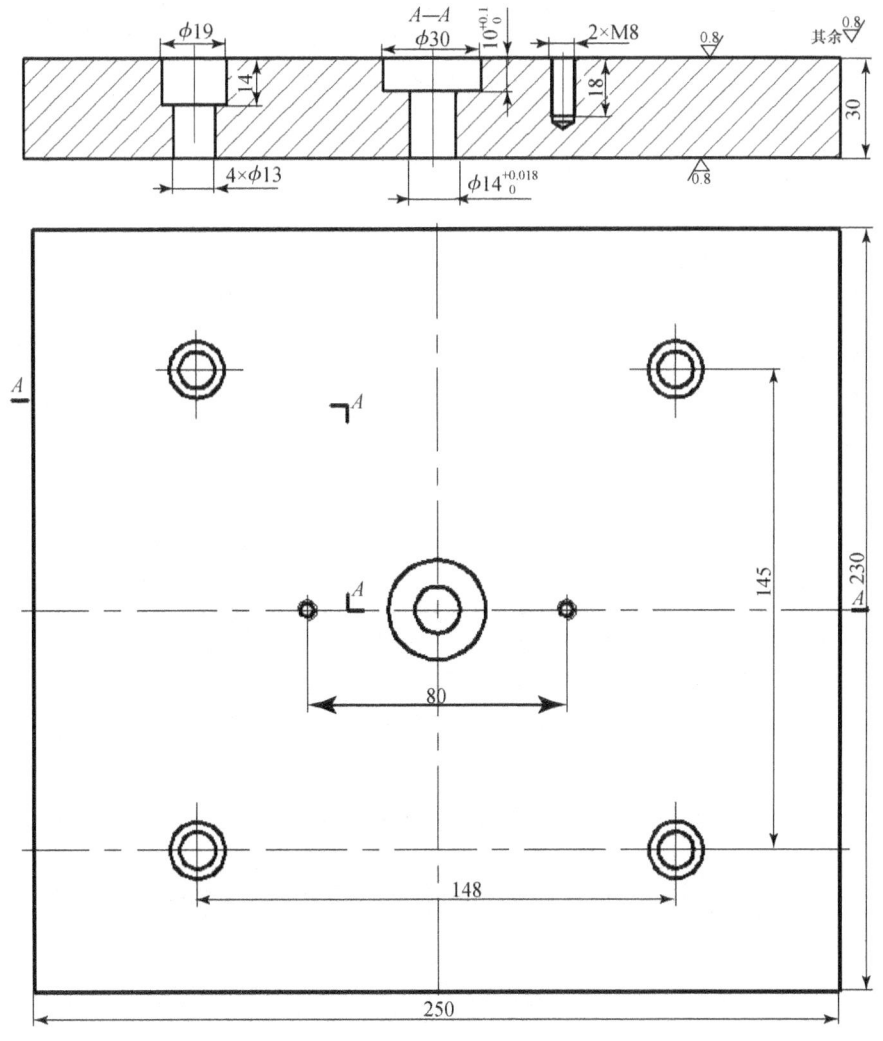

图 1-369 定模座板

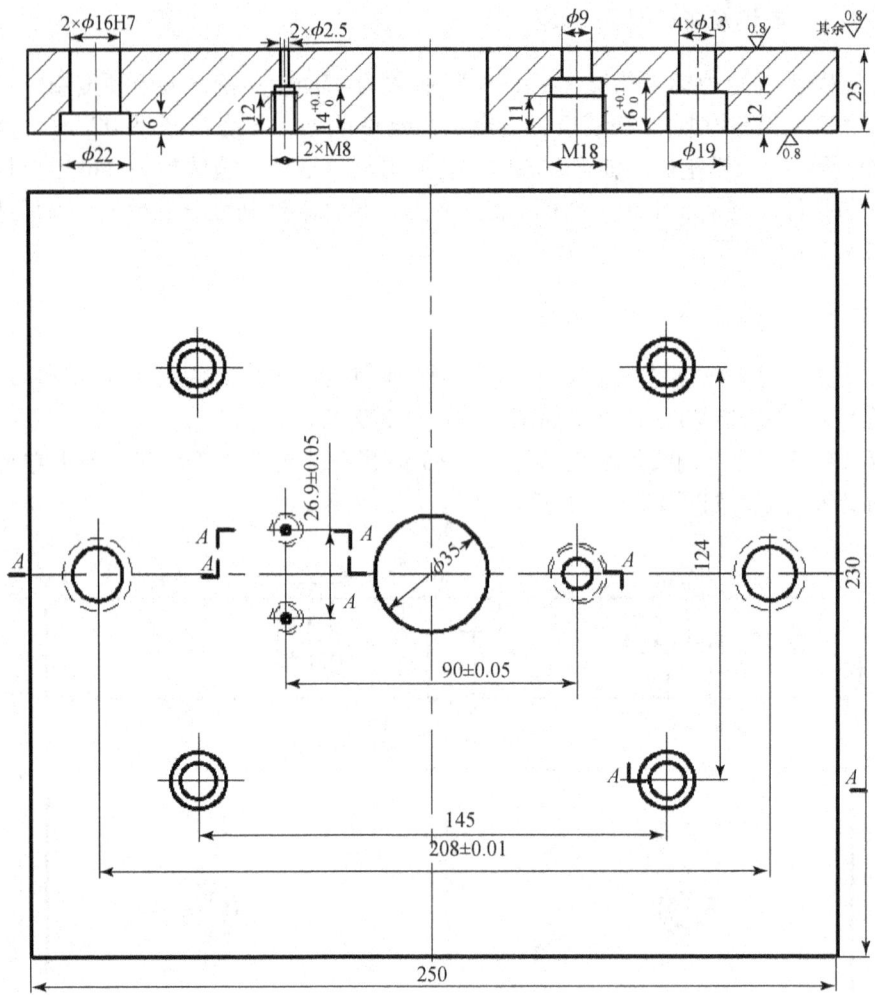

图 1-370 动模座板

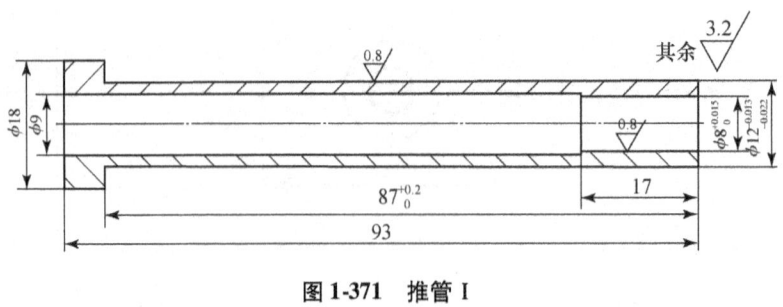

图 1-371 推管 I

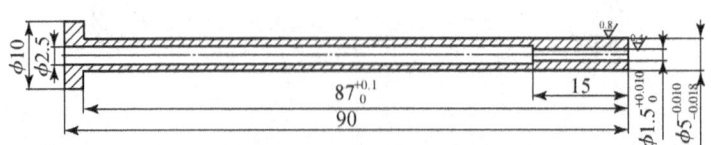

图 1-372 推管 II

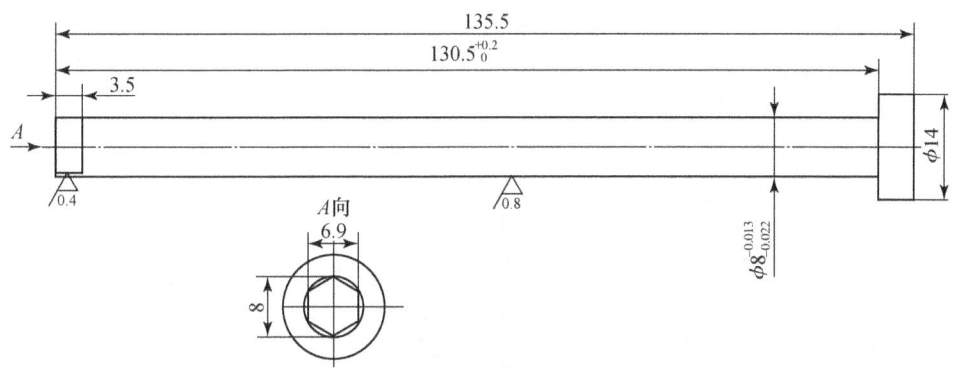

图 1-373　推管型芯 I

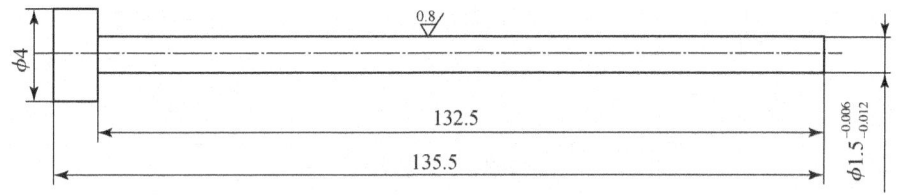

图 1-374　推管型芯 II

10. 拉料杆、推杆设计与制造

本套模具采用 Z 形拉料杆，通常用推杆改制，Z 字形状用线切割机床加工，如图 1-375 所示。推杆为标准件，根据在模具中的使用长度，用线切割机床切断，如图 1-376、1-377 所示。

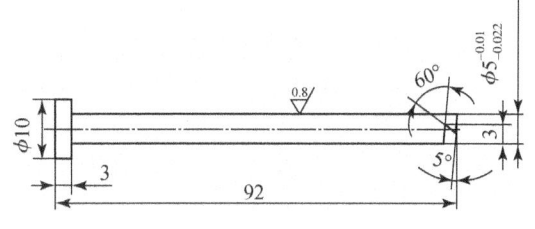

图 1-375　Z 形拉料杆

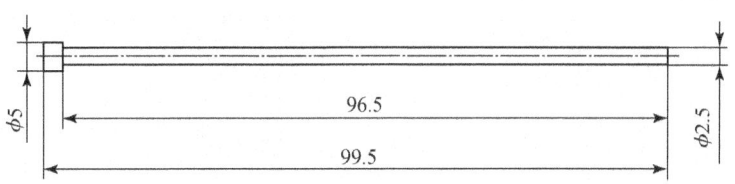

图 1-376　推杆 I

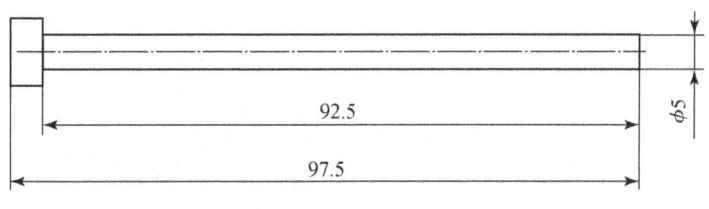

图 1-377　推杆 II

1.8.4　拓展与强化训练

如图 1-378 所示的塑件，试设计注射模具。

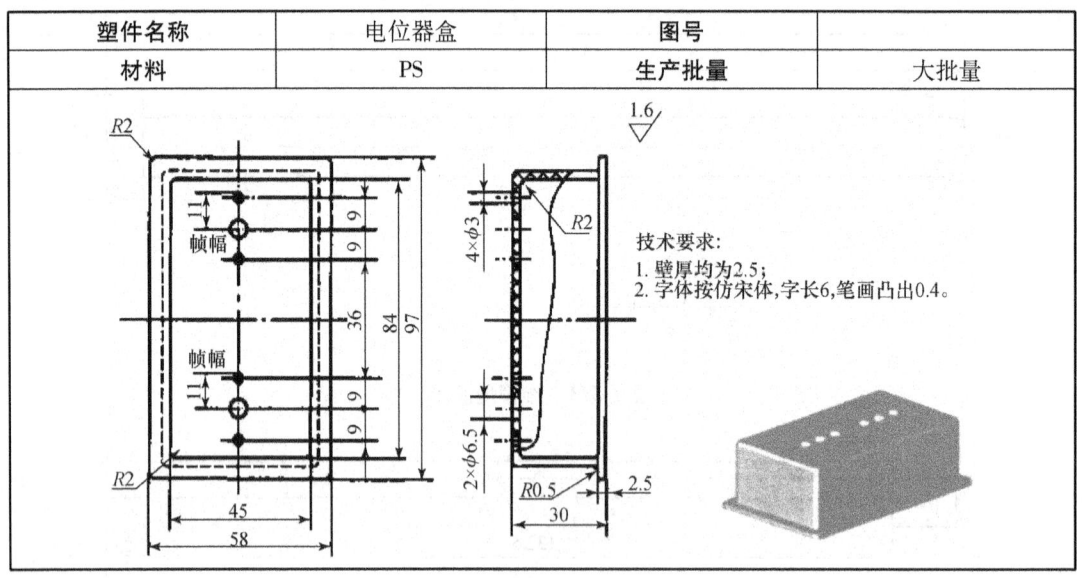

图 1-378 电位器盒

思考与练习

如图 1-379 所示的小波轮塑料件，试设计注射模具整体结构。

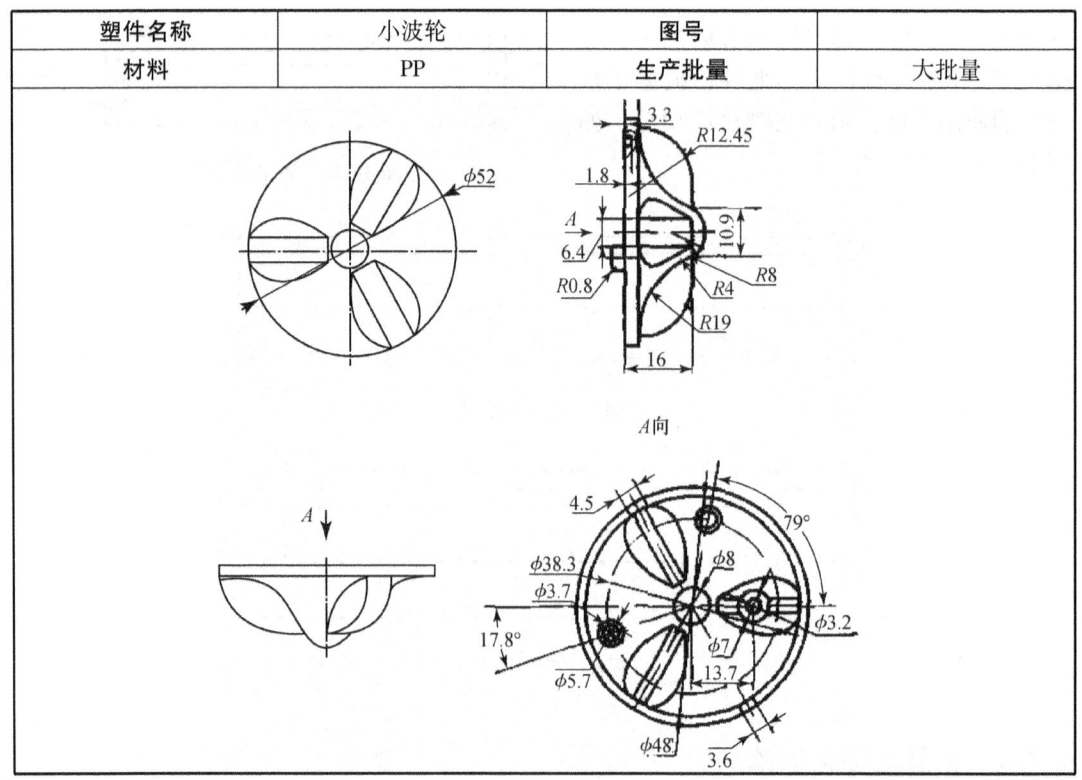

图 1-379 小波轮

项目二 晾衣架三板注射模具设计

项目引入

如图 2-1 所示为晾衣架三维造型,图 2-2 所示的晾衣架塑件工程图,大批量生产。塑件精度取 MT6,外表面粗糙度 $Ra = 0.2~\mu m$,内表面粗糙度 $Ra = 0.8~\mu m$。外表面不允许有飞边、毛刺。

试选择原材料、编制注射成型工艺、选择设备并完成注射模具的设计与制造。

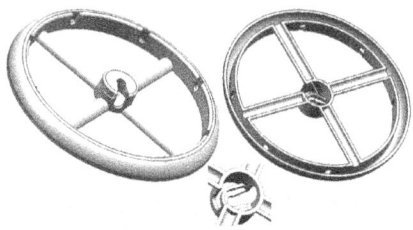

图 2-1 晾衣架三维造型

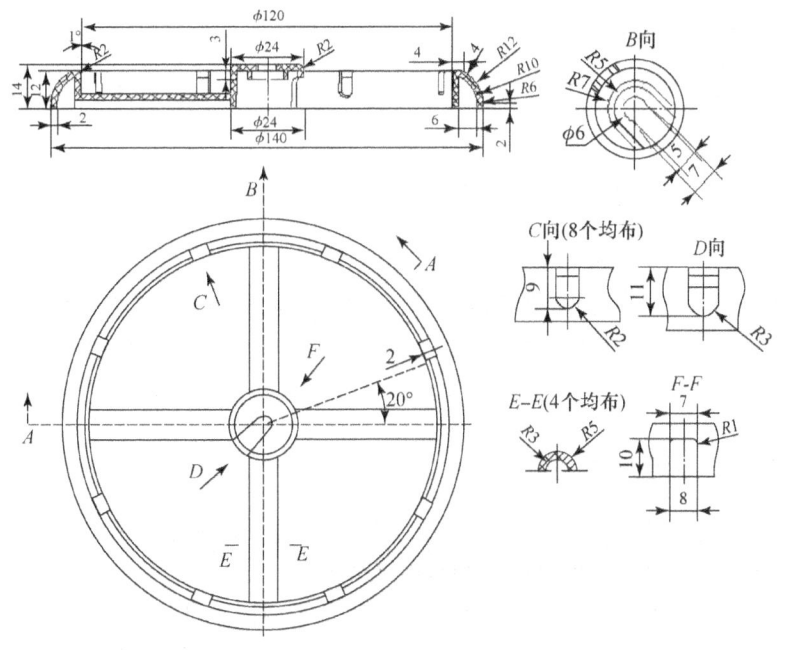

图 2-2 晾衣架塑件工程图

任务一 晾衣架塑件设计与塑料成型工艺分析

2.1.1 塑件材料选用与性能分析

该零件为日常用品,受力较小,要求批量大,价格低。因使用时长期在户外风刮日晒,应具有良好的抗老化性能。由以上分析,选用价格低廉,耐候性良好的改性硬质聚氯乙烯(PVC)比较合适。有关性能参见项目一中任务一。

2.1.2 塑件结构与质量分析

1. 塑件结构分析

塑件形状呈圆形，结构较简单，壁厚均匀。没有侧孔，避免侧抽芯机构。因此塑件容易成型。

2. 塑件精度分析

塑件中心异形孔与另一塑件挂钩有尺寸配合，周边有 8 个碰穿孔用于挂塑料夹子，没有配合要求，因此塑件精度较低，成型时各部分尺寸容易控制。

3. 塑件表面质量分析

该零件外表面粗糙度要求 $Ra = 0.2\ \mu m$，内表面粗糙度 $Ra = 0.8\ \mu m$，且外表面不允许有飞边、毛刺。表面质量要求稍高，模具制造和成型工艺容易保证。

4. 塑件体积和质量计算

用三维软件计算塑件的体积为 $V_1 = 45\ cm^3$，浇注系统塑料体积 $V_2 = 13.7\ cm^3$，查设计手册得 PVC 的密度为 $\rho = 1.4\ g/cm^3$，则

塑件质量为 $W_1 = V_1 \cdot \rho = 45 \times 1.4 = 63$（g）；

浇注系统塑料 $W_2 = V_2 \cdot \rho = 13.7 \times 1.4 = 19.2$（g）；

总质量 $W = W_1 + W_2 = 63 + 19.2 = 82.2$（g）。

塑件尺寸中等，若用一模多件结构，势必增加模具尺寸和成本，更重要的是由于 PVC 流动性差，成型难度将会增大。因此，采用一模一件的模具结构比较合适。考虑其外形尺寸、注射时所需压力和工厂现有设备等情况，初步选用 XS-ZY-125 型注射机。

2.1.3 塑件注射工艺参数确定

PVC 成型性能差，即流动特性较差，稳定性差，成型温度范围窄，140℃时开始分解，180℃时加速分解，分解时逸出腐蚀、刺激性气体。

1. PVC 塑料熔化温度为 185～205℃；料筒前段温度为 170～190℃，中段为 165～180℃，后段射嘴温度为 160～170℃。热稳定性差，应严格控制料温及停留时间。

2. 模具温度控制在 30～50℃。

3. 注射压力初选 80 MPa；保压压力初选 60 MPa，生产时再作调整。为避免材料降解，注射速度不能太高。

任务二 标准点浇口三板模架及其选用

点浇口注射模具俗称三板模，它有两个分型面，又称双分型面注射模。模具完全开模后分成三部分，其中一个分型面取出塑件，另一个分型面取出浇注系统凝料。它比二板模增加了一个流道分型面，模具由定距分型机构实现顺序分型，然后由推出机构推出塑件。

1. 三板模架组成零件名称

三板模架组成零件名称如图 2-3 所示。

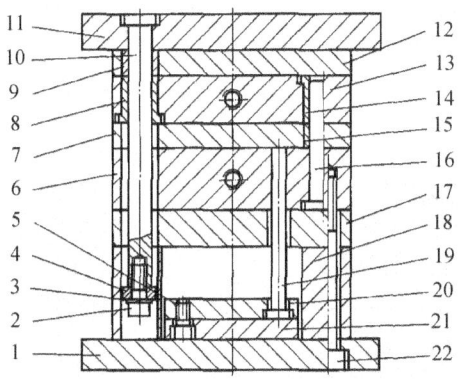

图 2-3　三板模架组成零件名称

1—动模座板；2—内六角螺钉；3—弹簧垫圈；4—挡环；5—内六角螺钉；6—动模板；7—推件板；
8—带头导套；9—直导套；10—拉杆导柱；11—定模座板；12—流道推板；13—定模板；14—带头导套；15—直导套；
16—带头导柱；17—支承板；18—垫块；19—复位杆；20—推杆固定板；21—推板；22—内六角螺钉

2. 标准点浇口三板模架

标准点浇口三板模架有 16 种、其中基本型 4 种，如图 2-4 所示；无流道推板型 4 种；直身基本型 4 种；直身无流道板型 4 种，参考 GB/T 12555—2006。

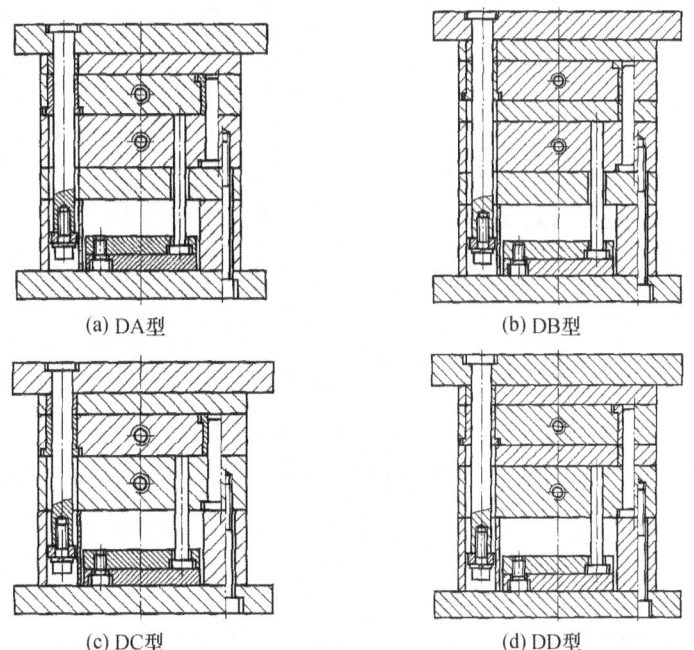

(a) DA型　　　　　　　　　　　(b) DB型

(c) DC型　　　　　　　　　　　(d) DD型

图 2-4　点浇口基本型模架

3. 简化点浇口三板模架

在简化三板模架中流道推板导柱兼合模导柱,安装在定模。而简化三板模架无推件板,不适用于推件板推出塑件的结构;当精度和寿命要求较高时亦不适用。

简化三板模架有8种,其中简化三板模架基本型两种,如图2-5所示;直身简化点浇口型两种,如图2-6所示;简化点浇口无流道板型两种;直身简化点浇口无流道板两种,参考GB/T 12555—2006。

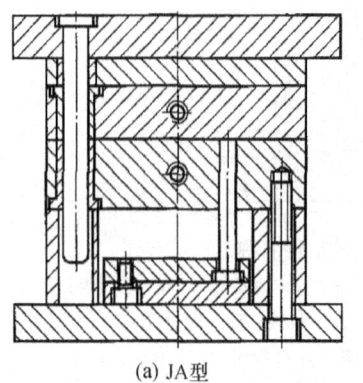 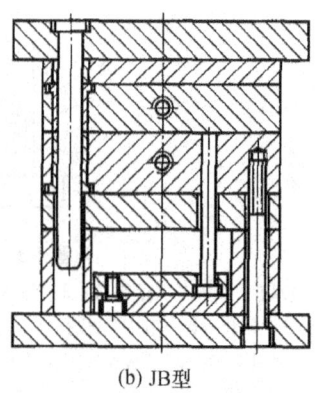

(a) JA型　　　　　　　　　　　(b) JB型

图 2-5　简化点浇口架基本型模架

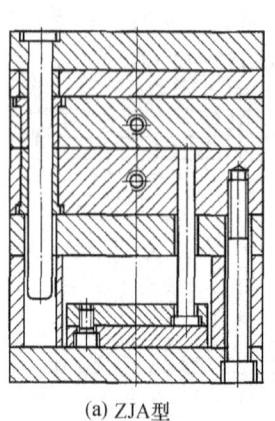 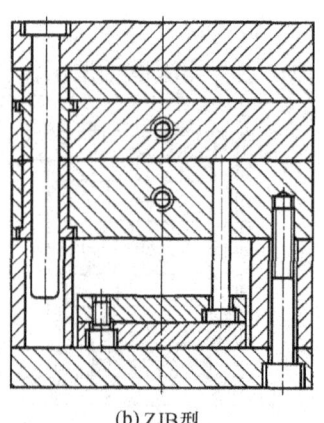

(a) ZJA型　　　　　　　　　　　(b) ZJB型

图 2-6　直身简化点浇口基本型模架

任务三　熟悉并掌握三板模结构与工作原理

1. 三板模结构与工作原理

三板模适用于塑件周边不允许有浇口痕迹或投影面积较大,需要多点进料的场合。模具采用点浇口(或细水口)进料,模具结构复杂,需要增加定距分型机构,模具制造成本较高。

图 2-7 (a) 所示为三板模实物。
图 2-7 (b) 所示为三板模工程图（平面结构图）。
图 2-7 (c) 所示为三板模Ⅰ-Ⅰ分型时的模具状态。
图 2-7 (d) 所示为三板模Ⅱ-Ⅱ分离时的模具状态。

图 2-7 (e) 所示为三板模各面全部分离时的模具状态。Ⅰ-Ⅰ为第一分型面，分型后浇注系统凝料由此脱出；Ⅲ-Ⅲ为第二分型面，分型后塑件由此脱出。Ⅱ-Ⅱ为流道推板开合面，该面没有塑料进入，只能称作分开面，不能称为分型面。

图 2-7 (a) 三板模立体图

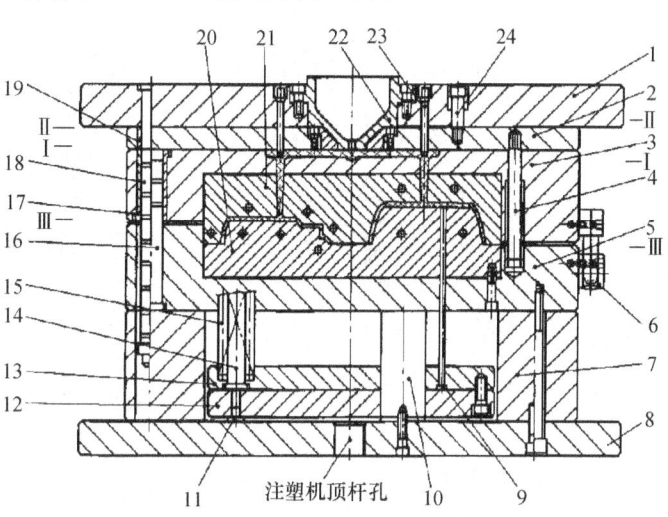

图 2-7 (b) 三板模合模注射时的模具状态

1—定模座板；2—流道推板；3—定模板（A 板）；4—A 板定距拉杆；
5—动模板（B 板）；6—弹簧拉扣；7—垫块；8—动模座板；9—推杆（顶杆）；
10—支撑柱；11—支承钉；12—推板；13—推杆固定板；14—复位杆；
15—复位弹簧；16—合模导柱与导套；17—A 板导柱；18—A 板与流道板导柱；
19—流道板导套；20—型芯；21—型腔镶件；22—浇口套；23—流道拉料杆；
24—流道板定距拉杆

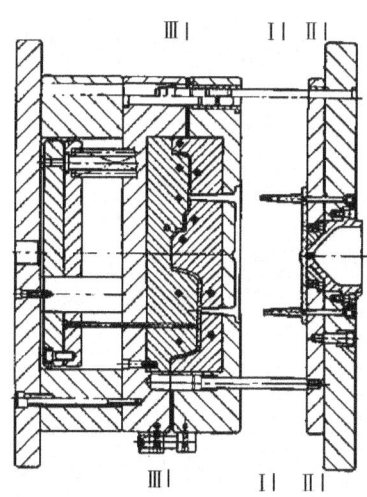

图 2-7 (c) 三板模Ⅰ-Ⅰ面分离时的模具状态

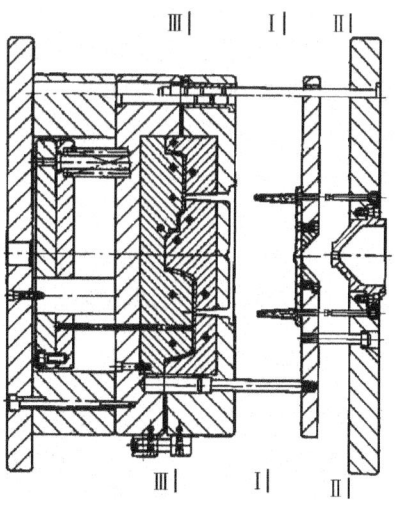

图 2-7 (d) 三板模Ⅱ-Ⅱ面分离时的模具状态

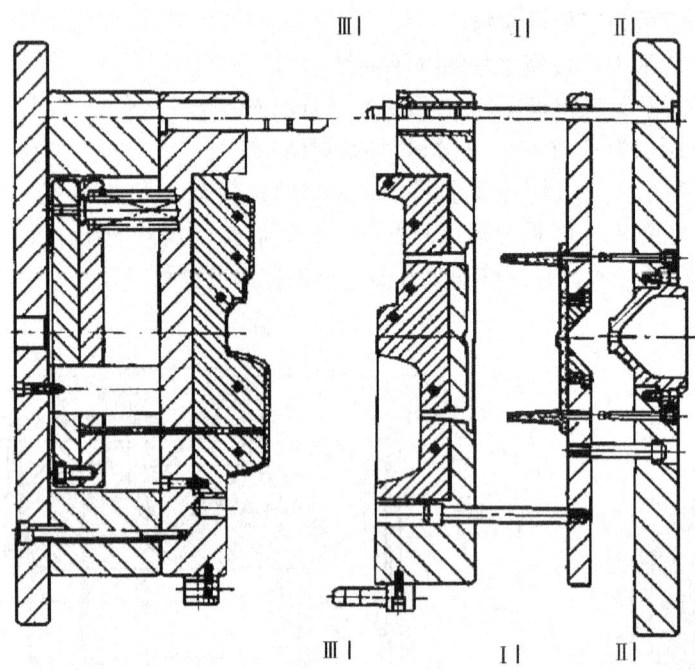

图 2-7（e） 三板模Ⅲ-Ⅲ面分型时的模具状态

2. 模具工作过程

模具工作过程为：合模→注射机注射→保压→冷却→开模→推出。

（1）开模过程。

注射完毕，注射机动模板带着动模后退，在拉扣 6 作用下，定模板 3 与动模板 5 紧密贴合不分离，此时件 3 与流道推板 2 分离，在Ⅰ-Ⅰ处分型，浇注系统在流道拉料杆 23 作用下与塑件分离（拉断），并留在件 23 和件 2 上，如图 2-7（c）所示。

注射机动模板继续后退，流道板拉杆 4 行程到位，进而拉动流道推板 2 迫使塑件从 23 上脱出，使Ⅱ-Ⅱ分离，在重力作用下落入注射机下的料框内，如图 2-7（d）所示。

注射机继续开模，流道板定距拉杆 24 行程走完，开始起限位作用，使流道板不能再随动模继续移动，此时拉扣 6 脱开，Ⅲ-Ⅲ面分型，动、定模分离，如图 2-7（e）所示。推板长导柱端部装有限位块，作用是防止定距拉杆断裂时模具从导柱上脱落，平时不起作用。

（2）推出过程。

开模完成后，在注射机顶杆作用下，推动推板、推杆，把塑件从型芯上推出。

这样的开模顺序，可以增加塑件在模具型腔内的冷却时间，缩短模具的成型周期。

3. 三板模浇注系统设计

三板模一定是点浇口，有单点进料、多点进料。单点进料只有一个模腔，多点进料可能是一个模腔（一模一件），也可能有多个模腔（一模多件）。为减小主流道长度，成型主流道的浇口套多用美式浇口套。分流道、浇口形式与尺寸参见项目一"任务四 yoyo 玩具塑料件注射模分型面选择与浇注系统设计"。

任务四 定距分型机构与流道推出机构设计

1. 三板模的开模距离

三板模的开模距离通过定距分型机构来保证。
（1）流道推板和定模板打开的距离：$B =$ 流道凝料总高度 $+ 30 \text{ mm} \geqslant 100 \text{ mm}$。
（2）流道推板和定模座板打开的距离：$C = (6 \sim 10) \text{ mm}$。
（3）定距分型机构中定距拉杆移动距离：$L =$ 流道推板行程 $+$ 定模板行程 $= C + B$。
流道推板定距拉杆移动距离：$l =$ 流道推板和定模座板打开的距离 C。定模板和动模板的开模距离：$A =$ 动模型芯凸出高度 $+$ 塑件高度 $+ 10 \text{ mm}$。
各板开模位置如图 2-8 所示。

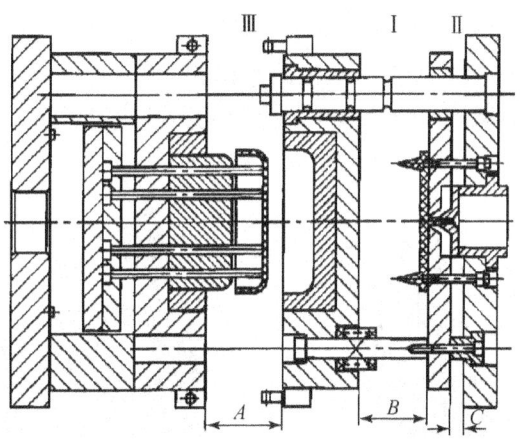

图 2-8 三板模开模行程

2. 三板模定距分型机构的种类

（1）内置式定距分型机构。
定距分型机构装于模具内部，如图 2-9 所示。

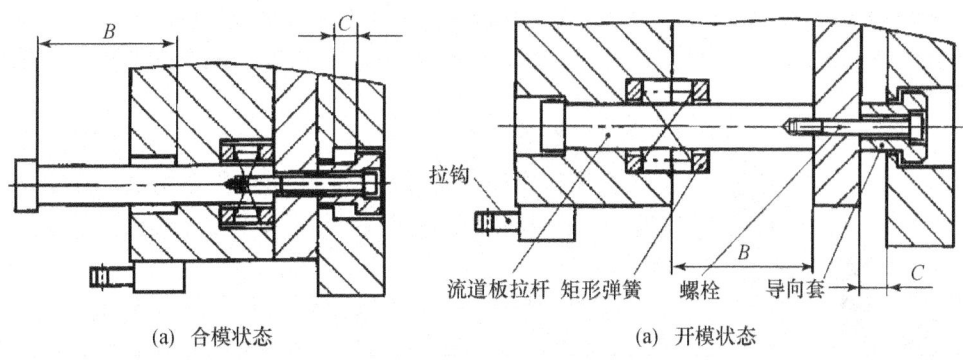

(a) 合模状态　　　　　　　　　　(a) 开模状态

图 2-9 内置式定距分型机构

设计要点:

① 流道推板定距拉杆直径的确定。

流道板推拉杆是定距分型机构中限制流道推板和定模板之间开模距离的零件,它用螺钉紧固在流道推板上,其直径可按表 2-1 选取。

表 2-1　流道板定距拉杆直径设计　　　　　　　　　　　单位:mm

模架宽度	300 以下	300～450	450～600	600 以上
定模板拉杆直径	φ16	φ20	φ25	φ30

流道推板拉杆数量的确定:模宽小于或等于 250 mm 时取两支,模宽大于 250 mm 时取四支,注意流道板拉杆的位置不要影响流道凝料的取出。

② 在流道推板与定模板间加弹簧,弹簧压缩量取 20 mm 左右,以保证流道推板和定模板先开模。

(2) 外置式分型机构。

外置式定距分型机构种类较多,常见的结构为双拉条式,如图 2-10 所示。模具开模后动、定模通过拉条仍连接在一起,此时调节注射机开模行程时要特别注意,避免开模距离过大而拉断拉条。

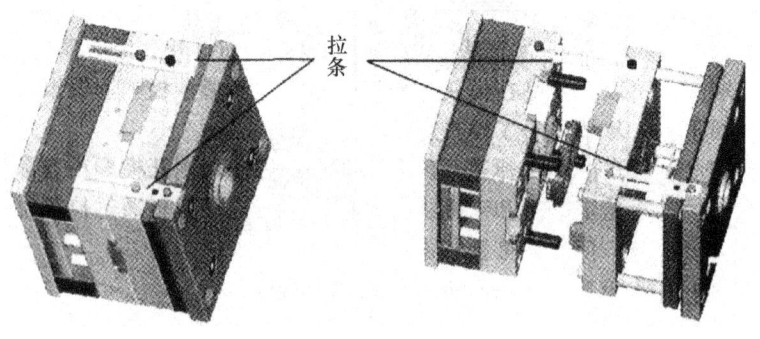

图 2-10　拉条式定距分型机构

3. 动、定模板开模拉扣

拉扣用于增加定模板和动模板之间的开模阻力,保证流道推板和定模座板先于定模板和动模板打开。常见拉扣有弹簧拉扣和树脂拉扣二种,二者均已形成标准系列,可根据模具大小外购。

(1) 树脂拉模扣

树脂拉模扣材料通常为尼龙,俗称尼龙塞。它是用锥度螺丝来微调拉扣外圆直径,进而调节模板内孔与树脂间的摩擦力。

如图 2-11 所示为立体结构,图 2-12 所示为装配结构。树脂拉扣装置装拆容易,价格低,使用寿命约 5 万次。但是其拉力没有矩形拉模扣大,多用于中小型模具。

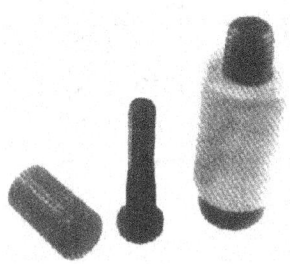

图 2-11　树脂拉模扣实物

设计注意事项：

① 树脂拉模扣中的尼龙塞应嵌入动模板 3 mm 左右。

② 定模板孔开口处应倒圆角 R1.5 mm，内孔及孔口部位应抛光，防止刮伤尼龙塞。若孔口做成斜倒角则易将尼龙塞表面磨花，降低尼龙塞的使用寿命。

③ 定模板孔底部应加排气装置。

④ 切勿在尼龙塞上加油，因为加油会使摩擦力减小，难以拉开定模板。

⑤ 尼龙塞本身已使用精密自动车床修整过，圆度可达到 0.01 mm 以内，因此提高了尼龙塞的接触面。

⑥ 使用时不需要将螺钉锁得太紧。

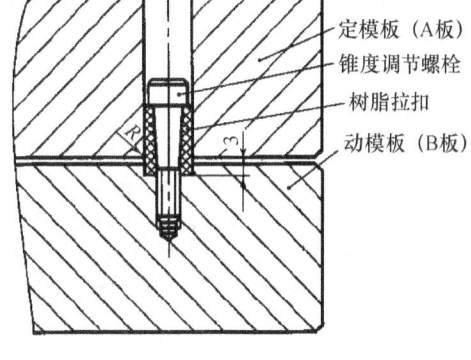

图 2-12 树脂拉模扣装配图

⑦ 尼龙塞数量的确定：模具质量 100 kg 以下用 $\phi12 \times 4$ 个；500 kg 以下用 $\phi16 \times 4$ 个；1000 kg 以下用 $\phi20 \times 4$ 个；若超过 1000 kg 以上则增加到 6 个以上。

树脂拉模扣尺寸标注如图 2-13 所示，尺寸规格见表 2-2。

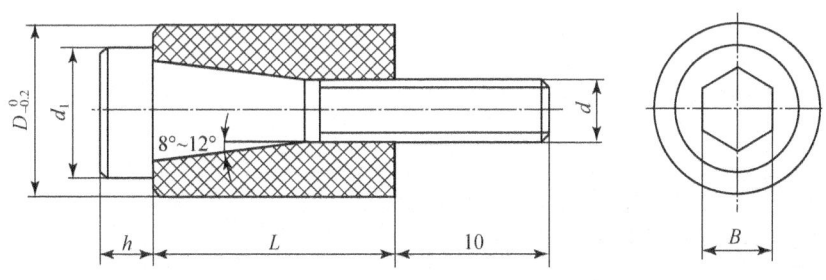

图 2-13 树脂拉模扣尺寸标注

表 2-2 标准树脂拉模扣的尺寸规格（GB/T 4169.22—2006）

D	L	d	d_1	h	B
12	20	M6	10	4	5
16	25	M8	14	5	6
20	30	M10	18	5	8

图 2-14 矩形拉模扣实物

（2）矩形拉模扣。

矩形拉模扣可以增加分模面的开模阻力，使其他分型面先打开，它通常需要配合定距分型机构，以实现模具定距有序的分型。这种结构可以通过调整弹簧压缩量来调整开模阻力，阻力较大，效果较好，适用于大中型三板模。如图 2-14 为矩形拉模扣立体图，图 2-15 为矩形拉模扣装配图。

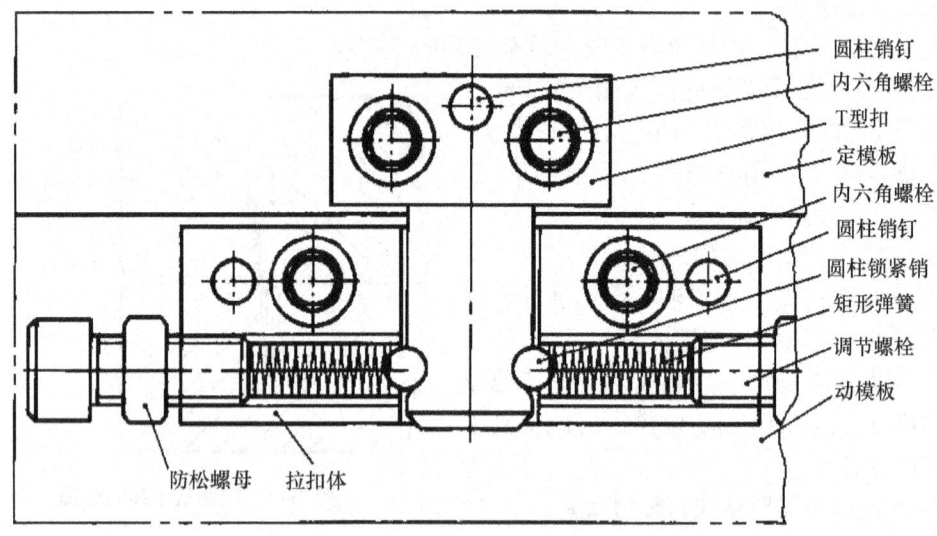

图 2-15 矩形拉模扣装配图

任务五 晾衣架三板模整体结构设计

2.5.1 模具结构设计

1. 分型面选择

分型面选择在最大轮廓 $\phi140$ 处,如图 2-16 所示。

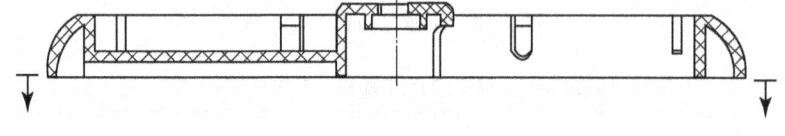

图 2-16 分型面选择

2. 型腔排位

由以上分析确定本模具采用一模一件,即单型腔的模具结构。

3. 浇注系统设计

由图 2-17 可知,该塑件外表面在定模成型,而外表面质量要求较高,不允许有大的浇口痕迹。因此不能采用中心浇口,而潜伏浇口、侧浇口亦不适用,综合考虑采用三板模点浇口较适宜。

(1) 主流道设计。

查注射机射嘴前端孔径为 3 mm、4 mm 两种,本模具选用 $\phi3$ mm。喷嘴前段球面直径

半径 SR_1 为 12 mm。因此，浇口套球面半径 $SR = 15$ mm，入料口直径 $d = 3.5$ mm，在不影响塑件外观情况下寻找合适的部位，采用两点进料，如图 2-17 所示。

（2）分流道设计。

由于塑料重量和尺寸不大，且又两点进料，容易注满。因此，为加工方便和节约流道塑料，分流道设计成半圆形，如图 2-17 所示。

（3）浇口设计。

塑件结构对称，壁厚均匀，采用点浇口，两点进料可满足注射要求，浇口凝料和浇注系统结构如图 2-17 所示。

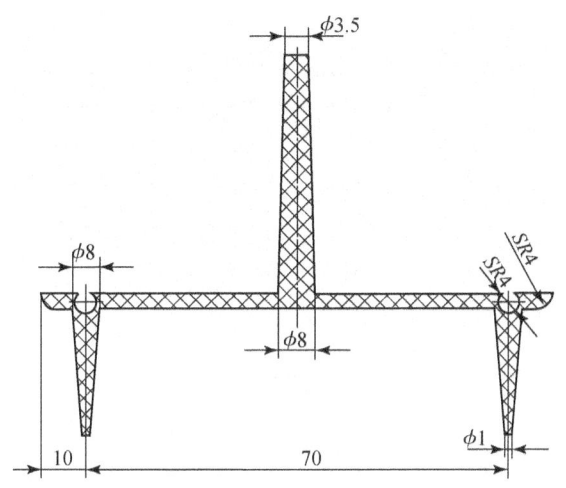

图 2-17 浇注系统

4. 确定成型零件结构与尺寸

（1）打开三维造型软件（如 UG、Pro/E 等），完成塑件三维造型，如图 2-18 所示立体形状。

（2）将塑件尺寸加收缩率，并镜射成定模型腔和动模型芯镶件图，完成分模。定模型腔镶件立体结构如图 2-19 所示、动模镶件立体结构如图 2-20 所示。

图 2-18 塑件立体图

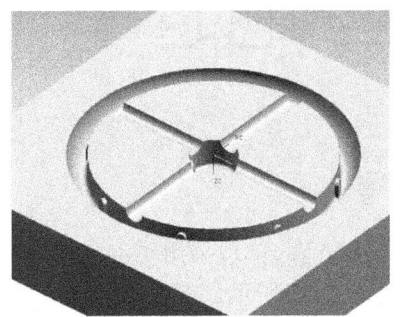

图 2-19 定模型腔镶件立体图

图 2-20 动模镶件立体图

定模型腔镶件结构较简单，外形用车床加工，装入定模板后用数控铣床加工型腔，然后用电火花机床把 8 个成型碰穿孔的凸台根部清角，再用电火花加工中间 φ24 孔底部形状。定模型腔镶件结构如图 2-21 所示。

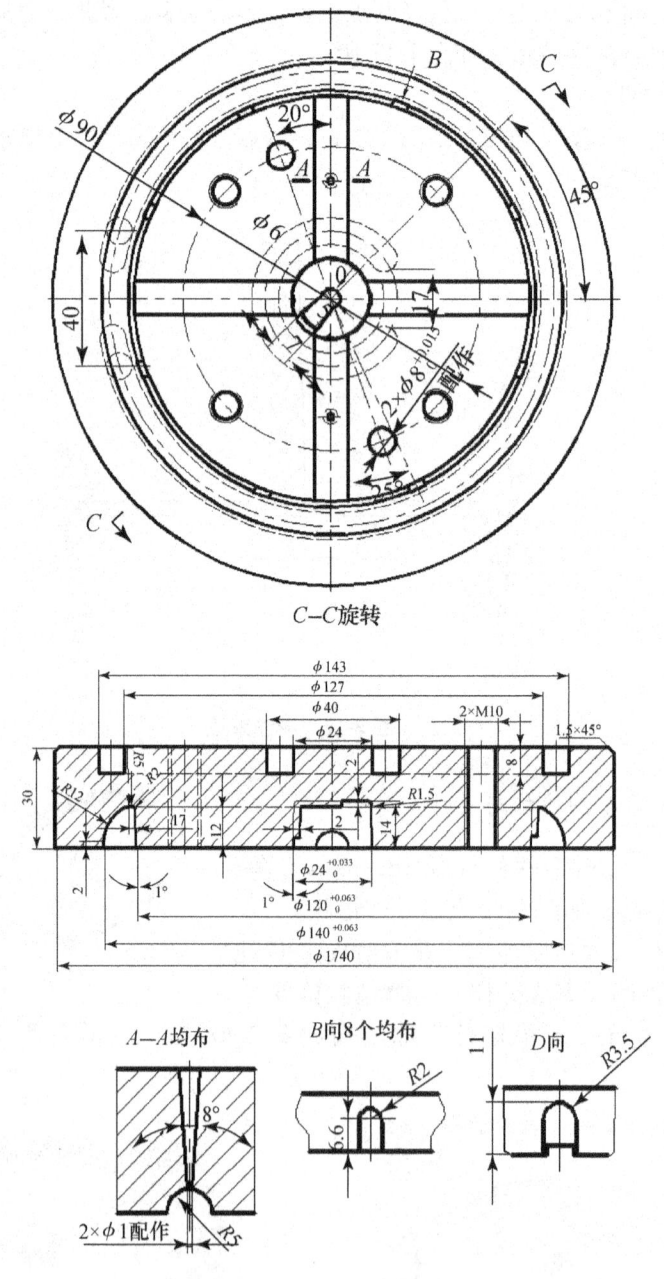

图 2-21 定模型腔镶件

动模镶件结构复杂，应采用组合式镶拼式结构，中心凸起部位采用小型芯镶入大型芯内。动模镶件结构如图 2-22 所示，动模小型芯结构如图 2-23 所示。

动模、定模镶件材料均采用耐腐蚀性和抛光性能良好的 S136（或 3Cr13），热处理硬度为 48～52HRC。

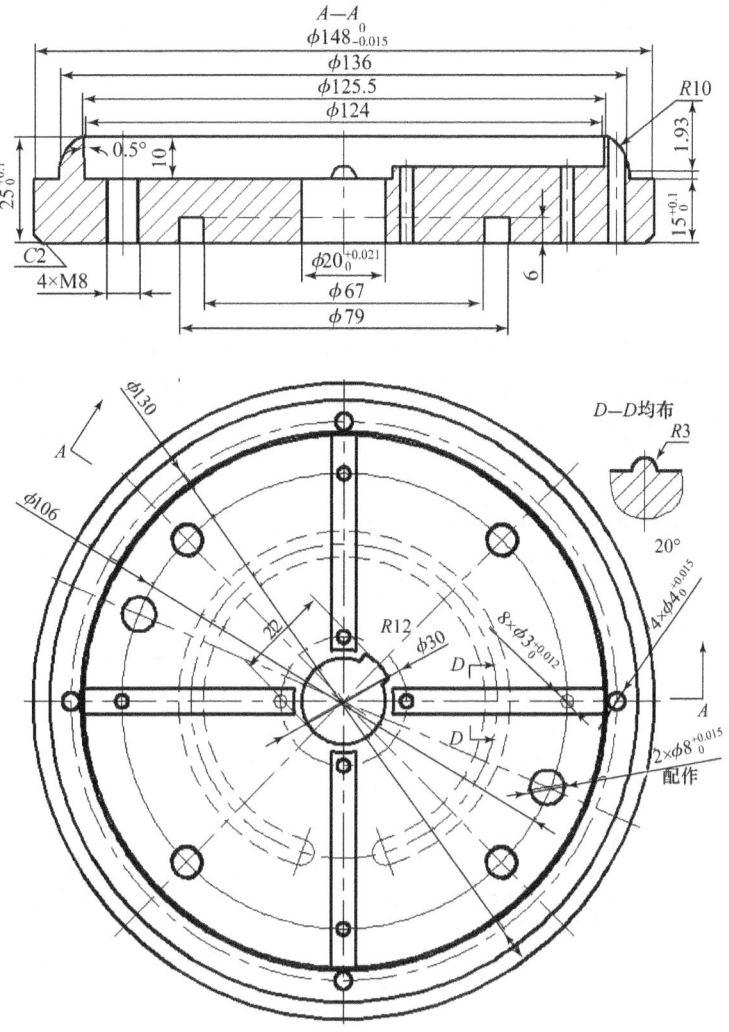

图 2-22 动模镶件

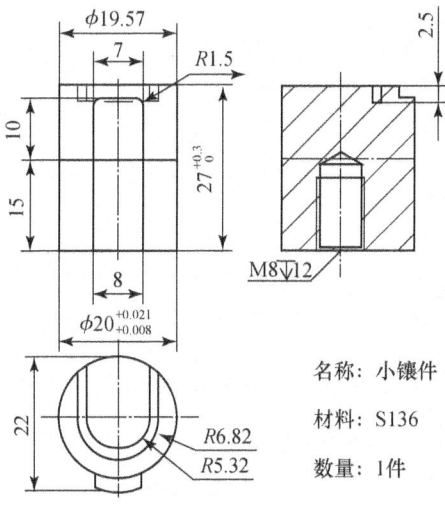

名称：小镶件

材料：S136

数量：1件

图 2-23 动模小型芯

5. 模架选择与相关零件设计

（1）模架选择。

由塑件高度和顶出距离，确定垫块厚度。开模后塑件有 12 mm 留在动模型芯上，因此顶出距离：$L =$ 塑件需顶出的高度 $+ (5 \sim 10)$ mm $= 12 + 8 = 20$（mm）。

垫块的高度：$H =$ 推杆固定板厚度 $a +$ 推板厚度 $b +$ 限位钉高度 $c +$ 顶出距离 $L + (10 \sim 15)$ mm
$= (5 \sim 10)$ mm $= 15 + 20 + 5 + 20 + 10 = 70$（mm）

由于该塑件尺寸精度要求不高，为节约模具费用，选用简化三板模架。根据定模型腔镶件和动模型芯镶件尺寸，动、定模板尺寸均为 250 mm × 250 mm × 50 mm，查表 GB/T 12555—2006，选择模架型号：模架 JA2525—25 × 25 × 70　GB/T 1255—2006。

动、定模座板尺寸均为 250 mm × 315 mm × 25 mm，模架结构与尺寸如图 2-24 所示。

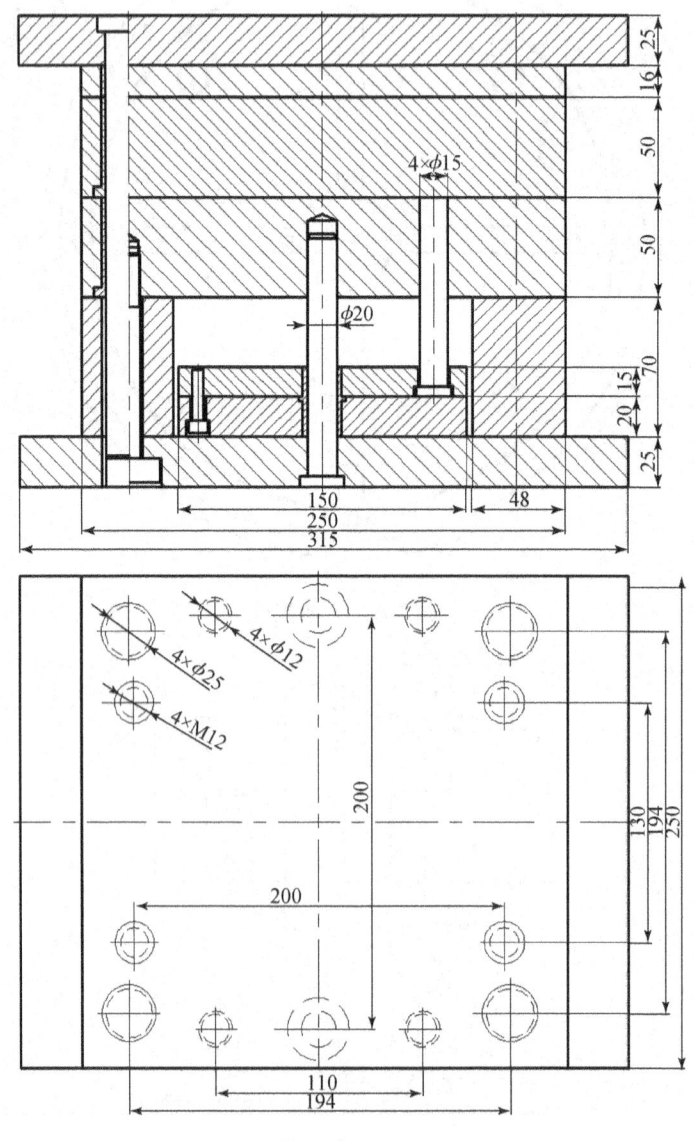

图 2-24　模架

定模板结构与开框尺寸如图 2-25 所示，动模板结构与开框尺寸如图 2-26 所示。

（2）导向与定位机构设计。

由于塑件尺寸较小，形状对称，模具排位均匀且对称，模架不受侧向力。因此模具定位与导向机构只用合模导柱、导套即可。通常导柱设在动模，导套设在定模，而本模具采用简易三板模架，导柱应装在定模上，因此，流道推板、定模板、动模板上均应安装导套，如图 2-24 模架所示。

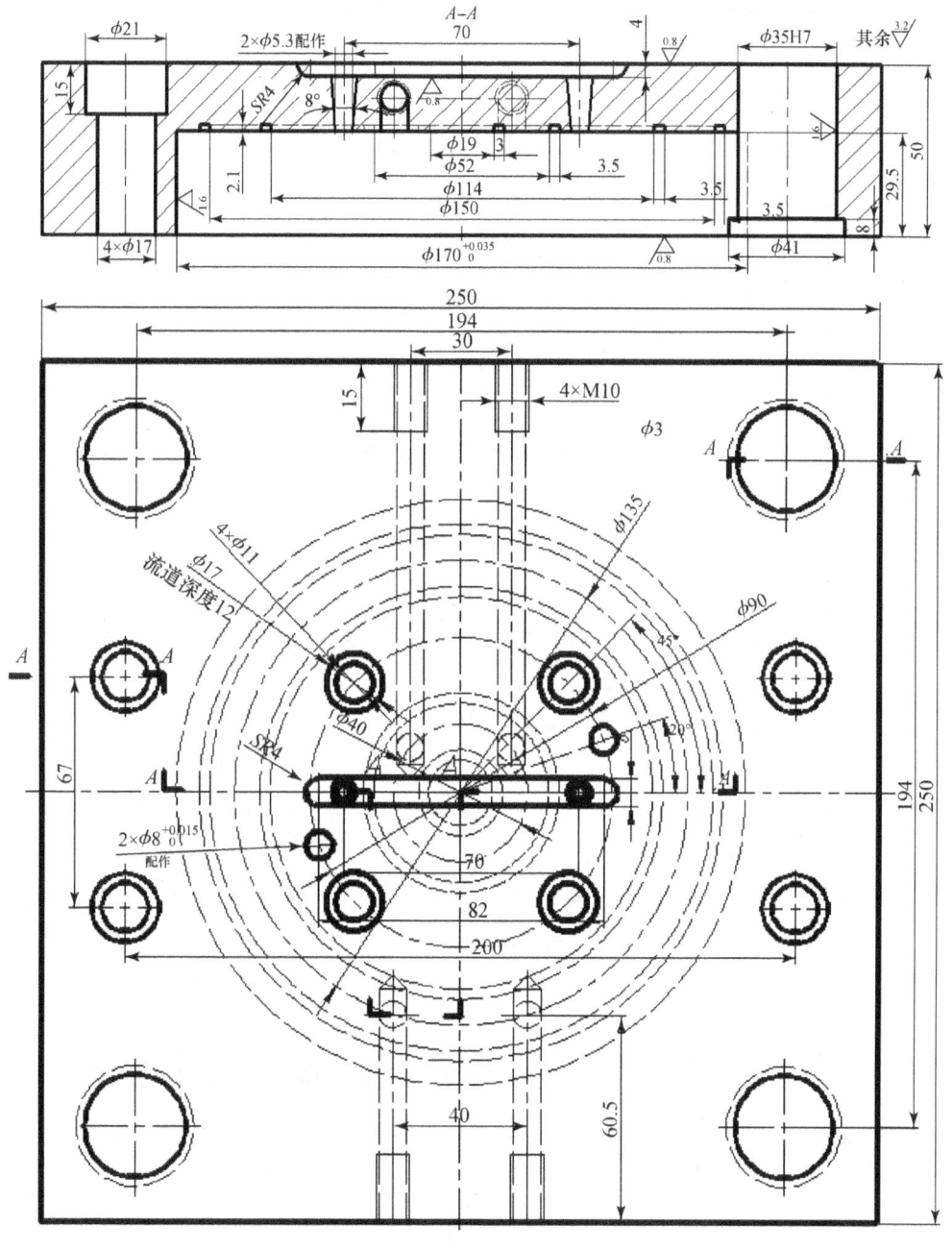

图 2-25 定模板

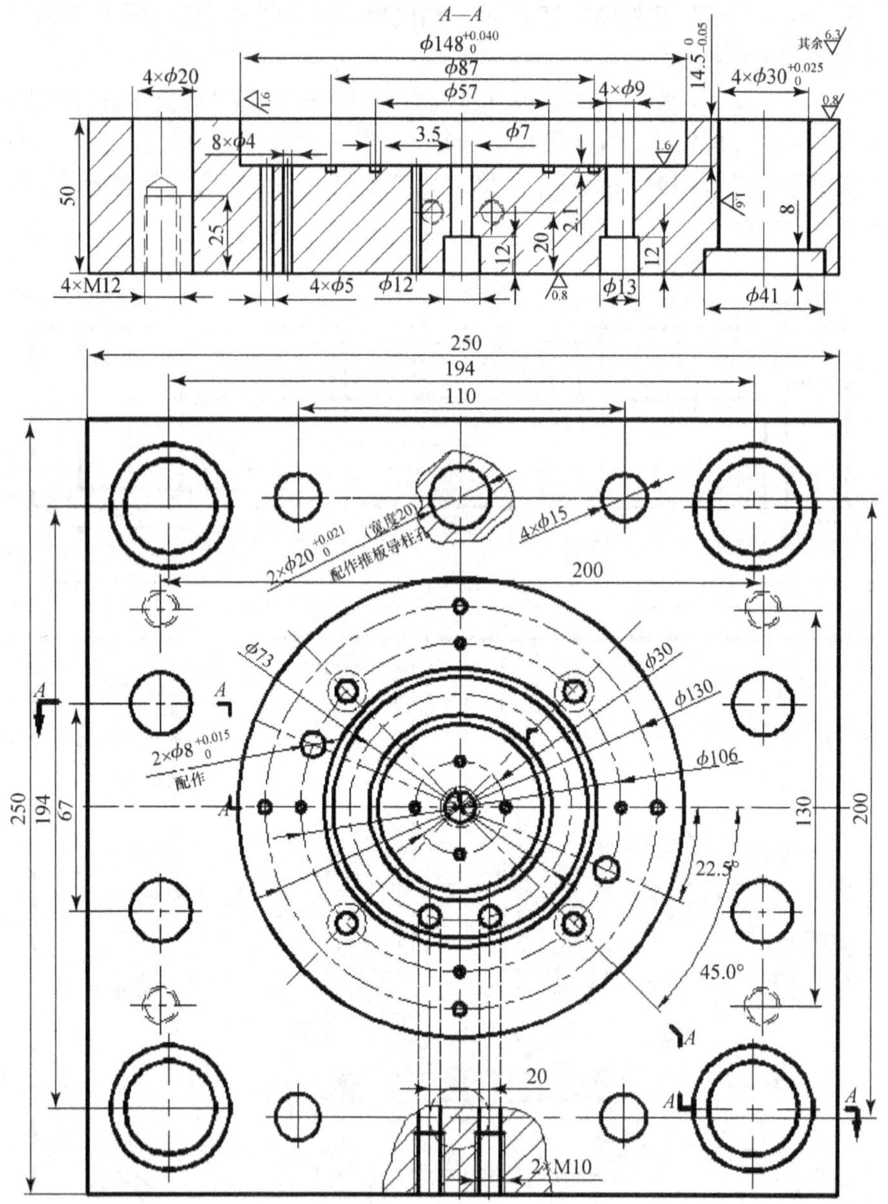

图 2-26 动模板

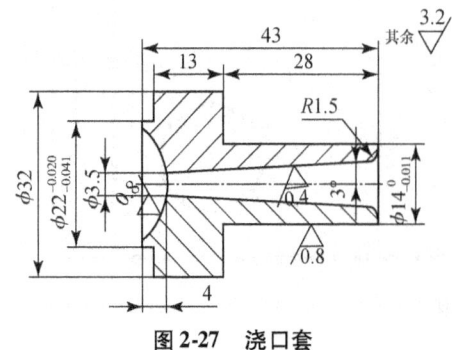

图 2-27 浇口套

（3）浇口套与定位圈设计。

浇口套采用外径 14 的标准双托形式，按图纸要求在长度上进行改制。为缩短主流道长度，浇口套应沉入定模板内并用定位圈压紧，如图 2-27 所示。

定位圈采用通用形式，其外圆直径为 125 mm，与注射机定模板定位孔采用间隙配合，间隙值为 0.1～0.15 mm；材料 45，如图 2-28 所示。

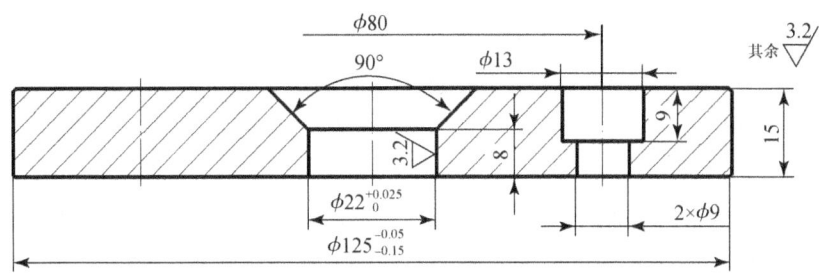

图 2-28 定位圈

（4）限位钉设计。

模具外形尺寸中等，查表 1-35，选用四支限位钉，头部直径 φ10 mm，高度 5 mm，材料为 45，热处理硬度 40～44HRC，如图 2-29 所示。

（5）注射机顶杆孔的确定。

注射机油缸顶杆直径 30 mm，因此动模座板中心位置钻孔直径 35 mm，如图 2-33 所示的模具装配图。

6. 推出机构设计

图 2-29 限位钉

由于推杆受塑件尺寸和模具结构影响，直径不能过大，选用 8 条 φ3 mm 和 4 条 φ4 mm 两种较小规格的推杆，4 mm 推杆顶部形状与动模型芯形状一致，带有 R10 mm 圆弧，因此应配做销钉防止转动。由于塑件是大批量生产，因此，为保护小推杆以及减少推杆与动模型芯的磨损，使推出和复位机构平稳，提高模具寿命，推出系统采用两套 φ20 mm 推板导柱、导套导向机构，如图 2-24 模架图所示。

推杆形状与尺寸如图 2-30 和图 2-31 所示。

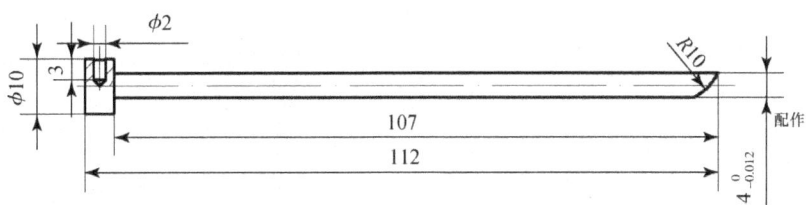

图 2-30 推杆 I

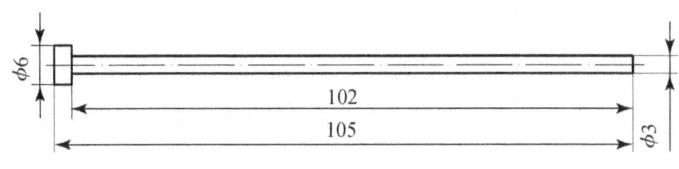

图 2-31 推杆 II

7. 模具冷却系统设计

由于塑件批量大、精度要求不高，市场售价低。因此，应尽量缩短注射周期，提高生产效率，为此模具冷却至关重要。

（1）定模冷却。

定模型腔镶件外观呈圆形，中间和周边塑料多应加强冷却，因此采用两组环形水道进行冷却，水流从定模板进入到定模镶件下端面的环形槽内，流经一圈后从出水口流出，两板之间用 4 个 O 形密封圈密封，如图 2-21 与图 2-25 所示。

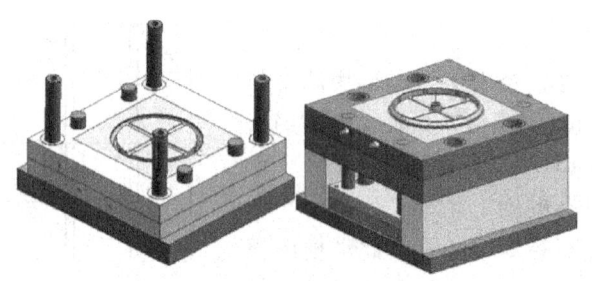

图 2-32　模具三维结构

（2）动模冷却。

动模是组合式镶拼结构，有动模板、动模镶件和小型芯三个零件组成。小型芯直径小，无法加工水道，选用散热性能良好的铍铜制作，依靠空气和其他零件接触来散热，如图 2-23 所示。动模镶件被塑料包围面积大，温升高，故采用一组环形冷却水道，结构与定模相同，如图 2-22 与图 2-26 所示。

由上面分析，设计模具三维结构如图 2-32 所示。由模具三维结构生成装配工程图，如图 2-33 所示。由工程图编制标题栏与明细表，如表 2-3 所示。

表 2-3　晾衣架注射模标题栏、明细表（工厂生产常用格式）

技术要求：						
	40	GB/T 70.1—2000	内六角螺钉		3	M8×20
	39	MS20-200-19	限位螺钉	45	4	35～40HRC
	38	MS20-200-18	定模型腔镶件	S136	1	30～35HRC
	37		定模板导套	T8A	4	56～60HRC
1. 塑件未注精度均为 MT6；	36		导柱	T8A	4	56～60HRC
2. 模架规格 JA2525，闭合高度 236 mm；	35		动模板导套	T8A	4	56～60HRC
	34		O 形密封圈	橡胶	各 1	ϕ2.55×55
3. 使用注射设备 XS-Y-125。	33	ϕ30×45	矩形弹簧	65Mn	4	48～52HRC
	32	GB/T 70.1—2000	内六角螺钉		4	M12×100
	31		复位杆	GCr15	4	50～55HRC
	30	MS20-200-17	动模小型芯	S136	1	30～35HRC
	29	GB/T 70.1—2000	内六角螺钉		1	M6×10

续表

28		推板导套	T8A	2	56~60HRC
27		推板导柱	T8A	2	56~60HRC
26	MS20-200-16	推杆Ⅱ	GCr15	8	50~55HRC
25	MS20-200-15	推杆固定板	45	1	
24	MS20-200-14	推板	45	1	
23	GB119—1986	圆柱销	45	4	$\phi 4 \times 20$
22	MS20-200-13	限位钉	45	4	40~45HRC
21	MS20-200-12	动模座柱	45	1	
20	MS20-200-11	垫块	45	2	
19	MS20-200-10	动模板	45	1	
18		冷却水道			
17		O形密封圈	橡胶	1	$\phi 2.55 \times 85$
16	GB/T 70.1—2000	内六角螺钉		4	M8×35
15	GB 119—1986	圆柱销	45	2	$\phi 8 \times 400$
14	MS20-200-09	推杆Ⅰ	GCr15	4	50~55HRC
13	MS20-200-08	动模镶件	S136	1	30~35HRC
12		塑件	PVC	1	
11	MS20-200-07	限位拉杆	45	4	35~40HRC
10	GB/T 70.1—2000	内六角螺钉		4	M10×30
9		拉扣组件		2	
8	MS20-200-06	定模板	S136	1	30~35HRC
7	GB/T 70.1—2000	内六角螺钉		4	M10×20
6	MS20-200-05	流道推板	45	1	
5	MS20-200-04	定模座板	45	1	
4	MS20-200-03	拉料杆	65Mn	2	44~48HRC
3		顶丝		2	M12
2	MS20-200-02	浇口套	GCr15	1	35~40HRC
1	MS20-200-01	定位圈	45	1	
序号	图号	名称	材料	数量	备注

标记	处数	分区	更改	签名	年 月 日	晾衣架转盘注射模装配图			×××公司
设计			标准化			阶段标记	质量	比例	MS20-200-00
审核								1:1	
批准						共20张	第1张		

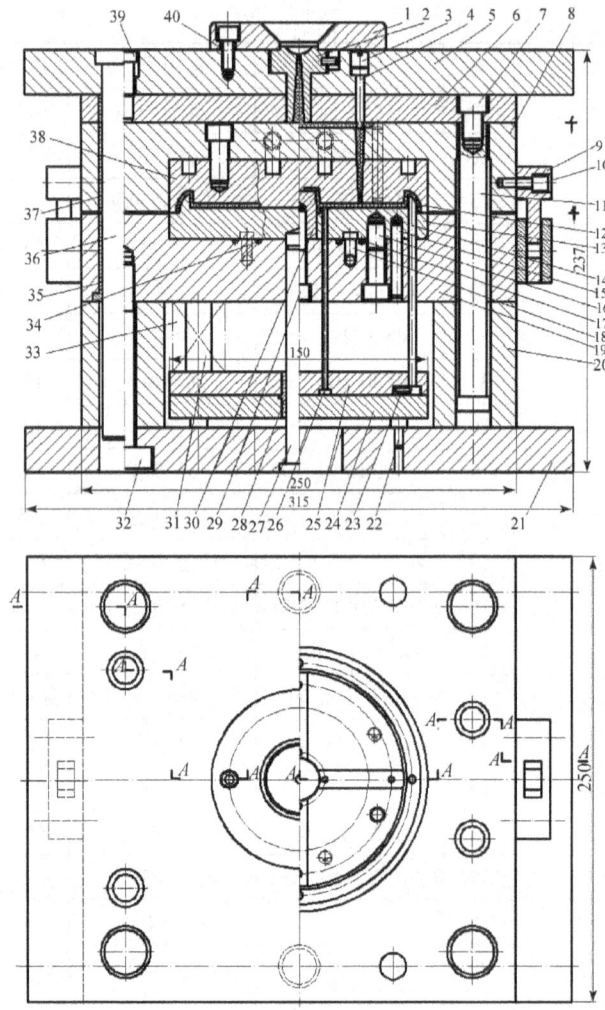

图 2-33 晾衣架装配图

真实模具结构如图 2-34 所示。

(a) 模具合模状态

(b) 模具半开状态

(c) 模具开模状态

图 2-34 晾衣架模具实物

8. 模具其他零件结构与尺寸

如图 2-35 至图 2-42 所示。

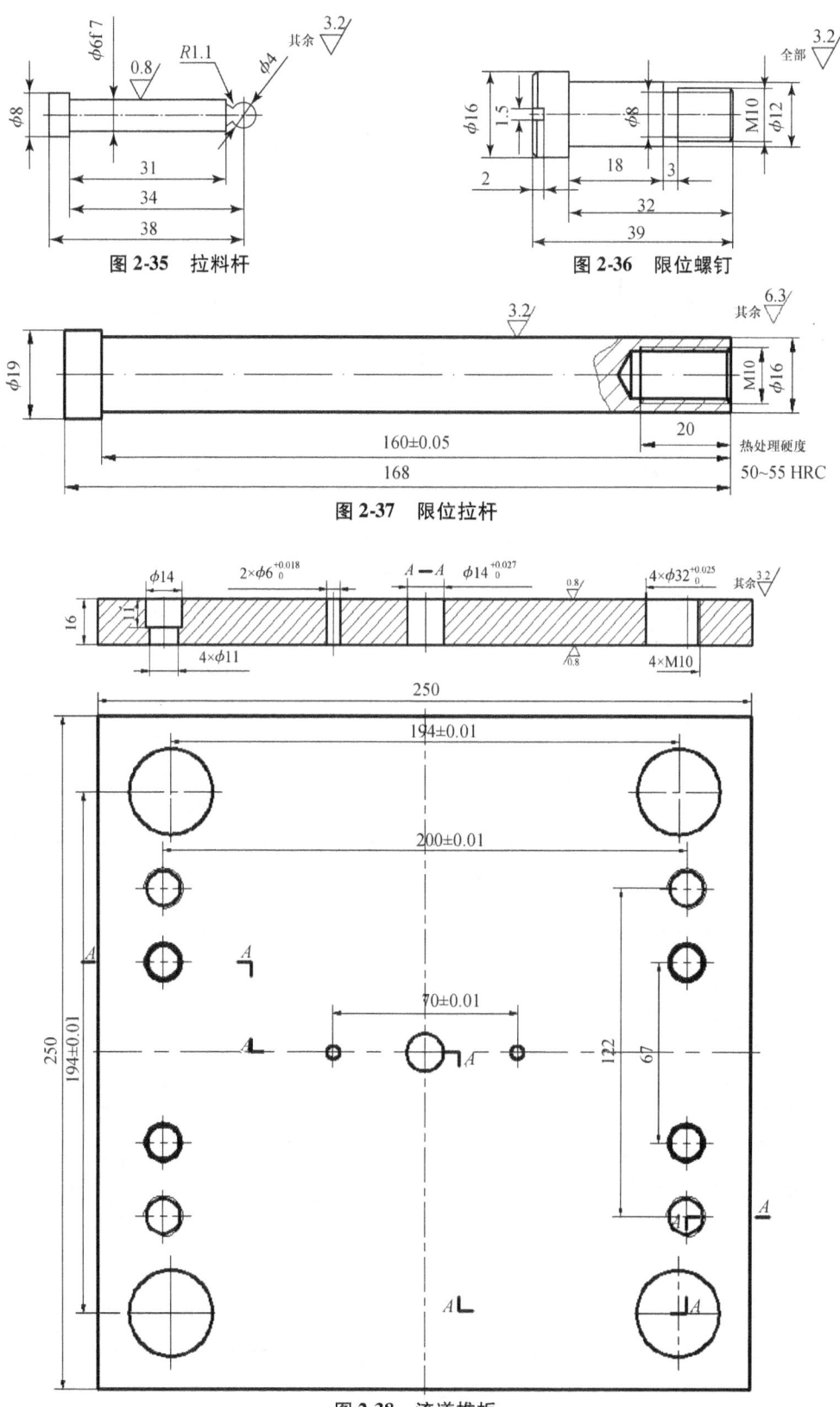

图 2-35 拉料杆

图 2-36 限位螺钉

图 2-37 限位拉杆

图 2-38 流道推板

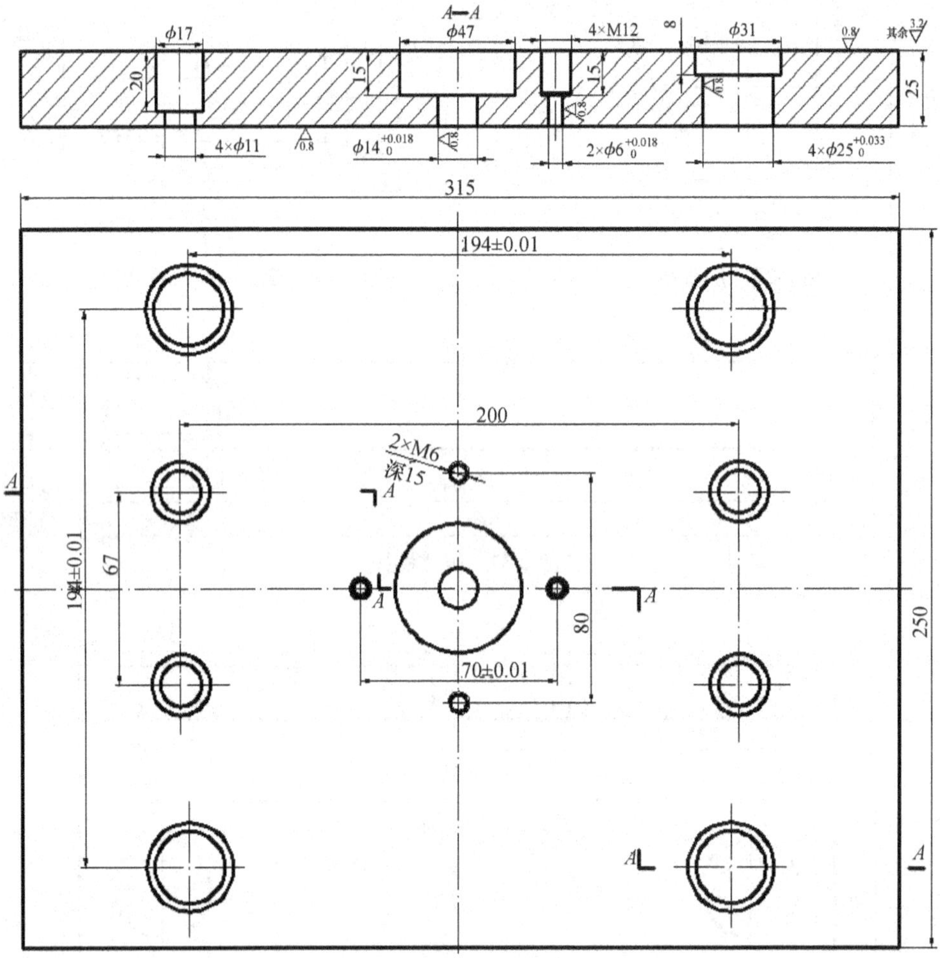

图 2-39 定模座板

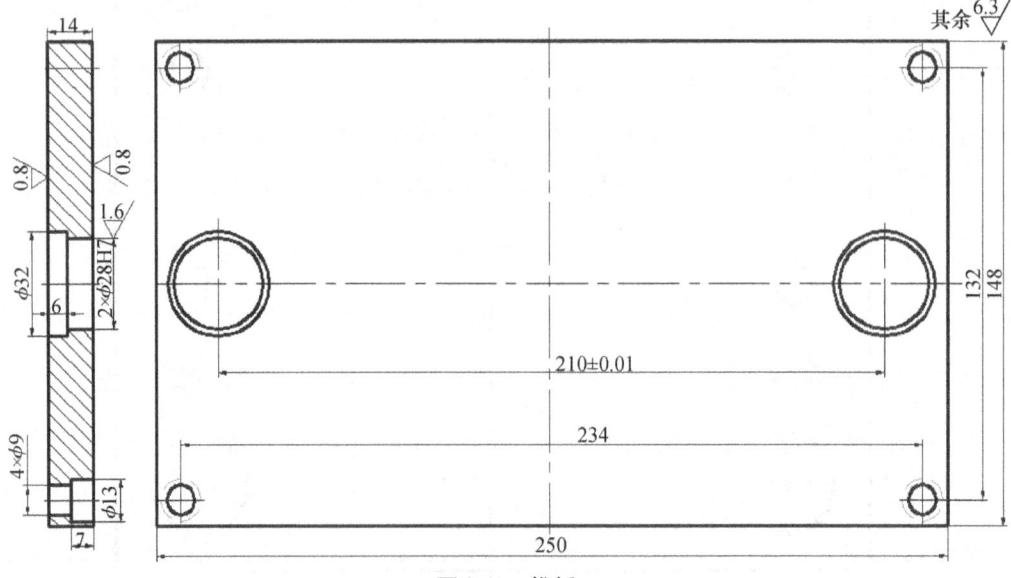

图 2-40 推板

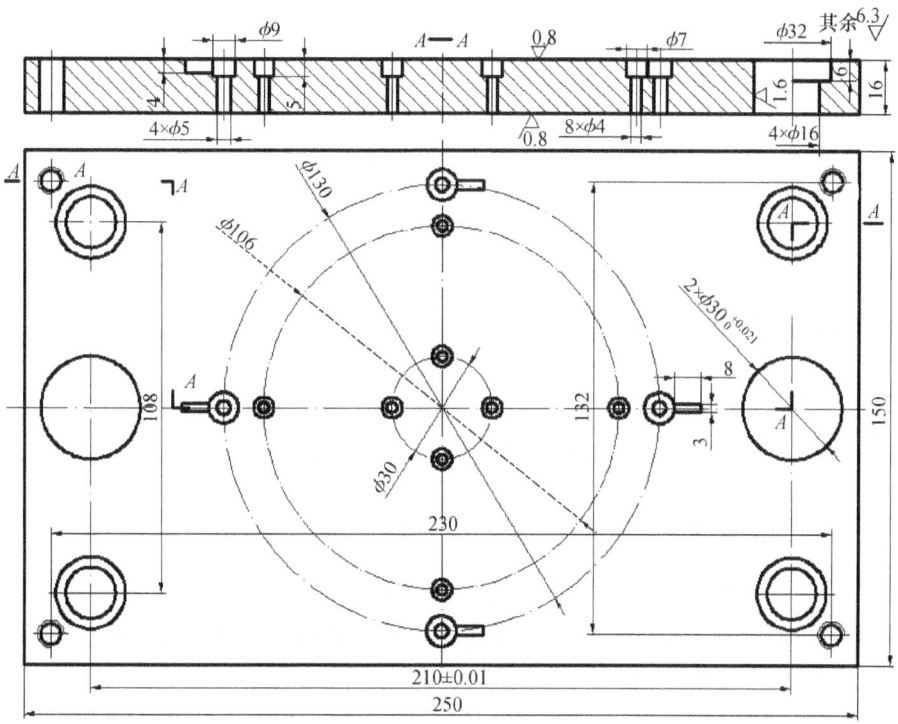

图 2-41 推杆固定板图

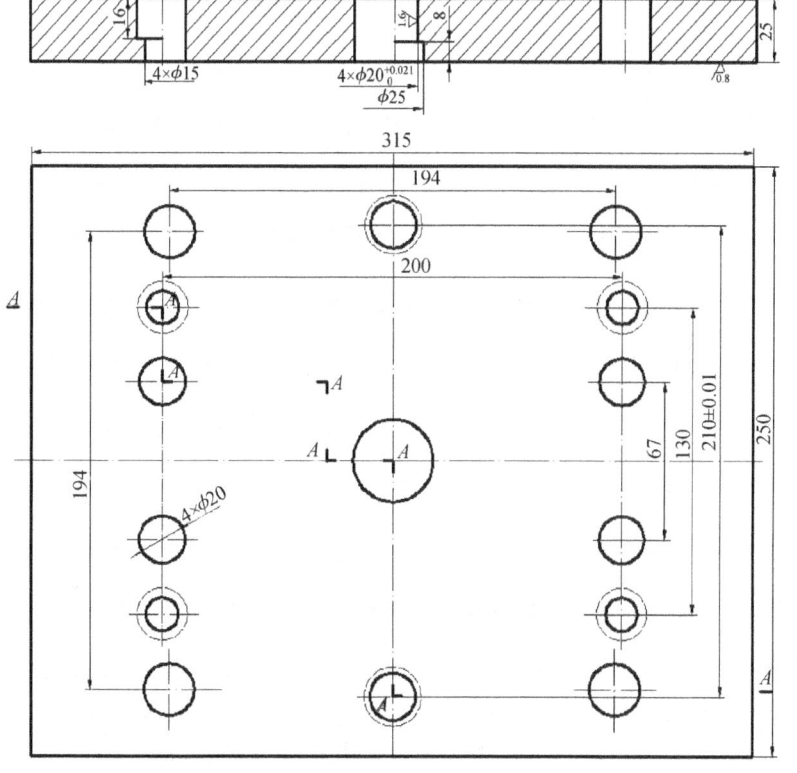

图 2-42 动模座板

2.5.2 注射机校核

本模具的外形尺寸为 315 mm × 250 mm × 237 mm。XS-ZY-125 型注射机模板最大安装尺寸为 428 mm × 458 mm，故能满足模具的安装要求。

模具的闭合高度 $H = 237$ mm，XS-Z-125 型注射机所允许模具的最小厚度 $H = 200$ mm，最大厚度 300 mm，模具厚满足 $H_{min} \leq H \leq H_{max}$ 的安装条件。

查 XS-Z-125 型注射机的最大开模行程 $S = 300$ mm。

三板模开模行程计算公式为：

$$S_{min} \geq H_1 + H_2 + A + C + (5 \sim 10) = 13 + 14 + (83 + 30) + 8 + 10 = 158 \text{（mm）}$$

满足开模要求。

因此，XS-ZY-125 型注射机能够满足使用要求，故可采用。

2.5.3 模具工作原理

该模具的工作原理与动作过程简述如下：

（1）模具注射、保压、补缩、冷却完毕，注射机动模安装板带着动模开模，拉构组件拉动定模板随动模一起移动，在拉料杆作用下流道凝料从最细处（点浇口）被拉断，此时流道凝料和流道推板不动，在 Ⅰ—Ⅰ 面完成第一次分型，如图 2-43 所示。

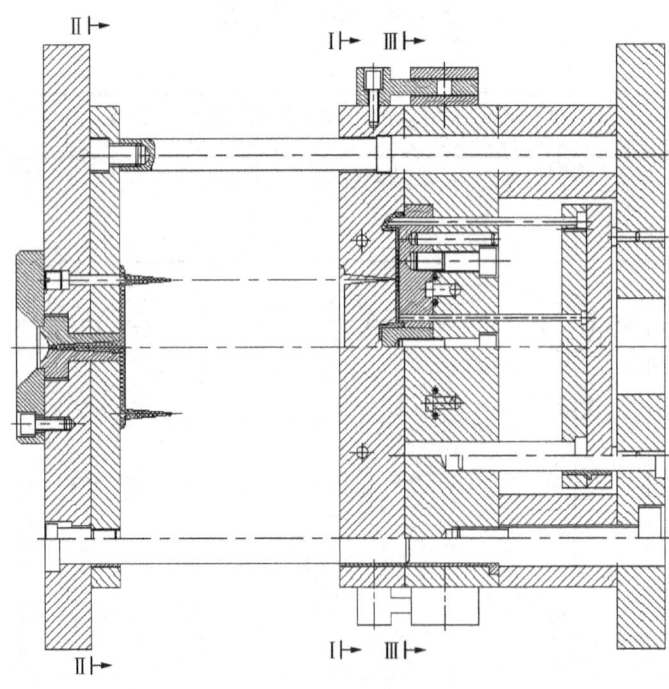

图 2-43 模具从 Ⅰ—Ⅰ 面分型

（2）模具继续开模达到一定行程后，限位拉杆行程到位，拉动流道推板，Ⅱ—Ⅱ 面打开，并使浇注系统从球形拉料杆上、浇口套内脱出，用机械手或人工取出流道凝料，此处为分开面而非分型面。当流道推板行程足够或采用美（国）式浇口套时，流道凝料可自动脱落。如图 2-44 所示。

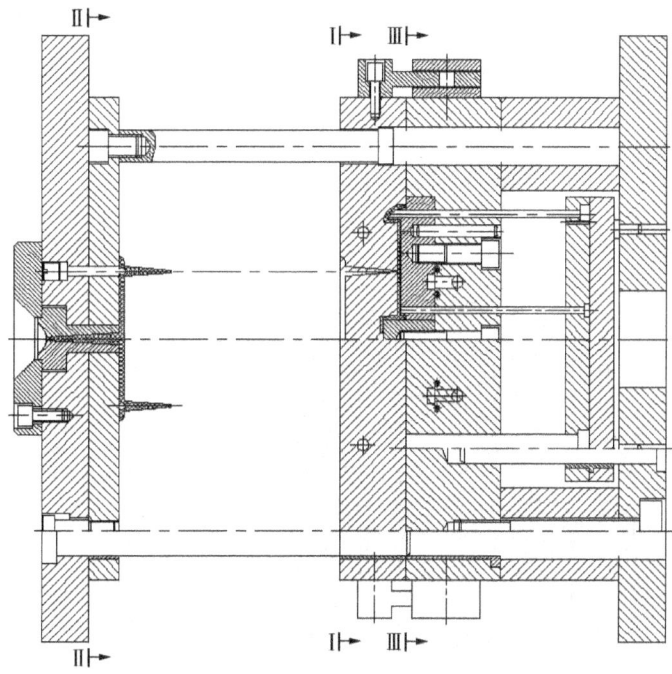

图 2-44 模具从 Ⅱ—Ⅱ 面打开

(3) 动模继续向后移动，限位螺钉 38 行程到位，其头部台肩使流道推板停止运动，此时，拉钩组件脱开，动、定模从 Ⅲ—Ⅲ 面分型，主分型面打开，开模动作完成，如图 2-45 所示。

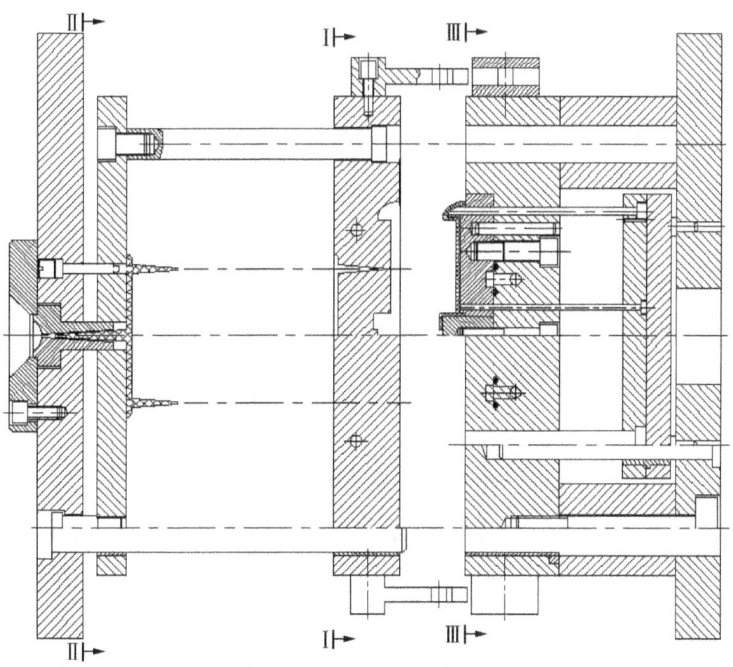

图 2-45 模具从 Ⅲ—Ⅲ 面分型

（4）注射机动模安装板行程到位，停止移动，注射机顶出油缸推动推出机构，完成塑件推出，如图 2-46 所示。

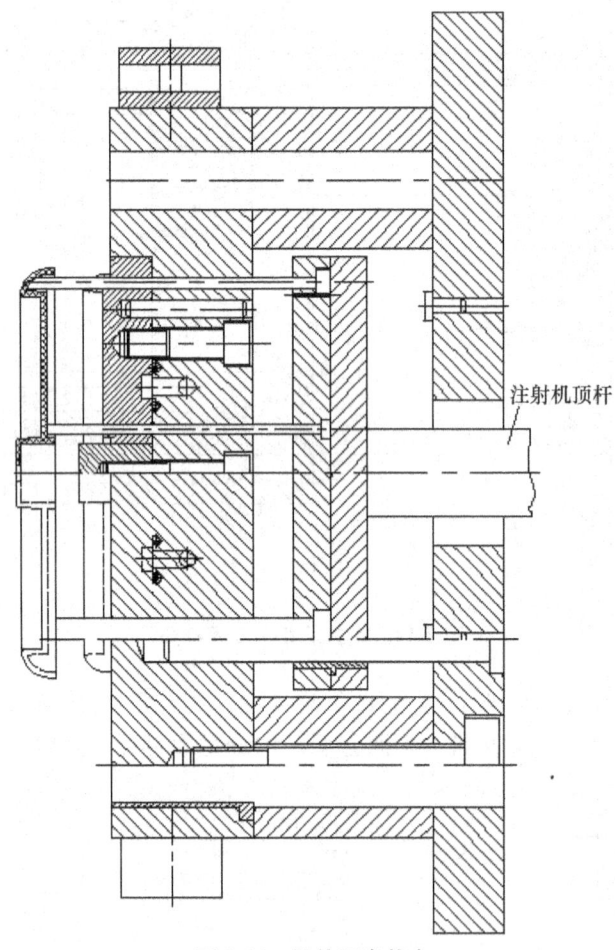

图 2-46 塑件顶出状态

任务六　拓展与强化

如图 2-47 所示桶盖塑件，完成塑料件三板注射模具设计。

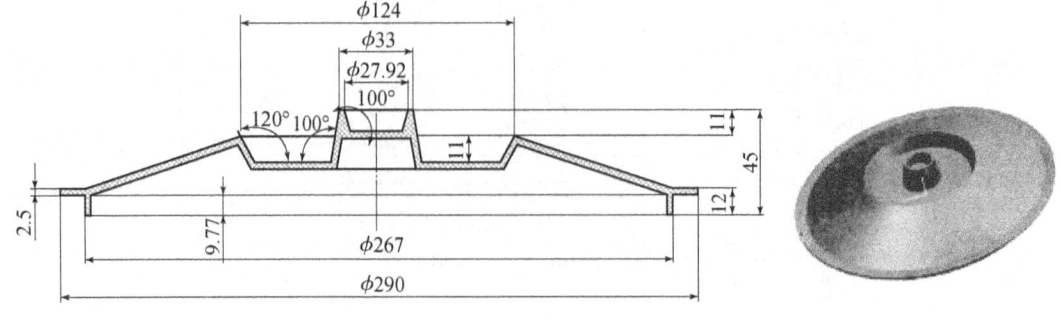

图 2-47　桶盖

技术要求：材料为PP，大批量生产；未注公差MT6；未注壁厚均为2.0 mm；外表面粗糙度 $Ra=0.4$ μmm，其余 $Ra=1.6$ μmm。

思考与练习

一、填空题

1. 双分型面注射模具俗称_____，它有_____个分型面，模具完全开模后分成三部分，比二板模增加了一块流道推板，塑件由定距分型机构实现_____分型，然后由推出机构推出塑件。
2. 流道推板和定模板打开的距离大于_____，且不小于_____mm。流道推板和定模座板打开的距离_____mm。
3. 三板模中动、定模板开模拉扣常用的形式有_____和_____。
4. 三板模架有_____模架和_____模架两种。
5. 简化三板模架无推出板，不适用于_____推出塑件的结构；当精度和寿命要求高时亦不适用。

二、选择题

1. 双分型面注射模中主分型面取出_____，另一个分型面取出_____。
   A．塑件   B．嵌件
   C．侧型芯   D．浇注系统凝料
2. 下面不属于三板模分型拉开机构的是_____。
   A．树脂拉扣机构   B．弹簧拉扣机构
   C．拉条机构   D．合模导型机构

三、简答题

1. 点浇口进料的双分型面注射模，定模部分为什么要多设一个分型面？
2. 简述三板模的工作过程。

四、应用题

1. 如图2-48所示的盒盖塑料件，材料为聚乙烯（PE）制品，年产量20万件。读懂图2-49的模具装配结构图，并完成下述任务。

（1）说明生产成型时模具的工作原理。

（2）列表说明：序号1～20的零件名称及其作用；序号1～20的零件选用什么材料？热处理应达到什么要求？

（3）此塑件在成型前塑料应注意什么问题？根据现在所学知识，分析成型制品可能出现的质量问题及解决问题的办法。

（4）按照模具设计程序，对该模具进行全过程设计。

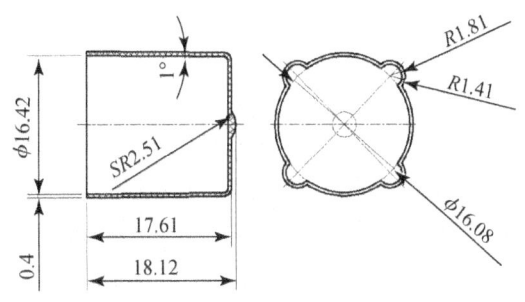

图 2-48 盒盖塑料件

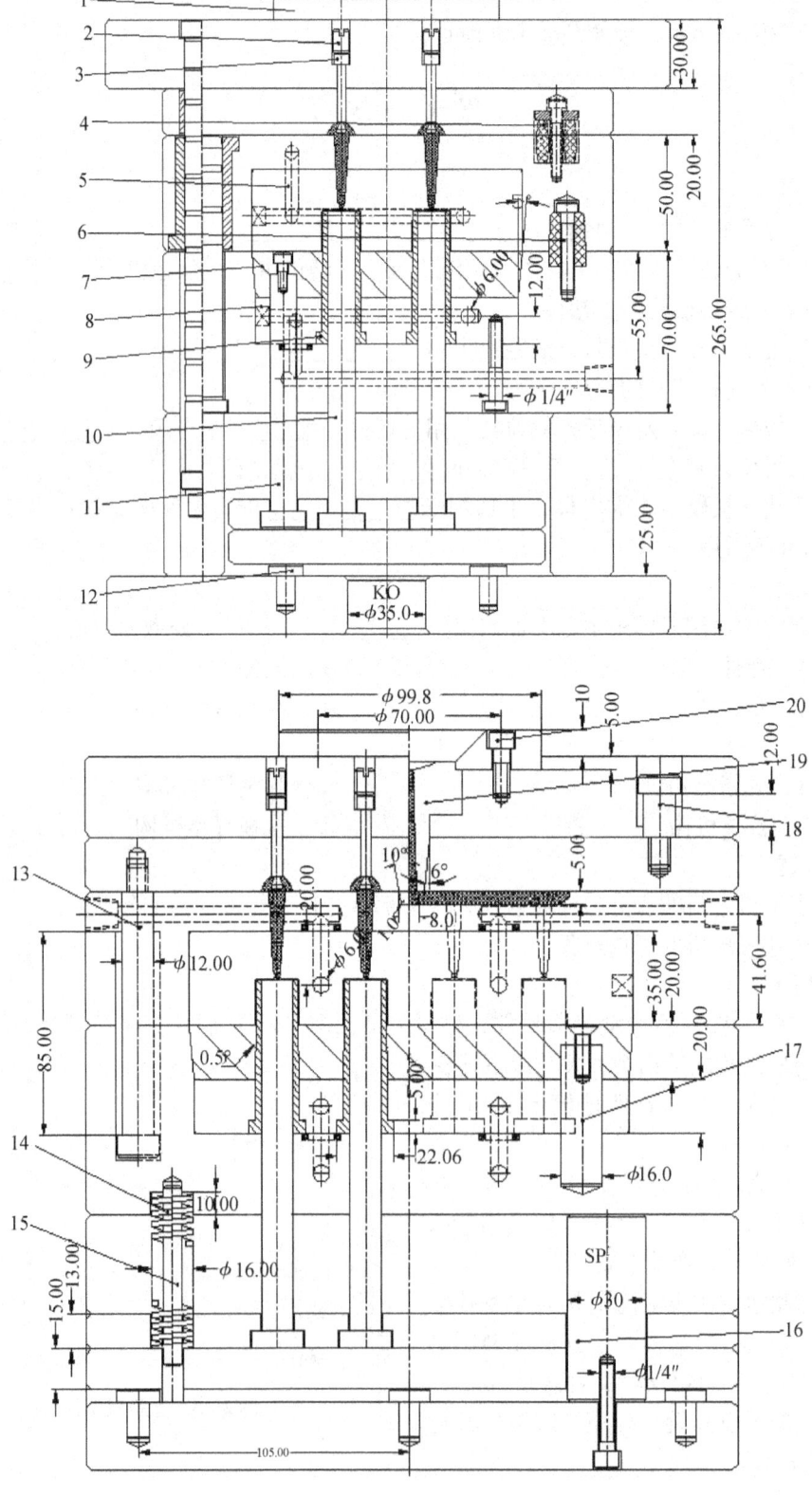

图 2-49 盒盖注射模

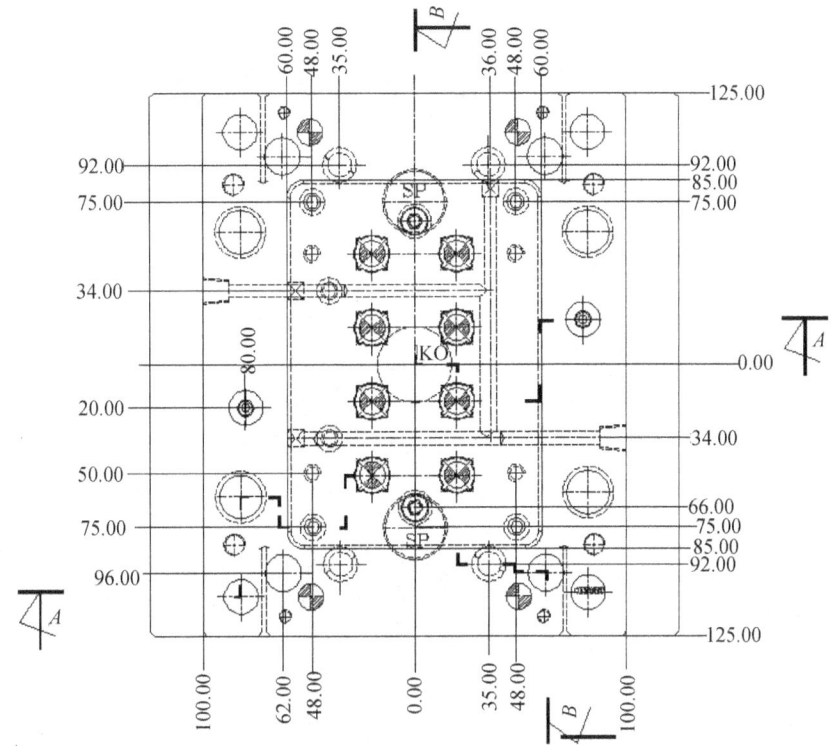

图 2-49　盒盖注射模（续）

项目三　上罩侧向抽芯机构注射模具设计

项目引入

图 3-1 所示为某机身上罩的立体图和平面图。塑料件的材料为 POM，颜色为银灰色，大批量生产。试完成侧向抽芯机构与模具整体结构设计。

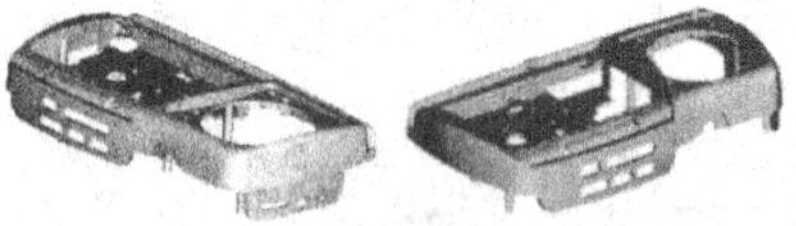

(a) 立体图

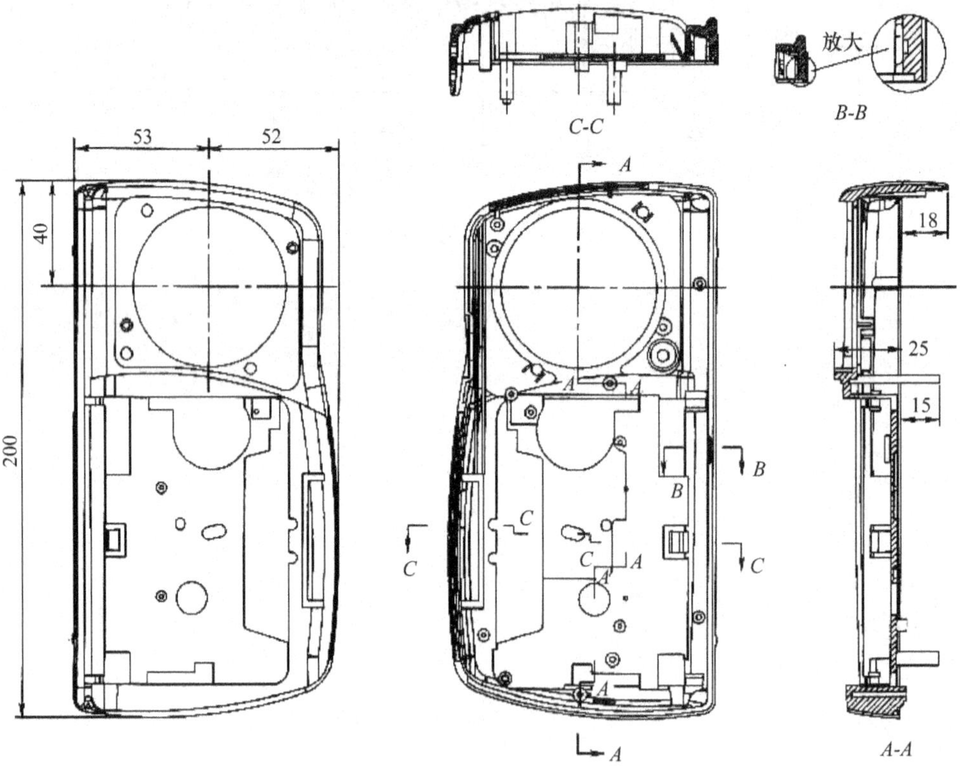

(b) 平面图

图 3-1　上罩塑件零件图

任务一　上罩塑件设计与成型工艺分析

3.1.1　塑件材料分析

POM 性能与成型工艺参见项目一"任务一"。

3.1.2 塑件结构分析

(1) 由图 3-1 可知,塑件的两个侧面有凹孔和凹槽,模具必须设侧向抽芯机构。本模具采用斜导柱加滑块的结构。

(2) 塑件内侧有一方形盲孔,不能强行脱模,模具要设计斜推杆抽芯机构,如图 3-2 所示。

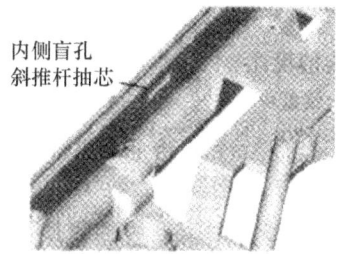

图 3-2　内侧盲孔斜推杆抽芯

任务二　注射模具斜导柱与侧滑块抽芯机构设计

3.2.1 侧向分型与抽芯机构的分类

1. 侧向分型与抽芯机构

如图 3-3 所示塑料件与模具侧抽芯机构。当塑件上具有内、外侧孔或内、外侧凹时,塑件不能直接从模具中脱出。需将成型塑件侧孔或侧凹的模具零件做成活动的抽出零件,这种零件称为侧型芯。在塑件脱模前先将侧型芯从塑件上抽出,再从模具中推出塑件。完成侧型芯抽出和复位的机构称为侧向分型与抽芯机构。

(a) 塑料制品

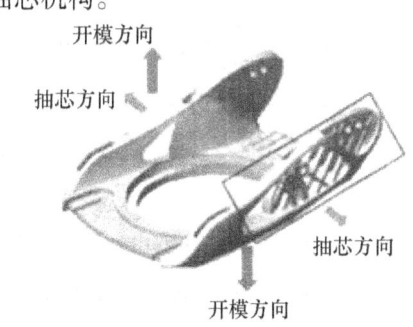

(b) 出模分析

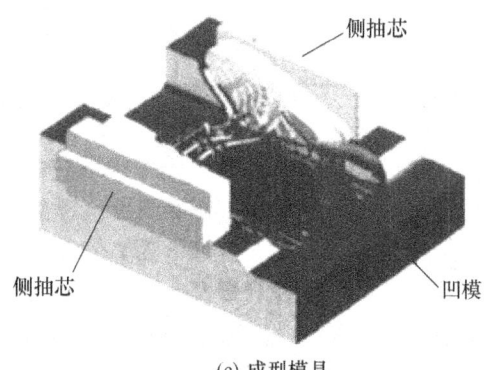

(c) 成型模具

图 3-3　侧向抽芯机构示例

2. 侧抽芯机构的分类

按驱动方式分 $\begin{cases} 手动侧抽芯机构 \\ 机动侧抽芯机构（斜导柱、斜滑块、齿轮齿条等）\\ 液压或气动侧抽芯机构 \end{cases}$

按模具结构分 $\begin{cases} 斜导柱分型与抽芯机构 \\ 斜滑块（哈夫块）分型与抽芯机构 \\ 其他侧抽芯机构（斜推杆、滑块+液压缸抽芯机构、手动抽芯）\end{cases}$

3. 抽芯距

将型芯从成型位置抽到不妨碍塑件取出的位置，即侧型芯（滑块）移动的距离，称为抽芯距。

通常抽芯距等于侧成型凹、凸深度加上 2～3 mm 的安全距离，某些场合还要抽出超过塑件的最大边缘，如图 3-4 所示。

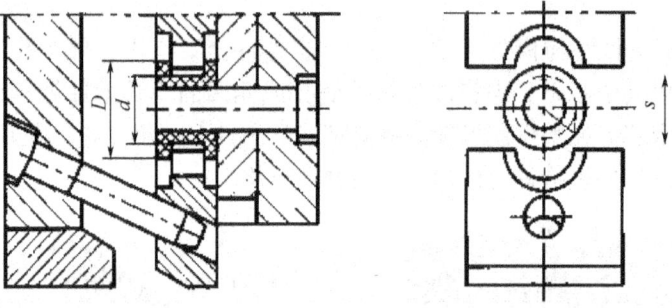

图 3-4　侧滑块脱模距

讨论：

侧向分型与抽芯机构使模具机构变得更为复杂，一套模具每增加一个抽芯机构，成本增加 15%～20%。同时由于存在着运动机构，模具发生故障的几率也增高。因此，塑件设计时应尽量避免侧向凹凸结构。

图 3-5 所示的三种零件改进后可不用侧抽芯结构成型，模具的复杂程度大为降低，节约了模具成本。

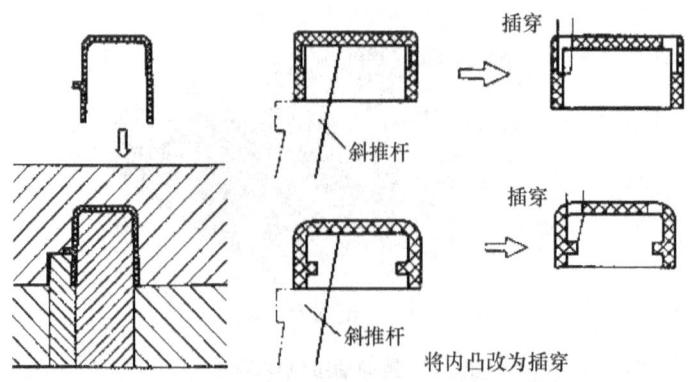

图 3-5　塑件简化可避免侧抽芯

3.2.2 斜导柱与侧滑块外侧抽芯机构

斜导柱与侧滑块抽芯机构形式有外侧抽芯机构和内测抽芯机构两种，前者最常用。而滑块位置可在动模或定模，前者最常用。

1. 斜导柱外侧抽芯机构组成及各零件功能

斜导柱外侧抽芯机构共有五部分组成，每一部分都有其特定形状和功能，如图 3-6 所示钢珠与弹簧定位，图 3-7 所示为挡块与弹簧定位。

（1）动力部分：斜导柱；
（2）锁紧部分：锁紧块（斜楔）；
（3）定位部分：滚珠+弹簧、定位销+弹簧、挡块+弹簧；
（4）导滑部分：导向槽与压块；
（5）成型部分：侧抽芯与滑块。

2. 斜导柱外侧抽芯机构的工作过程

如图 3-7 所示为斜导柱外侧抽芯机构的工作过程：开模时动模部分向后移动，开模力通过斜导柱作用于侧滑块，迫使其在动模板的导滑槽内向外移动，直至斜导柱与滑块完全脱开，完成侧向抽芯动作。斜导柱侧向抽芯结束后，侧型芯滑块应有准确定位，确保下次合模时斜导柱能准确插入滑块的斜孔中使滑块复位。

合模时，斜导柱首先插入侧滑块斜孔中拨动滑块完成合模动作，最后锁紧块斜面锁紧侧滑块斜面，完成精定位，确保滑块合模到位而避免零件出现飞边。

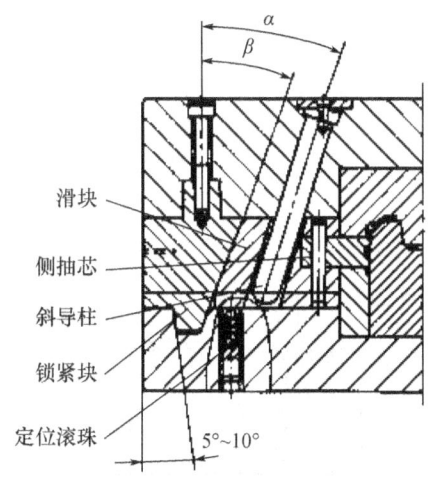

图 3-6 斜导柱外侧抽芯机构组成（钢珠定位）

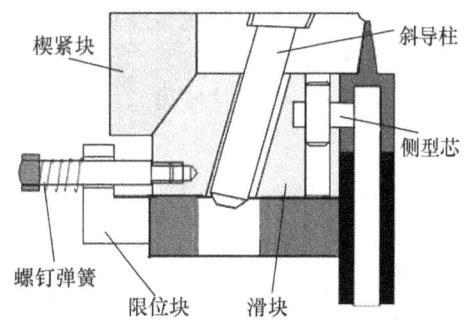

图 3-7 斜导柱外侧抽芯机构（挡块定位）

3. 斜导柱外侧抽芯机构设计

（1）设计原则。
① 侧向抽芯与滑块牢固安装或做成一体；

② 滑块在导滑槽内应滑动平稳，配合公差为 H7/F7；

③ 限位装置应可靠，保证开模后滑块在模具、注射机振动或人为不注意碰到后不发生位移；

④ 锁紧块（楔）装配稳固，锁紧滑块可靠；

⑤ 滑块抽芯到位后留在导滑槽内的长度不小于 3/4 总长度；

⑥ 滑块尽量装在动模板内。若滑块必须装在定模内，开模前必须先抽出侧型芯。

（2）斜导柱设计。

① 斜导柱倾角 α 一般在 $15° \leqslant \alpha \leqslant 25°$ 范围内，常用 $18° \leqslant \alpha \leqslant 20°$，滑块（锁紧块）斜面锁紧角 $\beta = \alpha + (2° \sim 3°)$。

注：斜导柱倾角 α 比斜面锁紧角 β 大 $2° \sim 3°$ 的目的是：

a. 开模时，滑块和锁紧块必须先分开，然后斜导柱才能拨动滑块实现侧向抽芯；

b. 合模时，斜导柱拨动滑块首先合模，然后锁紧块锁紧滑块斜面。

若 $\beta \leqslant \alpha$，锁紧块与滑块将发生干涉，俗称"撞模"，如图 3-8 所示。

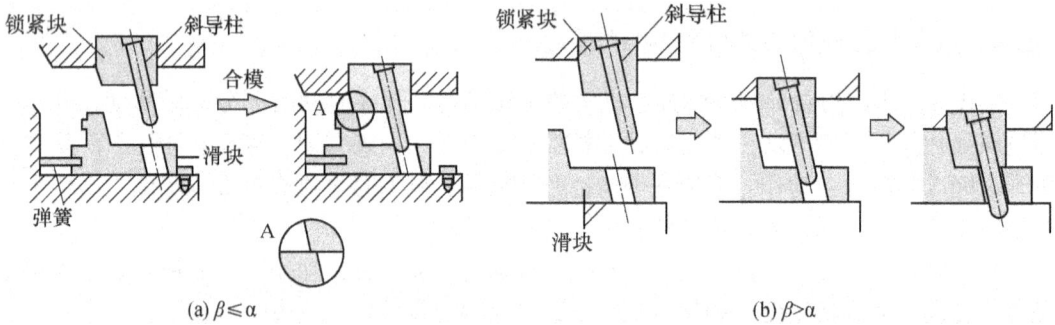

图 3-8 β 与 α 的关系

② 抽芯距计算，如图 3-9 所示：$S_1 = S$（侧向凹凸深度）+（安全距离）$(2\sim3)$ mm。

③ 斜导柱的长度 L 计算，如图 3-10 所示：$L = L_1 + L_2 = H/\cos\alpha + S/\sin\alpha$。

式中　H——导柱固定板厚度；

　　　S——抽芯距；

　　　α——斜导柱倾角。

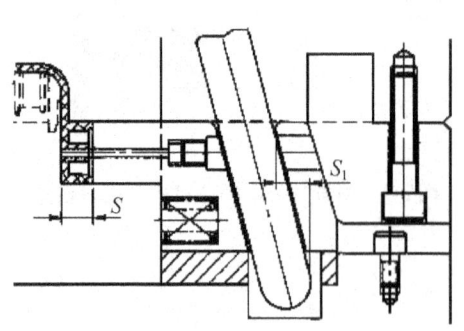 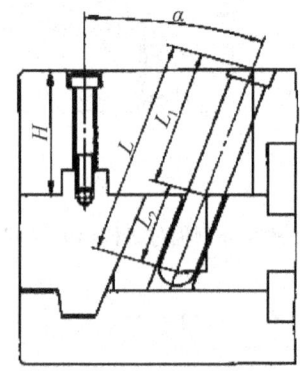

图 3-9　抽芯距计算　　　　　　　　图 3-10　斜导柱的长度计算

④ 斜导柱大小和数量的确定。如表 3-1 所示,斜导柱直径应比滑块上的斜孔直径小 1~1.5 mm,使开模瞬间有一段很小的空行程,使塑件留在动模(定模),且锁紧块先脱离滑块。

表 3-1 斜导柱大小和数量

滑块宽度(mm)	20~30	30~50	50~80	80~150	>150
斜导柱直径(mm)	6~9	9~12	12~16	14~20	20~30
斜导柱数量(mm)	1	1	1	2	2

⑤ 斜导柱的装配及应用,斜导柱常用固定方式如表 3-2 所示。

表 3-2 斜导柱的固定方法

斜导柱装配简图	简要说明	斜导柱装配简图	简要说明
	使用在定模座较薄,且模座与定模板不分开情况下。斜导柱与模板配合面较长,刚性及稳定性好。配合公差取 H7/m6		使用在模板较厚的二板模或三板模。配合长度 $L=(2\sim5)D$。该种结构稳定性差,沉孔加工困难
	使用在定模板较厚、空间位置大的二板模或三板模。配合长度 $L=(2\sim5)D$		使用在定模座较薄,且模座与定模板可分开情况下。斜导柱与模板配合面较长,刚性及稳定性好

(3) 滑块设计。

① 滑块的导滑形式。

滑块在导滑槽中必须顺畅、平稳,否则会发生卡滞或跳动现象,严重时会烧死滑块,憋断斜导柱。常用的导滑形式与配合精度见表 3-3 所示。

表 3-3 滑块的导滑形式

侧滑块与导滑槽简图	说明	侧滑块与导滑槽简图	说明
	T形导滑槽加工在模板上,加工较难,适用于较小的场合		用压板限定滑块,加工简单,应用广泛。(压板已标准化)
	用台肩压板,加工简单,应用较多。但压板需用销钉定位,方便更换与维修		滑块底部用T形槽,应用较少。适用于空间较小的场合

② 滑块的尺寸及滑行距离。

a. 通常滑块的宽度 $B \geqslant 30$ mm,滑块的长度 $L \geqslant$ 滑块的高度 H,以保证滑块在开模与合模时滑动平稳。

b. 滑块脱离导滑槽的长度 $L_1 \leqslant 1/4L$,如图 3-11 所示。

c. 一般情况下导滑槽应开通,如图 3-11 所示。

③ 滑块与锁紧块摩擦面应有足够的硬度。

滑块应有足够的硬度,有时为提高韧性而降低硬度,但其底面与斜面应镶嵌耐磨块以减少磨损,提高模具使用寿命,如图 3-12 所示。耐磨块的材料有锡青铜、油钢（54～58HRC）、P20（表面渗氮）。

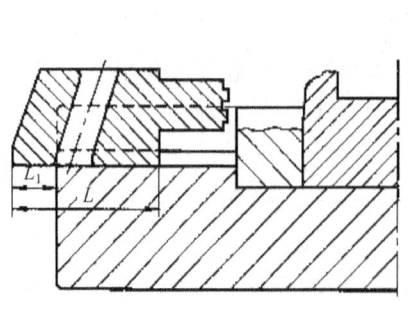

图 3-11 滑块脱离导滑槽的长度

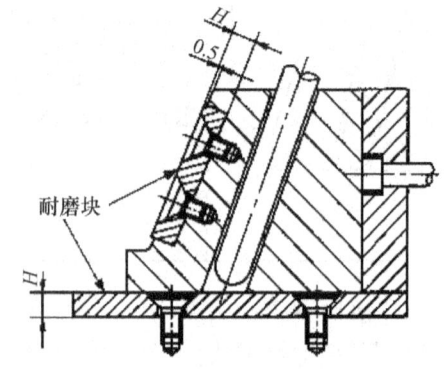

图 3-12 滑块上镶嵌耐磨块

④ 滑块的冷却。

滑块与塑料件接触面较大时应设计冷却系统,且水道应靠近底面以避开锁紧块,防止铲断水管接头,如图 3-13 所示。

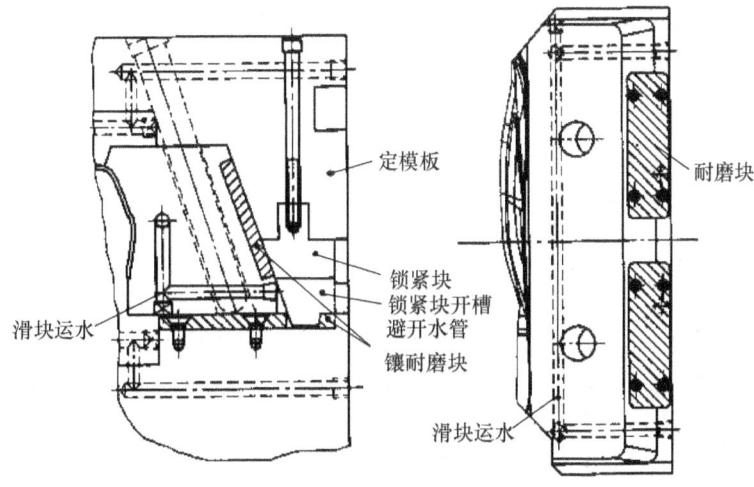

图 3-13 滑块的冷却

⑤ 滑块的定位。

滑块的定位在前面已有叙述,此处作详细讲解。开模后,当斜导柱和锁紧块离开滑块后,滑块必须保持在运动终止的位置,不允许发生位移,否则合模时斜导柱将不能准确进入滑块孔中,导致模具被压坏,如表 3-4 所示。

表 3-4 侧滑块的定位装置

定位装置简图	简要说明	定位装置简图	简要说明
(a) 定位销 钢球 (b)	利用弹簧钢球(销钉)定位,一般用于滑块较小或抽芯距较长的场合,多用于左右两侧抽芯	1—限位钉;2—矩形弹簧;3—滑块	利用弹簧与限位钉定位,多用于模具外侧位置狭窄的向下或侧向抽芯
1—挡块;2—滑块;3—导滑槽	利用弹簧、螺栓与挡块定位。多用于向上抽芯	1—挡块;2—滑块;3—矩形弹簧	利用弹簧与挡块定位,适用于向下或侧向抽芯

⑥ 滑块滑行方向。

在模具圆周360°方向上，根据塑件需要都可设置侧滑块，如图 3-14 所示。但设置滑块位置时应尽量遵循"能左右，不上下；能上不下；能左不右"的原则（面向定模板方向）。

原因是滑块在左右时容易维修与保养；滑块在上面时，维修人员需爬到注射机上工作困难且危险，另外当弹簧失效时滑块会受重力作用而下落，发生斜导柱撞滑块的事故；滑块在下面时，注射机空间位置很小，维修更困难；注射机操作人员在右侧，滑块装在左侧不影响操作，同时避免操作人员碰到滑块而使其移位。

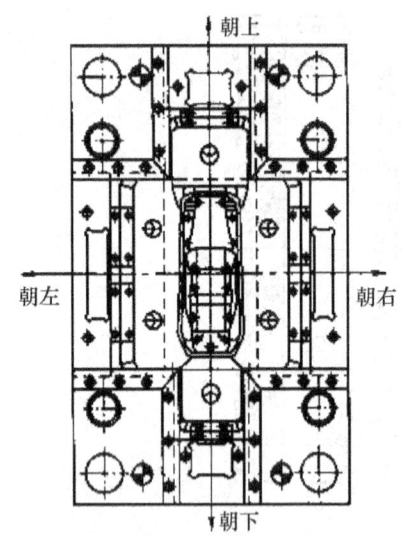

图 3-14 滑块滑行方向

⑦ 滑块与侧抽芯的连接方式。

滑块与侧抽芯的连接方式有整体式和组合式，表 3-5 所示为常用结构与连接方式。

表 3-5 滑块与抽芯的连接方式

简 图	简要说明	简 图	简要说明
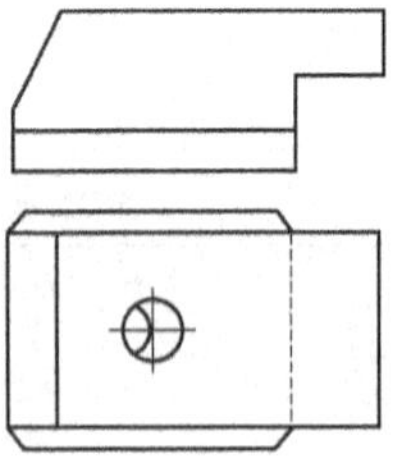	滑块与型芯做成一体，适用于滑块与型芯较大，强度与刚度要求较高的场合	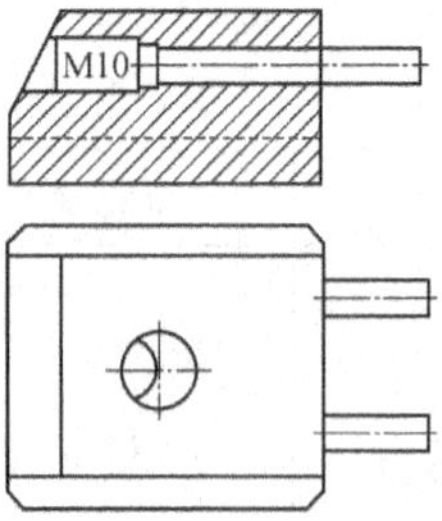	用螺塞顶紧型芯尾部，适用于较小的圆形型芯
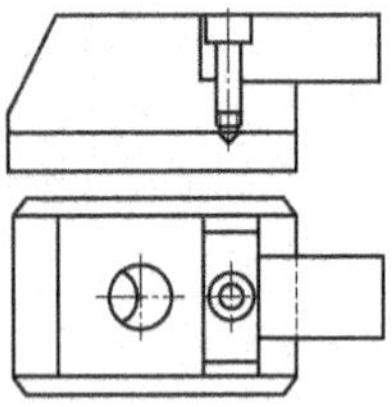	加工定位槽定位，再用螺栓从型芯上端紧固，适用于矩形、方形型芯	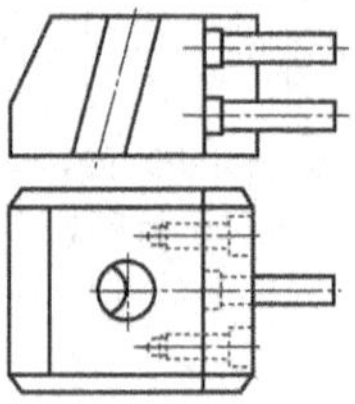	用螺栓、压板固定，适用于多型芯连接

⑧ 滑块与压块的配合尺寸。

滑块沉入动模的深度应大于 20 mm，滑块与滑块之间应留出 20 mm 以上料位，防止模板变形。

如图 3-15 所示，滑块高度为 H，压块定位高度 $B \geqslant \frac{1}{3}H$；压块高度 $A \geqslant \frac{2}{3}H$；表 3-6 列出滑块与导柱的有关尺寸。

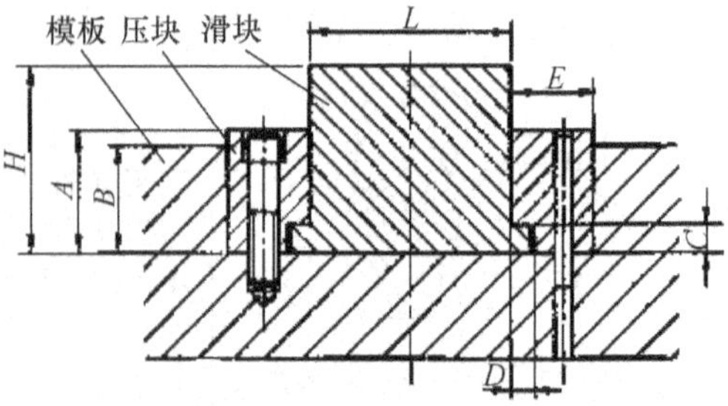

滑块上斜孔口部应倒圆角，便于导柱导向，如图 3-16 所示。

图 3-15 滑块与压块的配合尺寸

表 3-6 滑块尺寸经验值

滑块宽度（mm）	20～30	30～50	50～80	80～150	>150
斜导柱直径（mm）	6～9	9～12	12～16	14～20	20～30
斜导柱数量（mm）	1	1	1	2	2
滑块肩宽 D（mm）	3～4	4～5	6～8	8～10	10～15
滑块肩高 C（mm）	5～6	6～8	8～10	10～15	15～20

（4）压块设计。

压块的作用是压住滑块的肩部，使其在轨道内顺畅滑动。通常模板上直接加工出 T 型槽，而不用压块，但滑块与 T 型槽导轨磨损后会出现间隙，影响精度。为便于更换，提高模具寿命，下列情况下需把压块作成镶件。

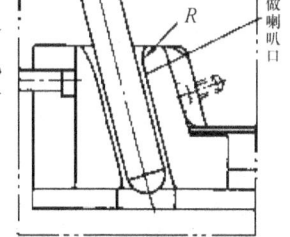

图 3-16 滑块孔口倒圆角

① 生产批量大，要求模具寿命长，导向部位磨损后便于更换；
② 塑件要求高，滑块机构需精密配合而采用耐磨损材料制造时；
③ 滑块尺寸较大时，为了便于加工和维修；
④ 滑块向模具内抽芯时，为了便于加工与安装。

压块材料：油钢 AIS101、GCr15、T8A 等，热处理硬度：54～58HRC。

压块的固定单边通常用两颗内六角螺栓和两只销钉，如图 3-17 所示。有关尺寸见表 3-7。

（5）锁紧块（斜楔）设计。

锁（楔）紧块的作用是注射时锁紧滑块，阻止滑块因受模具内高压塑料作用而后退。

锁紧块镶入模板（子扣）定位宽度一般取其总宽度的一半左右。当滑块藏入模板的深度大于等于 $\frac{2}{3}$ 滑块总高度的 $\frac{2}{3}$ 时，可在定模板上做整体锁紧块，如图 3-18 所示。锁紧块的固定形式与装配见表 3-8 所示。

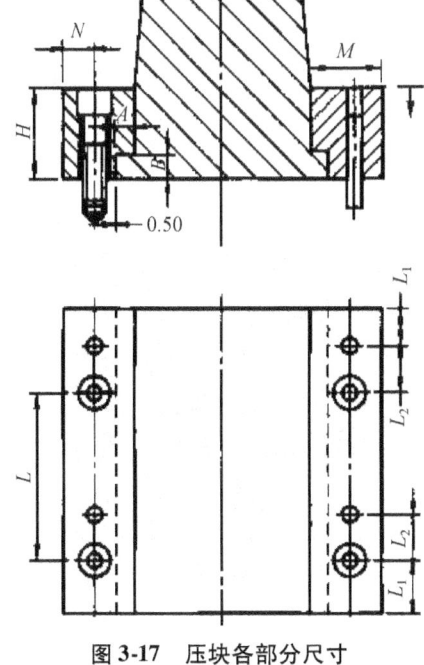

图 3-17 压块各部分尺寸

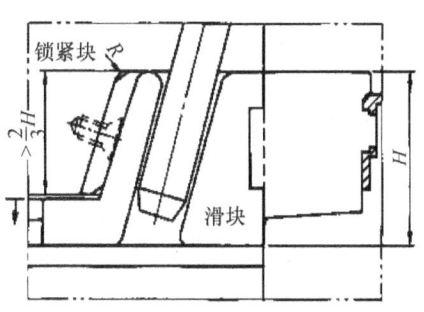

图 3-18 锁紧块做在定模板上

表 3-7　压块各部分尺寸

H	A	B	M	N	L	L_1	L_2	螺钉直径
18、20、22	5	6	20	9	<80	15	12	M8
25、30、35	6	8	22.5	10	<80	15	12	M8
40、45、50	8	10	25	10	<100	18	15	M10

表 3-8　锁紧块的形式与装配

锁紧块形式与装配简图	简要说明	锁紧块形式与装配简图	简要说明
	整体式锁紧块，强度与刚性好，但加工余量大，抽芯距离小，多用于小型模具		锁紧块装配采用嵌入式，适用于较宽的滑块
	采用通孔嵌入式，适用于较宽的滑块		锁紧块采用子口定位，适用于空间较大的场合

3.2.3　延时抽芯

在斜导柱侧向抽芯机构中为实现延时抽芯，可把滑块斜孔加大或加工成长圆孔。开模时斜导柱有一段空行程，实现延时抽芯，如图 3-19 所示。

图 3-20 为一设计实例，侧孔若内外同时抽芯，容易把塑件孔壁拉断或拉变形，于是采取先抽内部型芯，后抽外部型芯的结构。

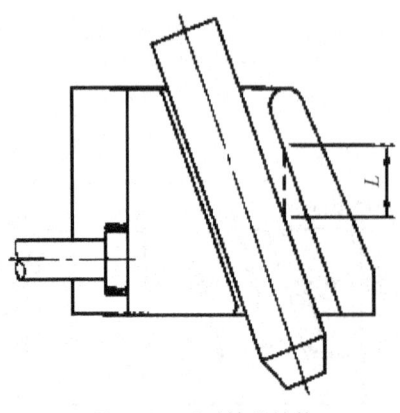

图 3-19　延时抽芯结构

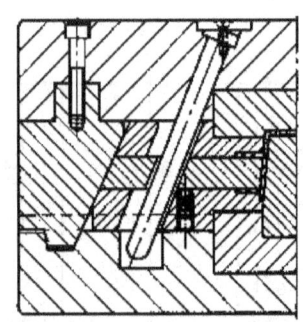

图 3-20　延时抽芯结构实例

3.2.4 斜导柱侧滑块内抽芯机构

塑件内壁有侧凹或凸起时,开模时滑块向塑件中心移动。如图 3-21 所示,工作原理与外侧抽芯相同,只是滑块移动方向相反。由于模具空间位置的限制,侧滑块内抽芯结构较少使用。

注意点:

① A 处须有足够的强度,壁厚不少于 5 mm,转角处应圆弧过渡;
② 压块厚度 $\delta = 8 \sim 10$ mm;
③ 斜导柱倾斜角 $\alpha = 15 \sim 25°$
锁紧块斜面倾斜角 $\beta = \alpha + (2 \sim 3°)$;
④ 塑件壁厚 $D \geq 1$ mm。

图 3-22 斜导柱内侧抽芯机构注射模实例。

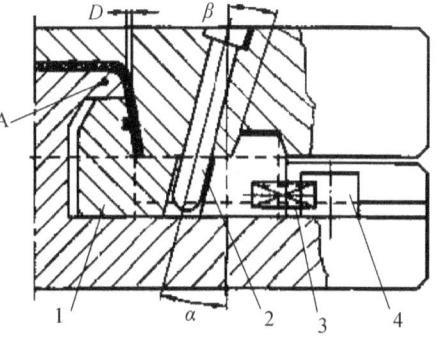

图 3-21 斜导柱侧滑块内抽芯机构
1—内抽滑块;2—斜导柱;3—弹簧;4—挡块

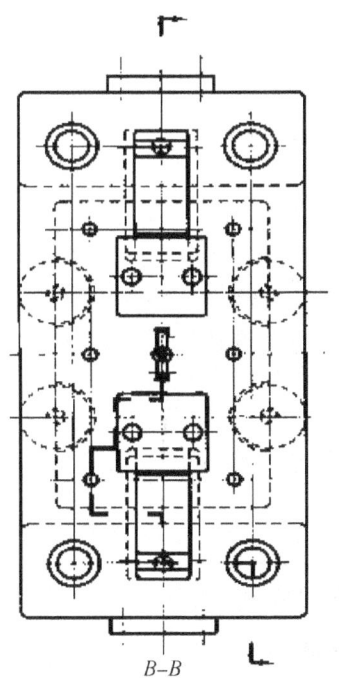

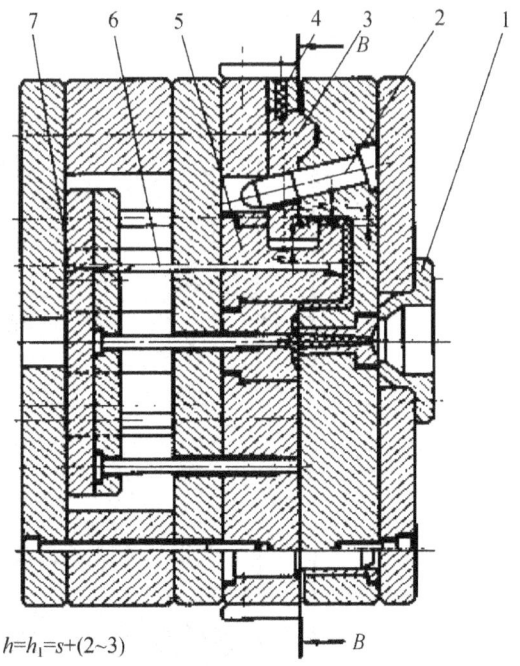

图 3-22 斜导柱内侧抽芯机构注射模实例
1—定位圈;2—斜导柱;3—侧滑块;4—弹簧;5—动模型芯;6—锥头推杆;7—内六角螺栓

3.2.5 先复位机构

在侧向抽芯机构中,斜导柱在定模,侧滑块在动模,而滑块下有推杆,在合模时推杆还没有复位而滑块已开始动作,发生滑块与推杆碰撞,铲断推杆,损坏滑块,此时必须使用推杆先复位机构或推板下面安装安全行程开关。

(1) 摆杆式先复位机构,模具两侧均需设置摆杆,如图 3-23 所示。

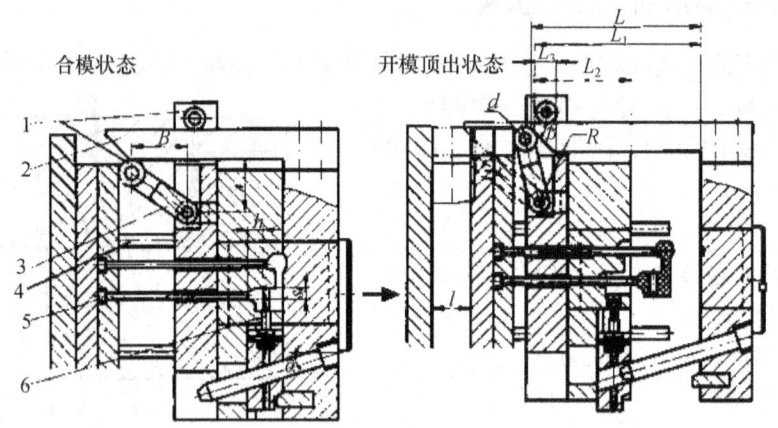

图 3-23 摆杆式先复位机构
1—滚轮;2—斜楔;3—连杆;4—复位杆;5—推杆;6—侧型芯

(2) 铰链式先复位机构,模具两侧均需设置铰链,模具外形尺寸较大,如图 3-24 所示。

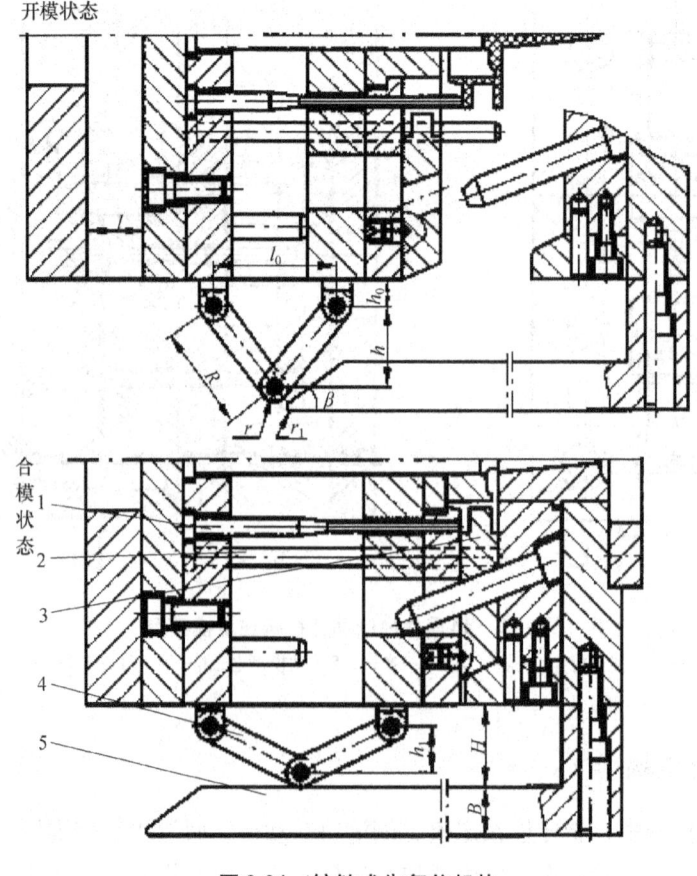

图 3-24 铰链式先复位机构
1—推杆;2—复位杆;3—滑块;4—连杆;5—斜楔

(3) 双连杆先复位机构，模具两侧均需设置连杆，如图 3-25 所示。

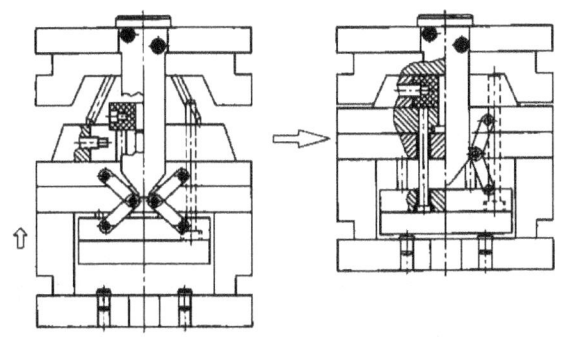

图 3-25 双连杆先复位机构

任务三 斜推杆（斜顶）抽芯机构设计

斜推杆侧向抽芯机构目前是注射模具最常用的机构之一，使用比例超过 30%，主要应用于塑件内侧凹凸部位的成型，有时外侧也有应用。

3.3.1 斜推杆（斜顶）抽芯机构工作原理与特点

1. 工作原理

如图 3-26 所示的通用形状，斜推杆安装在导向块上，导向块固定在推杆固定板上。在推出过程中，斜推杆做斜向运动，该斜向运动可分解为垂直推出运动和侧向抽芯运动，即斜推杆在推出塑件的同时完成侧向抽芯。

斜推杆在推出过程中销钉必须能在导向块的导滑槽中移动，否则斜推杆无法完成推出动作。

2. 特点

① 斜推杆兼推杆和侧抽作用；
② 加工复杂，精度要求高，使用时易磨损，维修率较高且维修麻烦；
③ 能用外滑块时不用斜推杆，能用斜推杆时不用内滑块。

如图 3-27 所示为斜推杆在模具中的应用与安装位置。

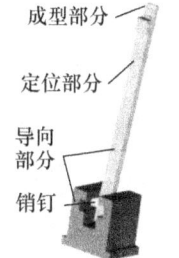

图 3-26 斜推杆常见形状

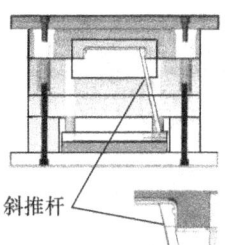

图 3-27 斜推杆在模具中的安装位置

3. 斜推杆分类

① 整体式斜推杆，如图 3-28 所示。

② 两段式斜推杆，如图 3-29 所示。适用倾斜角较大或细长的斜推杆，以增加刚度，避免弯曲变形或烧死，提高使用寿命，降低维修率。斜推杆底部应加限位块，保证 $H_3 = (H_1 + 0.5)$ mm。斜推杆复位是依靠定模板压合 B_1 面完成，$B_1 \geqslant 3$ mm。

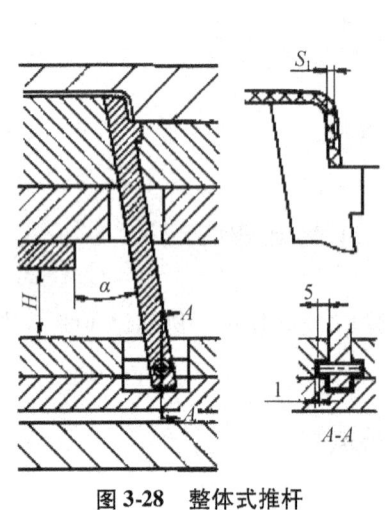

图 3-28　整体式推杆

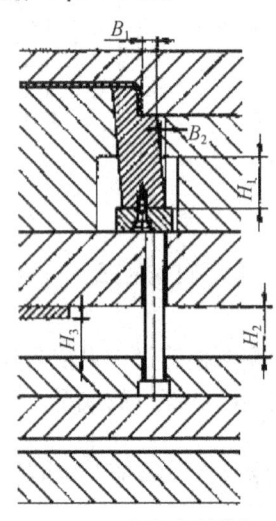

图 3-29　分段式斜推杆

3.3.2　斜推杆的设计

（1）斜推杆顶出端面通常比动模型芯低（0.05～0.1）mm，保证推出时不与塑件干涉，避免损坏塑件，如图 3-30 所示。

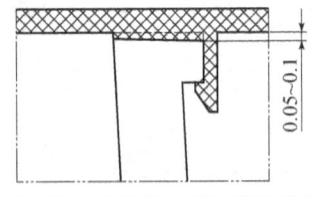

图 3-30　斜推杆上端面装配位置

（2）斜推杆侧向移动时，上部不能与塑件内其他结构如加强筋、凸台、型芯、塑件壁等干涉，如图 3-31、3-32、3-33 所示。

（3）斜推杆侧向移动方向有下降弧度时的解决策略有：

① 壁厚减薄，如图 3-34 所示。

② 导向块的导向槽加工出斜度，如图 3-35 所示。

（4）斜推杆上端面与定模凸起镶件接触时，推出应避免碰伤塑件另一侧孔，如图 3-36 所示。

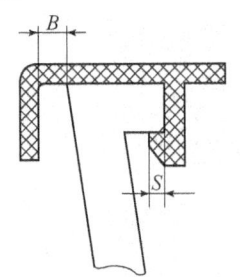

图 3-31　斜推杆撞塑件侧

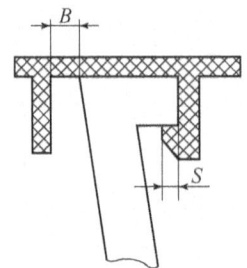

图 3-32　斜推杆撞塑件加强筋

图 3-33　斜推杆撞模具型芯

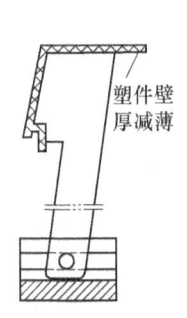 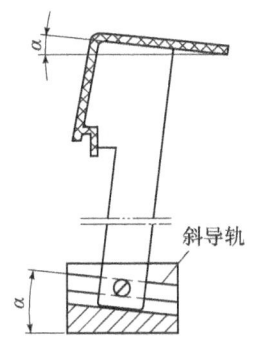 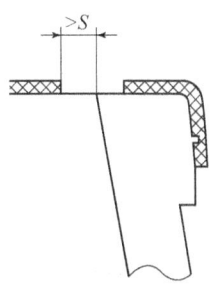

图 3-34　塑件壁厚减薄　　　图 3-35　斜导向槽　　　图 3-36　避免碰到孔位

（5）当斜推杆较长或较细时，在动模 B 板上安装导向块作为支撑点，提高顶出和复位的稳定性，但导向块应装入模具后与动模型芯一起加工，保证斜度要求，同时导向块应有足够的硬度，如图 3-37 所示。

（6）斜推杆与模芯的配合公差取 H7/f6，斜推杆与模架接触处应避空，以减少接触面和摩擦。

① 过孔形状优先选择圆孔，其次为腰形孔、方孔。

② 过孔大小采用双截面法检查，尺寸向大的方向取整数。

双截面法是在模板过孔的入口与出口两个位置分别作推杆横截面的外接圆，从而检查推杆是否与过孔有干涉，如图 3-38 所示。

③ 装配图上必须画出过孔，用以检查与密封圈、其他推杆、螺钉等零件是否干涉。

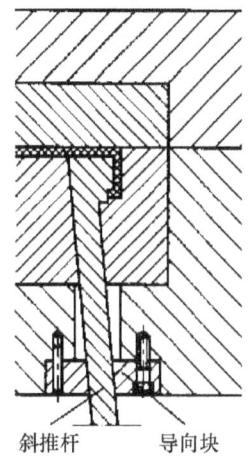

图 3-37　导向块的应用与装配

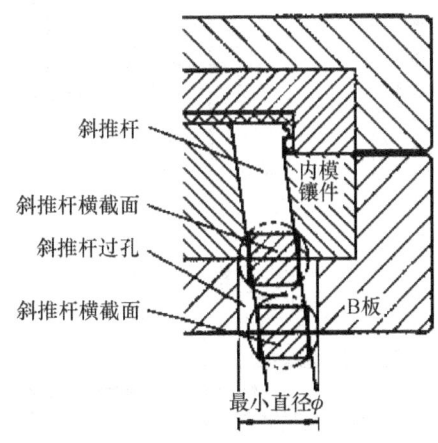 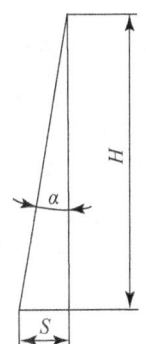

图 3-38　双截面法检查推杆过孔　　　图 3-39　α 与 S、H 的几何关系

（7）斜推杆倾斜角的确定。

斜推杆倾斜角 α 与侧向抽芯距离 S 和推出距离 H 有关，如图 3-39 所示。计算公式如下：

$$\tan\alpha = \frac{S}{H}$$

$$S = S_1 \text{（侧凹深度）} + (2\sim3)\text{ mm}$$

斜推杆的倾斜角不能太大，应在一定的范围之内，否则在推出过程中斜推杆会受到很大的扭矩作用，导致斜推杆磨损、卡死、弯曲甚至断裂，造成失效。因此，α 越小推出越顺畅，越不容易损坏，但侧抽芯距离也越短。通常 α 取 $3°\sim15°$，最优角度取 $8°\sim10°$。

3.3.3 定模斜推杆机构

若塑件在定模有侧凹时，定模也可以使用斜推杆完成侧向抽芯，斜推杆复位可采用如下两种策略加以解决：

（1）当塑件有碰穿孔时，通过模具碰穿部位推动斜推杆复位，顶出时可使用弹簧顶出，复位时通过动模压迫斜推杆而复位，如图 3-40 所示。

（2）当塑件无碰穿孔时，通过安装复位杆复位，顶出时同样使用弹簧顶出，如图 3-41 所示。

3.3.4 平移式内抽芯机构

如图 3-42 所示，推杆在推出过程中推杆侧壁的斜面碰到模板的孔边，迫使其平行移动，进而完成侧抽芯。该结构推杆底面摩擦较大，最好在推板相应位置镶嵌几粒钢球，减少摩擦。

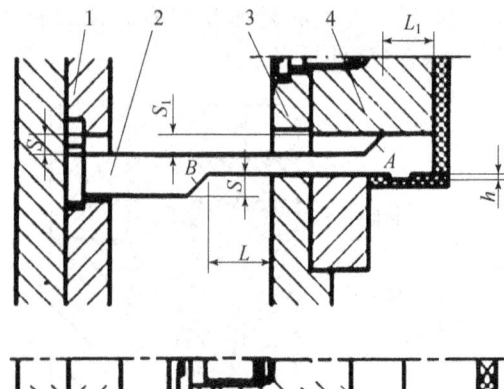

图 3-40 定模斜推杆顶出与复位结构（一）

1—压板；2—弹簧；3—定模座板；4—定模板；5—斜推杆；6—塑件形孔碰穿面

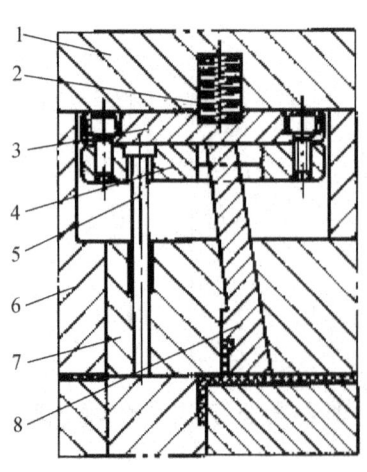

图 3-41 定模斜推杆顶出与复位结构（二）

1—定模座板；2—顶出弹簧；3—斜推杆支板；4—导向板；5—复位杆；6—定模板；7—定模镶件；8—斜推杆

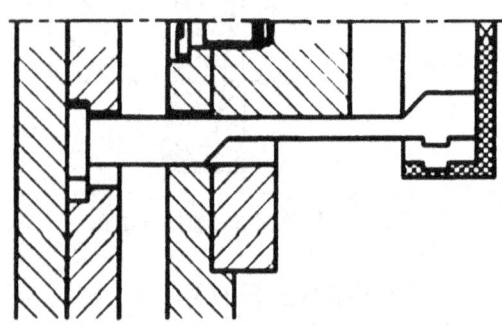

图 3-42 平移式推杆抽芯结构

1—推杆固定板；2—推杆；3—动模板；4—型芯镶件

3.3.5 摆杆式侧抽芯机构

当塑件侧抽部位呈圆弧状时，无法使用斜推杆，此时可采用摆杆式侧抽芯结构，如图 3-43 所示。在推出过程中，当摆杆 1 的顶部直壁从型芯中完全脱出时，摆杆的斜面在 A 点碰到动模板 5 的斜面开始摆动，完成内侧圆弧面抽芯。合模复位时，摆杆的斜面在 B 点碰到动模板 5 的斜面开始摆动，完成复位，由于摆杆式侧型芯顶面转动时是圆弧面，因此该抽芯机构抽芯距不能太长，否则塑件、凸起或侧凹部位会变形。B 处加工成圆弧或倒角，以减少磨损。A 处加工成斜面便于导向。

图中：$L_2 > L_1$；$S_1 > S_2$；

$\alpha = 30° \sim 45°$；$\beta = 10° \sim 15°$。

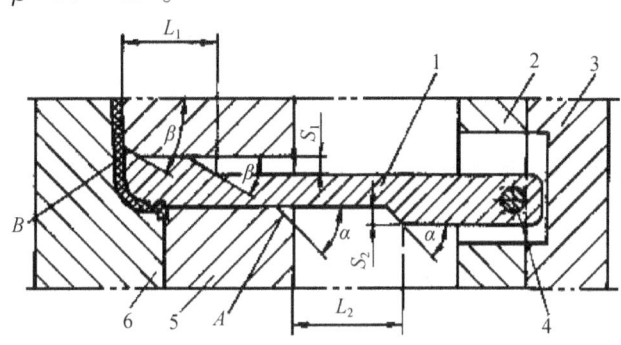

图 3-43 摆杆式侧抽芯机构
1—摆杆；2—推杆固定板；3—推板；4—转销；5—动模板；6—定模型腔板

3.3.6 斜推杆抽芯机构在注射模上的应用

如图 3-44 所示盒形件，内侧有侧凹结构，模具工作原理与动作过程分析如下：

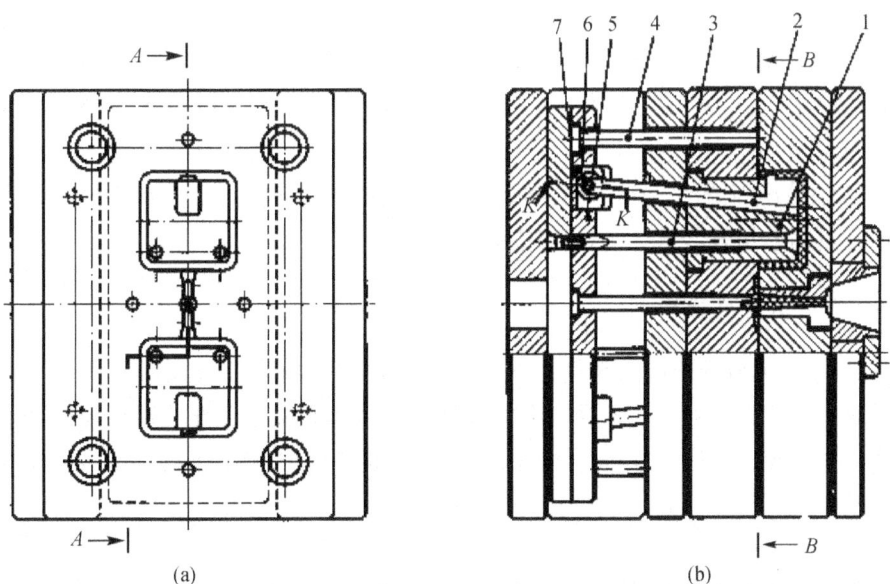

图 3-44 斜推杆抽芯注射模
1—动模型芯；2—斜推杆；3—锥头推杆；4—复位杆；5—推杆固定板；6—滚轮；7—导向块

（1）开模后，注射机推杆推动推出系统，装在推杆固定板上的斜推杆 2 在推出塑件的同时，抽离塑件内（外）侧凹槽，斜推杆在移动过程中与塑件有摩擦，所以斜推杆与塑件接触表面应抛光。斜推杆与动模芯配合应严密，防止漏胶使塑件出现飞边，甚至烧死斜推杆造成模具损坏。

（2）由于斜推杆在顶出过程中，尾部与推板有摩擦，因此尾部加装滚轮以减少摩擦。斜推杆和动模芯配合孔通常采用线切割加工，钳工配研抛光、装配。斜推杆采用预硬塑料模具钢 738、718、P20 或 H13 等材料。

（3）导向块 7 除了起（使斜推杆尾部）导滑作用外，还限制斜推杆复位时不被拉出，为能正确装配，常采用两瓣拼合结构。该零件热处理硬度为 50～55HRC，导向块材料可采用 T8A 或轴承钢。

任务四　斜滑块（哈夫块）侧向抽芯机构设计

斜滑块（哈夫块）侧向抽芯机构通常应用在抽芯距较小，侧凹面积较大，需要较大的抽芯力时，多用于外侧抽芯。

1. 斜滑块侧向抽芯机构的特点和组成

（1）特点：利用推出机构的推力或设备的开模力，驱动斜滑块按其设定的斜度和推出距离，完成垂直分型和侧抽芯。抽芯结构较简单，但没有侧滑块抽芯安全。

（2）组成：斜滑块（有两瓣、三瓣、四瓣、五瓣等组合而成）、导滑件（导轨或导柱）、弹簧、限位块、拉模扣等零件。

2. 常见类型

（1）对于使用推杆推出的斜滑块结构，由于注射机推出油缸较小，因此推出力也小。而带有斜滑块的模具结构复杂，配合严密，要求推出力大，有时难以满足要求，因此应用受到一定限制。

（2）拉钩拉出斜滑块结构，注射机开模时通过拉钩拉出滑块，拉出力较大，且结构紧凑、简单，目前应用较普遍，为主流结构。

3. 推杆推出斜滑块结构

如图 3-45 所示为推杆推出滑块结构，成型塑件的外侧内凹较浅但面积较大。型腔有两个斜滑块 2 组成，安装在动模套 1 上。成型塑件内孔的大型芯安装在动模，开模后塑件和斜滑块留在动模，推出时在推杆 3 作用下，沿导轨 8 作斜向上运动，完成侧向抽芯。导轨与导滑槽的配合为 H8/f8。为防止滑块由于惯性作用冲出模套，必须设置限位销钉 6 或限位块。

合模时，动模板端面压紧斜滑块端面使其复位。

常用斜滑块导向装置有 T 形槽与 T 形导轨、燕尾槽与燕尾导轨、导柱与滑块斜孔等。

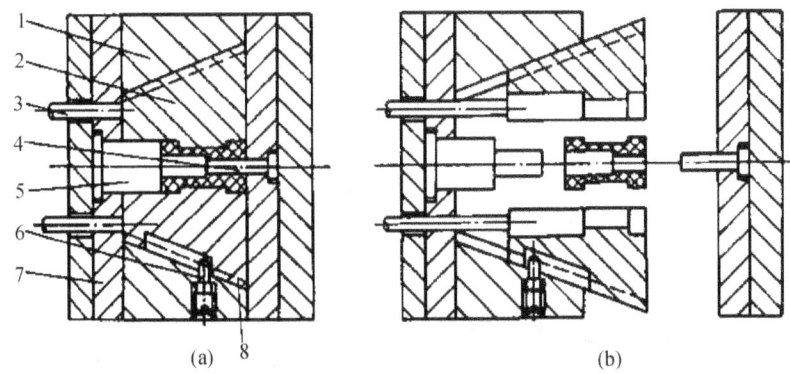

图 3-45 斜滑块抽芯顶杆顶出注射模

1—模套；2—斜滑块；3—推杆；4—定模型芯；5—动模型芯；6—限位销钉；7—型芯固定板；8—导轨

4. 拉钩拉出滑块结构

如图 3-46 所示，通常该结构的斜滑块装在定模模套中，合模时安装在动模上的拉钩进入滑块 T 形孔中，开模时利用拉钩把斜滑块从定模中斜向拉出，斜滑块拉到一定位置后动模上的拉钩从滑块中脱出，动、定模分离，从而完成塑件脱模及侧向抽芯（垂直分型）。

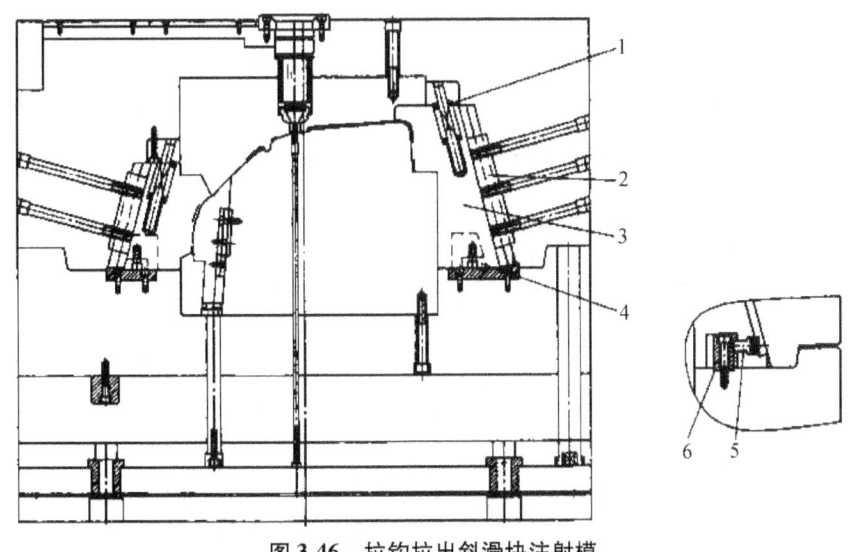

图 3-46 拉钩拉出斜滑块注射模

5. 斜滑块设计

如图 3-47 所示的斜滑块注射模具局部结构，滑块长度计算、推出长度、工作原理等相关问题叙述如下：

（1）滑块推出长度 $W \leqslant \dfrac{1}{3}L$（总长度），保证导滑及复位安全。

$$W = \frac{S_1}{\tan\alpha},$$

式中 S_1——抽芯距（mm）；

  α——滑块斜面倾角。

(2) 斜滑块斜面倾角 α 的确定。

一般 15°≤α≤25°，常用角度为 15°、18°、20°、22°。

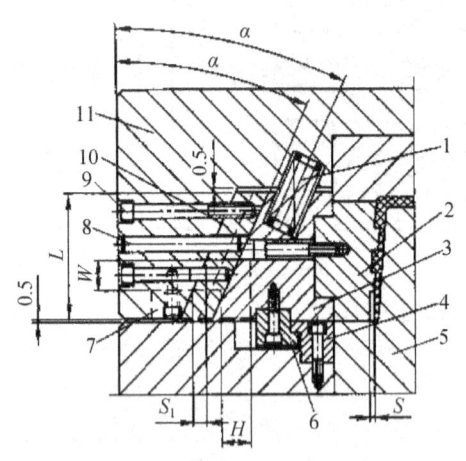

图 3-47 斜滑块装配尺寸

1—矩形弹簧；2—侧型芯；3—斜滑块；
4—动模拉钩；5—动模型芯；6—滑块拉钩；
7—限位块；8—销钉；9—螺栓；10—导轨；11—模套

(3) 滑块推（拉）出时，塑件跟着滑块从模具中脱出，此时要防止塑件留在其中一个滑块上导致无法取出，因此塑件中间应有成型中心孔的型芯，图 3-47 中件号 5，保证塑件在推出过程中始终沿着型芯方向运动，不会跟着某一滑块作侧向移动。

(4) 斜滑块推出时应有导向和限位装置，如图 3-48 中导轨 10 和限位块 7。

(5) 斜滑块上端面需高出锥套 0.4～0.6 mm，下端面与模套底部留有 0.2～0.5 mm 的间隙确保合模时几个滑块能受到一定压力完全合拢，避免塑料出现飞边；

(6) 为防止开模后滑块因受重力作用而下沉，造成合模时拉钩对不正拉沟槽而压坏模具，每个滑块底部应设置两条矩形强力弹簧 1。

(7) 斜滑块导滑槽与模具导轨常用的配合导向形式有矩形槽导滑结构、半圆形槽导滑结构、燕尾槽导滑结构，如图 3-48 (a)、图 3-48 (b)、图 3-48 (c) 所示；有时斜滑块本身带有矩形扣、半圆形扣、燕尾形扣，如图 3-48 (d)、图 3-48 (e)、图 3-48 (f) 所示。图 3-49 所示为斜导柱导向结构。

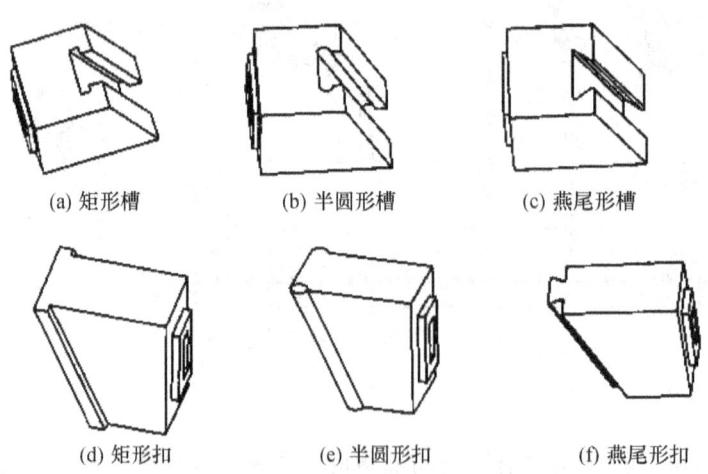

(a) 矩形槽　　(b) 半圆形槽　　(c) 燕尾形槽

(d) 矩形扣　　(e) 半圆形扣　　(f) 燕尾形扣

图 3-48 斜滑块的导向形式

(8) 拉钩结构形式。

① 图 3-50 所示，滑块和动模上分别装有拉钩。合模时两个拉钩咬合，开模时拉出滑块。由于斜滑块斜向运动，行程到一定位置拉钩自动脱开。图 3-50 中 $\beta=10°\sim15°$。

② 图 3-51 所示滑块上装有锥度活动销 3，动（定）模上装有拉钩 2。合模时锥度活动销插入拉钩台肩处，开模时拉出滑块。由于斜滑块斜向运动，行程到一定位置拉钩自动脱

开。锥度活动销 3 尾部装有弹簧，当滑块由于其他故障拉不出时，锥度活动销会压缩弹簧后退，避免拉钩被拉断。图 3-51 中 $\beta=10°\sim15°$。

③ 图 3-52 所示滑块上端面加工有 T 形孔，动（或定）模板上装有台肩螺栓，如图 3-53 所示。开模状态滑块处于脱出状态（高位），合模时螺栓头部进入滑块敞开圆孔中，如图 3-54 所示；继续合模滑块斜向下运动，滑块 T 形槽慢慢扣住螺栓头部直至完全合模，如图 3-55 所示；开模过程同上所述一样。目前该结构应用较多，为主流形式。

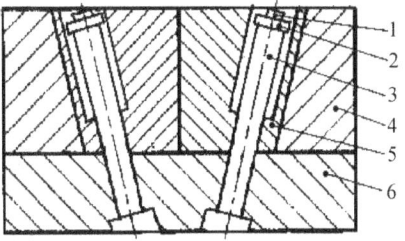

图 3-49 斜滑块机构用斜导柱导向

1—螺栓；2—限位块；3—斜导柱；4—模套；
5—斜滑块；6—定模板

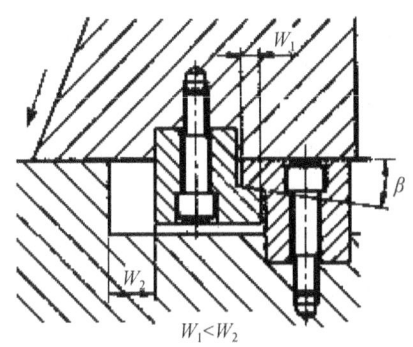

图 3-50 拉构机构（一）

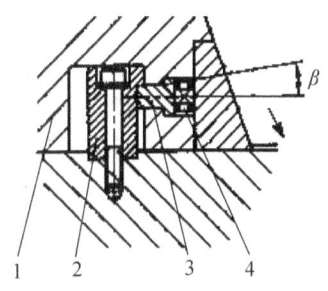

图 3-51 拉构机构（二）

1—斜滑块；2—拉构；3—锥度活动销；4—弹簧

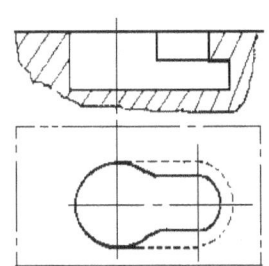

图 3-52 滑块上端面加工出 T 形槽

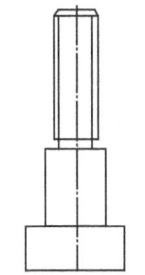

图 3-53 台肩拉钩形状

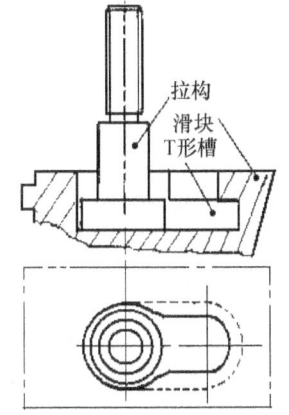

图 3-54 动、定模刚接触状态

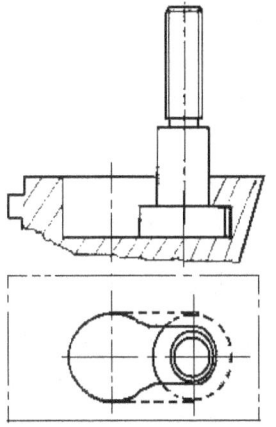

图 3-55 动、定模完全合模状态

任务五　T形块侧抽芯机构设计

T形块侧抽芯机构原理与斜导柱侧滑块抽芯机构原理基本相同，但结构有差别。前者结构更紧凑，设计与加工精度要求更高，如图3-56所示。

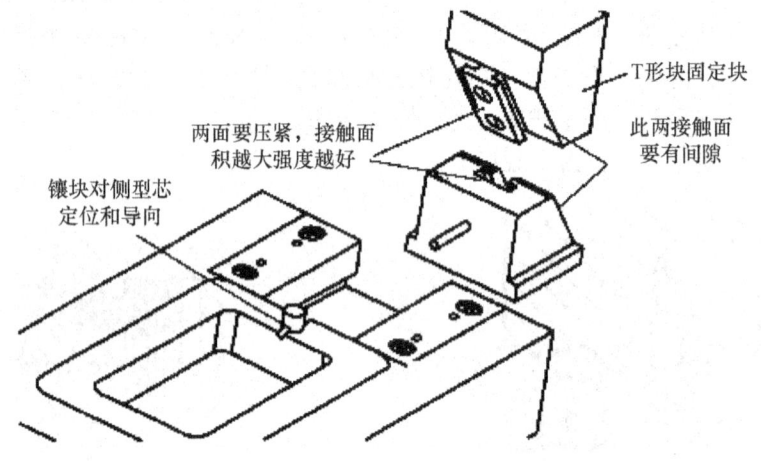

图3-56　滑块+T形块侧抽芯机构简图

1. 特点

（1）T形块可以完成抽芯与合模，又能压紧滑块；
（2）倾斜角度大，因此抽芯距大于斜导柱抽芯距；
（3）脱模力较大。

2. 工作原理

图3-57是定模安装T形块、动模安装侧滑块的侧抽芯模具结构。开模时，定模座板1和定模板2先从Ⅰ打开，定模滑块4在T形块3的带动下向右抽芯。抽芯完成后模具从Ⅱ处打开，取出塑件，模具需加定距分型机构。合模时，T形块3插入滑块4的T形槽中，将滑块推向型腔，完成滑块合模。

3. 设计参数

（1）T形块与T形槽间隙 $\delta = 0.5$ mm；
（2）$S_1 = S + (2 \sim 5)$ mm； $\alpha = 15° \sim 25°$； $\beta = 5° \sim 10°$

4. 应用实例

如图3-58所示为定模T型块侧向抽芯机构模具。开模时，在弹簧3和弹簧开闭器（拉扣）4作用下，先从A处打开，此时T形块9拨动滑块8实现定模外侧抽芯。合模时，T形块9插入滑块8的T形槽内，滑块复位。

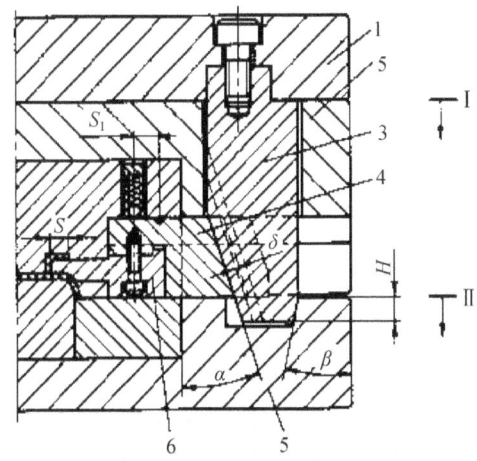
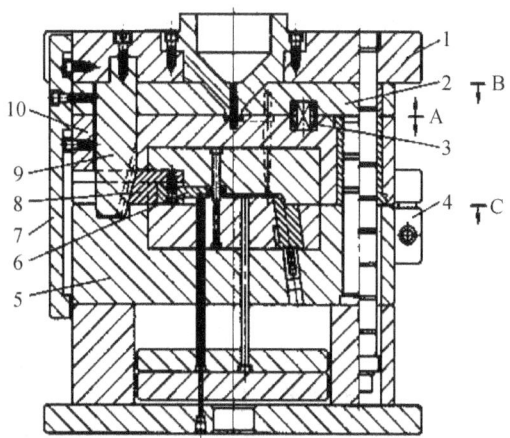

图 3-57 T形块定模抽芯机构
1—定模座；2—定模板；3—T形块；
4—定模滑块；5—动模板；6—定模侧抽芯

图 3-58 T形块定模侧向抽芯模具
1—定模座；2—流道推板；3—弹簧；4—弹簧拉模扣；
5—动模板；6—侧抽芯；7—定距分型拉板；
8—带T形槽侧滑块；9—T形块；10—定模板

任务六　油缸抽芯机构设计

油缸侧抽芯机构的特点是能得到较大的脱模力和较长的抽芯距，移动平稳，可在任意方向上实现抽芯分型和抽芯，不受开模时间及顶出限制。

缺点是注射设备上应有液压抽芯功能，否则不能使用该抽芯机构。

液压抽芯机构应设计锁紧块，因为抽芯油缸的压力难以克服模具型腔内塑料熔体的压力，若不用锁紧块注射时侧型芯会后退使生产无法进行。

1. 基本结构

如图 3-59、3-60 所示。

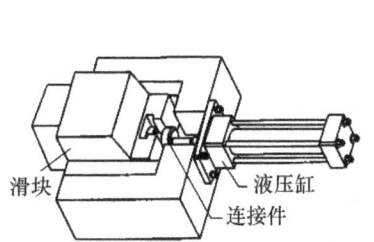
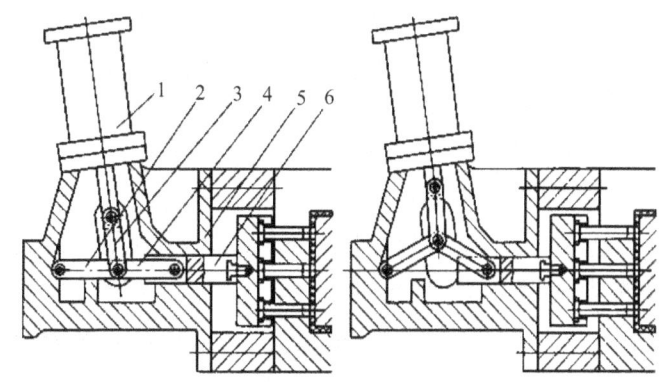

图 3-59 油缸驱动滑块抽芯机构

图 3-60 连杆式多型芯液压抽芯机构
1—液压缸；2、3、4—连杆；5—支座；6—拉杆

2. 抽芯油缸与滑块、侧型芯的连接形式

如图 3-61，3-62 所示为抽芯油缸与滑块、侧型芯的连接形式。

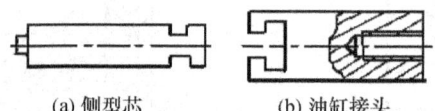

(a) 侧型芯　　　(b) 油缸接头

图 3-61　侧型芯与油缸接头的形式

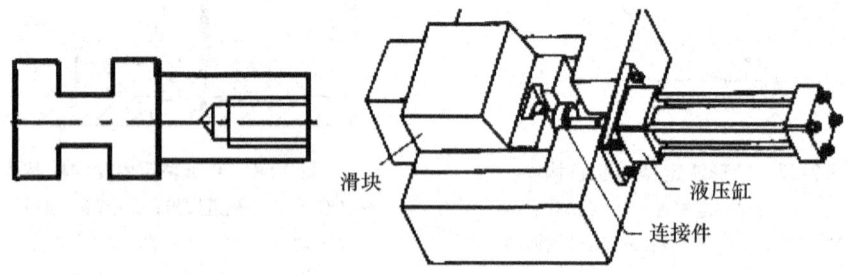

图 3-62　油缸与接头连接形式

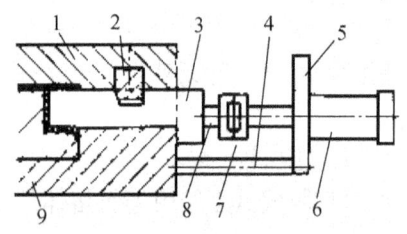

图 3-63　液压抽芯应使用锁紧块锁紧

1—定模；2—锁紧块；3—侧抽芯（行位）；
4—立柱；5—支架；6—油缸；7—连接器；
8—拉杆；9—动模

3. 设计注意事项

（1）动、定模均可使用油缸完成侧抽芯、斜抽芯；

（2）抽芯距较大时，应用较多（≥50 mm）；

（3）油缸活塞行程 = 抽芯距 + (5～10) mm；

（4）抽拔力 = (1.3～1.5) × 抽芯阻力；

（5）合模注射时滑块需用锁紧块锁紧，否则应采用较大油缸，避免滑块被模具内的高压塑料推开，如图 3-63 所示。

任务七　上罩侧向抽芯注射模设计

1. 分型面选择

由于该塑件结构较复杂，分型面选择较困难，因此必须对塑件结构进行认真分析，完全吃透。如图 3-64 所示。

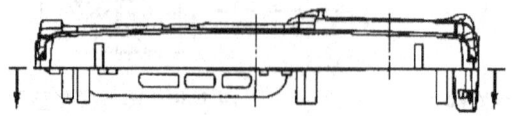

图 3-64　分型面选择

2. 浇注系统设计

该塑件属于中等尺寸，结构较复杂且精度高，应采用一模一件的模具结构。为使塑料顺利充满型腔，同时保证浇注系统与塑件自动切断，以提高生产率，本模具不宜采用直接浇口，宜采用三板模点浇口，在不影响外观处寻找三点合适部位进料，如图3-65所示。

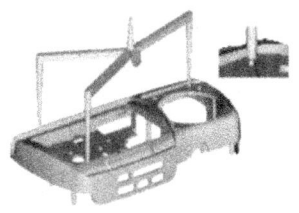

图3-65 浇注系统选择

3. 确定型腔、型芯镶件

由于动模型芯结构较复杂，镶拼零件较多，通常模具设计时从动模型芯开始。由塑件尺寸，根据经验法确定动模型芯镶件尺寸为：260 mm × 166 mm × 40 mm，定模型腔镶件尺寸为260 mm × 166 mm × 50 mm，结构如图3-66所示。

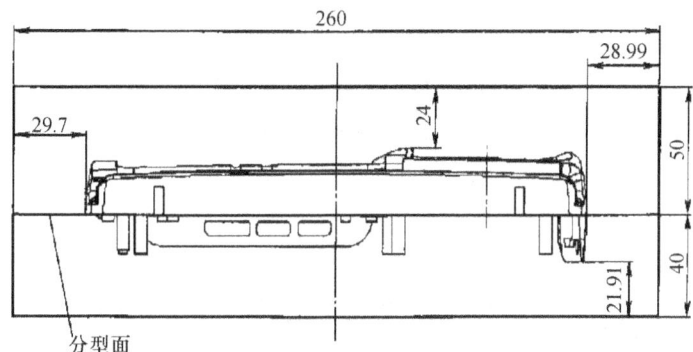

图3-66 动、定模镶件

4. 侧向抽芯机构设计

（1）侧滑块抽芯方案的确定。

两处侧向抽芯均采用侧滑块、斜导柱结构，斜导柱装在定模上，侧滑块装在动模上，如图3-67所示。

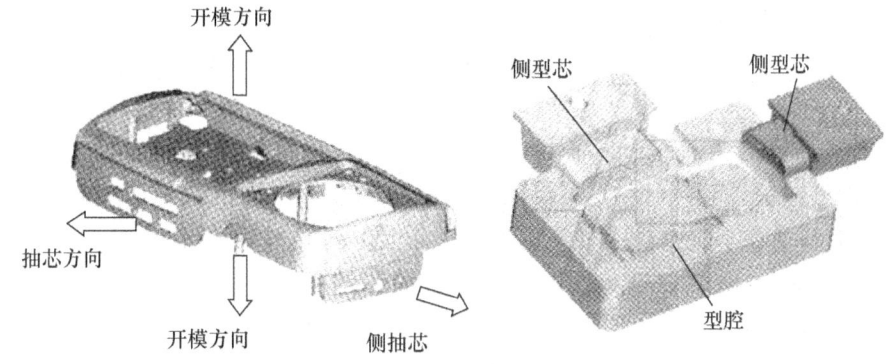

图3-67 侧滑块抽芯

（2）侧滑块抽芯距 S 的确定：侧孔为通孔，最小抽芯距离等于壁厚，约等于 2 mm，由于侧面抽芯面积较大，为脱模方便，取安全距离 8 mm，即滑块抽芯距离为 10 mm。

（3）斜导柱倾斜角度的确定：根据侧向抽芯的面积，滑块高度取 48 mm，用作图法求得斜导柱倾斜角度为 12°，由于斜导柱前端导向部分为半球状，为无效长度，滑块斜孔的孔口又有 R2 mm 的倒角，根据经验，通常在作图法求得的角度的基础上再加 5°～6°，本任务增加 6°，则斜导柱倾斜角度取 18°，如图 3-68 所示。斜导柱结构，如图 3-69 所示。

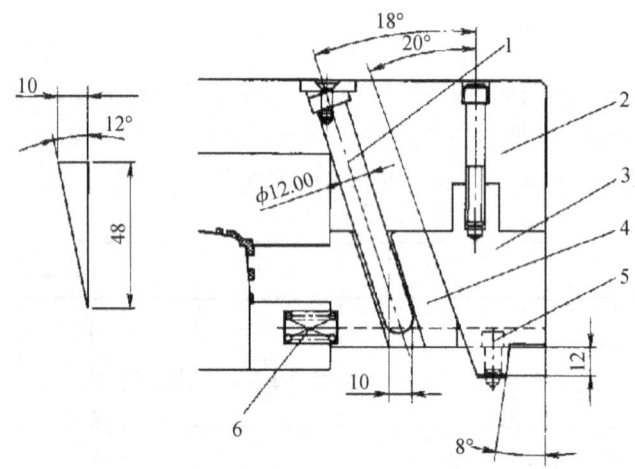

图 3-68　侧向抽芯机构的设计
1—斜导柱；2—B 板；3—锁紧块；4—滑块；5—挡销；6—弹簧

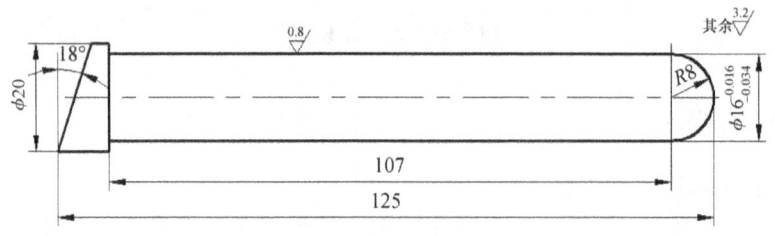

图 3-69　斜导柱

（4）侧滑块的设计。

由于侧孔多，抽芯面积大，抽芯距短，因此，两处侧滑块均采用整体结构，侧滑块 1 结构如图 3-70 所示。

（5）锁紧块设计，如图 3-71 所示。

（6）压块设计，如图 3-72 所示。

（7）用同样方法设计另外一个侧向抽芯机构。

（8）侧滑块采用弹簧加挡销定位，如图 3-68 所示。

（9）由于侧滑块要承受较大胀型力的作用，故锁紧块在合模后应插入动模板，以防止锁紧块变形而使滑块后退，产生飞边，严重时使生产无法进行，如图 3-68 所示。

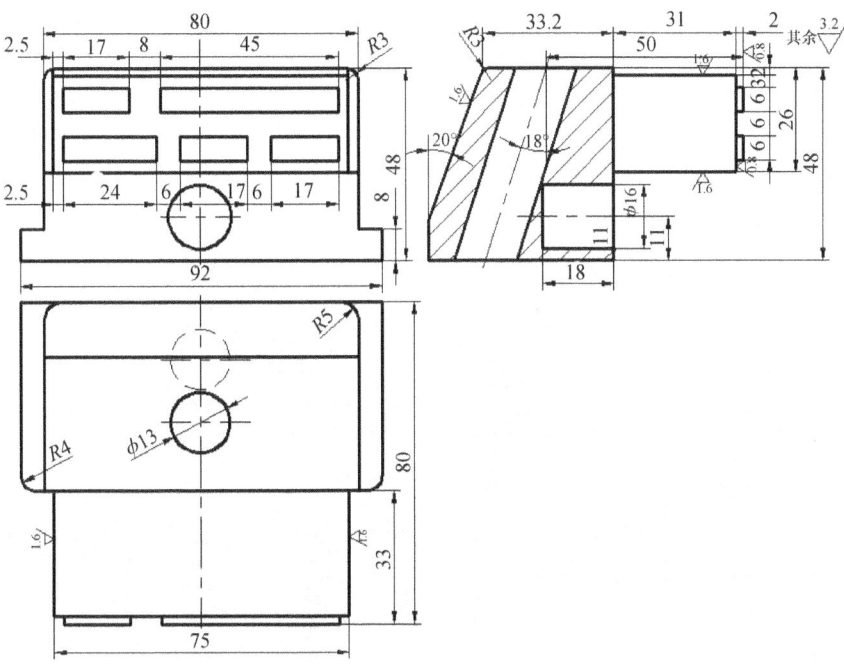

图 3-70 侧滑块 1

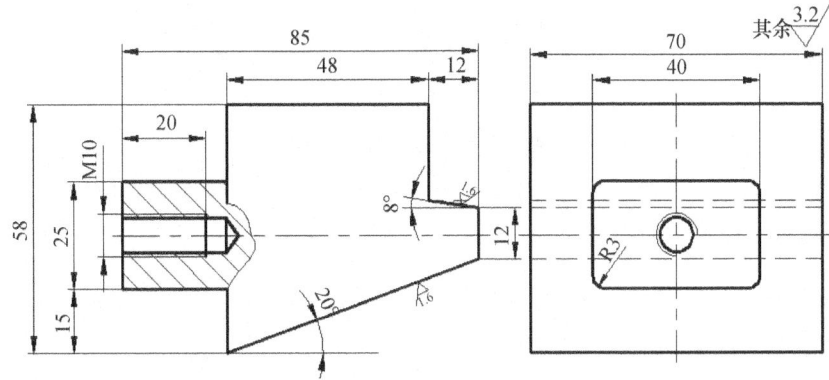

图 3-71 锁紧块

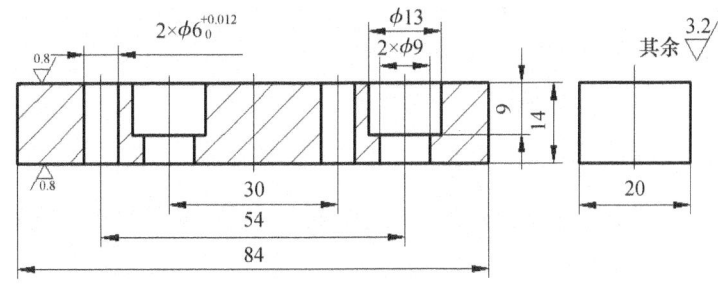

图 3-72 压块

5. 确定模架型号、规格

根据镶件及侧向抽芯机构确定模架大小。由以上设计确定采用龙记标准三板模模架：3045—DCl—A80—B90—300—O。调入模架图，将排位图插入动模视图及定模视图。完善动、定模抽芯机构的视图，如图 3-73 所示。

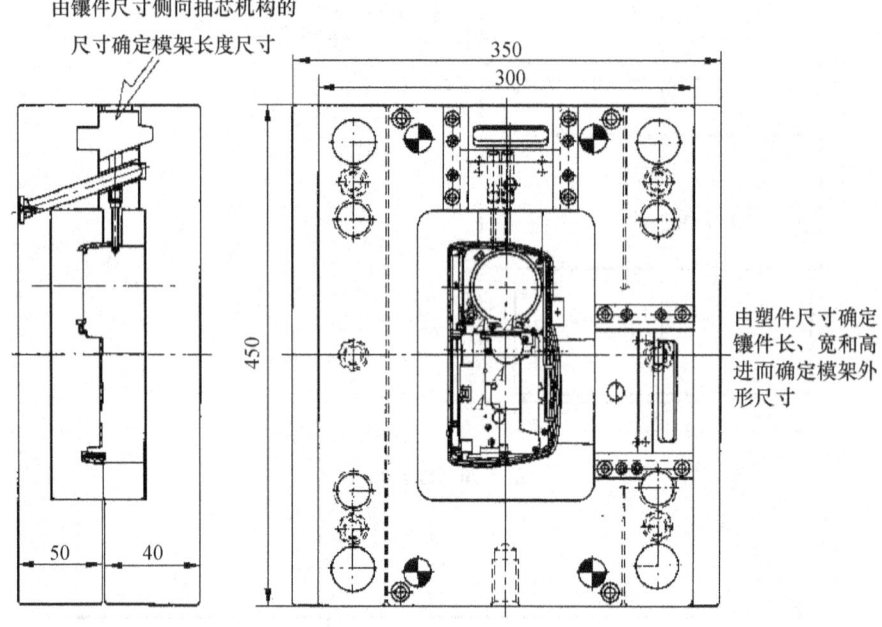

图 3-73 上罩注射模模架

6. 确定镶拼方式

本模具动、定模镶件均采用在模板上开框镶拼的结构，镶件多处需要碰穿、插穿结构。各类结构确定后，可画出剖视图。

7. 设计斜推杆

该塑件存在内侧凹槽，尺寸为 10 mm × 2 mm × 1 mm，槽深 1 mm，抽芯距取 5mm，塑件推出高度为 35 mm，用作图法求得斜推杆倾斜角度为 8°。为使斜推杆在推出时稳定可靠，设计斜推杆导向底座 5 和辅助导向块 4，如图 3-74 所示。

8. 浇注系统流道拉料机构设计

点浇口数量为 3 个，每个分流道都应设计拉料杆，同时应设计流道推板，如图 3-75 所示。

9. 模具脱模机构设计

本模具主要推出零件为推杆及斜推杆，但有两个装配用空心凸起螺丝柱需要推管推出机构，如图 3-76 所示。

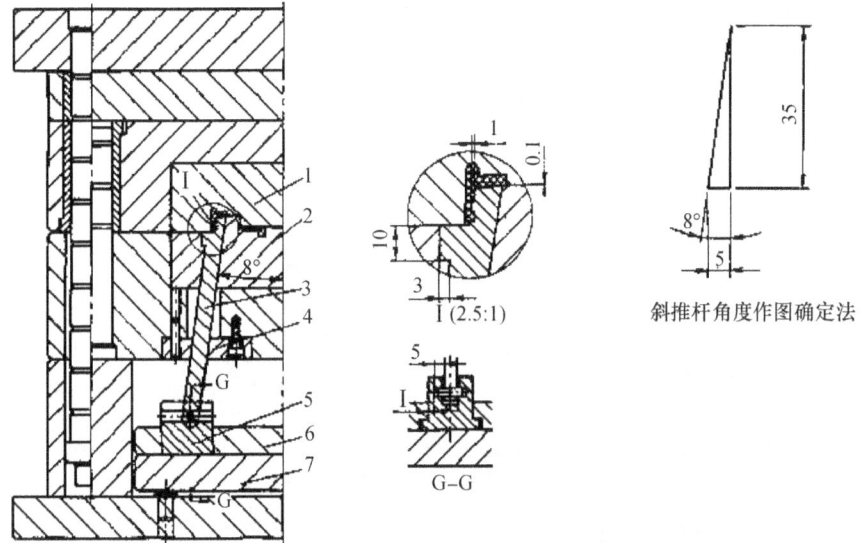

图 3-74 斜推杆设计

1—定模型腔镶件；2—动模型芯镶件；3—斜推杆；4—辅助导向块；5—斜推杆导向底座；6—推杆固定板；7—推板

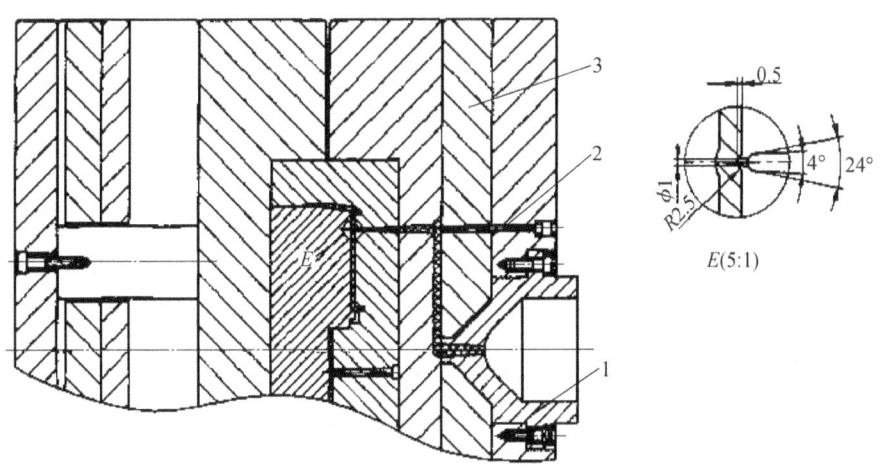

图 3-75 流道拉料机构设计

1—浇口套；2—拉料杆；3—流道推板

图 3-76 脱模系统设计

10. 模具冷却系统设计

本模定模主要采用环形水道冷却系统，水道直径为 8 mm。动模镶件也采用环形水道冷却，两个凸起型芯采用两个冷却效果好的水井隔片式冷却，水井直径为 30 mm，如图 3-77 所示。

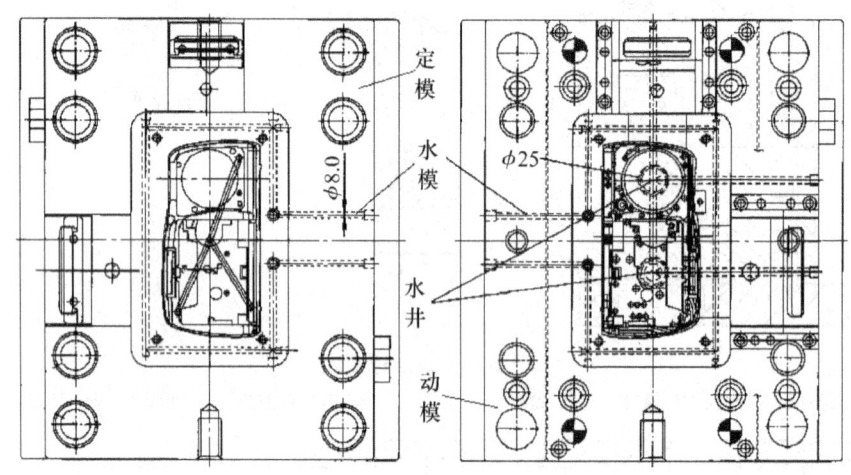

图 3-77 冷却水道的设计

11. 设计模具的导向定位机构

本模具采用标准三板模模架，导向系统均为标准件。因侧向抽芯机构不对称，须增加边锁或在分型面上安装锥面定位，此模是安装四个边锁，以提高动、定模定位精度和整体刚度。如图 3-78 所示。

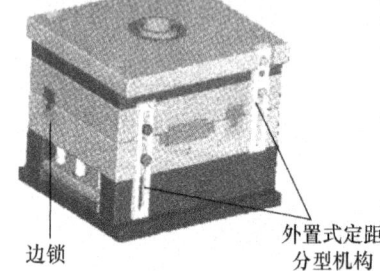

图 3-78 边锁与定距分型拉条

12. 设计其他结构件

① 本模具加二套推杆板导柱、导套，如图 3-79 中件号 18、19 以提高推杆板活动精度和稳定性，避免推管磨损、烧伤。

② 本模具增加四条支承柱，提高动模板刚度，如图 3-79 中件号 20。增加四条推板复位弹簧，便于自动化生产，如图 3-79 中件号 24；

③ 本模具定距分型机构采用四条外置式拉条，以方便维修，如图 3-78 所示。

13. 设计排气系统

由于采用点浇口，本模具主要排气的地方在主分型面上，排气槽开设在定模型腔部位。由于困气位置难以确定，设计时不画出排气槽位置，试模后根据实际情况再加工排气槽，排气槽深度不超过 0.03 mm，宽度 10 mm 左右。

14. 模具整体结构设计

由上面计算与分析，可进行模具整体结构设计，过程如下：

(1) 打开绘图软件（UG、Pro/E 等），建立新图名，将该制品三维图形调入；

(2) 建立新图层：其中包括尺寸线图层、冷却水图层、推杆图层、型腔和型芯图层、中心线图层、虚线图层；

(3) 将图纸缩放到 1∶1，塑件尺寸加收缩率；

(4) 将塑件图镜射成型腔、型芯图，并更换成型腔、型芯图层；

(5) 绘制并完善各零件；

(6) 标注总体、配合和主要零件外形尺寸；

(7) 调入图框，填写如表 3-9 所示标题栏和明细表，详细说明技术要求；

(8) 清理图块，减小计算机空间的占用。

如图 3-79 为模具平面结构，图 3-80 所示为模具立体结构。

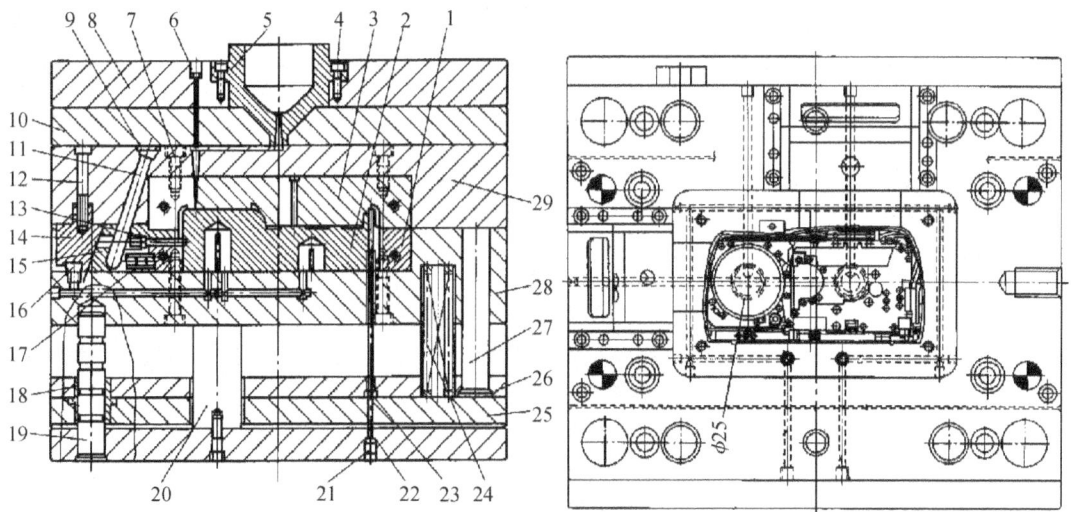

图 3-79　模具装配图

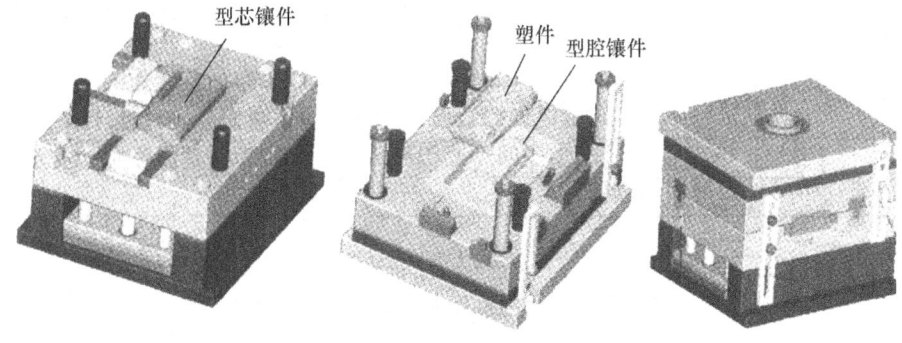

图 3-80　模具装配立体图

表 3-9 上罩注射模标题栏、明细表（工厂生产常用格式）

技术要求：
1. 塑料件的材料为 POM，颜色为银灰色，大批量生产；
2. 塑件外表可见面未注粗糙度值均为 $Ra=0.05\ \mu m$，未注内部不可见面粗糙度值均为 $Ra=1.6\ \mu m$；
3. 模架规格：龙记 3045—DCl—A80—B90—300；
4. 使用注射设备：XS-ZY-500。

序号	图号	名称	材料	数量	备注
29	MS30-300-20	定模板	45	1	
28	MS30-300-19	动模板	45	1	
27		复位杆	Gr15	4	50～54HRC
26	MS30-300-18	推杆固定板	45	1	
25	MS30-300-17	推板	45	1	
24		复位弹簧	60Si2Mn	4	44～48HRC
23	MS30-300-16	推管	Gr15	2	50～54HRC
22	MS30-300-15	推管型芯	Gr15	2	50～54HRC
21		螺塞		2	
20	MS30-300-14	支承柱	45	4	
19		推板导柱	T8A	2	56～60HRC
18		推板导套	T8A	2	56～60HRC
17		矩形定位弹簧	6Si2Mn	2	40～45HRC
16	MS30-300-13	挡销	45	2	40～45HRC
15	MS30-300-12	侧滑块	H13	2	40～45HRC
14	MS30-300-11	锁紧块	T8A	1	50～55HRC
13	MS30-300-10	侧型芯	P20	1	35—38HRC
12	GB/T 70.1—2000	内六角螺栓		2	M10×35
11	MS30-300-09	斜导柱	T8A	4	56～60HRC
10	MS30-300-08	流道推板	45	1	
9	MS30-300-07	压板	45	1	
8	MS30-300-06	定模座板	45	1	
7	GB/T 70.1—2000	内六角螺栓		4	M10×40
6	MS30-300-05	拉料杆	45	3	40～44HRC
5	MS30-300-04	浇口套	45	1	40～44HRC
4	GB/T 70.1—2000	内六角螺栓		4	M6×20
3	MS30-300-03	定模型腔镶件	P20	1	35—38HRC
2	MS30-300-02	动模镶件Ⅱ	P20	1	35—38HRC
1	MS30-300-01	动模镶件Ⅰ	P20	1	35—38HRC
序号	图号	名称	材料	数量	备注

标记	处数	分区	更改	签名	年 月 日	上罩塑件 注射模装配图		×××公司
设计			标准化			阶段标记	质量	比例
审核								1：1
工艺			批准			共 21 张	第 1 张	

任务八 拓展与强化训练

如图 3-81 所示上盖塑件，试画出塑件立体结构并进行模具结构设计。

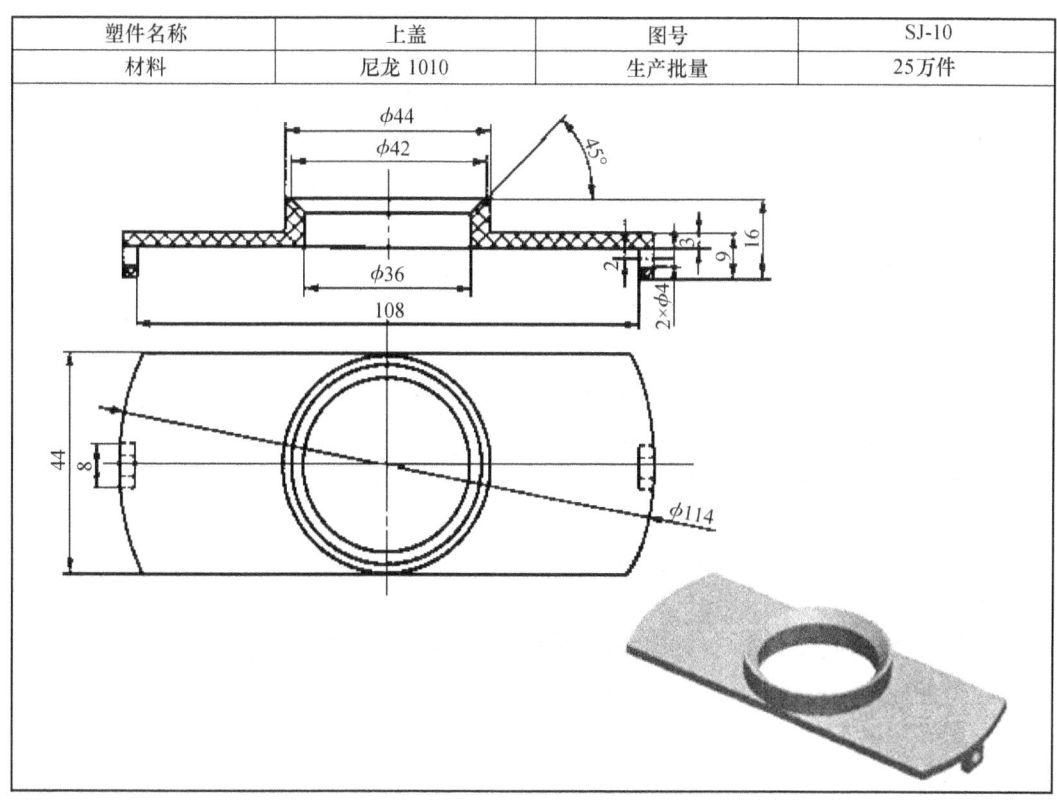

图 3-81 上盖塑件

思考与练习

一、填空题

1. 若塑件有侧孔或侧凹时，宜将侧型芯设置在_____上，除液压抽芯机构外，一般应将抽芯距或分型距较大的放在_____方向上；对于大型塑件需要侧面分型时，应将大的分型面设在_____方向上。

2. 模具侧向分型时，抽芯距一般应大于塑件的侧孔深度或凸台高度_____。抽芯后滑块留于导轨内的配合长度_____于2/3总长度。

3. 采用斜导柱侧抽芯时，滑块斜孔与斜导柱的配合一般大_____的间隙，这样，在开模的瞬间有一个很小的_____，侧型芯在未抽动前强制塑件脱出_____，并使_____先脱离滑块，然后抽芯。

4. 在塑件注射成型过程中，侧型芯在抽芯方向受到型腔内_____较大的推力作用，为了保证斜导柱和塑件精度而使用_____，锲紧块的斜角比斜导柱斜角大_____。

5. 在斜滑块（哈夫块）模具结构中，斜滑块的斜角一般取_____，顶出后斜滑块与导滑槽配合长度_____于2/3总长度，同时应设置斜滑块_____装置，防止滑块脱落。滑块底部应安装_____，防止滑块因重力下沉。

二、选择题

1. 斜楔的斜角大于斜导柱倾角的原因是_____。
   A. 能够提供更大的锁模力　　　　　　B. 开模时让斜楔快速离开
   C. 方便制造　　　　　　　　　　　　D. 便于装配与维修

2. 为了保证斜导柱伸出端准确可靠地进入滑块斜孔，侧滑块在完成抽芯后必须停留在一定位置上，为此滑块需有_____。
   A. 合模装置　　　B. 定位装置　　　C. 导向装置　　　D. 传动装置

3. 当塑件周围有较多孔或凹槽较浅、抽芯距较小，但成型面积和抽芯力较大时，通常采用_____。
   A. 斜导柱侧滑块　　B. 斜滑块　　C. 斜推杆　　D. 液压抽芯

4. 当塑件侧面有孔或凹槽，当抽芯力不大且需要内抽芯时，采用_____形式。
   A. 斜导柱侧滑块　　B. 斜滑块　　C. 斜推杆　　D. 以上均可

5. 在实际生产中斜导柱斜角 α 一般取_____。
   A. 1°～2°　　　B. 15°～25°　　　C. 30°～35°　　　D. 40°～45°

三、判断题

1. 为提高侧抽芯的精度，必须减小斜导柱与斜导柱孔之间的间隙。　　（　　）
2. 斜导柱的倾斜角，必须小于斜楔的斜角。　　（　　）
3. 斜导柱抽芯机构中，斜楔的作用是复位和承受侧向力。　　（　　）
4. 当侧型芯水平投影与推杆重合时，必定产生干涉现象。　　（　　）
5. 使用了先复位机构后，就可以省去复位杆。　　（　　）
6. 斜导柱侧抽芯机构可以变角度侧抽芯。　　（　　）
7. 斜导柱的倾斜角 α 是决定斜抽芯机构工作实效的一个重要因素。　　（　　）
8. 侧滑块或斜滑块均不用设置定位装置。　　（　　）

四、简答题

1. 什么是侧向抽芯机构？在模具中如何实现侧向抽芯？
2. 是否所有的侧向凸凹结构都需采用侧向抽芯机构？举出两个例子加以说明。
3. 标准规定斜导柱、锁紧块倾斜角各是多少？为什么滑块锁紧面倾斜角比斜导柱倾斜角大2°～3°？
4. 侧滑块与导轨常用的配合公差是多少？查表并画图，分别标注 40H7/f7 侧滑块与导轨尺寸（导轨为整体式）。
5. 侧滑块下有推杆时，为什么要设置先复位机构？
6. 侧滑块常用定位形式有哪些？是否可以不设定位机构？为什么？
7. 滑块＋T形块抽芯机构的特点是什么？是如何工作的？
8. 滑块＋油缸侧抽芯机构的特点有哪些？设计时应注意哪些方面？
9. 画出抽芯油缸与滑块、侧型芯的连接形式。
10. 简述斜推杆（斜顶）抽芯机构的应用、工作原理与特点。
11. 简述斜推杆的类型和倾角。
12. 斜推杆常用的复位形式有哪些？简述斜推杆的设计要点。
13. 简述斜滑块侧向抽芯机构设计要点。

五、应用题

1. 如图 3-82 所示的盒盖塑件，材料为改性聚苯乙烯（PS）制品，年产量 20 万件。读懂题图 3-83 模具装配结构图，并完成下述任务。

（1）说明生产成型时模具的工作原理。

（2）列表说明：序号 1～18 的零件名称及其作用；序号 1～18 的零件选用什么材料？热处理应达到什么要求？

（3）此塑件在成型前塑料应注意什么问题？根据现在所学知识，分析成型制品可能出现的质量问题及解决问题的办法。

（4）按照模具设计程序，对改性聚苯乙烯塑料模具进行全过程设计。

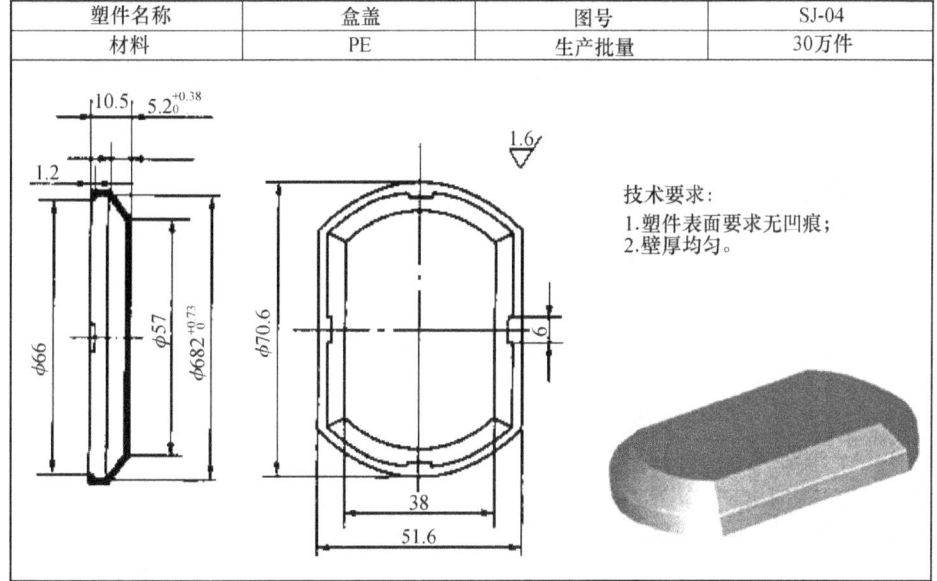

图 3-82 塑件图

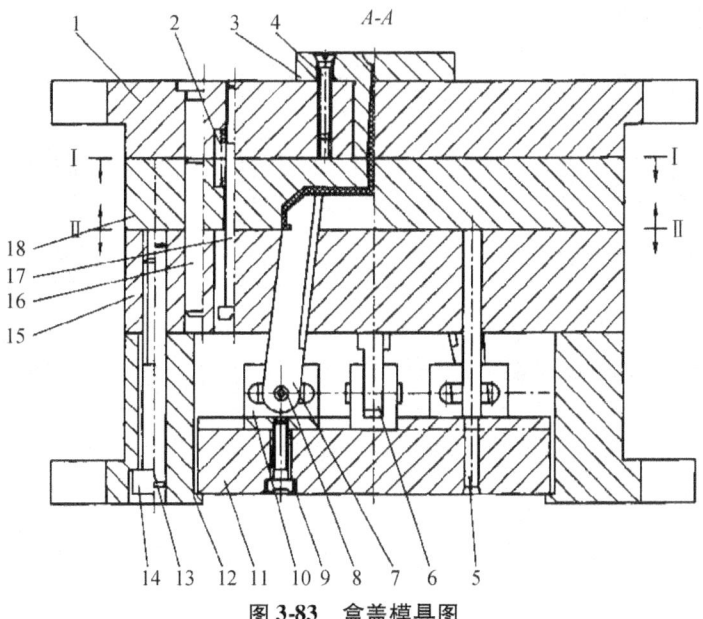

图 3-83 盒盖模具图

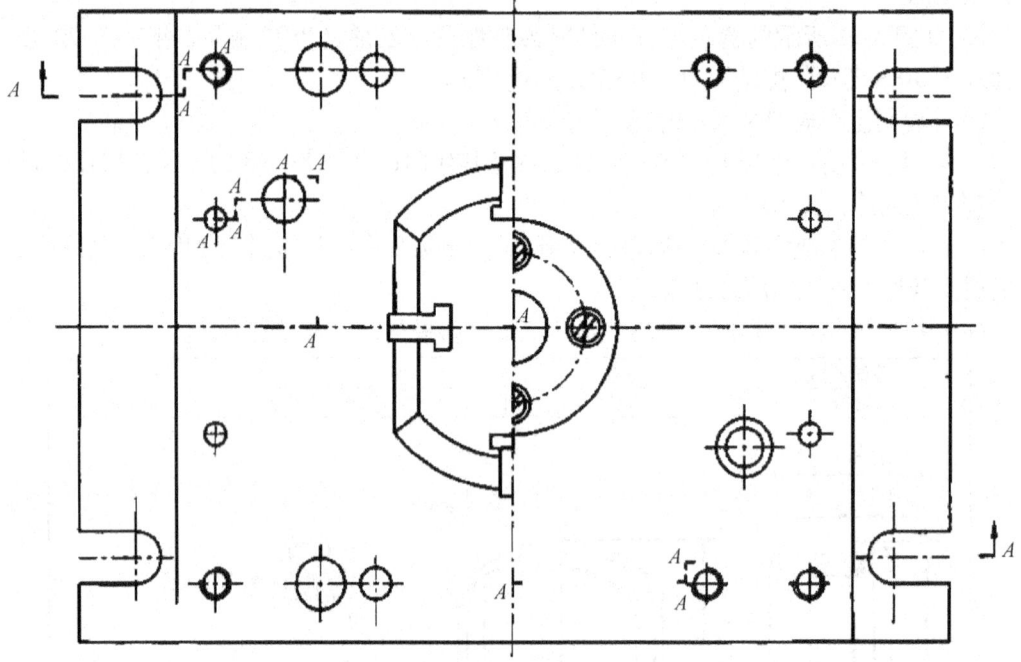

图 3-83 盒盖模具图（续）

2. 如图 3-84 所示的骨架塑件，试画出塑件立体结构并设计注射模具。

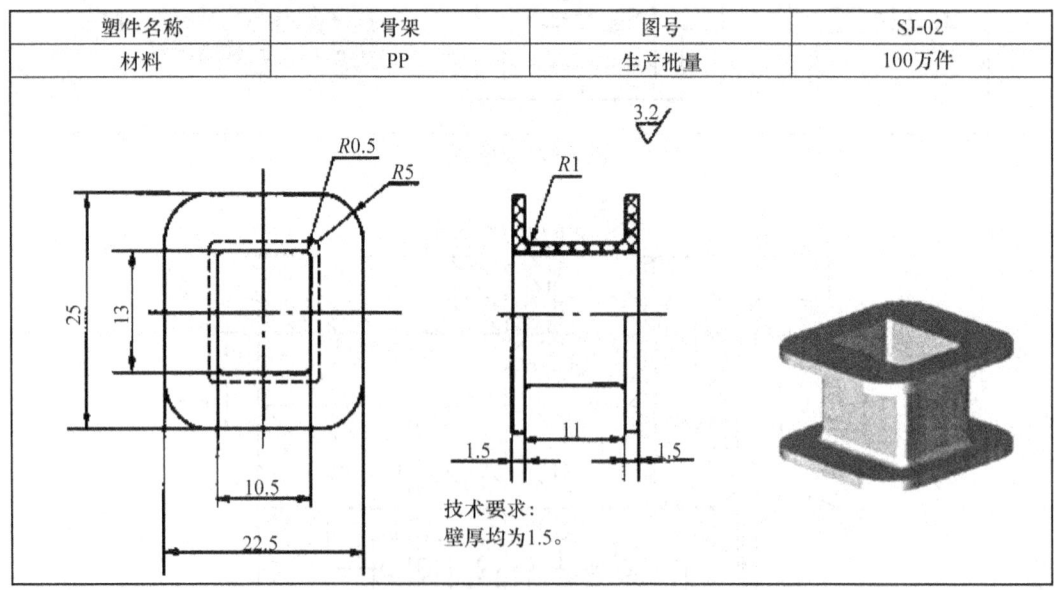

图 3-84 骨架塑件

项目四　洗衣机搅拌器热流道注射模具设计

 项目引入

如图 4-1 所示的塑件为洗衣机搅拌器（高波轮），材料为 ABS，大批量生产，未注公差取 MT4，零件精度及表面质量要求高。为提高生产效率和塑件质量，要求注射模具采用热流道，试设计热流道系统与模具结构。

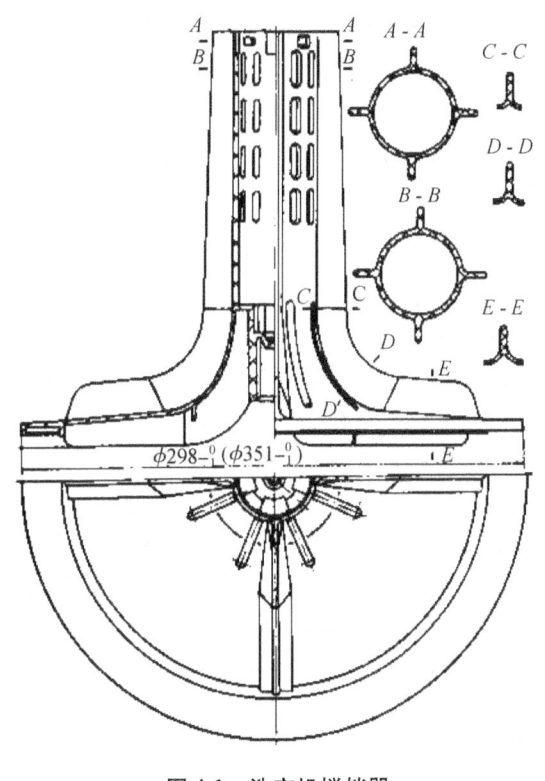

图 4-1　洗衣机搅拌器

要完成上述工作内容，应首先学习并掌握热流道模具知识和典型结构。

任务一　熟悉热流道模具的特点与应用

4.1.1　热流道模具简介

热流道模具是在二板模或三板模的主流道与分流道部位设置加热装制，在生产过程中不断加热，使流道内的塑料始终处于熔融状态，只有型腔和浇口处塑料冷却成型。每次注

射成型后，只需取出塑件，塑件上仅留很短一段浇口，没有流道凝料，实现无废料加工，节约材料，提高产品质量，缩短成型周期，提高生产效率，而且易于实现自动化。

图 4-2　热流道模具三维结构

热流道模具主要适用于热塑性塑料，如 PE、PP、ABS、POM、PC、PS 等塑料，但模具结构复杂，造价比普通注射模具高 20%，维修频率和费用高，适用于大批量生产及塑件质量要求高的场合。三维示意图如图 4-2 所示。

热流道模具是比较先进的模具结构，欧美发达国家注射模具 80% 为热流道模具，我国由于加热元件质量差、模具加工精度低，维修率高。因此，只有不到 20% 的注射模具采用热流道。但热流道模具有许多优越性，是我国注射模具发展的一个重要方向。

4.1.2　热流道模具的特点

热流道模具作为一种先进模具类型，有其自身的特点。

1. 热流道模具的优点

（1）减少流道废料，节约材料和能源。热流道模具无冷浇道，因此无浇注系统废料，是降低材料和能源费用的有效途径。

（2）降低废品率，提高塑件质量。塑料熔体温度在热流道系统里得到准确控制，均匀一致地流入各模腔，保证塑件品质的一致性。另外，塑件浇口处残余应力小，冷却后变形亦小，因此，目前高质量的塑件多数采用热流道模具生产。

（3）缩短成型周期，提高生产效率。没有浇注系统冷却时间限制，塑件成型固化后便可及时顶出，许多用热流道模具生产的薄壁塑件成型周期可降低到 5 秒以下。

（4）消除后续加工，模具便于实现自动化，降低工人劳动强度。

（5）扩大注射成型工艺范围。许多先进的塑料成型工艺是在热流道技术基础上发展起来的。如 PET 预成型制作、多色共注、多材料共注等。

2. 热流道模具的缺点

（1）模具闭合高度加大（重量增加）、技术要求高、制造成本增加。
（2）模具存在热膨胀和热损耗。
（3）对塑料要求高，更换塑料不方便且流道内塑料易变质。
（4）模具设计和维护困难，使用不当易损坏且维修费用高。

3. 热流道与塑件质量的关系

热流道系统因采用了外部的热源，使模具结构更加复杂，必将对塑件内部质量和收缩产生影响。

（1）对塑件内部质量的影响。

热流道系统中塑料熔体以层流方式在型腔中充模，冷却期间塑件内各层的冷却速率不同,同时该流动使高分子链排列具有方向性,造成被固化的非结晶型或结晶型的分子结构冻结了取向状态,因此改变了无取向的原材料性能。

(2) 对收缩的影响。

收缩形式包括线性收缩和体积收缩。线性收缩是取向的结果,与时间无关。由于流动的方向性与取向程度的不同,使注射件的线性收缩呈现各向异性。体积收缩指冷却期间塑料材料分子形态冻结固化时的收缩,有自由收缩和受约束收缩两种。注射件形体收缩的差异主要取决于型腔压力和冷却时间。

4.1.3 热流道模具的分类

热流道模具分为绝热流道模具和加热流道模具。

1. 绝热流道模具

绝热流道浇注系统是在流道外层包上绝热层,防治热量散发出去,模具本身不加热。该类模具使用麻烦,每次使用前均需清除流道凝料,目前很少采用,如图4-3所示。

2. 加热流道模具

从浇口套一直到型腔入口均有加热装置,塑料始终处于熔融状态。模具停止生产后流道与模具一起冷却,下次开机再加热,流道凝料又被熔化,可重新开始生产。加热流道模具适合大批量、长期不停机生产,若模具开开停停,加热系统收缩、膨胀,很容易造成损坏。

热流道模具主要由热射嘴、热流道板、加热元件、热电偶、温控箱组成,如图4-4所示。

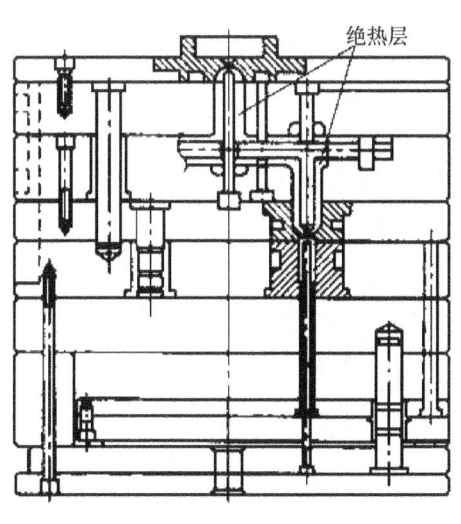

图4-3 绝热流道模具

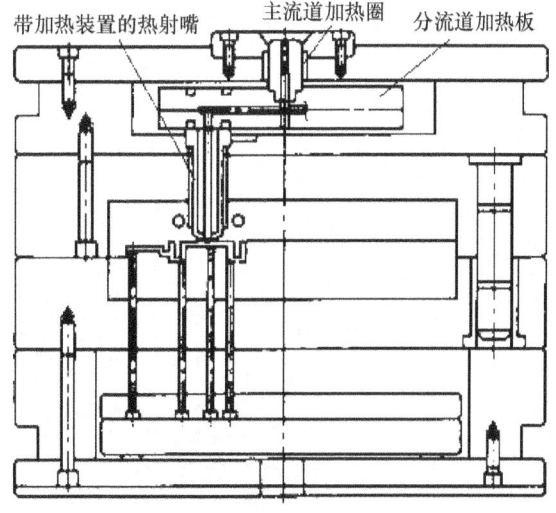

图4-4 加热流道模具

任务二 掌握热流道注射模具形式并能合理选用配件

4.2.1 热流道模具的形式

热流道模具根据进料口的数量分为单点式和多点式。

1. 单点式热流道模具

单点式热流道模具只有一个主流道热射嘴,没有分流道加热板,注射时直接把熔融塑料射入模具型腔,或进入普通流道。适用于单一型腔、单一流道或主流道特别长的模具。如图 4-5 所示为单点式热流道模具立体剖面图,图 4-6 所示为单点式热流道模具平面装配图,图 4-7 所示为单点式热流道模具爆炸图。

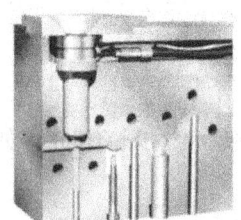

图 4-5 单点式热流道模具立体剖面图

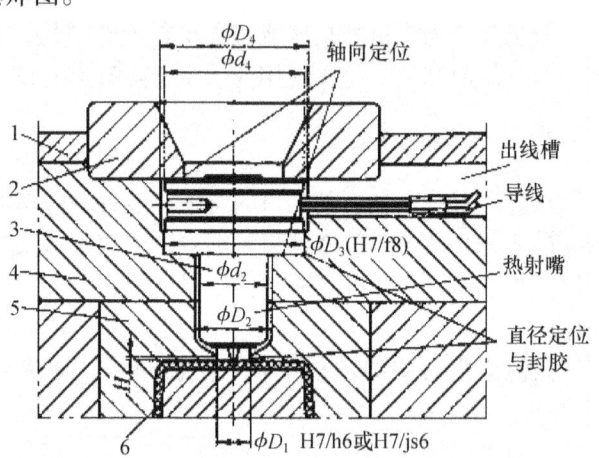

图 4-6 单点式热流道模具平面装配图
1—隔热板;2—定位圈;3—热射嘴;4—定模座板;
5—凹模镶件;6—塑件

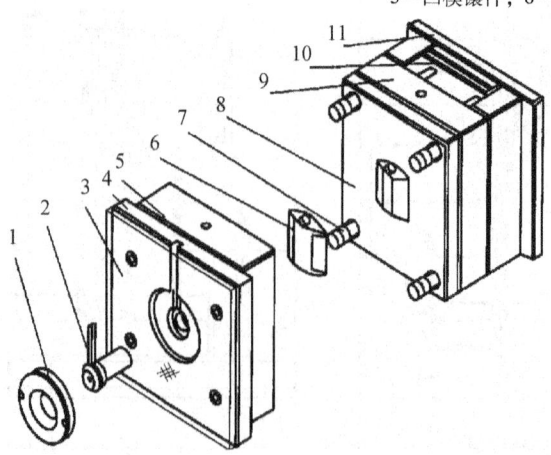

图 4-7 单点式热流道模具爆炸图
1—定位圈;2—热射嘴;3—隔热板;4—定模座板;5—定模板;6—塑件;7—导柱;
8—动模板;9—支承板;10—推出机构;11—动模座板

热射嘴装配时直径方向 D_1 用于密封，配合公差取 H7/h6 或 H7/js6；D_3 用于定位，配合公差取 H7/f8。轴向只有大头上下端面与模具接触以便压紧。其他部位不接触，减少热量传给模具，节约能源。

2. 多点式热流道模具

多点式热流道模具是熔融塑料通过带加热圈的主流道再进入热流道板，热流道板又把塑料分流到各热射嘴中，然后进入型腔或普通流道。它适用于单型腔多点进料或多型腔注射模具。这种模具有一级热射嘴、热流道板、二级热射嘴。如图 4-8 所示为两点式热射嘴立体图，图 4-9 所示为两点式热流道模具平面装配图，图 4-10 所示为两点式热流道模具爆炸图。

为防止热量散失，热流道板与模具其他零件应加隔热垫块隔开，为保证热流道板与二级热射嘴准确对正，应加两个定位销定位。

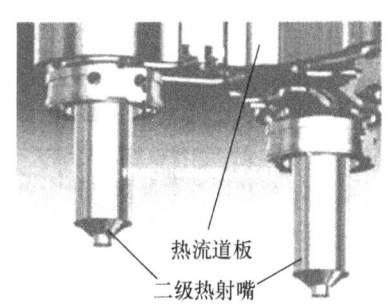

图 4-8 两点式热射嘴立体图

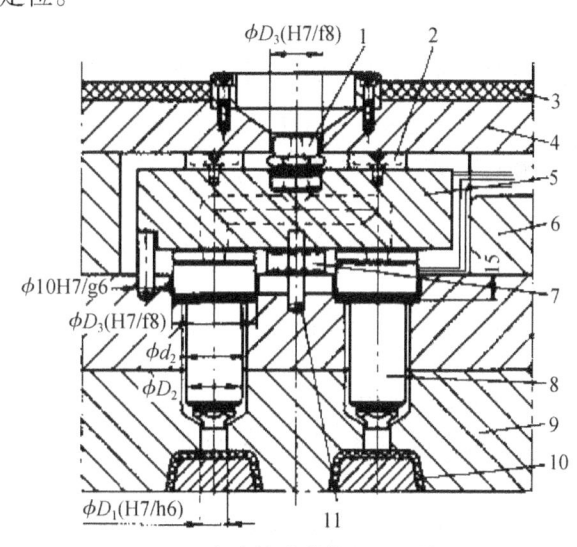

图 4-9 两点式热流道模具平面装配图

1——级热射嘴；2、7—隔热垫块；3—隔热板；4—定模座板；5—热流道板；
6—垫框板；8—二级热射嘴；9—定模板；10—塑件；11—热流道板定位销

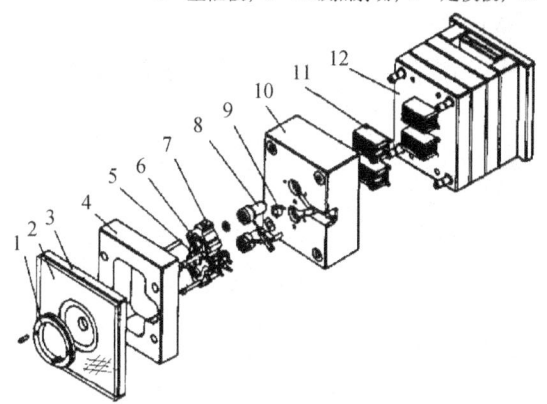

图 4-10 两点式热流道模具爆炸图

1—定位圈；2—隔热板；3—定模座板；4—垫框板；5——级热射嘴；6、9—隔热垫块；
7—热流道板；8—二级热射嘴；10—定模板；11—塑件；12—动模板

4.2.2 加热系统结构设计

热射嘴、热流道板应与定模座板、定模板等有良好的隔热，防止热量散失，节约能源。

1．隔热零件结构设计

隔热介质有陶瓷、石棉板、空气等。热射嘴隔热空气间隙一般为 3 mm 左右；热流道板隔热空气间隙应大于 8 mm，如图 4-9 所示。

隔热垫块不仅起隔热作用，还对流道板起支撑作用，因此隔热垫块应合理分布，保证受力平衡，防止流道板变形。隔热垫块使用传热效率低的材料制成，常用的有不锈钢和陶瓷，如图 4-11、4-12 所示。

图 4-11　不锈钢隔热垫块　　　　　图 4-12　陶瓷隔热垫块

2．热流道板结构设计

（1）热流道板形状。

热流道板外观常见形状有：O 形、I 型、Y 形、H 型、X 型、X-X 型，如图 4-13 所示。

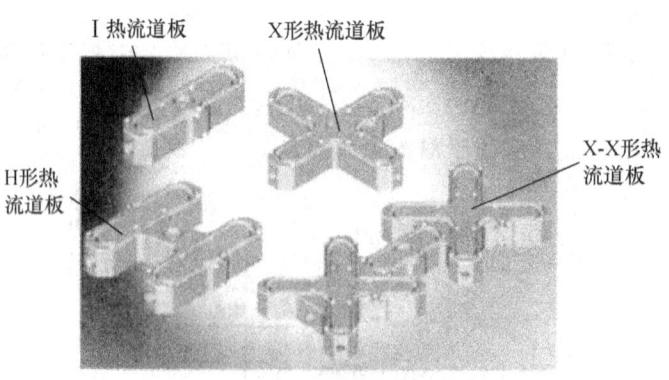

图 4-13　热流道板常见形状

（2）热流道板的装配结构。

图 4-14 为 I 形热流道板与两点热射嘴装配结构，加热棒在流道板内部；图 4-15 为 O 形流道板与四点热射嘴装配结构，加热圈在流道板外部；图 4-16 为 X 形流道板与四点热射嘴结构分解图，加热管在流道板上下底面上。图 4-17 为多块热流道板立体装配图。

图 4-14 I 形流道板装配结构

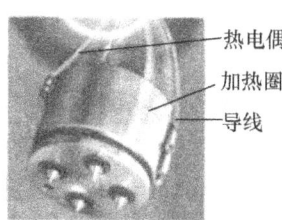

图 4-15 圆形流道板装配结构

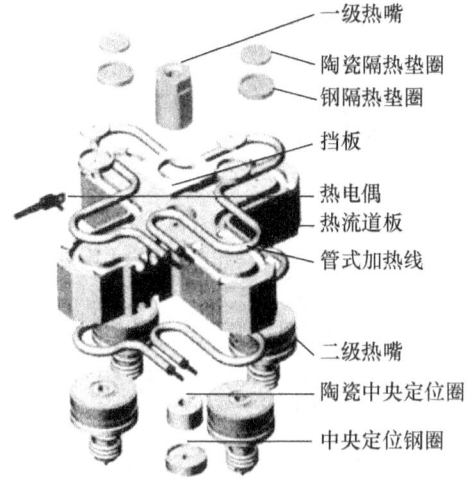

图 4-16 X 形热流道板分解图

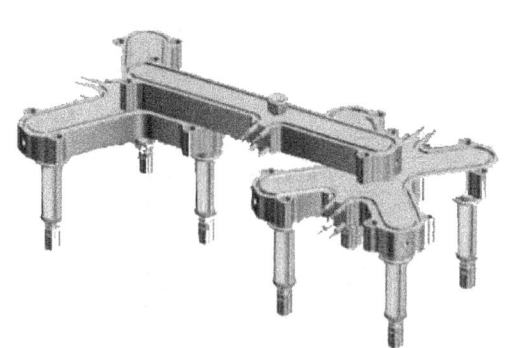

图 4-17 多块热流道板装配图

3. 加热和温度控制元件

（1）热射嘴。

热射嘴由加热器、热电偶和浇口组成。按加热类型可分为内热式和外热式。

① 内热式热射嘴。

加热元件在内部，熔融塑料包裹加热元件，如图 4-18 所示。该结构加热效率高，热量损失小，使用效果好，维修率低。但制造工艺复杂，技术要求严格，价格贵。

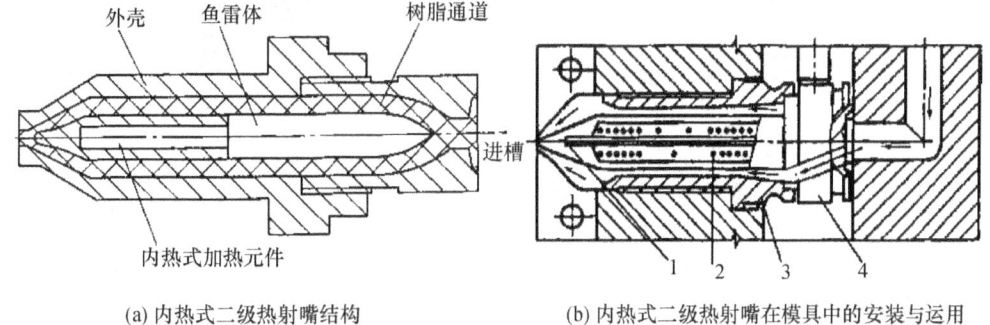

(a) 内热式二级热射嘴结构　　(b) 内热式二级热射嘴在模具中的安装与运用

图 4-18 内热式热射嘴

1—热电偶；2—加热丝；3—绝热壳体；4—加热器支架

② 外热式热射嘴。

加热元件在外部，熔融塑料在内部。如图 4-19 所示为外热式热射嘴与加热元件实物。图 4-20 所示为外热式热射嘴结构。图 4-21 为外热式热射嘴剖视图，M 为预留长度，根据模具板厚可加工至实际需要的长度。该结构简单，价格低，应用广泛。但热量损失大，加热效率低，易漏胶而粘坏加热元件，因此维修率高。

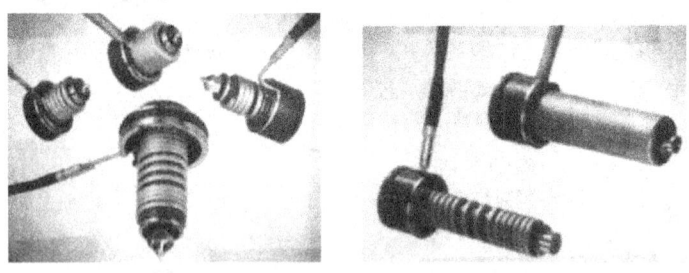

图 4-19　外热式热射嘴与加热元件实物

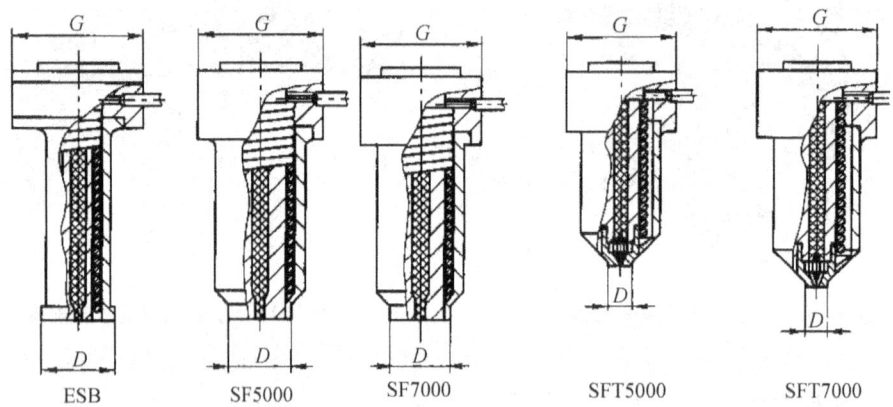

图 4-20　外热式热射嘴结构

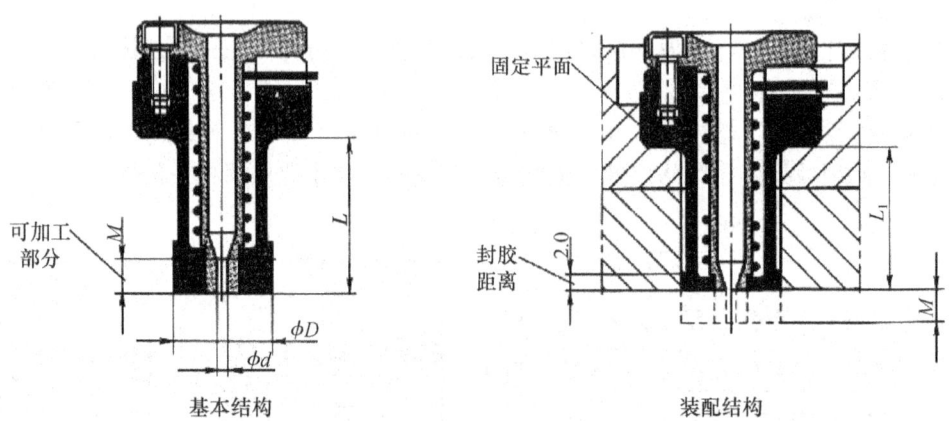

图 4-21　外热式热射嘴改造与装配

（2）加热元件。

① 加热圈，外形如图 4-22 所示。常用的结构有套筒式加热圈和带式加热圈，如图 4-23 所示。该类加热元件结构简单，价格较低，应用广泛。但外形尺寸大，且带式加热圈单位面积加热功率低。

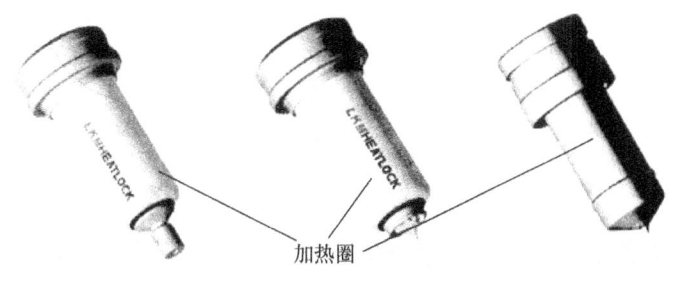

图 4-22 加热圈

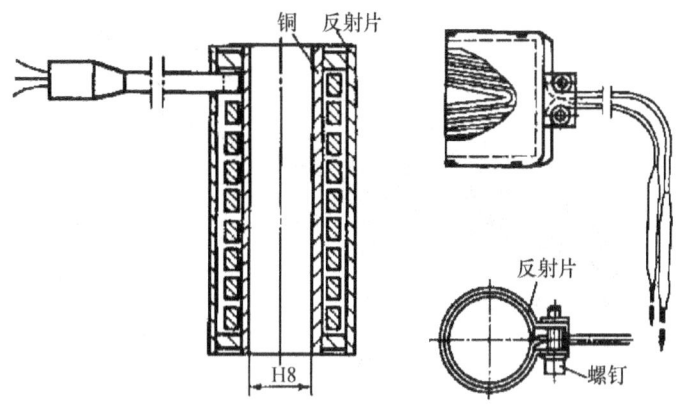

图 4-23 加热圈剖面图

② 螺旋加热丝，如图 4-24 所示。该加热元件结构复杂，技术含量高，外形尺寸小，单位面积上加热功率高，价格昂贵，但应用广泛。加热丝截面呈中空正方形，$a \times b = 3.4\ mm \times 3.4\ mm$ 或 $a \times b = 5\ mm \times 5\ mm$ 两种。内部装有螺旋形电阻丝和热电偶。

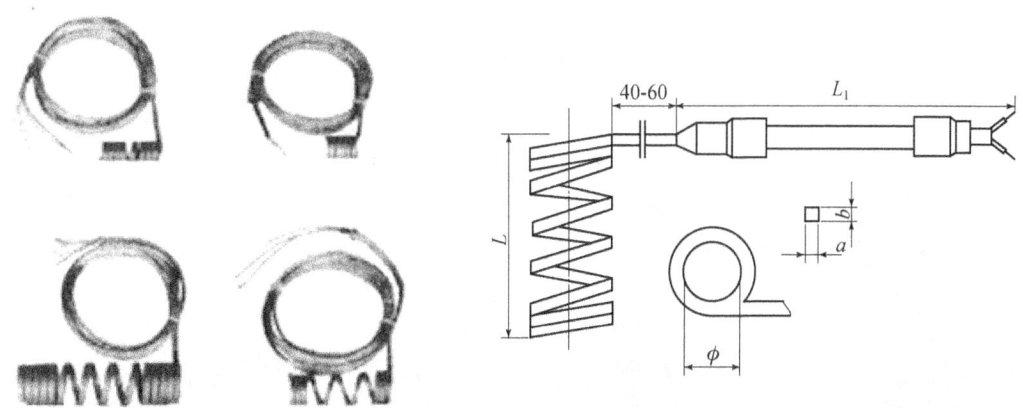

图 4-24 螺旋加热丝

③ 加热棒，如图 4-25 所示。它是热流道板上使用最多的加热元件，组成是由镍铬电阻丝绕在氧化镁芯棒上，装入不锈钢薄管内，再填充高纯的氧化镁粉。其额定温度可达

600℃，最大功率密度可达 20 W/cm²，通常在 15 W/cm² 左右。热流道板容纳加热棒孔的精度取 H9。间隙太小难以装入，间隙太大传热效率低，易损坏。

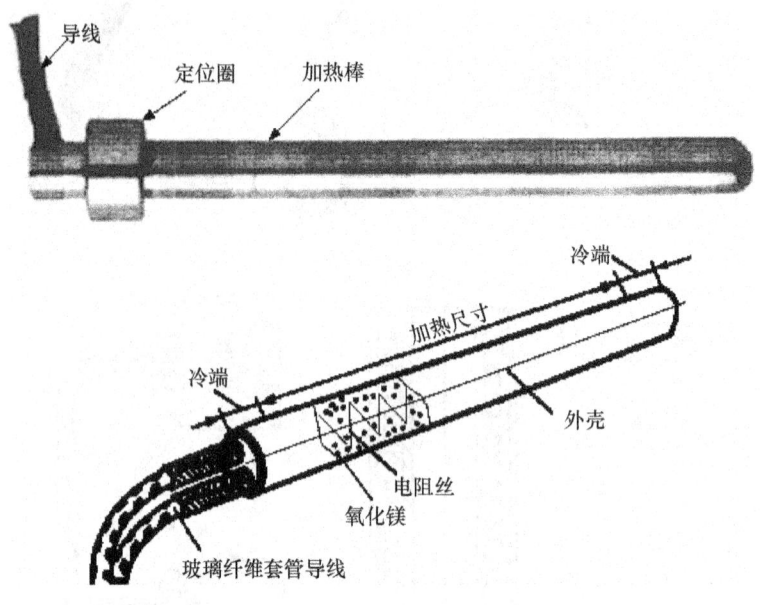

图 4-25　加热棒

(3) 温度控制元件。

① 热电偶，用于测量热流道板和热射嘴的温度，如图 4-26 所示。

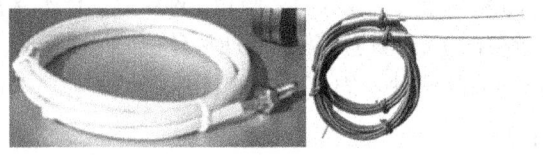

图 4-26　测温热电偶

图 4-27　温控箱

② 温控箱，用于控制热流道板和热射嘴的温度，如图 4-27 所示。

③ 电缆线，用于向模具提供电源及热电偶控制线，插头外形有圆形、矩形，控制线有 6 针、8 针、10 针、16 针、24 针等多种型号，如图 4-28 所示。

④ 连接器（插头），分别安装在模具和控制箱上，通过电缆线把模具加热系统和温控箱连接起来，插头与电缆线插头一样有多种型号，两者必须相配才能正确连接，如图 4-29 所示。

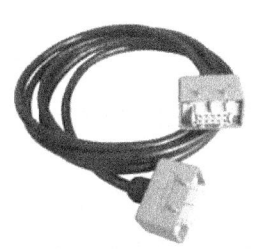

图4-28　10针、16A电缆线

图4-29　连接器

4.2.3　热流道板加热功率计算

流道板的加热功率是在一定时间内流道板从室温加热升温至塑料熔体注射温度所需的功率。当流道板达到设定温度时，温度调节器自动停止加热，并补偿热损失功率，以保持热流道温度的恒定。

1. 热损失的控制

注射模具热流道的热损失包括热传导、热对流和热辐射。

（1）热传导。

注射模具热流道的热传导损失主要经流道板上的承压圈和垫块、固定螺栓或不加热的主流道喷嘴传热给注射模具的定模座板、垫块和定模板。

减小热传导损失的途径有：减小承压圈和垫块的接触面积，从而减小热流量；采用热导率较低的材料制造承压圈和垫块，如不锈钢、钛合金和烧结陶瓷；用不锈钢制造固定螺钉。

热流道模具材料的热导率为：淬火钢 $\lambda = (30 \sim 36)$ W/m·℃；不锈钢 $\lambda = (16 \sim 26)$ W/m·℃；钛合金 $\lambda = 7$ W/m·℃；烧结陶瓷 $\lambda < 2$ W/m·℃。

热流道系统的固态零部件的热传导损失 Q_p（W），用公式表示为：

$$Q_p = \frac{\lambda}{s} A_p \Delta T = \frac{\lambda}{s} A_p (T_1 - T_2)$$

式中　λ——绝热零件材料的热导率（W/m·℃）；

　　　s——绝热零件的厚度（m）；

　　　A_p——绝热零件的接触面积（m²）；

　　　T_1——热流道板注射时的工作温度（℃）；

　　　T_2——注射模具结构件的温度（℃）。

（2）热对流。

热对流损失发生在流道板与注射模具结构件之间以及流道板与注射模具外的空气之间。减少热对流损失常用的方法有：封闭流道板周边的空间，限制和阻隔空气的流通；在流道板的大面积表面上或在注射模具结构件里侧安装绝热板。

热流道板的热对流损失 Q_k（W）为：

$$Q_k = \alpha_k A_k (T_s - T_p)$$

式中　α_k——给热系数（W/m²·℃），空气自然对流时 $\alpha_k = (5 \sim 10)$ W/m²·℃；

　　　A_k——流道板的侧壁表面积（m²）；

T_s——流道板侧壁的温度（℃）；

T_p——周边环境空气的温度（℃）。

（3）热辐射。

热辐射是指高温的热流道表面向外界辐射能量，这种辐射传热是热流道系统热损失的组成部分。热辐射交换发生在流道板与定模模架结构件之间。

降低热辐射损失的方法有：流道板表面磨削后抛光；保持流道板周边间隙空间的清洁；流道板外表面上安装光亮的铝箔反射片；在流道板或模框的内表面上安装绝热板。

流道板的热辐射损失 Q_s（W）以下式表述：

$$Q_s = \alpha_s A_s (T_1 - T_2)$$

式中　α_s——热辐射系数，W/（m²·K）；

　　　A_s——定模框壁的表面面积，m²。

热辐射系数 α_s 可由下式计算：

$$\alpha_s = C_0 \frac{\left(\dfrac{T_1}{100}\right)^4 - \left(\dfrac{T_2}{100}\right)^4}{\Delta T}$$

式中　C_0——热辐射系数（W/（m²·K））；

　　　T_1——流道板侧壁表面温度（K）；

　　　T_2——定模框壁面温度（K）；

　　　ΔT——流道板壁面与定模框壁面的温度差（K）。

经抛光的光亮壁面：$C_0 = 0.40$（W/m²·K）；

经发黑处理或已锈蚀的灰暗壁面：$C_0 = 2.62$（W/m²·K）；

光亮的铝箔覆盖：$C_0 = 0.18$（W/m²·K）；

灰暗的铝箔覆盖：$C_0 = 0.22$（W/m²·K）。

2. 流道板升温加热功率

加热流道板所需功率由三部分组成：一是加热流道板达到设置注射温度所需的功率；二是补充流道板的热传导、热对流和热辐射等热传递损失功率；三是考虑电网电压波动影响和加热器的热效率。

计算流道板加热器的功率 P（kW）的公式为：

$$P = \frac{mc\Delta T}{60 t \eta_0}$$

式中　c——流道板材料的比热容（kJ/kg·℃），对于钢材，$c = 0.48$ kJ/kg·℃；

　　　ΔT——流道板注射时工作温度与室温之差（℃）；

　　　t——流道板的加热升温时间（min），通常为 20～30 min，时间长短取决于流道板尺寸大小和注射工艺温度；

　　　m——热流道板质量（kg）；

　　　η_0——加热流道板的效率系数，通常为 0.47～0.56，国内热流道模具的承压圈和垫块都能绝热，但无防辐射的铝箔，取 $\eta_0 = 0.44$～0.50；当流道及系统的绝热条件很差，承压圈和垫块用碳钢制造而又无防辐射的措施时，则取 $\eta_0 = 0.33$～0.38。

4.2.4 热流道模具设计与制造的条件

采用热流道模具生产塑料制品需要较高的技术,因此模具生产企业在启动设计制造前,应充分了解使用条件,并进行可行性分析。

1. 热流道模具设计应考虑的因素

热流道模具设计应考虑的因素如表 4-1 所示。

表 4-1 热流道模具设计应考虑的因素

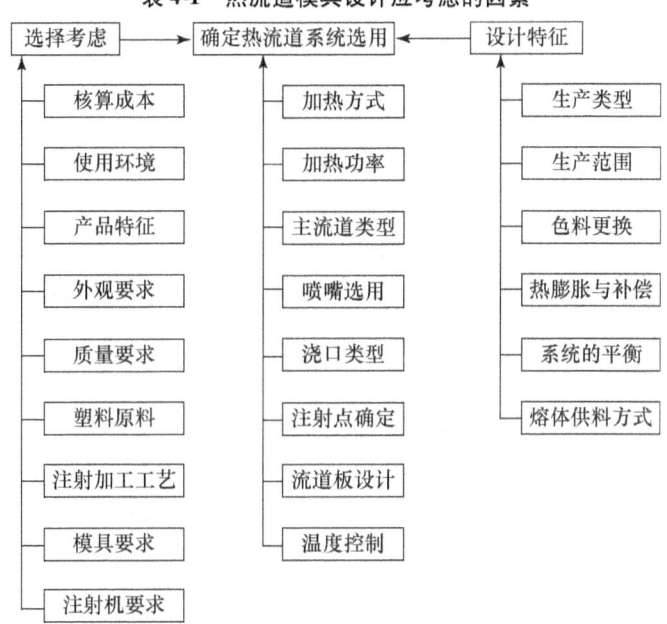

2. 热流道模具设计与制造的条件

为保证热流道注射优势的发挥,热流道注射模具在设计与制造时应注意以下几方面:

(1) 热流道注射模具要求模具生产企业拥有优秀的模具设计人员,有设计热流道注射模具的经验,有完善的模具制造装备和加工的技术力量。

(2) 用专业计算机软件进行注射模具的 CAE 和 CAD 设计。进行注射流动、冷却固化、收缩和翘曲分析,以优化浇注系统和冷却系统的设计,确定制品的壁厚、加强筋的设置等;也可校验塑料材料种类与品级的选择,确定注射工艺参数。

(3) 用 CNC 机床加工模具,并用计算机软件编制数控程序。

(4) 设计中采用标准模架和标准件。热流道系统的零部件和温度控制器同样应尽可能采用从品牌公司购置的标准件。

(5) 模具制造应选用优质金属材料,有良好的热处理和表面处理性能。型芯应采用热传导性良好的材料,如铍铜合金等;绝热零件用不锈钢、钛合金和陶瓷材料制造。

3. 热流道模具零件设计时应考虑的因素

热流道注射模具的流道板和喷嘴是高温部件,正确设计模具的绝热和温度调节系统并

熟练地操作和维护热流道模具,是发挥热流道模具整体效能的重要保证,具体要求如下:

(1) 确定最佳的热流道系统方案,正确地选择热流道设备,充分考虑塑料的流动性和热性能。

(2) 热流道系统的流道板、流道及喷嘴的绝热务必考虑充分。

(3) 做好热流道系统与成型型腔之间的热屏障,加强型腔板、浇口区、浇口对面的型腔、动模板以及型芯的冷却。

(4) 定模固定板和定模板应有足够的强度,以防止被压溃或变形;流道板和各块模板要有足够的刚度;受热模板和螺栓必须有承受热应力的能力。

(5) 热流道模具设计与制造时必须考虑密封,绝不允许漏料,这关系到整套模具的成败。

4. 热流道注射模具与注射机的关系

热流道系统要充分利用注射机的自动循环和控制能力。在进行注射机的操作时要注意以下三方面:

(1) 热流道注射模具需要更大的模具闭合高度。

(2) 注射计量时,要考虑到在注射高压下大容量流道中塑料熔料的压缩性。

(3) 采用连续的生产操作,避免间歇性停机、开机,造成加热(测温)元件和热流道板忽冷忽热而损坏;

(4) 建议温度控制采用从低到高的多级启动。

任务三 洗衣机搅拌器热流道注射模具设计

4.3.1 塑件工艺分析

(1) 塑件的原材料分析。

ABS 综合性能优良,制品刚性好,冲击强度和硬度较高、耐低温、耐化学药品性,机械强度和电器性能优良,易于加工,加工尺寸稳定性和表面光泽好,容易涂装,着色。表面可以进行喷漆、电镀、焊接和粘接等二次加工。

缺点是 ABS 耐热性不高,长期使用温度为 70℃,热变形温度在 87℃~93℃ 之间。易溶于有机溶剂,耐候性差,受紫外线照射易老化。

(2) 塑件的结构和尺寸精度、表面质量分析。

由于塑件结构复杂,外表面有 4 条从上到下高筋和 8 条低筋;空心圆柱侧面有 32 个长圆形孔和四个方孔;底面有轮辐状直筋和多条环形筋;心部有内花键。零件尺寸较大,有 $\phi 298^{0}_{-1}$ 和 $\phi 351^{0}_{-1}$ 两种规格。从设计要求和零件标注公差可知,零件外圆尺寸精度为 MT2,精度要求高,其余未注公差取 MT4。洗衣时零件外表面与衣物接触、摩擦。因此,表面不允许有毛刺、飞边、凸包、凹坑等质量缺陷,即表面质量要求高。

4.3.2 计算塑件的体积和质量

计算塑件的质量是为了选用注射机及确定型腔数。经计算两种规格塑件的质量分别为为 625 g 和 750 g。

塑件尺寸和重量较大，采用一模一件的模具结构。若只从塑件重量来考虑，选用 1000 克注射机可满足生产要求。但模具外形尺寸较大，根据注射时所需压力和工厂现有设备等情况，初步选用注射机为 XS-Z-4000 型。

4.3.3 塑件注射工艺参数的确定

注射时需采用较高的料温与模温；注意选择浇口位置，避免浇口与熔接痕位于塑料件显眼处；塑料件顶出时表面易顶白或拉白，因此应合理设计顶出机构；ABS 的溢边值为 0.04 mm。

根据设计手册并参考工厂实际使用情况，ABS 的成型工艺参数可做如下选择：成型温度为 180℃～200℃；注射压力为 60 MPa～80 MPa。上述工艺参数在试模时可做适当调整。

4.3.4 注射模的结构设计

1. 分型面选择

由于塑件上端圆柱部分四周有许多透孔，采用一般结构将无法脱模。由于抽芯面积很大，而斜导柱侧滑块机构不能满足脱模要求，因此，应采用斜滑块机构（哈夫块）。塑件周边有四条高筋，为能正确分型与脱模，应采用 4 个斜滑块，4 个斜滑块垂直分型面选择在 4 条筋的中间，开模方向分型面选择在塑件底面，如图 4-30 所示。

2. 浇注系统设计

本模具要求采用热流道浇注系统，进料口在小端时注射压力和塑料温度要求高，且填充困难，如图 4-31（a）所示。进料口在大端时注射压力和塑料温度均可降低，塑件质量和生产效率均能保证，因此进料口应设置在大端，即塑件底部。

根据塑件形状应从塑件底面多点进料，是 2 点进料、3 点进料还是 4 点进料？综合考虑应采用 4 点进料比较均匀，如图 4-31（b）所示进料位置选择。

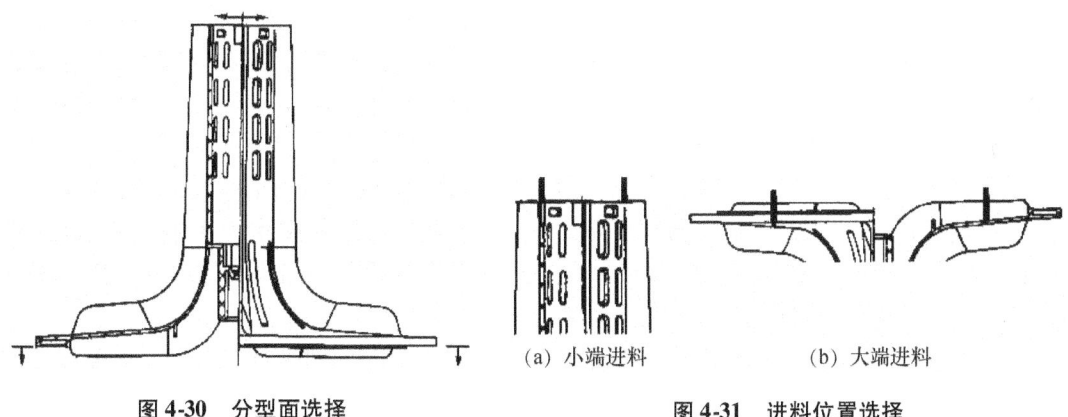

图 4-30 分型面选择　　(a) 小端进料　　(b) 大端进料

图 4-31 进料位置选择

热流道浇注系统结构如图 4-32 所示。

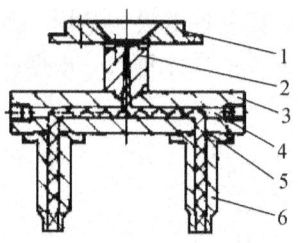

图 4-32 热流道系统

1—定位圈；2——级热射嘴；3—热流道板；4—加热管，5—紫铜密封圈；6—二级热射嘴

热流道板与二级热射嘴结构如图 4-33 所示。

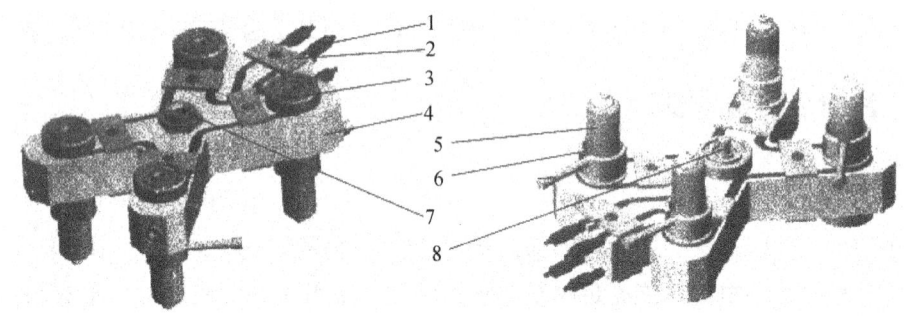

图 4-33 热流道板与二级热射嘴

1—加热管；2—压板；3—绝热垫块；4—热流道板，5—二级热射嘴；6—加热圈；7—进料口接头；8—定位销

由以上分析，滑块成型塑件外表面，应和成型内孔的主型芯一起设在动模；底部短型芯和热流道系统设在定模。

由于动、定模均有复杂型芯，为防止塑件留在定模，定模应设置推出机构。定模推出机构可采用弹簧推出、尼龙拉扣、弹簧开闭器等，本模具采用"弹簧+弹簧开闭器"拉动定模推出板从定模型芯上推出塑件。

3. 成型零件结构设计

① 凹模的结构设计。

凹模采用 4 个斜滑块（哈夫块结构），为保证塑件表面光滑无痕迹，侧面碰穿孔型芯和滑块做成一体而不采用镶件，但加工难度明显增加。4 条高筋分别设在 4 个滑块的分型面上，一边一半，但加工精度必须保证，确保不出现飞边。

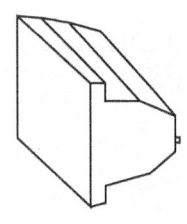

图 4-34 斜滑块结构

由于搅拌器大端直径有 $\phi 290^{0}_{-1}$ 和 $\phi 351^{0}_{-1}$ 两种规格，能否在一套模具上成型两种塑件？因塑件的其他各部分尺寸完全相同，因此该设想可以实现，即在 4 个斜滑块上设计两种不同尺寸的镶件，生产哪种塑件只需更换 4 个滑块上的镶件即可。

该模具造价约 40 万元左右，仅此一项可节约大量资金，缩短设计与制造周期。

斜滑块导滑结构采用 T 型导轨，在模框上加工出斜向 T 型槽，滑块加工出 T 型导轨，如图 4-34 所示的斜滑块结构。

② 定模镶件结构设计。

定模镶件成型底部各条筋和底部浅腔，还担负着固定二级热射嘴及熔体浇口的作用，熔融塑料通过热射嘴进入到型腔内，结构如图 4-35 所示。

③ 动模型芯结构设计。

动模型芯（凸模）成型搅拌器内孔，冷却采用中间钻孔的水井隔片式冷却结构，如图 4-36 所示。

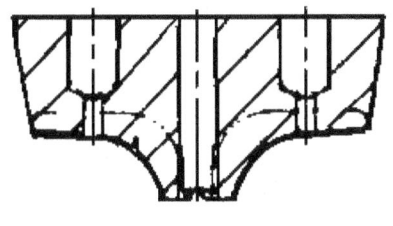

图 4-35　定模镶件

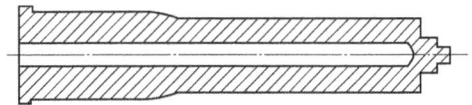

图 4-36　动模型芯

4．模架选择

由于塑件较高，因此本套模具闭合高度较高，模架需重新设计和单独定做。模架结构如图 4-37 所示。

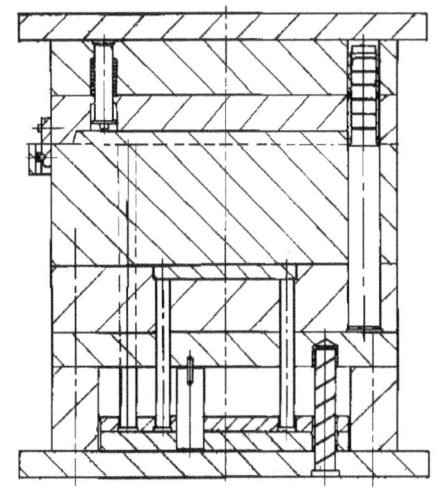

图 4-37　模架结构

5．顶出机构设计

因斜滑块和主型芯在动模，所以开模时塑件应留在动模上。因定模型芯上有许多筋，包紧力大，会造成定模脱模困难，为防止塑件留在定模或开模时被拉坏，定模板设置推件板，推件板底部设有弹簧，同时定模板和动模板之间安装有弹簧开闭器，确保一开模塑件就脱离定模型芯，使之留在动模。

动模推出采用推杆推动推块，推块推动斜滑块进而推出塑件，完成侧向抽芯人工取走塑件。由于注射机推出油缸较小，推出力也小，需采用大型号的注射机进行生产。模具结构如图 4-38 所示。

6. 冷却系统设计

① 定模镶件中间凸起部位与塑件接触面大，热量难以传走，温度升高。因此采用冷却效果好的水井插隔片式冷却，而外围装有 4 个热射嘴没有加工冷却水路的空间，因此无法设计环形水道，如图 4-38 所示。

② 动模型芯又高又细，被塑料完全包围，温升高，因此，动模型芯也采用冷却效果好的水井插隔片式冷却。

斜滑块与塑件接触面积较大温升也高，因此斜滑块也需通水冷却。每个滑块设计一组冷却水路，即从上部外侧进入流到下部，再从下部一侧流到另一侧，然后又流到上部，最后从上部流出，如图 4-38 所示。

7. 标题栏明细表如表 4-2 所示

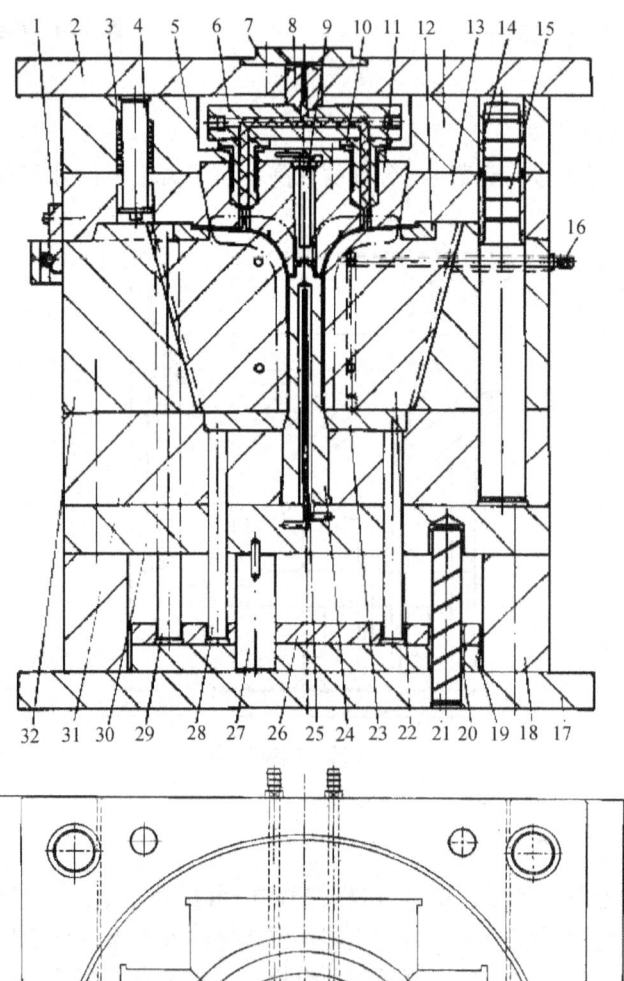

图 4-38 搅拌器热流道模具平面装配图

表 4-2 洗衣机搅拌器热流道注射模标题栏、明细表（工厂生产常用格式）

技术要求：
1. 塑件的材料为 ABS，颜色为白色，大批量生产；
2. 塑件外表可见面未注粗糙度值均为 $Ra=0.05\ \mu m$，未注内部不可见面注粗糙度值均为 $Ra=1.6\ \mu m$；
3. 使用注射设备：XS-Z-4000。

序号	图号	名称	材料	数量	备注
32	MS40-400-25	动模框	45	1	35~40HRC
31	MS40-400-24	型芯固定板	45	1	
30	MS40-400-23	支承板	45	1	
29		复位杆	GCr15	4	50~55HRC
28	MS40-400-22	推杆	GCr15	8	50~55HRC
27		支承柱	45	4	40~45HRC
26	MS40-400-21	推杆固定板	45	1	
25	MS40-400-20	隔水片	紫铜板	1	
24	MS40-400-19	动模型芯	718	1	35~40HRC
23	MS40-400-18	推块	45	1	
22	MS40-400-17	斜滑块	718	4	40~45HRC
21		推板导柱	T8A	4	56~60HRC
20		推板导套	T8A	4	56~60HRC
19	MS40-400-16	推板	45	1	
18	MS40-400-15	垫块	45	2	
17	MS40-400-14	动模座板	45	1	
16	MS40-400-13	水嘴	H62	8	
15	MS40-400-12	导柱	T8A	4	56~60HRC
14	MS40-400-11	导套	T8A	4	56~60HRC
13	MS40-400-10	定模推件板	45	1	
12	MS40-400-09	滑块镶件	718	4	35~40HRC
11	MS40-400-08	定模镶件	718	1	35~40HRC
10		热射嘴		4	
9		密封圈	橡胶	1	
8	MS40-400-07	浇口套	GCr15	1	35~40HRC
7	MS40-400-06	定位圈	45	1	
6	MS40-400-05	热流道板	3Cr2W8V	1	35~40HRC
5	MS40-400-04	定模板	45	1	
4	MS40-400-03	定模板限位导柱	T8A	4	56~60HRC
3	MS40-400-02	弹簧	65Mn	4	44~48HRC
2	MS40-400-01	定模座板	45	1	
1		拉钩组件		2	

标记	处数	分区	更改	签名	年 月 日	洗衣机搅拌器注射模装配图		×××公司
设计			标准化			阶段标记	质量	比例
审核								1:1
工艺			批准			共26张	第1张	MS40-400-0

任务四　拓展与强化训练

如图4-39所示的桶盖塑料件，要求采用热流道注射成型，一模4件。试设计热流道注射模。

塑件名称	中空桶盖	材料	PE	厚度		图示		工件精度	4级

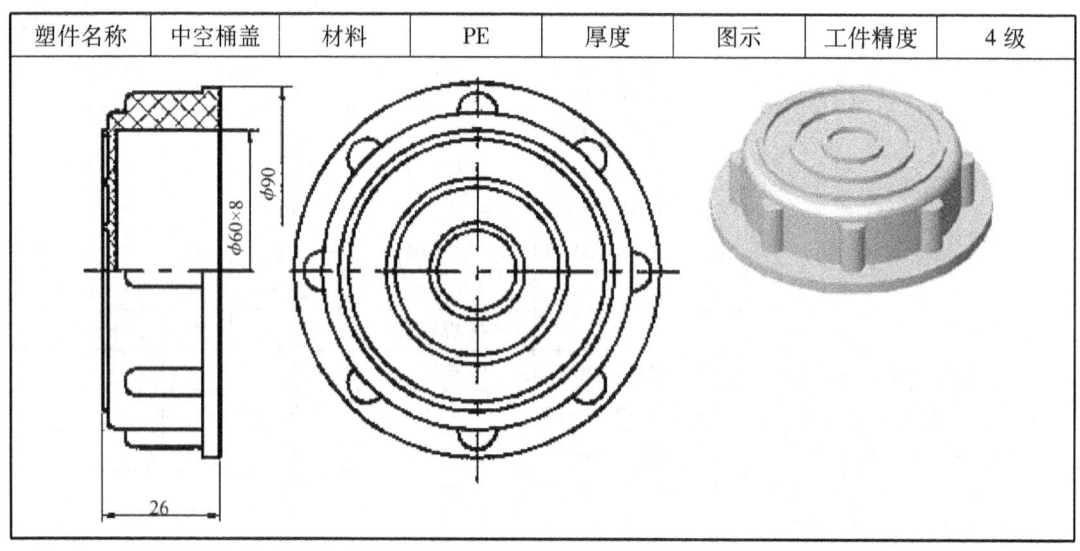

图 4-39　桶盖

思考与练习

一、填空题

1. 热流道模具是在主流道与分流道部位设置_____装置，在生产过程中不断_____，使流道内的塑料始终处于_____状态，只有型腔和浇口处塑料_____成型。
2. 热流道模具分为_____和_____。
3. 热流道模具主要由_____、_____、_____、_____、_____组成。
4. 为防止热量散失，热流道板与模具其他零件应加以_____块隔开，为保证热流道板与二级热射嘴准确对正，应加两个_____定位。
5. 注射模具热流道的热损失包括_____、_____和_____。

二、选择题

1. 热流道模具是先进的注射模具，但在我国普及率不到20%，这是由于_____
   A. 人们不知道　　B. 价高用不起　　C. 技术不成熟　　D. 维修率高
2. 下面不属于加热元件的是_____
   A. 热电偶　　　　B. 加热圈　　　　C. 螺旋加热丝　　D. 加热棒
3. 下面不是热流道模具优点的是_____
   A. 减少流道废料，提高塑件质量

B. 缩短成型周期，提高生产效率
C. 对塑料要求不高
D. 模具便于实现自动化，降低工人劳动强度

4. 下面不是热流道模具缺点的是_____
   A. 技术要求高、制造成本增加
   B. 模具存在热膨胀和热损耗
   C. 易损坏且维修费用高
   D. 是我国注射模具发展的一个重要方向

三、简答题

1. 热流道与普通流道相比有哪些优点？为什么说它是模具浇注系统技术的发展方向？
2. 热射嘴有哪些结构形式？它在模具中是如何定位的？
3. 什么情况下要用热流道板？热流道板的形式有哪些？在模具中是如何定位的？
4. 热流道系统的加热方式有哪些？常用的加热元件有哪些？

四、技能训练题

根据图 4-40 所示的盒体注射件，试完成热流道注射模具设计。

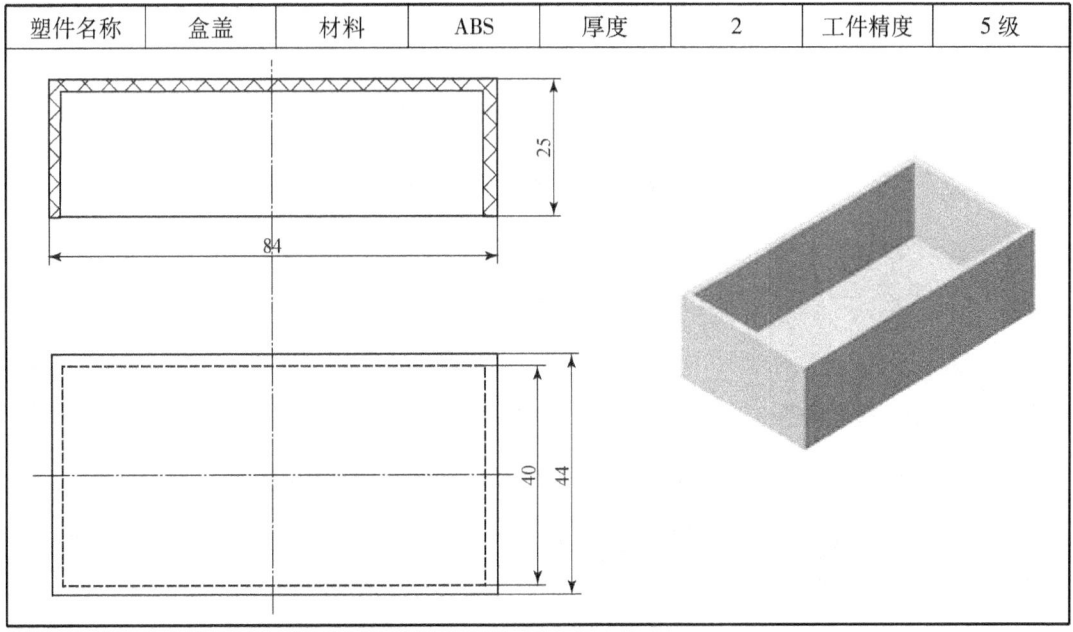

图 4-40 盒盖

项目五　PVC 电线管材挤出工艺与模具设计

项目引入

如图 5-1 所示的电工套管,也可用作电线护套或给排水管道。材料为阻燃绝缘硬聚氯乙烯（HPVC），试设计挤出模具。

要完成上述工作内容，需了解挤出成型设备，并掌握常用塑料的挤出成型工艺原理及挤出模具的结构设计。

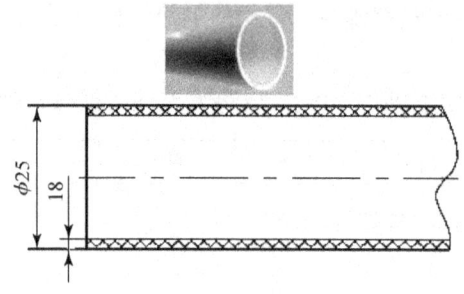

图 5-1　硬 PVC 电工套管

任务一　熟悉并掌握塑料挤出工艺、设备与模具

5.1.1　挤出成型设备

挤出生产线如图 5-2 所示，由挤出机、牵引机、封气机等设备组成。

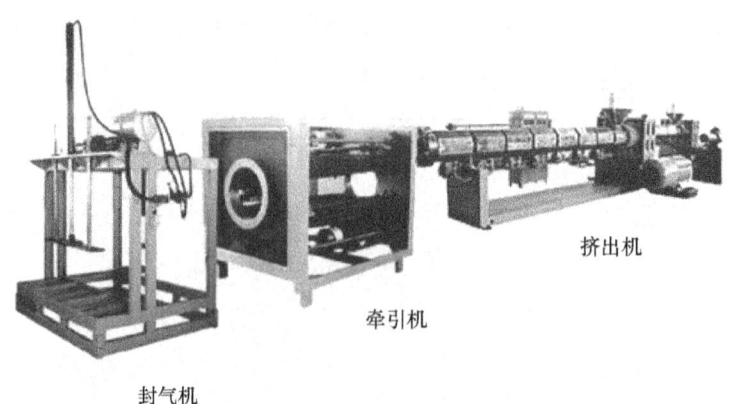

图 5-2　挤出生产线

1. 挤出机的分类

随着塑料挤出成型工艺的广泛应用和发展,塑料挤出机的类型日益增多,分类方法有所不同。

按螺杆的数量分:单螺杆挤出机、双螺杆和多螺杆挤出机。

按螺杆在空间位置不同可分:卧式挤出机和立式挤出机。

按螺杆转速分:普通挤出机、高速和超高速挤出机。

按可否排气分:排气式挤出机和非排气式挤出机。

按装配结构分:整体式挤出机和分开式挤出机(即传动装置与挤出系统分开安装)。目前应用最广泛的是卧式单螺杆非排气式挤出机。

2. 螺杆挤出机的组成

挤出成型设备一般由挤出机(主机)、辅机、控制系统等组成。挤出机的基本结构主要包括传动装置、加料装置、料筒、螺杆、机头及口模等五部分;辅机主要由机头、定型装置、冷却装置、牵引装置、切割装置和卷取装置等组成;控制系统主要由电器、仪表和执行机构等组成。通常将上述三部分统称为挤出机组。

主机在挤出机组中是最主要的部分;而在主机的组成部分中,挤出系统又是最关键的部分;在辅机的各组成部分中,机头是最关键的部分。

图5-3(a)为卧式单螺杆塑料挤出机实物,图5-3(b)为卧式单螺杆塑料挤出机平面剖视图。其中与挤出工艺直接有关的是料筒、螺杆、机头及口模。

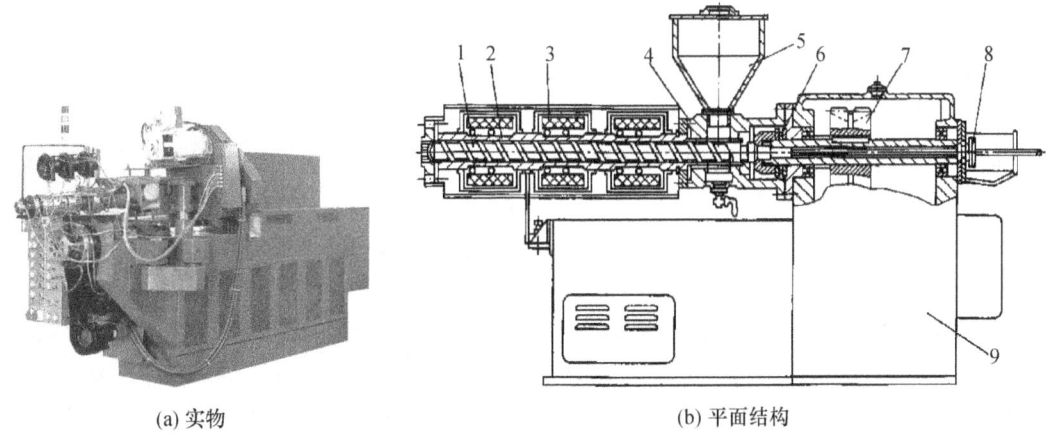

(a) 实物　　　　　　　　　　(b) 平面结构

图 5-3　卧式单螺杆塑料挤出机

1—螺杆;2—料筒;3—加热器;4—料斗支座;5—料斗;
6—推力轴承;7—传动系统;8—螺杆冷却系统;9—机身

(1) 料筒。

料筒与螺杆共同担负着塑料的塑化和加压的任务。挤出时料筒内的压力可达 55 MPa,工作温度一般为 180℃~250℃。因此料筒可以看成是受热和受压的容器。料筒外部设有分区加热和冷却装置,料筒与机头间设有过滤板。

(2) 螺杆。

螺杆是挤出机的关键部件。挤出机挤出塑料的产量、熔体温度、熔体均匀性、功率消耗等主要决定于螺杆结构。螺杆的直径、长径比、各段长度比以及螺槽深度等几何参数对螺杆的工作特性及塑料的塑化过程均有重大影响。

一般螺杆的结构如图 5-4 所示。螺杆的直径 D 是螺杆的基本参数,挤出机的规格以螺杆直径来表示。使用时,根据塑料制品大小及生产率来决定挤出机规格。螺杆长径比 (L/D) 是螺杆的重要参数,长径比大的,塑化均匀。目前市面上的挤出机长径比多为 25 左右。

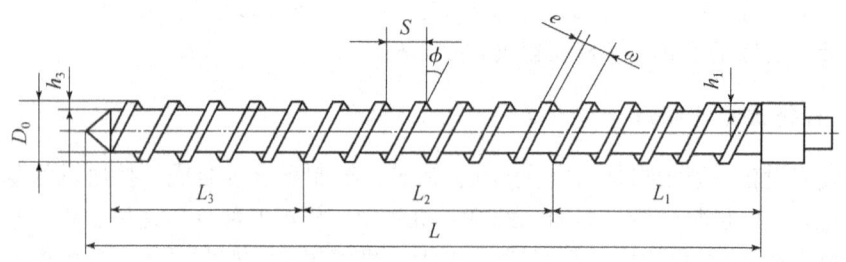

图 5-4 螺杆结构示意图

螺旋升角 ϕ、加料段螺旋槽深度 h_1、均化段螺槽深度 h_3、螺纹长度 L、螺纹宽度 e、螺距 S、螺杆直径 D_b、加料段长度 L_1、熔化段长度 L_2、均化段长度 L_3。

按照塑料在螺杆上运转及其物理状态的变化,螺杆工作部分可分三段:加料段、压缩段、均化段。塑料经过这三段,由玻璃态转化为挤出成型所需要的粘流态。

① 加料段。

加料段的作用是将自料斗加进的固态塑料加热并向前送至压缩段。根据其作用,这段螺旋槽应是等距等深的,以保证其截面不变。在这段中,塑料仍然是固体状态。为了使塑料有最好的向前输送条件,以保证足够的挤出量,必须使塑料与料筒的摩擦力大于塑料与螺杆的摩擦力。为此,应增加塑料与料筒的摩擦力(可在料筒内表面开纵向沟槽),减小塑料与螺杆的摩擦力(螺杆可镀铬或抛光,Ra 数值达 $0.8~\mu m$ 以下)。

② 压缩段。

压缩段又称熔化段。压缩段螺杆的作用除了把塑料继续向前输送外,还要对塑料进行压缩,使塑料密实,并使塑料中的空气压回加料段,以便外逸。塑料在该段中,由于料筒外加热器的加热和螺杆、料筒的搅拌、剪切产生摩擦热的作用,所以温度在加料段逐步上升,从固态逐渐熔融为粘流态的熔体。根据熔化段的作用,这段螺旋槽应是逐渐缩小的,缩小的程度取决于塑料的压缩比。

③ 均化段。

均化段螺杆的作用是将压缩段送来的熔融塑料进一步均匀塑化,并使其定量、定压、定温地由机头挤出,实现了定量挤出,又称为计量段。均化段螺旋槽的截面可以是恒等的,但比前两段小。

在实际生产中,挤出机螺杆三段的长短与结构主要决定于塑料的性质和结晶类型。结晶型塑料无明显的高弹态,因此所用螺杆的压缩段很短,例如挤出聚酰胺,其压缩段只有

（1～2）D，几乎没有压缩段。挤出聚氯乙烯这样的热敏性塑料，熔体不宜久留在料筒中，因此螺杆甚至可以不要均化段。

可见，螺杆在塑料的塑化过程起的作用是很大的。为了使挤出机在挤出量和挤出熔体的质量方面都达到要求，应根据塑料的特性和产品特点采用合适的螺杆结构。近年来，在实际生产中出现了不少新型螺杆，它在提高挤出量和改善塑化质量方面取得了明显的效果。

挤出成型用的塑料品种很多，不可能一种塑料用一根螺杆，应根据塑料特性，尽可能考虑各种塑料的共性来设计螺杆，使一根螺杆能同时用于数种塑料的挤出。

（3）机头及口模。

机头是挤出成型模具的主要部件，口模是获得塑料型材横截面形状及尺寸的成型零件，它用螺栓或其他方法固定在机头上。通常把口模看成机头的组成部分。机头及口模的结构及几何参数对塑料型材的产量和质量影响很大。

5.1.2 挤出成型过程

挤出成型过程是将塑料（粒状或粉状）加入挤出机料筒内加热熔融，使之呈粘流状态，在挤出机挤压系统加压的情况下通过具有与塑料型材截面形状相仿的口模，使之成为与口模相仿的粘流态连续体，然后通过冷却，使其具有一定几何形状和尺寸，由粘流态变为高弹态，最后冷却定型为玻璃态而获得所需要的塑料型材。

挤出成型大致可分三个阶段，如图5-5所示。

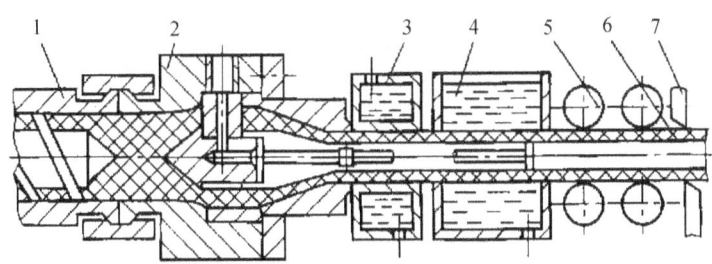

图5-5 挤出模塑原理

1—挤出机料筒；2—机头；3—定径装置；4—冷却装置；5—牵引装置；6—塑料管；7—切割装置

第一阶段是固态塑料的塑化。即通过挤出机加热器的加热和螺杆、料筒对塑料的混合、剪切作用所产生的摩擦热使固态塑料变成均匀的粘流态塑料。

第二阶段是成型。即粘流态塑料在螺杆推动下，以一定的压力和速度连续地通过成型机头，从而获得一定截面形状的连续型材。

第三阶段是定型。通过冷却等方法使已成型的形状固定下来，成为所需要的塑料制品。在挤出过程中，塑料由料斗进入料筒后，随着螺杆的转动不断被推向机头。在塑料向机头输送过程中，经过螺杆的加料段、压缩段、均化段，塑料经历了固体输送、熔融和熔体输送三个过程的物理变化。在挤出模塑中，塑料制品的形状和尺寸决定于机头，因此机头的设计和制造是保证制品形状和尺寸的关键。

5.1.3 挤出成型工艺参数

挤出成型主要的工艺参数为温度、压力、挤出速率与牵引速度。

1. 温度

温度是挤出成型得以顺利进行的重要条件之一。塑料从加入料斗到最后成为制品经历了一个复杂的温度变化过程。温度是依靠挤出机加热和冷却装置及其控制系统进行调节。一般来说，加料段温度不宜过高，有时还要冷却，而压缩段和均化段的温度应该较高。其高低应根据塑料特性和制品要求等因素来确定。

塑料温度不仅在流动方向上有波动，而且垂直于流动方向的截面内各点的温度有时也不一致（通常称为径向温差）。这种温度波动和温差，尤其在机头或螺杆端部的温度波动和温差，会给挤出制品带来不良影响，使制品产生残余应力，各点强度不均匀和表面灰暗无光泽等缺陷。因此应尽可能减小或消除这种波动和温差。产生上述波动和温差的原因很多，影响最大的是螺杆结构设计，还有加热和冷却系统工作不稳定，螺杆转速变化等。为此，必须在挤出过程保持螺杆转速等工艺参数的相对稳定。

2. 压力

在挤出过程中，由于料流的阻力，螺杆槽深度的改变，滤网、过滤板、分流器和口模的阻力，因而在塑料内部建立起一定的压力，这种压力是塑料产生熔融而得到均匀熔体，最后挤出成型的重要条件之一。

与温度的波动一样，各点的压力也是随时间发生周期性波动的。压力的波动对塑料的塑化和制品的质量也是不利的。因此，应控制螺杆转速变化和加热与冷却系统的稳定性，尽量减小压力的波动。

3. 挤出速率

挤出速率是指单位时间内由挤出机口模挤出的塑料质（重）量（单位为 kg/h 或 m/min）。挤出速率大小表征挤出机生产率的高低。影响挤出速率的因素很多，如机头的阻力、螺杆和料筒的结构、螺杆转速、加热、冷却系统和塑料的特性等。根据理论计算和实际检测证明，挤出速率随螺杆直径、槽深、均化段长度和螺杆转速的增大而增加，而随着螺杆末端熔体压力和螺杆与料筒之间间隙的增大而减小。挤出机型号确定后，螺杆和料筒随之确定，挤出速率与螺杆转速、机头阻力、塑料特性有关。当挤出产品一定时，挤出速率仅与螺杆转速有关。

挤出速率也有波动现象。挤出速率波动对产品质量有不良影响，如造成挤出速度不均匀，影响制品的几何形状和尺寸。因此，除了正确设计螺杆之外，还应控制螺杆转速和加热与冷却系统的稳定性，注意加料情况的正常性等。

4. 牵引速度

挤出成型是连续生产塑料型材的过程，因此必须设置牵引装置。从机头和口模中挤出的塑料型材，在牵引力作用下会发生拉伸取向。拉伸取向程度越高，塑件沿取向方向的拉伸强度就越好，但冷却后长度收缩越大。一般情况下牵引速度略大于挤出速度。

管材挤出是塑料挤出成型的主要方法之一。管材挤出是将塑化的塑料熔体在螺杆旋转推动下，通过机头的环形通道形成管材。熔体通过过滤板之后需经过分流区、压缩区和成型区而成型为管状物。从口模挤出的管状物首先必须通过定型装置进行冷却定型，以保证得到几何形状正确、尺寸准确、表面光洁的塑料管。图5-6所示为管材挤出工艺过程。表5-1所示是常用塑料管材挤出成型的工艺条件。

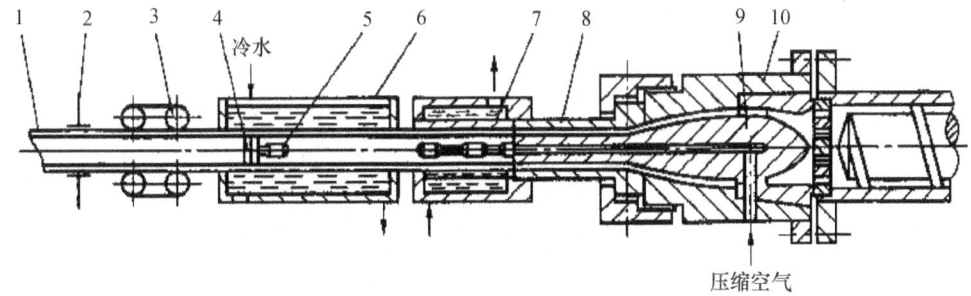

图5-6 管材挤出工艺过程

1—塑料管子；2—夹紧切断装置；3—牵引装置；4—气塞；5—链子；6—冷却水槽；
7—定型套；8—口模；9—芯棒；10—机头体

表5-1 常用塑料管材挤出成型的工艺条件

管材工艺参数	工艺条件	硬聚氯乙烯(HPVC)	软聚氯乙烯(LPVC)	低密度聚乙烯(LDPE)	ABS	尼龙PA-1010	聚碳酸酯(PC)
管材外径/mm		95	31	24	32.5	31.3	32.8
管材内径/mm		85	25	19	25.5	25	25.5
管材厚度/mm		5±1	3	2±1	3±1	—	—
料筒温度/℃	后段	80~100	90~100	90~100	160~165	250~260	200~240
	中段	140~150	120~130	110~120	170~175	260~270	240~250
	前段	169~170	130~140	120~130	175~180	260~280	230~255
机头温度/℃		160~170	150~160	139~135	175~180	220~240	200~220
口模温度/℃		160~180	170~180	130~140	190~195	200~210	200~210
螺杆转速/(r/min)		12	20	16	10.5	15	10.5
口模内径/mm		90.7	32	24.5	33	44.8	33
芯模内径/mm		79.7	25	19.1	26	38.5	26
稳流定型段长度/mm		120	60	60	50	45	87
牵引比		1.04	1.2	1.1	1.02	1.5	0.97
真空定径套内径/mm		96.5	—	25	33	31.7	33
定径套长度/mm		300		160	250		250
定径套与口模间距/mm		—		—	25	20	20
冷却水温度/℃		室温	室温	室温	室温	室温	室温

5.1.4 挤出成型模具结构

挤出成型模具俗称机头，是挤出塑料制件的主要部件。

1. 挤出成型模具结构组成

机头通常由口模和芯棒、过滤网和过滤板、分流器和分流器支架、机头体、温度调节系统、调节螺钉、定径套等零件组成，如图5-7所示为管材挤出成型机头。

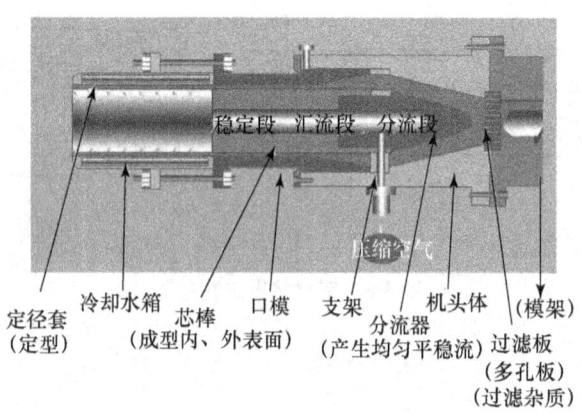

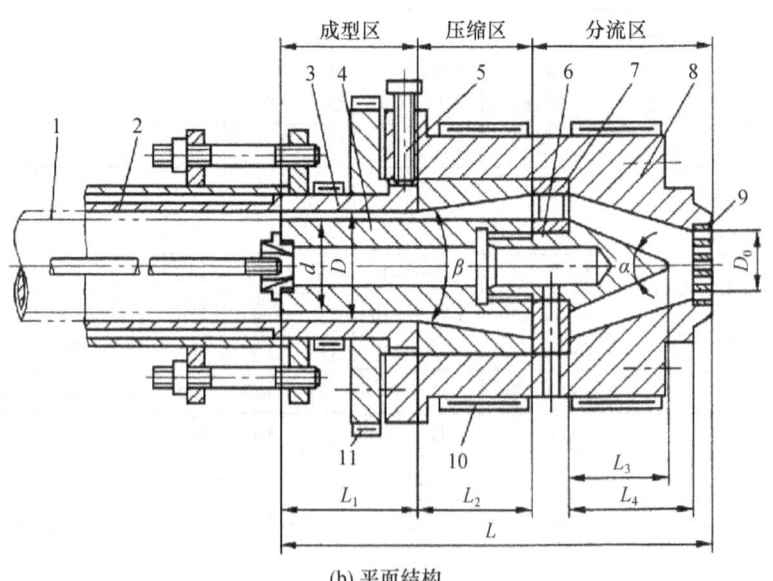

图5-7 管材挤出成型机头

1—管材；2—定径套；3—口模；4—芯棒；5—调节螺钉；6—分流器；
7—分流器支架；8—机头体；9—过滤板（多孔板）；10、11—电加热圈（加热器）

（1）口模和芯棒。

口模用来成型塑件的外表面，芯棒用来成型塑件的内表面。因此，口模和芯棒决定了塑件的截面形状。

(2) 过滤网和过滤板。

过滤网的作用是将塑料熔体由螺旋运动转变为直线运动，过滤杂质，并形成一定的压力。过滤板又称多孔板，同时还起支承过滤网的作用。

(3) 分流器和分流器支架。

分流器（俗称鱼雷头）使通过它的塑料熔体分流变成薄环状以平稳地进入成型区，同时进一步加热和塑化；分流器支架主要用来支承分流器及芯棒，同时也能对分流后的塑料熔体加强剪切混合作用，但有时会产生熔接痕而影响塑件强度。小型机头的分流器与其支架可设计成一个整体。

(4) 机头体。

机头体相当于模架，用来组装并支承机头的各个零部件。机头体需与挤出机筒连接，连接处应密封以防塑料熔体泄漏。

(5) 温度调节系统。

为了保证塑料熔体在机头中正常流动及挤出成型的质量，机头上一般设有可以加热的温度调节系统，如图 5-7 (b) 所示的电加热圈 10、11。

(6) 调节螺钉。

图 5-7 (b) 所示的调节螺钉 5 用来调节控制成型区内口模与芯棒间的间隙和同轴度，以保证挤出塑件壁厚均匀。通常调节螺钉的数量为 4～8 个。

(7) 定径套。

离开成型区后的塑料熔体虽已具有给定的截面形状，但因其温度仍较高不能抵抗自重变型，为此需要用定径套（见图 5-7 (b) 中件 2）对其进行冷却定型，以便塑件获得良好的表面质量、准确的尺寸和几何形状。

2. 管材类挤出成型机头

管材是挤出成型生产的主要产品之一。管材挤出成型机头主要用来成型软质和硬质圆形塑料管状塑件，如图 5-8 所示的管材。管机头适用的挤出机螺杆长径比（螺杆长度与其直径之比）$i = 15\sim25$，螺杆转速 $n = (10\sim35)$ r/min；通常要求在挤出机和机头之间安装过滤网，对于聚乙烯管材，用 4×80 目过滤网，对于软质塑料管可取 40 目左右的过滤网。挤出成型管材塑件时常用的机头结构有挤出薄壁管材的直通式、直角式和旁侧式，除此以外，还有一种微孔流道管机头等。

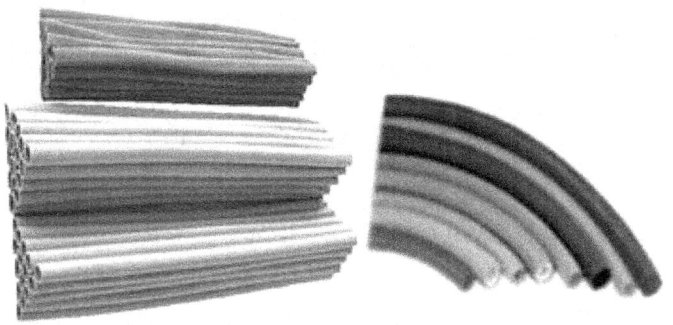

PVC花纹软管　　PVC彩色软管
图 5-8　挤出管材样件

（1）直通式挤管机头。

如图5-7（b）所示，其结构简单，容易制造，但熔体经过分流器及分流器支架时形成的分流痕迹（熔接痕）不易消除，另外还有长度较大、整体结构笨重的特点。直通式挤管机头适用于挤出成型软硬聚氯乙烯、聚乙烯、尼龙、聚碳酸酯等塑料管材。

（2）直角式挤管机头。

如图5-9所示，塑料熔体包围芯棒，流动成型时只会产生一条分流痕迹，适用于挤出成型聚乙烯、聚丙烯等塑料管材，以及对管材尺寸要求较高的场合。直角式挤管机头的优点在于与其配用的冷却装置可以同时对管材的内外径进行冷却定型，因此定型精度高。同时，熔体的流动阻力较小，料流稳定均匀，生产率高，成型质量也较高，但机头的结构较复杂，制造相对较困难。

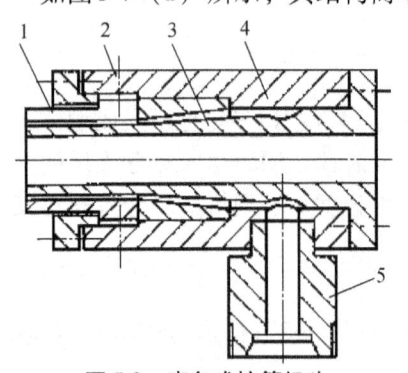

图5-9 直角式挤管机头
1—口模；2—调节螺钉；3—芯模；
4—机头体；5—螺钉；6—连接管

3. 棒材挤出成型机头

塑料棒材为实心的圆形，相适应的挤出机的规格，主要依据其棒材外径大小，从成型工艺控制角度出发，挤出机螺杆直径应小于棒材外径。依据塑料特性，对于ABS、聚碳酸酯（PC）、聚砜（PSF）、聚苯醚（PPO）等适用渐变螺杆，聚甲醛（POM）、聚三氟氯乙烯（PCTFE）等适用突变螺杆。通常螺杆长径比i的值取20～25，压缩比ε的值取2.5～35。除生产玻璃纤维增强塑料外，可以设置50～80目的过滤网。

棒材挤出成型机头的结构比较简单，如图5-10所示。它与管材挤出机头基本相似，不同的是管材挤出机头中的芯棒被分流器所代替，其目的是减少内部的容积及增加塑料的受热面积；有时流道中也不设分流装置，整个机头流道只要做成无滞料区的流线型就可以满足流动要求。

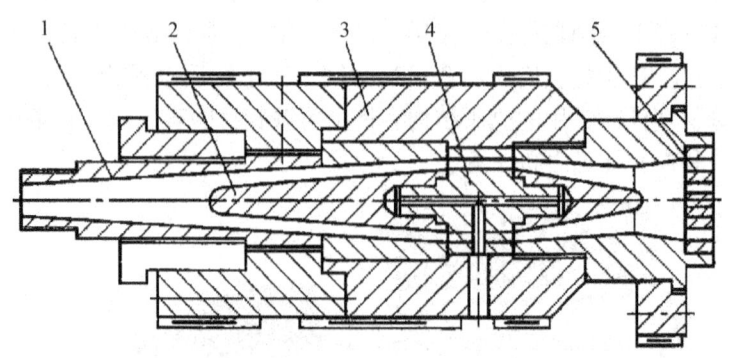

图5-10 棒材挤出成型机头
1—口模；2—分流器；3—机头体；4—分流器支架；5—过滤板

4. 电线电缆挤出成型机头

金属芯线包覆一层塑料做绝缘层和保护层，在生产中被广泛应用，一般需在挤出机上用转角式机头挤出成型,典型结构常有以下两种形式。

(1) 挤压式包覆机头。

挤压式包覆机头如图 5-11 所示,塑料熔体通过挤出机过滤板进入机头体,转向 90° 后沿着芯线导向棒继续流动,由于导向棒一端与机头体内孔严密配合,熔体只能向口模一方流动,在导向棒上汇合成一封闭料环后,经口模成型区最终包覆在芯线上,芯线同时连续地通过芯线导向棒,因此包覆挤出生产能连续进行。

挤压式包覆机头通常用来生产电线。一般情况下,定型段长度 L 为口模出口处直径 D 的 $1.0 \sim 1.5$ 倍;导向棒前端到口模定型段的距离 M 也可取口模出口直径 D 的 $1.0 \sim 1.5$ 倍;包覆层厚度取 $1.25 \sim 1.60$ mm。

(2) 套管式包覆机头。

套管式包覆机头结构如图 5-12 所示,与挤压式包覆机头相似,不同之处在于套管式包覆机头是将塑料挤成管状,然后在口模外靠塑料管的遇冷收缩而包覆在芯线上。

塑料熔体通过挤出机过滤板进入机头体内,然后流向芯线导向棒,这时导向棒的作用相当于管材挤出机头中的芯棒,用以成型管材的内表面,口模成型管材的外表面,挤出的塑料管与导向棒同芯,塑料管挤出口模后马上包覆在芯线上。由于金属芯线连续地通过导向棒,因而包覆生产也就连续地进行。

套管式包覆机头通常用来生产电缆。包覆层的厚度随口模尺寸、导向棒头部尺寸速度及芯线牵引速度等变化,口模定型段长度 L_1 为口模出口处直径 D 的 0.5 倍以下,否则螺杆的背压过大,使电缆表面出现流痕而影响表面质量,产量也会有所降低。

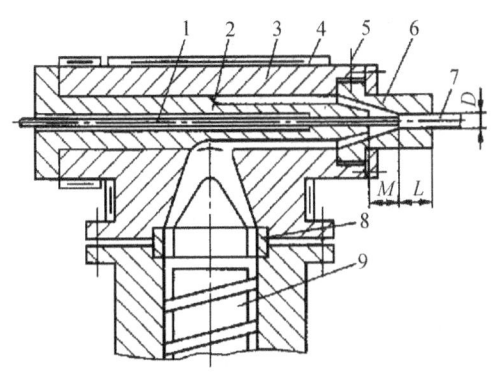

图 5-11 挤压式包覆机头

1—芯线;2—导向棒;3—机头体;4—电热器;5—调节螺钉;
6—口模;7—包覆塑件;8—过滤板;9—挤出机螺杆

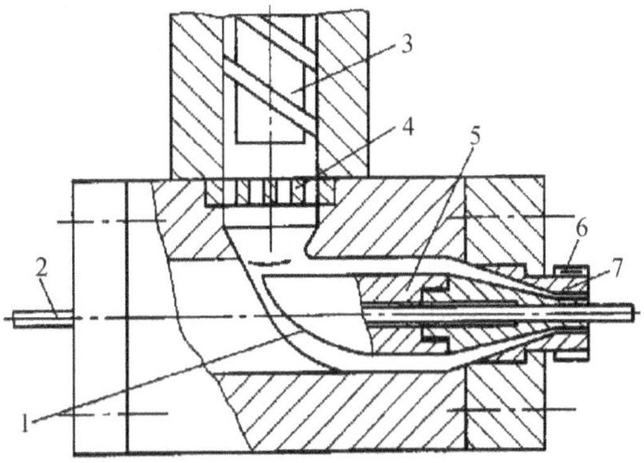

图 5-12 套管式包覆机头

1—螺旋面;2—芯线;3—挤出机螺杆;4—过滤板;
5—导向棒;6—电热器;7—口模

5. 吹塑薄膜机头

吹塑成型可以生产聚氯乙烯、聚乙烯、聚丙烯、聚苯乙烯、聚酰胺等各种塑料薄膜,是塑料薄膜生产中应用最广泛的一种方法,如图 5-13 所示的吹塑薄膜。根据成型过程中管坯的挤出方向及泡管的牵引方向不同,薄膜吹塑成型可分为平挤上吹、平挤下吹、平挤平吹三种方法,其中前两种使用直角式机头,后一种使用水平机头。图 5-14 所示为普遍使用的平挤上吹法生产薄膜时从侧面进料的芯棒式机头。

图 5-13 挤出吹塑薄膜样件

芯棒式机头在生产薄膜时,塑料熔体经机颈进入机头后转向 90°。

经芯棒轴切分,在口模区成为管坯从机头的环形缝隙流道挤出,与此同时,压缩空气从芯棒轴中心孔吹入管坯,使被挤出的管坯吹胀成薄膜。

芯棒式机头结构简单,机头内部通道空隙小,存料少,熔体不易过热分解,适用于加工聚氯乙烯等热敏性塑料,仅有一条薄膜熔合线。但芯棒轴受侧向压力,会产生"偏中"现象造成口模间隙偏移,出料不匀,所以薄膜厚度不易控制均匀。

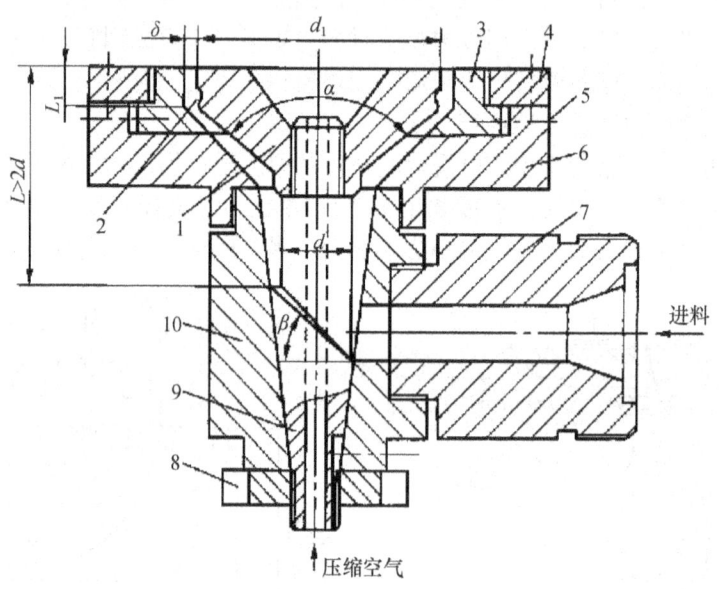

图 5-14 芯棒式吹塑机头
1—芯棒;2—缓冲槽;3—口模;4—压环;5—调节螺钉;6—上机头体;
7—机颈;8—紧固螺母;9—芯棒轴;10—下机头体

机头的主要几何参数(参考数据)如下:

口模与芯棒的单边间隙 $\delta = 0.4 \sim 1.2$ mm,也可按 18~30 倍的薄膜厚度选取,太小时机头内反压力大,太大时又影响薄膜厚度的均匀性。一般薄膜厚度为 0.01~0.3 mm。

2. 口模定型段长度

口模定型段长度 L_1 值一般凭经验参考表 5-2 选取,通常 $L_1 \geq 15\delta$,以控制薄膜厚度。

表 5-2 定型段长度 L_1 与间隙 δ 的关系

塑料	聚氯乙烯(PVC)	聚乙烯(PE)	聚酰胺(PA)	聚丙烯(PP)
L_1	$(16\sim30)\delta$	$(25\sim40)\delta$	$(15\sim20)\delta$	$(25\sim40)\delta$

3. 缓冲槽尺寸

通常在芯棒的定型区开设 1~2 个缓冲槽，其深度取 $h = (3.5~8)\delta$，宽度取 $b = (15~30)\delta$，它的作用是用来消除管坯上的分流痕迹。

4. 芯棒扩张角与分流线斜角

芯棒扩张角（流道角）α 在选取上不可取得过大，否则会对机头操作工艺控制、膜厚均匀度和机头强度设计等方面产生不良影响。α 通常取 $80°~90°$，必要时可取 $100°~120°$。芯棒轴分流线斜角 β 的取值与塑料流动性有关，不可取得太小，否则会使芯棒尖处出料慢，形成过热滞料分解，一般取 $\beta = 40°~60°$。

另外，还需选择合适的吹胀比、牵引比和压缩比。吹胀比是指吹胀后的泡管膜直径与未膨胀的管坯直径（即机头口模直径）的比值，一般取 1.5~4，工程上常用 2~3。牵引比是指泡管膜牵引速度与管坯挤出速度之比值，通常取 4~6；压缩比是指机颈内流道截面积与口模定型区环形流道截面积的比值，一般应大于或等于 2。

5. 异型材挤出机头

除了管、棒、板（片）、薄膜等塑件外，凡具有其他截面形状的塑料挤出制件统称为异型材，如图 5-15 所示。目前异型材的挤出成型效率较低，原因在于异型材的截面形状不规则，其几何形状、尺寸精度、外观及强度难以可靠地保证，挤出成型工艺以及机头的设计均比较复杂，难以达到理想的效果。下面仅简单介绍两类常用的板式异型材挤出机头和流线型异型材挤出机头。

硬质异型材

图 5-15 挤出塑料异型材样件

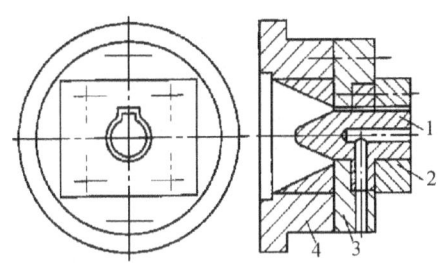

图 5-16 板式机头

1—芯棒；2—口模；3—支承板；4—机头体

（1）板式机头。

板式机头如图 5-16 所示，机头结构简单，易制造，安装调整也方便，但机头内流道截面会在口模模腔入口处出现急剧变化，形成若干平面死点，因而塑料熔体在机头内的流动条件较差，生产时间过长会过热分解。只适用于形状较简单及生产批量少的情况，对热敏性很强的硬聚氯乙烯则不适宜使用，一般多用于黏度不高、热稳定性较好的聚烯烃类塑料，有时也可用于软聚氯乙烯。

（2）流线型机头。

流线型机头如图 5-17 所示，要求机头内流道从进料口开始至口模的出口，其截面必须由圆形光滑地过渡为异型材所要求的截面形状和尺寸，即流道（包括口模成型区）表壁应呈光滑的流线型曲面，各处均不得有急剧过渡的截面尺寸或死角。由此可见，流线型机头的加工难度要比板式机头大，但它能够克服板式机头内流道急剧变化的缺陷，从而可以保证复杂截面的异型材及热敏性塑料的挤出成型质量,同时也适合大批量生产。

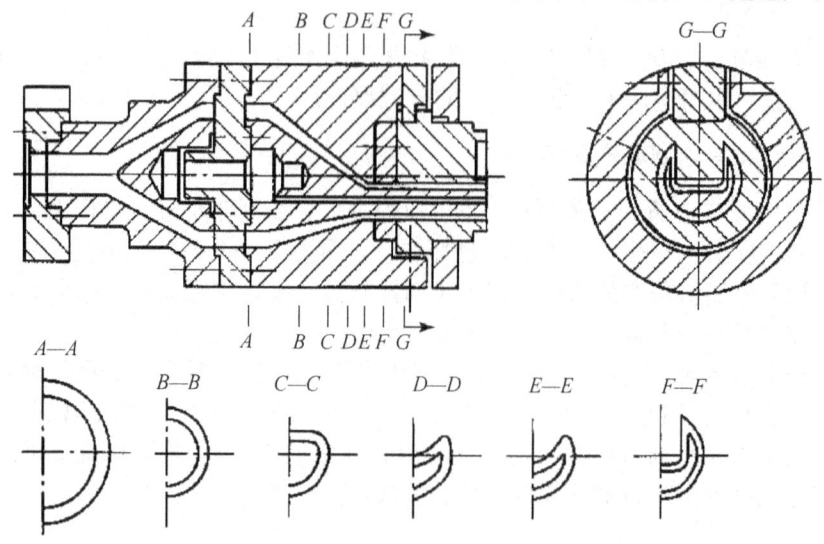

图 5-17 流线型异型材机头

流线型机头一般采用整体式或分段拼合式。图 5-17 所示为整体式流线型机头,其机头内流道由圆环形渐变过渡到所要求的形状,各截面形状如图 5-17 中 $A—A \sim F—F$ 所示,它的制造比分段拼合式困难,在设计时应注意使过渡部分的截面由容易加工的旋转曲面或平面组成。在异型材截面复杂的情况下,要加工出一个整体式的流线型机头是件很困难的工作。为了降低机头加工难度,采用分段拼合式流线型机头,分段拼合式流线型机头是将机头体分段以后,利用逐段局部加工和拼装方法制造出来的,这样虽然能够降低流道整体加工的难度,但拼合时难免在流道拼接处或多或少地出现一些不连续光滑的截面尺寸过渡,因此,塑料熔体在分段拼合式流线型机头中的流动条件相对较差,成型质量也比较难控制。

图 5-18 为口模形状与塑件形状的关系。

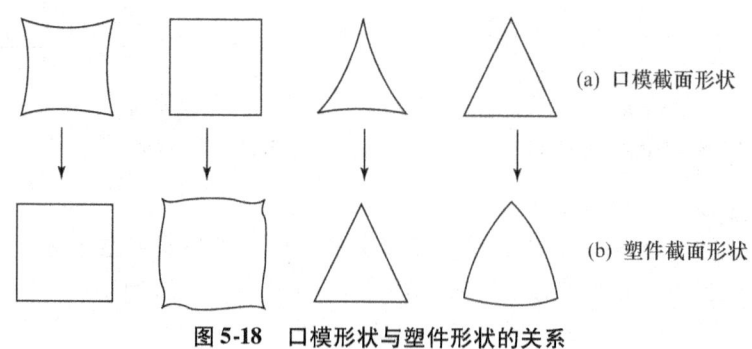

图 5-18 口模形状与塑件形状的关系

任务二 PVC 电工管材挤出模具设计

1. 口模设计

(1) 口模的内径计算。

管材的外径由口模内径决定,但由于受离模膨胀效应及冷却收缩的影响,口模的内径只能根据经验而定,并通过调节螺钉(见图5-7b中件5)调节口模与芯棒间的环隙使其达到合理值。

$$D = kd_s$$

式中　D——口模的内径(mm);

　　　d_s——管材塑件的外径,本任务 $d_s = 25$ mm;

　　　k——系数,可参考表5-3选取。本任务定径套定管材外径,取 $k = 1.02$,代入上式得:

$$D = kd_s = 1.02 \times 25 = 25.5 \text{ (mm)}$$

表5-3　系数 k 值选取表

塑料种类	定径套定管材内径	定径套定管材外径
聚氯乙烯(PVC)	—	0.95～1.05
聚酰胺(PA)	1.05～1.10	—
聚烯烃类	1.2～1.30	0.90～1.05

(2)定型段长度计算。

口模的平直部分与芯棒的平直部分组成管材的成型部分,称定型段,如图5-2中 L_1 所示。口模定型段的长度对于管材挤出成型质量相当重要,塑料熔体从机头的压缩区进入成型区后,料流阻力增加,熔体密度提高,同时消除分流痕迹及残余的螺旋运动,其长度 L_1 过长则会使阻力增加太大,过短又起不了定型作用,因此 L_1 的取值应适当。可以用熔体流动理论近似推导出 L_1 的计算公式,但设计实践中一般凭经验而定:

$$L_1 = (0.5 \sim 3.0) d_s$$

或按管材壁厚计算:$L_1 = ct$

式中　L_1——口模定型段长度;

　　　d_s——管材的外径;

　　　t——管材的壁厚,本处 $t = 1.8$ mm;

　　　c——系数,与塑料品种有关,数值见表5-4所示。

$$L_1 = (0.5 \sim 3.0) d_s = 2 \times 25 = 50 \text{ (mm)}$$

系数在(0.5～3.0)内选取,一般情况下较大的管材系数取小值,较小的管材系数取大值。

按管材壁厚计算:

$L_1 = ct = 28 \times 1.8 = 50.4$ (mm),较大的管材系数 c 取小值,较小的管材系数 c 取大值。由于系数选取的随机性,计算值有差别。

表5-4　定型段长度 L_1 的计算系数 c

塑料品种	硬聚氯乙烯(HPVC)	软聚氯乙烯(SPVC)	聚酰胺(PA)	聚乙烯(PE)	聚丙烯(PP)
系数 c	18～33	15～25	13～23	14～22	14～22

2. 芯棒设计

芯棒是成型管材内部表面形状的机头零件,其结构如图5-3中的件4所示,通过螺纹与分流器连接,其中心孔用来通入压缩空气,以便对管材产生内压,实现外径定径,其主要尺寸为芯棒外径、压缩段长度和压缩角。

(1) 芯棒的外径计算。

芯棒外径是指定型段的直径,由它决定管材的内径,但由于与口模结构设计同样的原因,即离模膨胀和冷却收缩效应,根据生产经验,可按下式确定:

$$d = D - 2\delta$$

式中 d——芯棒的外径,mm;
D——口模的内径,mm;
δ——口模与芯棒的单边间隙。

通常取 $\delta = (0.83 \sim 0.94) \times$ 管材壁厚 $= 0.9 \times 1.8 = 1.62$(mm)。

把以上计算数值代入上式得:

$$d = D - 2\delta = 25.5 - 2 \times 1.62 = 22.26 \text{(mm)},圆整为 22 \text{ mm}$$

(2) 压缩段和压缩角的确定。

芯棒的长度由定型段 L_1 和压缩段 L_2 两部分组成,定型段与口模中的相应定型段 L_1 共同构成管材的定型区,通常芯棒的定型段的长度可与 L_1 相等或稍长一些。压缩段(也称锥面段)L_2 与口模中相应的锥面部分构成塑料熔体的压缩区,其主要作用是使进入定型区之前的塑料熔体的分流痕迹被消除)L_2 值可按下面经验公式确定:

$$L_2 = (1.5 \sim 2.5) D_0$$

式中 L_2——芯棒的压缩段长度;
D_0——塑料熔体在过滤板出口处的流道直径,取 $D_0 = 30$ mm。

把 D_0 代入上式得:

$$L_2 = (1.5 \sim 2.5) D_0 = 1.5 \times 25 = 45 \text{ mm}$$

压缩区的锥角 β 称为压缩角,对于低黏度塑料 β 取 $45° \sim 60°$;对于高黏度塑料 β 取在 $30° \sim 60°$,过大时管材外表面较粗糙。本任务塑料为 PVC 属于高黏度塑料,取 $\beta = 30°$ 由以上计算可确定口模结构与尺寸如图 5-19 所示,压缩段结构如图 5-20 所示,芯棒结构和尺寸如图 5-21 所示。

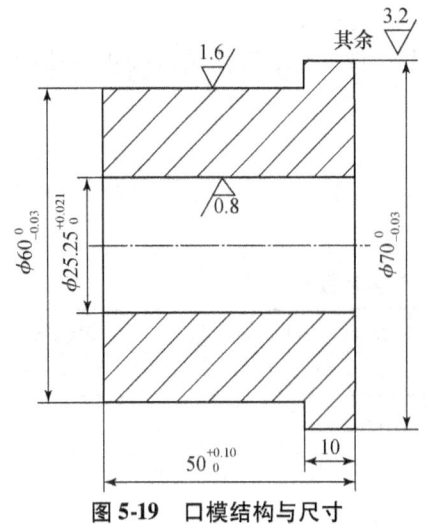

图 5-19 口模结构与尺寸

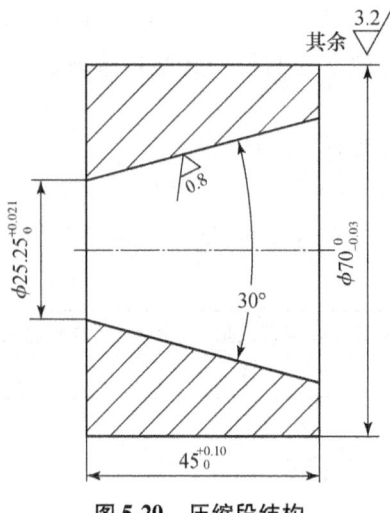

图 5-20 压缩段结构

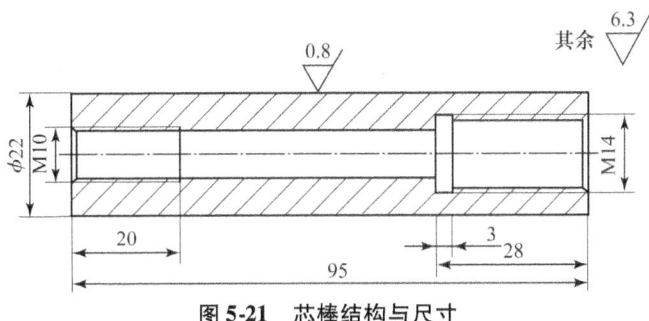

图 5-21 芯棒结构与尺寸

3. 拉伸比和压缩比的确定

两者均是与口模和芯棒尺寸相关的挤出成型工艺参数。

① 拉伸比。

拉伸比是指口模和芯棒在定型区的环隙截面积与挤出管材截面积的比值，它反映了在牵引力或牵引速度作用下，管材从高温型坯到冷却定型后的截面变形状况，以及纵向取向程度和拉伸强度。它的影响因素很多，一般通过实验确定，其值见表 5-5。

拉伸比的计算公式如下：

$$I = \frac{(D^2 - d^2)}{(d_s - d_1)}$$

式中　I——拉伸比；

d_1、d_s——塑料管材的内、外径；

D、d——分别为口模内径、芯棒外径。

表 5-5　常用塑料挤出所允许的拉伸比

塑料	硬聚氯乙烯（HPVC）	软聚氯乙烯（SPVC）	ABS	高压聚乙烯（PE）	低压聚乙烯（PE）	聚酰胺（PA）	聚碳酸酯（PC）
拉伸比	1.0～1.08	1.1～1.35	1.1～1.1	1.2～1.5	1.1～1.2	1.4～3	0.9～1.05

把以上所计算的数值代入上式得：

$$I = \frac{(D^2 - d^2)}{(d_s - d_1)} = \frac{(25.5^2 - 22^2)}{(25^2 - 21.4^2)} \approx 1$$

上面用公式计算的拉伸比与表中数值基本相符。

由上式可知，在 D 确定以后，利用允许的拉伸比 I 及 d_s、D_s 尺寸，也可以确定 d。

② 压缩比。

压缩比是指机头和多孔板相接处最大料流截面积（通常为机头和多孔板相接处的流道截面积）与口模和芯模在成型区的环形间隙面积之比，它可反映挤出成型过程中塑料熔体的压实程度。对于低黏度塑料，压缩比 $\varepsilon = 4 \sim 10$；对于高黏度塑料，$\varepsilon = 2.5 \sim 6.0$。

本任务塑料为硬质 PVC，属于高黏度塑料，取 $\varepsilon = 4.5$

4. 分流器和分流器支架设计

扩张角 α 的大小选取与塑料黏度有关，通常取 30°～90°，α 过大时料流的流动阻力大，熔体易过热分解；α 过小时不利于机头对其内的塑料熔体均匀加热，机头体积也会增大。分流器的扩张角 α 应大于芯棒压缩段的压缩角 β。本任务取 $\alpha = 40°$。

分流器锥面长度 L_3 计算公式：$L_3 = (0.6 \sim 1.5) D_0 = 1.2 \times 30 = 36 \text{ mm}$

图 5-22 所示为分流器和分流器支架的整体结构简图。

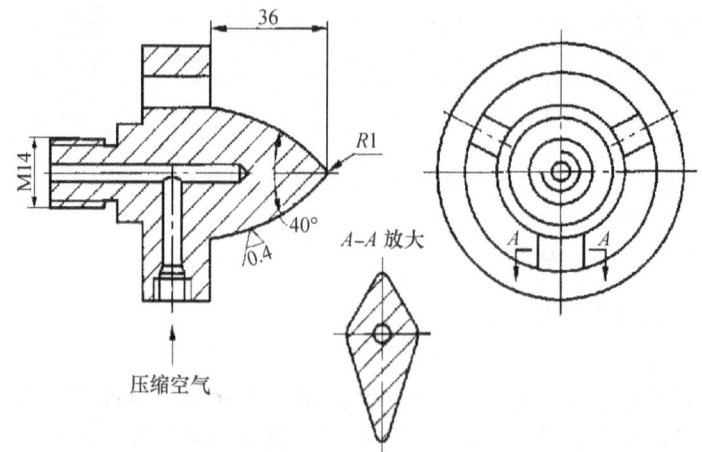

图 5-22　分流器和分流器支架的整体结构图

5. 定径套的设计

流出口模的管材型坯温度仍较高，没有足够的强度和刚度来承受自重变形，同时受离模膨胀和长度收缩效应的影响，因此应采取一定的冷却定型措施，保证挤出管材准确的形状及尺寸和良好的表面质量，一般用内径定型和外径定型两种方法。由于我国塑料管材标准大多规定外径为基本尺寸，故本任务采用外径定型。

外径定型有两种方法，如图 5-23 所示，图 5-23（a）所示为内压法定径；图 5-23（b）所示为真空吸附法定径。

图 5-23（a）中，在管子内部通入压缩空气（最好经过预热，表压 $0.02 \sim 0.28 \text{ MPa}$），为保持压力，可用堵塞防止漏气。定径套内径和长度目前一般根据经验和管材壁厚来确定，见表 5-6。

当管材直径大于 40 mm 时，定径套的长度应小于 10 倍的管材外径，定径套内径应比管材外径放大 $0.8\% \sim 1.2\%$；如果管材直径大于 100 mm 时，定径套的长度还应再短些，通常可采用 $3 \sim 5$ 倍的管材外径。

表 5-6　内压法定径尺寸

塑料	定径套内径	定径套长度
聚烯烃	$(1.02 \sim 1.04) d_s$	$\approx 10 d_s$
聚氯乙烯（PVC）	$(1.0 \sim 1.02) d_s$	$\approx 10 d_s$

需要指出的是，设计定径套内径时，其尺寸不得小于口模内径。

图 5-23（b）中，真空定径套生产时与机头口模不能连接在一起，应有 $20 \sim 100 \text{ mm}$ 的距离，这样做是为了使口模中流出的管材先行离模膨胀和一定程度的空冷收缩后，再进入定径套中冷却定型。定径套内的真空度通常取 $53.3 \sim 66.7 \text{ kPa}$，抽真空的孔径可取 $0.6 \sim 1.2 \text{ mm}$，对于塑料黏度大或管材壁厚大时取大值，反之取小值。

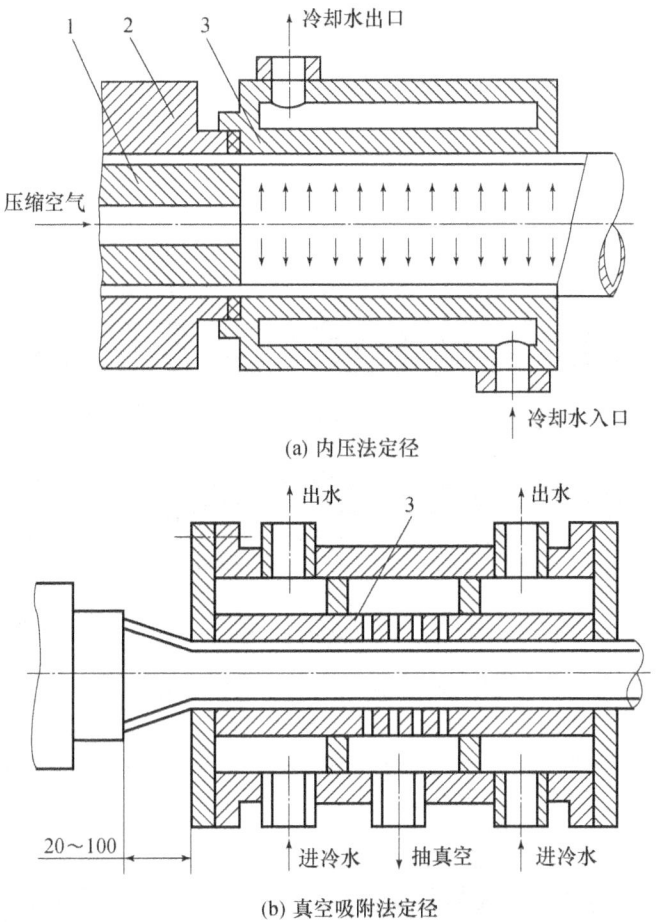

(a) 内压法定径

(b) 真空吸附法定径

图 5-23 外径定型原理图
1—芯棒；2—口模；3—定径套

当挤出管材外径不大时，定径套内径可按下面经验公式确定：

$$d_0 = (1 + C_z) d_s$$

式中　d_0——真空定径套内径；
　　　C_z——计算系数，参考表 5-7 选取。

表 5-7　系数 C_z 的参考值

塑料	硬聚氯乙烯（HPVC）	聚乙烯（PE）	聚丙烯（PP）
系数 C_z	0.007～0.01	0.02～0.04	0.02～0.05

真空定径套的长度一般应大于其他类型定径套的长度，例如，对于直径大于 100 mm 的管材，真空定径套的长度可取 4～6 倍的管材外径。这样有助于更好地改善或控制离模膨胀和长度收缩效应对管材尺寸的影响。

定径套内孔直径：$d_0 = (1 + C_z) d_s = (1 + 0.01) \times 25 = 25.25$（mm）。

定径套长度取管材外径 5 倍长度即：$L_5 = 5 \times 25 = 125$（mm）。

6. 挤出机头的整体结构设计

由以上分析和计算，设计管材挤出机头并画出装配结构，如图 5-24 所示。图 5-25 所示为管材挤出机头实物。

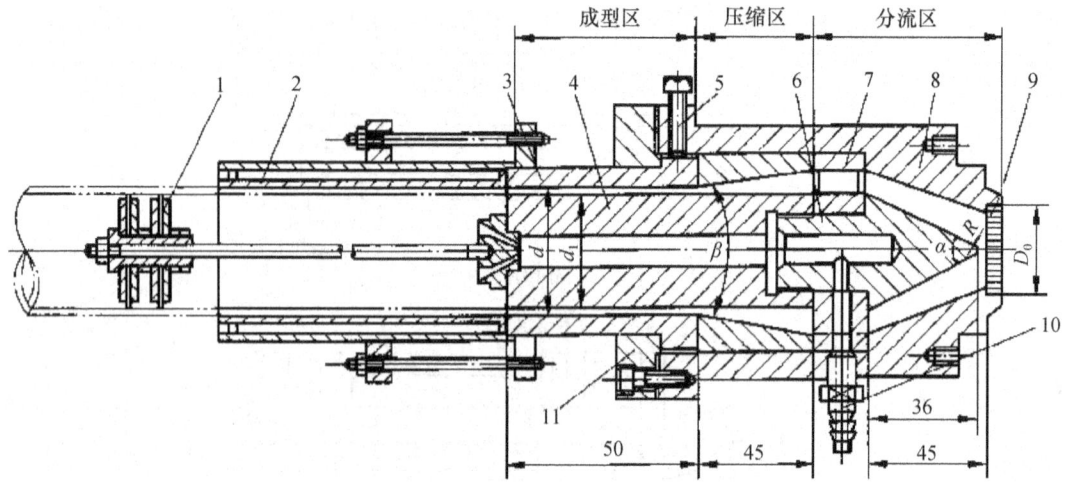

图 5-24 硬质 PVC 挤管机头装配图

1—压缩空气密封组件；2—定径套；3—口模；4—芯棒；5—调节螺钉；6—分流器；7—分流器支架；8—机头体；9—过滤板；10—气管接头；11—口模固定圈

图 5-25 管材挤出机头实物

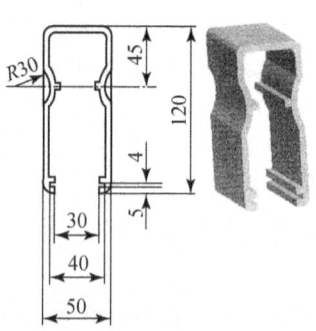

图 5-26 楼梯扶手

任务三 拓展与强化训练

根据图 5-26 所示楼梯扶手挤出零件，材料为改性 HPVC，试设计挤出模具。

思考与练习

一、填空题

1. 挤出机的基本结构主要包括_____、_____、_____、_____。

_____及_____等五部分。
2. 按照塑料在螺杆上运转及其物理状态的变化，螺杆工作部分可分三段：_____、_____、_____。
3. 挤出成型主要的工艺参数有_____、_____、_____与_____。
4. 挤出机头通常由_____、_____、_____、_____、_____、_____等零件组成。

二、选择题

1. 在挤出设备的主机中，_____是最关键的部分
   A. 加料装置　　　B. 传动装置　　　C. 机头　　　D. 挤出系统
2. 在辅机的各组成部分中_____是最关键的部分
   A. 料筒　　　　　B. 螺杆　　　　　C. 机头　　　D. 口模
3. 下面_____阶段不属于挤出过程阶段
   A. 成型　　　　　B. 固态塑料的塑化　C. 均化段　　D. 定型
4. 棒材挤出成型机头的结构简单，与管材挤出成型机头基本相似，其区别是模腔中没有_____，只有_____。
   A. 芯棒　　　　　B. 分流器　　　　C. 口模　　　D. 支架
5. 机头内径和过滤板外径的配合，可以保证机头与挤出机的_____要求。
   A. 同心度　　　　B. 同轴度　　　　C. 垂直度　　D. 平行度
6. 套管式包覆机头将塑料挤成管状，在_____包覆在芯线上。
   A. 口模内　　　　B. 口模外　　　　C. 定径套内　D. 导向棒内

三、判断题

1. 在异型材挤出中，口模的形状应与塑件断面形状完全相同。　　（　　）
2. 料筒与螺杆共同担负着塑料的塑化和加压的任务。　　　　　　（　　）
3. 一般情况下牵引速度略大于挤出速度。　　　　　　　　　　　（　　）
4. 挤出工艺既适用于热塑性塑料，也适用于热固性塑料。　　　　（　　）
5. 吹塑薄膜机头的模芯受侧压力，不会产生"偏中"现象。　　　（　　）

四、简答题

1. 简述挤出成型工艺过程。
2. 挤出成型设备组成有哪几部分？简述各部分的作用。
3. 挤出机头的设计原则。

五、技能训练题

如图5-27所示为波纹管挤出机头，塑件材料为高密度PE，波纹管外径37.5 mm，内径30 mm，壁厚2.5 mm，螺距5 mm，凸起圆弧半径3 mm。完成下述任务。

1. 说明挤出成型时机头的工作原理；
2. 列表说明：序号2、3、5、7、9、13、14、16的零件所起的作用；
3. 按照挤出模具设计程序，对PE波纹管挤出模具进行全过程设计。

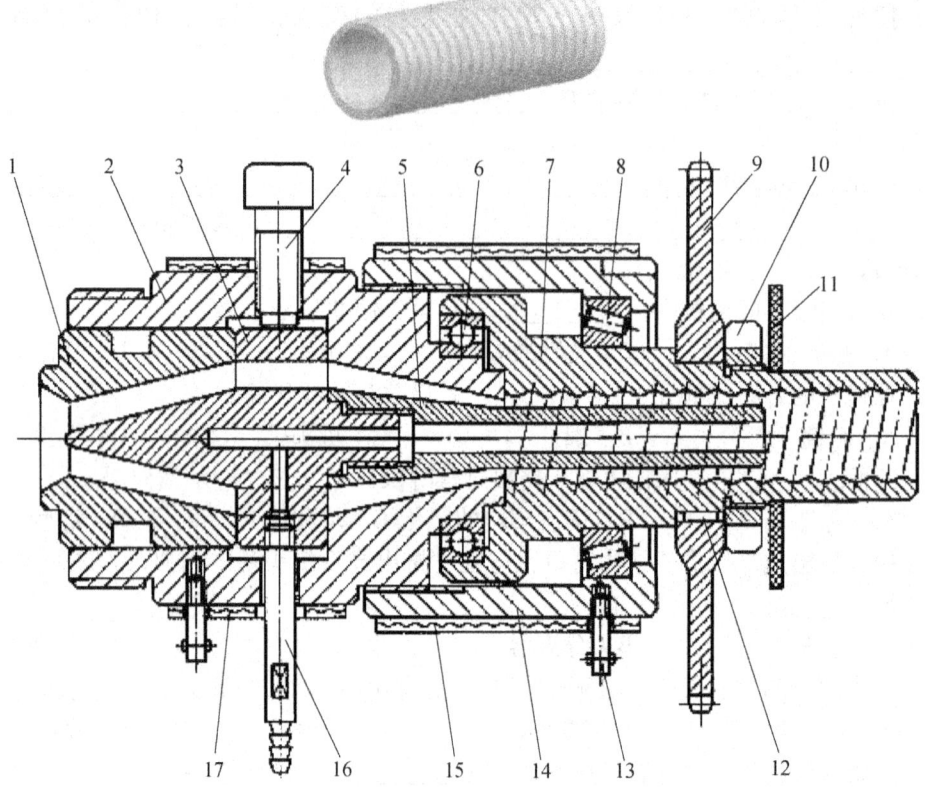

图 5-27 波纹管挤出机头

1—机颈；2—机头体；3—分流锥支架；4—调节螺钉；5—芯棒；6—向心轴承；7—口模；
8—推力轴承；9—链轮；10—锁紧螺母；11—挡水圈；12—平键；13—热电偶；14—口模体；
15—机头加热圈；16—进气嘴；17—机体加热圈

项目六　气动成型工艺与模具设计简介（选学）

项目引入

如图 6-1 所示的塑料瓶（器皿），材料为高密度 PE，大批量生产。请任选一个项目，制定塑料成型工艺，并完成模具设计。

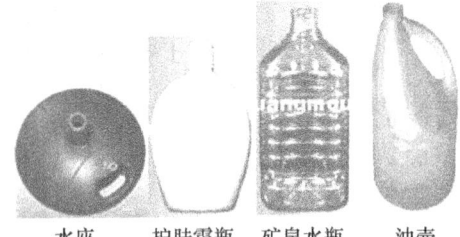

图 6-1　塑料瓶（或塑料器皿）

要完成上述工作任务，需了解气动成型设备，并掌握常用塑料的气动成型工艺及气动模具结构设计。

任务一　中空吹塑成型工艺与模具设计

中空吹塑成型是将处于塑性状态的塑料型坯置于模具型腔内，使压缩空气注入型坯中将其吹胀，使之紧贴于模腔壁上，冷却定型得到一定形状的中空塑件的加工方法。

6.1.1　中空吹塑模具的分类及成型工艺

根据成型方法不同，中空吹塑成型主要可分为挤出吹塑成型、注射吹塑成型、注射拉伸吹塑成型等。

1. 挤出吹塑成型与模具

挤出吹塑是成型中空塑件的主要方法，图 6-2 是挤出吹塑成型工艺过程示意图。

如图 6-2（a）所示，挤出机挤出管状型坯；截取一段管坯趁热将其放入模具中，闭合对开式模具，同时夹紧型坯上下两端，如图 6-2（b）所示；然后用吹管通入压缩空气，使型坯吹胀并贴于型腔壁成型，如图 6-2（c）所示；最后经保压和冷却定型，排出压缩空气并开模取出塑件，如图 6-2（d）所示。挤出吹塑成型模具结构简单，投资少，操作容易，适于多种塑料的中空吹塑成型。缺点是壁厚不易均匀，塑件成型后需后加工以去除飞边。

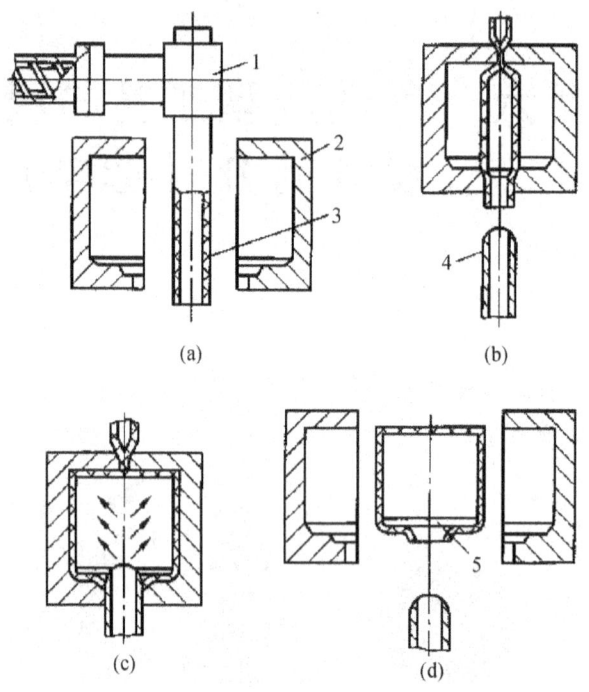

图 6-2 挤出吹塑成型工艺过程示意图

1—挤出机头；2—吹塑模；3—管状型坯；4—压缩空气吹管；5—塑件

2. 注射吹塑成型与模具

如图 6-3 所示，注射机将熔融塑料注入注射模内形成管坯，管坯成型在周壁带有微孔的空心凸模上，如图 6-3（a）所示；接着趁热移至吹塑模内，如图 6-3（b）所示；然后从芯棒的管道内通入压缩空气，使型坯膨胀并贴于模具的型腔壁上，如图 6-3（c）所示；最后经保压、冷却定型后放出压缩空气，开模取出塑件，如图 6-3（d）所示。这种成型方法的优点是壁厚均匀无飞边，不需后加工。由于注射型坯有底，故塑件底部没有拼合缝，强度高，生产率高，但设备与模具的投资较大，多用于小型塑件的大批量生产。

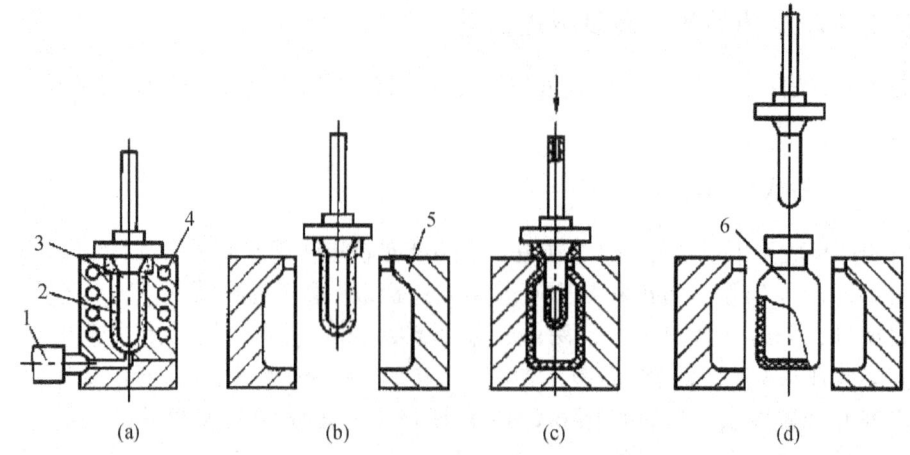

图 6-3 注射吹塑成型工艺过程示意图

1—注射机喷嘴；2—注射型坯；3—空心凸模；4—加热器；5—吹塑模；6—塑件

3. 注射拉伸吹塑成型与模具

注射拉伸吹塑是将注射成型的有底型坯加热到熔点以下适当温度后置于模具内,先用拉伸杆进行轴向拉伸后再通入压缩空气吹胀成型的加工方法。经过拉伸吹塑的塑件,其透明度、抗冲击强度、表面硬度、刚度和气体阻透性能都有很大提高。注射拉伸吹塑最典型的产品是线性聚酯饮料瓶。

注射拉伸吹塑成型可分为热坯法和冷坯法两种成型方法。

热坯法注射拉伸吹塑成型工艺过程,如图 6-4 所示。首先在注射工位注射成一空心带底型坯,如图 6-4 (a) 所示;然后打开注射模将型坯迅速移到拉伸和吹塑工位,进行拉伸和吹塑成型,如图 6-4 (b)、(c) 所示;最后经保压、冷却后开模取出塑件,如图 6-4 (d) 所示。这种成型方法省去了冷型坯的再加热环节,所以节省能量,同时由于型坯的制取和拉伸吹塑在同一台设备上进行,占地面积小,生产易于连续进行,自动化程度高。

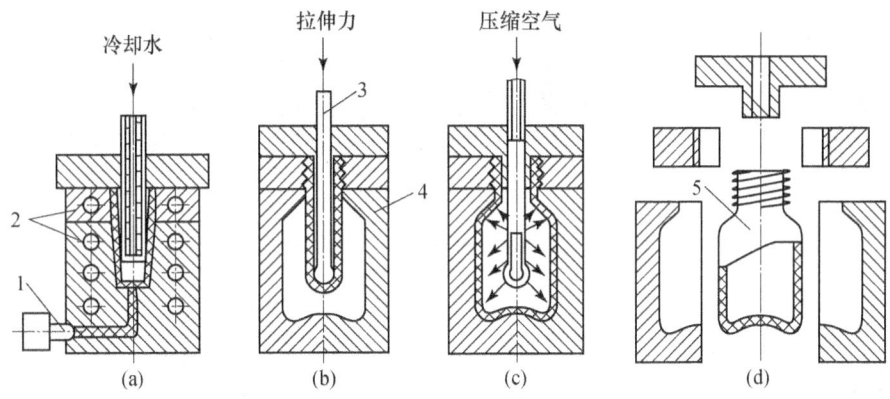

图 6-4 注射拉伸吹塑成型工艺过程示意图
1—注射机喷嘴;2—注射模;3—拉伸芯棒(吹管);4—吹塑模;5—塑件

冷坯法是将注射好的型坯加热到合适的温度后再将其置于吹塑模中进行拉伸吹塑的成型方法。采用冷坯法时,型坯的注射和塑件的拉伸吹塑成型分别在不同设备上进行,在拉伸吹塑之前,为了补偿型坯冷却散发的热量,需要进行二次加热,以确保足够的型坯的拉伸吹塑成型温度,这种方法的主要特点是设备结构相对简单。

6.1.2 中空吹塑模具设计

根据中空吹塑成型的特点,对塑件的要求主要有吹胀比、延伸比、螺纹、圆角、支承面等几方面。

1. 中空吹塑模具设计时对塑件的主要要求

(1) 吹胀比 (B_R)。

吹胀比是指塑件最大直径与型坯直径之比,这个比值要选择适当,通常取 2~4,但多用 2,过大会使塑件壁厚不均匀,且加工工艺条件不易掌握。

吹胀比表示了塑件径向最大尺寸和挤出机机头口模尺寸之间的关系。当吹胀比确定以

后，便可以根据塑件的最大径向尺寸及塑件壁厚确定机头型坯口模的尺寸。机头口模与芯轴的间隙可用下式确定

$$Z = \delta B_R \alpha$$

式中　Z——口模与芯轴的单边间隙；

　　　δ——塑件壁厚；

　　　B_R——吹胀比，一般取 2～4；

　　　α——修正系数，一般取 1～1.5，它与加工塑料黏度有关，黏度大则取下限。

型坯截面形状一般要求与塑件轮廓大体一致，如吹塑圆形截面的瓶子，型坯截面应是圆形的；若吹塑方桶，则型坯应制成方形截面，或用壁厚不均的圆柱料坯，以使吹塑件的壁厚均匀。如图 6-5（a）所示吹制矩形截面容器时，则短边壁厚小于长边壁厚，而用图 6-5（b）所示截面的型坯可以改善；图 6-5（c）所示料坯吹制方形截面容器可使四角变薄的状况得到改善；图 6-5（d）所示适用于吹制矩形截面容器。

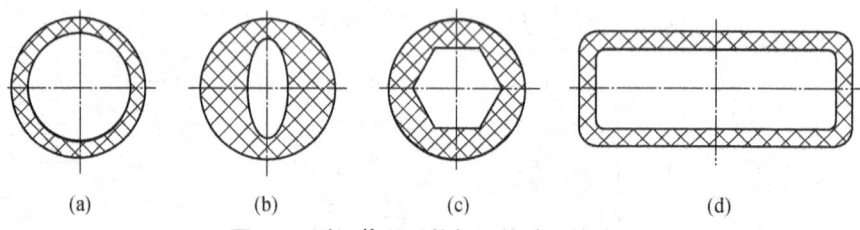

图 6-5　型坯截面形状与塑件壁厚的关系

（2）延伸比（S_R）。

在注射拉伸吹塑成型中，塑件的长度与型坯的长度之比叫延伸比，图 6-6 所示的 c 与 b 之比即为延伸比。延伸比确定后，型坯的长度就能确定。实验证明，延伸比大的塑件，即壁厚越薄的塑件，其纵向和横向的强度越高。延伸比越大，得到的塑件强度越高。为保证塑件的刚度和壁厚，生产中一般取延伸比，$S_R = (4 \sim 6)/B_R$。

（3）螺纹。

吹塑成型的螺纹通常采用梯形或半圆形的截面，而不采用细牙或粗牙螺纹，这是因为后者难以成型。为了便于塑件上飞边的处理，在不影响使用的前提下，螺纹可制成断续状的，即在分型面附近的一段塑件上不带螺纹。图 6-7（b）比图 6-7（a）易清理飞边余料。

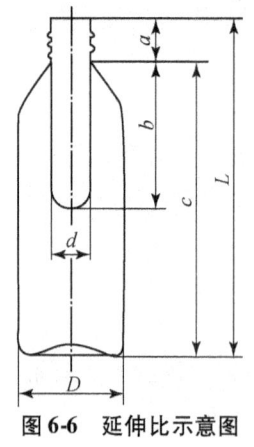

图 6-6　延伸比示意图

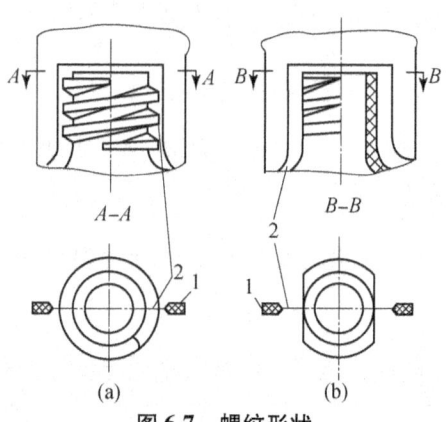

图 6-7　螺纹形状

1—余料；2—夹坯口（切口）

(4) 圆角。

吹塑件的侧壁与底部的交接和壁与把手交接等处，不宜设计成尖角，尖角难以成型，这种交接处应采用圆弧过渡。在不影响造型和使用的前提下，圆角以大为好，圆角大，壁厚均匀，对于有造型要求的产品，圆角可以减小。

(5) 塑件的支承面。

在设计塑料容器时，应减少容器底部的支承表面，特别要减少结合缝与支承面的重合部分，因为切口的存在将影响塑件放置平稳，如图 6-8（a）所示为不合理设计，图 6-8（b）所示为合理设计。

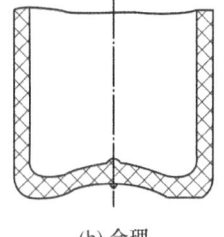

图 6-8 塑件支承面设计

(6) 脱模斜度和分型面。

由于吹塑成型不需凸模，且收缩大，故脱模斜度即使为零也能脱模。但表面带有皮革纹的塑件脱模斜度必须在 3.5°以上。

2. 模具设计要点

吹塑模具通常由两瓣合成（即对开式），对于大型吹塑模可以设冷却水通道。模口部分做成较窄的切口，以便切断型坯。由于吹塑过程中模腔压力不大，一般压缩空气的压力为 0.2～0.7 MPa，故可供选择做模具的材料较多，最常用的材料有铝合金、锌合金等。锌合金易于铸造和机械加工，多用它来制造形状不规则的容器。对于大批量生产硬质塑料制件的模具，可选用钢材制造，淬火硬度为 40～44HRC，模腔可抛光、镀铬，使容器具有光泽的表面。

从模具结构和工艺方法上看，吹塑模可分为上吹口和下吹口两类。图 6-9 是典型的上吹口模具结构图，压缩空气由模具上端吹入模腔。

图 6-10 所示是典型的下吹口模具结构图，使用时料坯套在底部芯轴上，压缩空气自芯轴吹入。

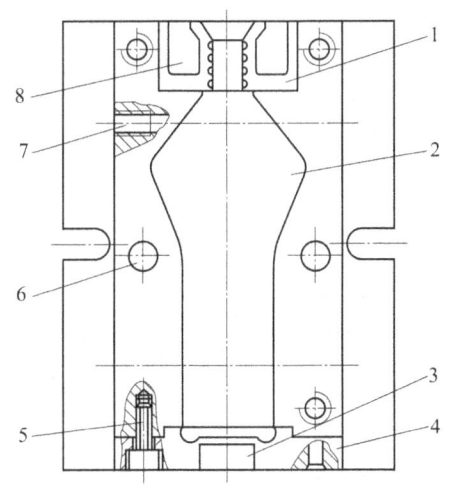

图 6-9 上吹口模具结构图

1—口部镶块；2—型腔；3，8—余料槽；4—底部镶块；
5—紧固螺栓；6—导柱（孔）；7—冷却水道

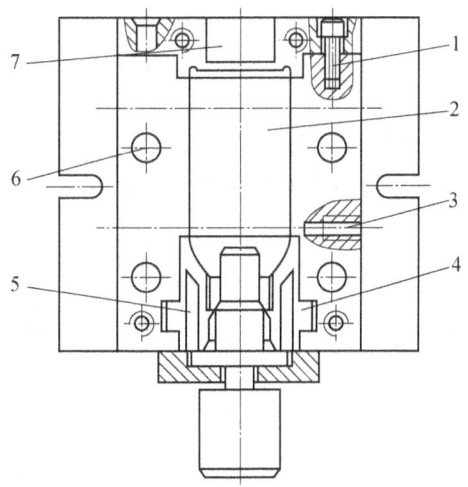

图 6-10 下吹口模具结构图

1—螺钉；2—型腔；3—冷却水道；4—底部镶块；
5，7—余料槽；6—导柱（孔）

吹塑模具设计要点如下：

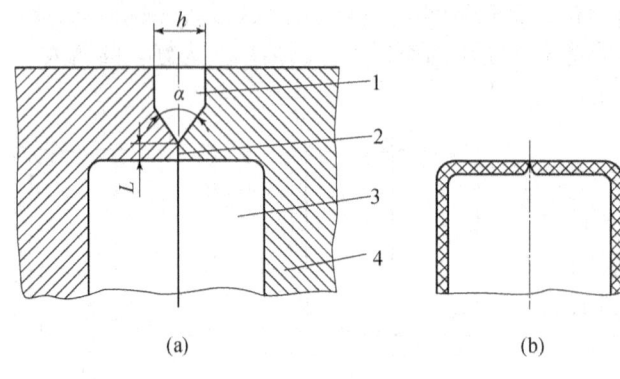

图 6-11 中空吹塑模具夹料区
1—夹料区；2—夹坯口（切口）；3—型腔；4—模具

（1）夹坯口。

夹坯口也称切口。挤出吹塑成型过程中，模具在闭合的同时需将型坯封口并将余料切除。因此在模具的相应部位要设置夹坯口，如图 6-11（a）所示。夹料区的深度可选择型坯厚度的 2～3 倍。

切口的倾斜角选择 $\alpha = 15°\sim 45°$。切口宽度 L 对于小型吹塑件取 1～2 mm，对于大型吹塑件取 2～4 mm。如果夹坯口角度太大、宽度太小，会造成塑件的接缝质量不高，甚至会出现裂缝，如图 6-11（b）所示。

（2）余料槽。

型坯在夹坯口的切断作用下，会有多余的塑料被切除下来，它们将容纳在余料槽内。余料槽通常设置在夹坯口的两侧，如图 6-9 和图 6-10 所示，其大小应依型坯夹持后余料的宽度和厚度来确定，以模具能严密闭合为准。

（3）排气孔槽。

模具闭合后，型腔呈封闭状态，应考虑在型坯吹胀时，模具内原有空气的排除问题。排气不良会使塑件表面出现斑纹、麻坑和成型不完整等缺陷。为此，吹塑模还要考虑设置一定数量的排气孔。排气孔一般在模具型腔的凹坑、尖角处以及最后贴模的地方。排气孔直径常取 0.5～1 mm。此外，分型面上开设宽度为 10～20 mm、深度为 0.03～0.05 mm 的排气槽也是排气的主要方法。

（4）模具的冷却。

模具冷却是保证中空吹塑工艺正常进行，保证产品外观质量和提高生产率的重要因素。对于大型模具，可以采用箱式冷却，即在型腔背后铣一个空槽；小型模具可以开设冷却水道，通水冷却。

（5）收缩率。

各种常用塑料的吹塑成型收缩率见表 6-1 所示。

表 6-1 常用塑料吹塑成型收缩率

塑料名称	收缩率（%）	塑料名称	收缩率（%）
聚甲醛	1.0～1.3	聚丙烯	1.2～2.0
尼龙	0.5～2.0	聚碳酸酯	0.58～0.8
低密度聚乙烯	1.2～2.0	聚苯乙烯	0.5～0.8
高密度聚乙烯	1.5～3.5	聚氯乙烯	0.6～0.8

6.1.3 中空吹塑模具实例

1. 矿泉水瓶吹塑模具

如图 6-12 所示。

2. 化妆品容器吹塑模具

如图 6-13 所示。

3. 油壶吹塑模具

如图 6-14 所示。

 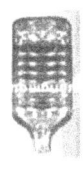

图 6-12 矿泉水瓶吹塑模具

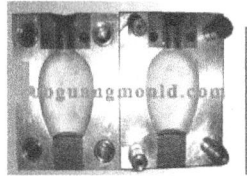 

图 6-13 化妆品容器吹塑模具

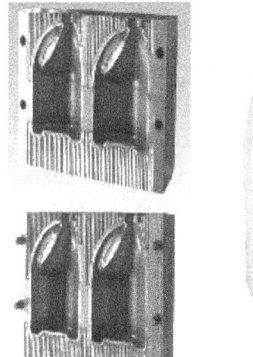 

图 6-14 油壶吹塑模具

任务二 真空吸塑成型工艺与模具设计

真空成型是把热塑性塑料板、片材固定在模具上，用辐射加热器进行加热至软化温度，然后用真空泵把板材和模具之间的空气抽掉，从而使板材贴在模腔上而成型，冷却后借助压缩空气使塑件从模具中脱出。

6.2.1 真空吸塑成型方法及工艺

真空成型方法主要有凹模真空成型、凸模真空成型、凹凸模先后抽真空成型、吹泡真空成型、柱塞推下真空成型和带有气体缓冲装置的真空成型等方法。

1. 凹模真空成型

凹模真空成型是一种最常用，最简单的成型方法，如图 6-15 所示。把板材固定并加密封在模腔的上方，将加热器移到板材上方将板材加热至软，如图 6-15（a）所示；然后移开加热器,在型腔内抽真空,板材就贴在凹模型腔上,如图6-15（b）所示;冷却后由抽气孔通入压缩空气将成型好的塑件吹出,如图6-15（c）所示。

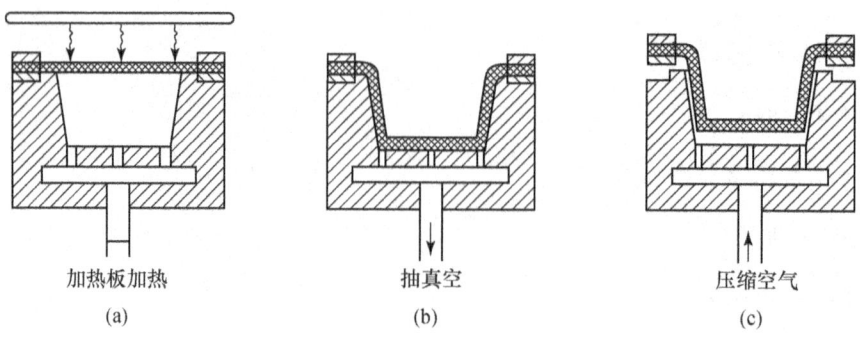

图6-15　凹模真空成型

用凹模成型法成型的塑件外表面尺寸精度较高,一般用于成型深度不大的塑件。如果塑件深度很大时,特别是小型塑件,其底部转角处会明显变薄。多型腔的凹模真空成型比同个数的凸模真空成型经济,因为凹模模腔间距离可以较近,用同样面积的塑料板,可以加工出更多的塑件。

2. 凸模真空成型

凸模真空成型如图6-16所示。被夹紧的塑料板在加热器下加热软化,如图6-16（a）所示;接着软化板料下移,像帐篷似的覆盖在凸模上,如图6-16（b）所示;最后抽真空,塑料板紧贴在凸模上成型,如图6-16（c）所示。这种成型方法,由于成型过程中冷的凸模首先与板料接触,故其底部稍厚。它多用于有凸起形状的薄壁塑件,成型塑件的内表面尺寸精度较高。

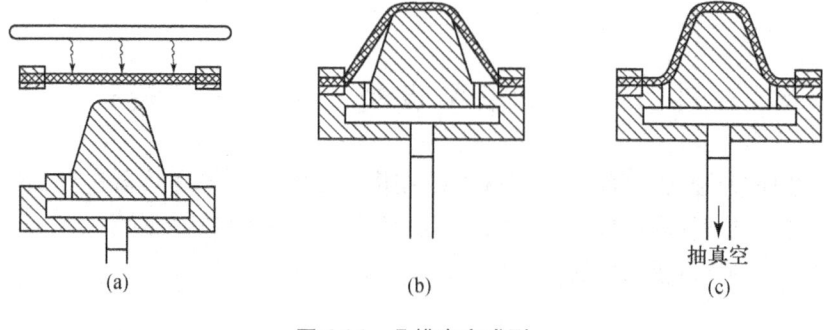

图6-16　凸模真空成型

3. 凹凸模先后抽真空成型

凹凸模先后抽真空成型如图6-17所示。首先把塑料板紧固在凹模上加热,如图6-17（a）所示;软化后将加热器移开,然后通过凸模吹入压缩空气,而凹模抽真空使塑料板鼓起,如图6-17（b）所示;最后凸模向下插入鼓起的塑料板中并且从中抽真空,同时凹模通入压缩空气,使塑料板贴附在凸模的外表面而成型,如图6-17（c）所示。这种成型方法，由于将软化了的塑料板吹鼓，使板材延伸后再成型，故壁厚比较均匀，可用于成型深型腔塑件。

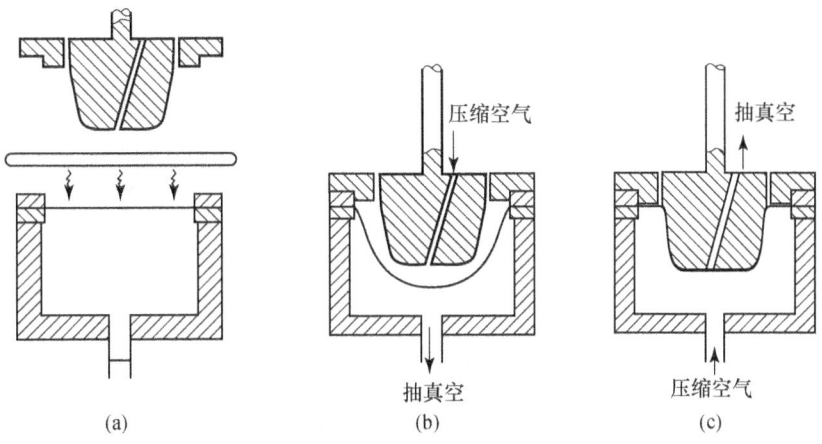

图 6-17　凹凸模先后抽真空成型

4. 吹泡真空成型

吹泡真空成型如图 6-18 所示。首先将塑料板紧固在模框上，并用加热器对其加热，如图 6-18（a）所示；待塑料板加热软化后移开加热器，通过模框吹入压缩空气将塑料板吹鼓后将凸模顶起，如图 6-18（b）所示；停止吹气，凸模抽真空，塑料板贴附在凸模上成型，如图 6-18（c）所示。这种成型方法的特点与凹凸模先后抽真空成型的基本类似。

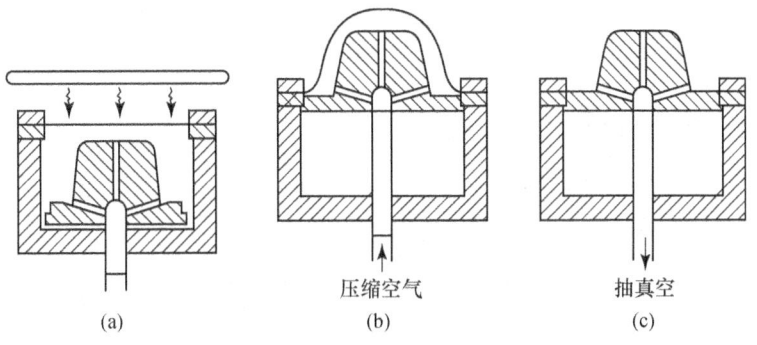

图 6-18　吹泡真空成型

5. 柱塞推下真空成型

柱塞推下真空成型如图 6-19 所示。首先将固定于凹模的塑料板加热至软化状态，如图 6-19（a）所示；接着移开加热器，用柱塞将塑料板推下，这时凹模里的空气被压缩，软化的塑料板由于柱塞的推力和型腔内封闭的空气移动而延伸，如图 6-19（b）所示；然后凹模抽真空而成型，如图 6-19（c）所示。此成型方法使塑料板在成型前先延伸，壁厚变形均匀，主要用于成型深型腔塑件。缺点是在塑件上残留有柱塞痕迹。

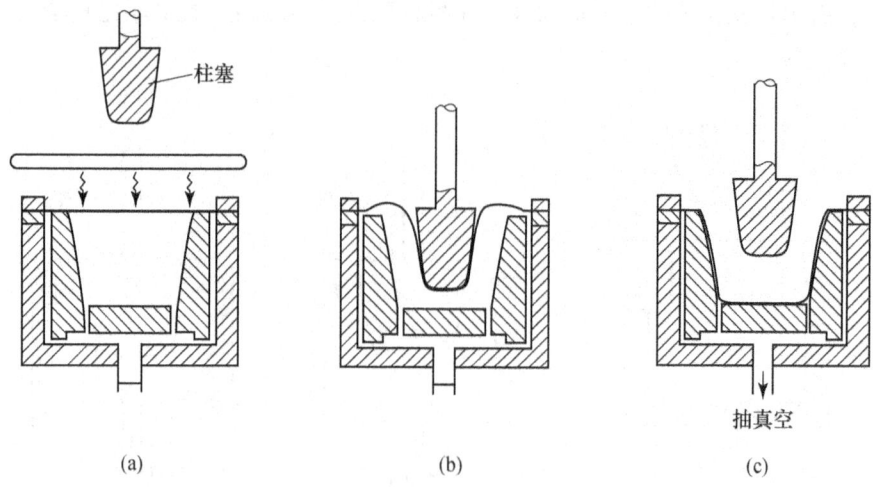

图 6-19 柱塞推下塑料板后抽真空成型

6. 带有气体缓冲装置的真空成型

带有气体缓冲装置的真空成型如图 6-20 所示，这是柱塞和压缩空气并用的形式。把塑料板加热后和框架一起轻轻地压向凹模，然后向凹模腔吹入压缩空气，把加热的塑料板吹鼓，多余的气体从板材和凹模的缝隙中逸出，同时从板材的上面通过柱塞的孔吹出已加热的空气，这时板材就处于两个空气缓冲层之间，如图 6-20（a）和图 6-20（b）所示；柱塞逐渐下降，如图 6-20（c）和图 6-20（d）所示；最后柱塞内停吹压缩空气，凹模抽真空，使塑料板贴附在凹模型腔上成型，同时柱塞升起，如图 6-20（e）所示。这种方法成型出的塑件壁厚较均匀，并且可以成型较深的塑件。

6.2.2 真空成型塑件设计

真空成型对于塑件的几何形状、尺寸精度、塑件的深度与宽度之比、圆角、脱模斜度、加强筋等都有具体要求，具体如下所述。

1. 塑件的几何形状和尺寸精度

用真空成型方法成型塑件，塑料处于高弹态，成型冷却后收缩率较大，很难得到较高的尺寸精度。塑件通常也不应有过多的凸起和深的沟槽，因为这些地方成型后会使壁厚太薄而影响强度。

2. 塑件深度与宽度（或直径）之比

塑件深度与宽度之比称为引伸比，引伸比在很大程度上反映了塑件成型的难易程度。引伸比愈大，成型愈难。引伸比和塑件的均匀程度有关，引伸比过大会使最小壁厚处变得非常薄，这时应选用较厚的塑料来成型。引伸比还与塑料的品种有关，成型方法对引伸比也有很大影响。一般采用的引伸比为 0.5～1，最大不超过 1.5。

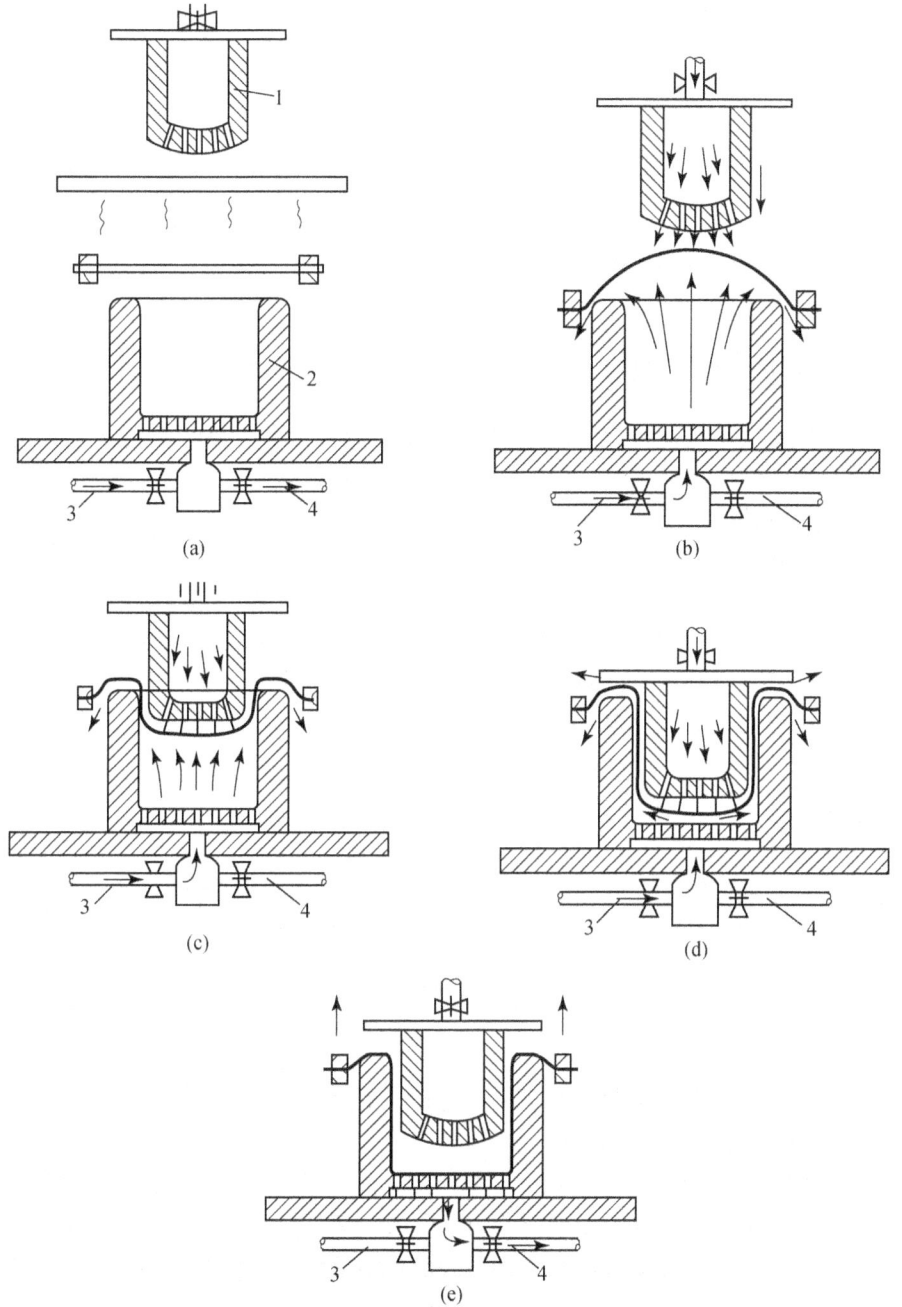

图 6-20 带有气体缓冲装置的真空成型
1—柱塞；2—凹模；3—空气管路；4—真空管路

3. 圆角

真空成型塑件的转角部分应以圆角过渡，并且圆弧半径应尽可能大，最小不能小于板材的厚度，否则塑件在转角处容易出现厚度减薄以及应力集中的现象。

4. 斜度

和普通模具一样,真空成型也需要有脱模斜度,斜度范围在1°~4°,斜度大不仅使脱模容易,也可使壁厚的不均匀程度得到改善。

5. 加强筋

真空成型件通常是大面积的盒形件,成型过程中板材还受到引伸作用,底角部分变薄,因此为了保证塑件的刚度,应在塑件的适当部位设计加强筋。

6.2.3 真空成型模具设计

真空成型模具设计包括:恰当地选择真空成型的方法和设备;确定模具的形状和尺寸;了解成型塑件的性能和生产批量,选择合适的模具材料。

模具的结构设计如下所述:

(1) 抽气孔的设计。

抽气孔的大小应适合成型塑件的需要,一般对于流动性好、厚度薄的塑料板材,抽气孔要小些,反之可大些。满足在短时间内将空气抽出,又不要留下抽气孔痕迹的要求。一般常用的抽气孔直径是0.5~1 mm,最大不超过板材厚度的50%。

抽气孔的位置应位于板材最后贴模的地方,孔间距可视塑件大小而定。对于小型塑件,孔间距可在20~30 mm范围内选取,大型塑件则应适当增加距离。轮廓复杂处,抽气孔应适当密一些。

(2) 型腔尺寸。

真空成型模具的型腔尺寸同样要考虑塑料的收缩率,其计算方法与注射模型腔尺寸计算相同。真空成型塑件的收缩量大约有50%是塑件从模具中取出时产生的,25%是取出后保持在室温下1小时内产生的,其余的25%是在以后的8~24 h内产生的。用凹模成型的塑件比用凸模成型的塑件收缩量要大25%~50%。影响塑件尺寸精度的因素很多,除了型腔的尺寸精度外,还与成型温度、模具温度等有关,因此要预先精确地确定收缩率是困难的。如果生产批量比较大,尺寸精度要求又较高,最好先用石膏模型试出产品,测得其收缩率,以此作为设计模具型腔的依据。

(3) 型腔表面粗糙度。

真空成型模具的表面粗糙度太低时,对真空成型后的脱模很不利,一般真空成型的模具都没有顶出装置,靠压缩空气脱模。如果表面粗糙度值太低,塑料板黏附在型腔表面上不易脱模,因此真空成型模具的表面粗糙度值较高,表面加工后,最好进行喷砂处理。

(4) 边缘密封结构。

为了使型腔外面的空气不进入真空室,在塑料板与模具接触的边缘应设置密封装置。

(5) 加热、冷却装置。

对于板材的加热,通常采用电阻丝或红外线。电阻丝温度可达350℃~450℃,对于不同塑料板材所需的不同的成型温度,一般是通过调节加热器和板材之间的距离来实现。常采用的距离为80~120 mm。

模具温度对塑件的质量及生产率都有影响。如果模温过低,塑料板和型腔一接触就会产生冷斑或内应力以致产生裂纹；而模温太高，塑料板可能粘附在型腔上，塑件脱模时会变形，而且延长了生产周期。因此模温应控制在一定范围内，一般在50℃左右。各种塑料板材真空成型加热温度与模具温度见表6-2。

塑件的冷却一般不单靠接触模具后的自然冷却，要增设风冷或水冷装置加速冷却。风冷设备简单，只要压缩空气吹到塑件表面即可。水冷可用喷雾式，或在模内开冷却水道。冷却水道应距型腔表面8 mm以上，以避免产生冷斑。冷却水道的开设有不同的方法，可以将铜管或钢管铸入模具内，也可在模具上打孔或铣槽，用铣槽的方法必须使用密封元件并加盖板。

表6-2 真空成型所用板材加热温度与模具温度（℃）

温度塑料	低密度聚乙烯（HDPF）	聚丙烯（PP）	聚氯乙烯（PVC）	聚苯乙烯（PS）	ABS	有机玻璃（PMMA）	聚碳酸酯（PC）	聚酰胺-6（PA-6）	醋酸纤维素（CA）
加热温度/℃	121～191	149～202	135～80	182～193	149～177	110～160	227～246	216～221	132～163
模具温度/℃	49～77	—	21～46	49～60	72～85	—	77～93	—	52～60

（6）真空成型应用实例

如图6-21所示为洗衣机箱体后封板吸塑成型设备与模具。

图6-21 洗衣机箱体后封板吸塑成型实例

任务三 压缩空气成型工艺与模具设计

压缩空气成型工艺过程是将板材置于加热板和凹模之间，固定加热板，分别从不同方向通入压缩空气，使软化的塑料板在凹模内成型。

6.3.1 压缩空气成型的特点

压缩空气成型的工艺过程如图 6-22 所示。图 6-22（a）所示为成型前的状态；图 6-22（b）所示为闭模状态，闭模后向型腔内通入压缩空气，迫使塑料板与加热板直接接触以提高传热效率，同时加热板处于排气状态；图 6-22（c）所示为成型状态。塑料板材加热软化后，停止向型腔内通入压缩空气，同时从模具上方通过加热板向已加热软化的坯材通入压力为 0.8 MPa 的预热空气，迫使软化的塑料板材紧贴在模具型腔表面上成型；图 6-22（d）所示为成型后的状态，制品在型腔内冷却定型后，加热板下降一小段距离，切除余料；图 6-22（e）所示为加热板上升，压缩空气将塑料制品从凹模中推出，然后压缩空气从侧面把制品吹走。

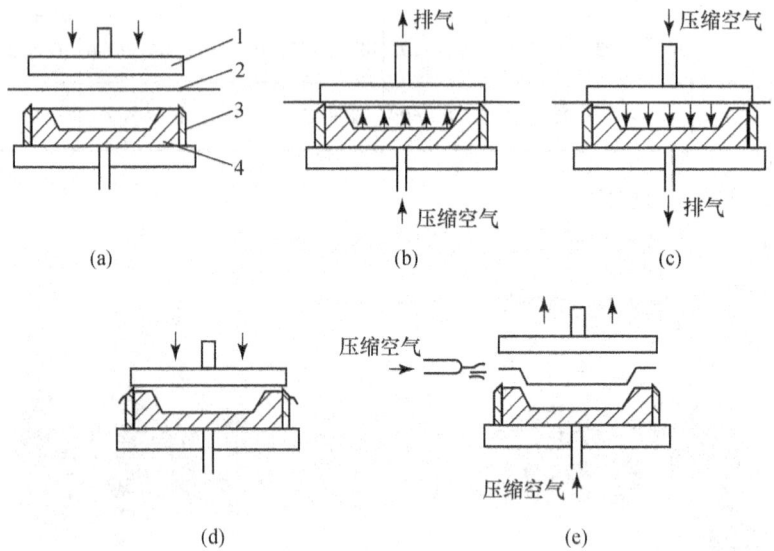

图 6-22 压缩空气成型原理
1—加热板；2—塑料板；3—型刃；4—凹模

6.3.2 压缩空气成型模具

1. 压缩空气成型模具结构

压缩空气成型模具结构如图 6-23 所示。在加热板 2 内设置有电加热棒 11，压缩空气由管 1 经热空气室 3 穿过板上的空气小孔 5 使塑料板材在凹模 10 内成型，型刃 9 将板材的余料切断。

压缩空气成型与真空成型在结构上的不同点有如下几点：
（1）增加了模具型刃，制品成型后可直接在模具上将余料切除。
（2）加热板作为模具结构的一部分，塑料板直接接触加热板，加热速度快。
（3）压缩空气成型中的排气孔在真空成型模具上是抽气孔，另外在模具中还要设置进气孔。

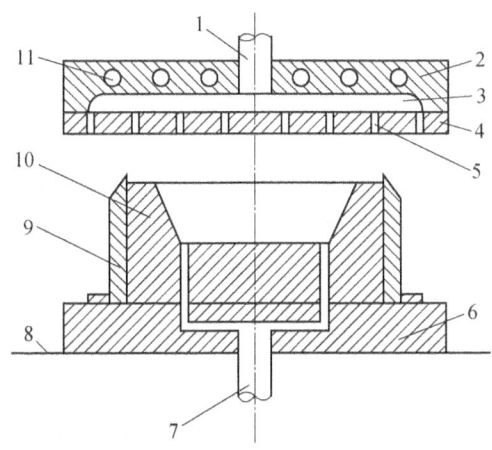

图 6-23 压缩空气成型模具

1—压缩空气管；2—加热板；3—热空气室；4—面板；5—空气孔；6—底板；
7—通气孔；8—工作台；9—型刃；10—凹模；11—加热棒

2. 压缩空气成型模具的设计要点

压缩空气成型的模具型腔与真空成型的型腔基本相同。压缩空气成型模具的主要特点是在模具边缘设置型刃，型刃的形状和尺寸如图 6-24 所示。型刃不可太锋利，避免造成塑料板刚一接触就被切断；但也不可太钝，否则会使板料的余料切不下来。一般型刃角度以 20°~30°为宜，顶端削平 0.1~0.15 mm，两侧以 $R=0.05$ mm 的圆弧相连。

型刃的顶端需比型腔的端面高出一段距离 h，h 应为板材的厚度再加上 0.1 mm。这样在成型时放在凹模型腔端面上的板材同加热板之间能形成间隙，此间隙可使板材在成型期间不与加热板接触，避免板材过热造成产品缺陷。

型刃的安装也很重要，型刃和型腔之间应有 0.25~0.5 mm 的间隙，作为空气的通路，也易于模具的安装。为了使型刃能均匀地将板材压在加热板上，防止漏气，要求型刃与加热板之间有很高的平行度。

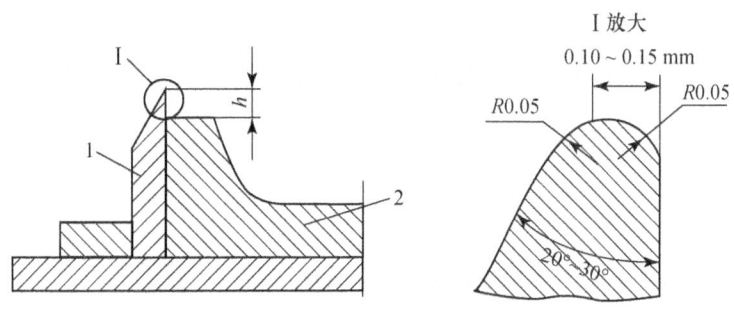

图 6-24 型刃的形状和尺寸

1—型刃；2—凹模

思考与练习

一、填空题

1. 中空吹塑成型是将处于_____的塑料型坯置于模具型腔内,使压缩空气注入型坯中将其_____,使之紧贴于模腔壁上,冷却定型得到一定形状的_____塑件的加工方法。根据其成型方法不同主要可分为_____成型、_____成型、_____成型等。

2. 根据中空吹塑成型的特点,对塑件的要求主要有_____、_____、_____、_____、_____等几方面。

3. 真空成型是把_____塑料板、片材固定在模具上,用辐射加热器进行加热至软化温度,然后用真空泵把板材和模具之间的_____抽掉,从而使板材贴在模腔上而成型,冷却后借助_____使塑件从模具中脱出。

4. 压缩空气成型的工艺过程为闭模后向型腔内通入_____,迫使塑料板与加热板直接接触以提高_____效率;塑料板材加热软化后,停止向型腔内通入压缩空气,同时从模具上方通过加热板向已加热软化的坯材通入压力为 0.8 MPa 的_____,迫使软化的塑料板材紧贴在模具内型腔表面上成型。

二、选择题

1. 下面不属于中空吹塑成型的是_____。
   A. 真空成型   B. 挤出吹塑成型
   C. 注射吹塑成型   D. 注射拉伸吹塑成

2. 要求中空吹塑零件壁厚均匀无飞边,不需后加工,塑件底部没有拼合缝,强度高,生产率高,应采用下列哪种成型工艺_____。
   A. 真空成型   B. 挤出吹塑成型
   C. 注射吹塑成型   D. 注射拉伸吹塑成

3. 不适合做吹塑模具材料的是_____。
   A. 铝合金   B. 锌合金   C. 45 钢材   D. 硬质合金

三、判断题

1. 中空吹塑型坯截面形状一般要求与塑件轮廓大体一致。   (   )
2. 真空成型时模温应控制在 80℃左右。   (   )
3. 压缩空气成型时从模具上方通过加热板向已加热软化的坯材通入压力为 0.4 MPa 的预热空气,迫使软化的塑料板材紧贴在模具内型腔表面上成型。   (   )

四、简答题

1. 简述注射吹塑成型原理及其基本成型方法。
2. 中空吹塑成型时的塑料制品有何要求?模具在设计时应注意哪些问题?
3. 简述真空成型工作原理?模具在设计时应注意哪些问题?
4. 简述压缩空气成型工作原理?设计压缩空气成型模具的型刃需注意哪些问题?

参 考 文 献

1. 邹继强. 塑料制品及成型模具设计[M]. 北京：清华大学出版社，2005.
2. 张维合. 注射模具使用教程[M]. 北京：化学工业出版社，2007.
3. 钱泉森. 塑料成型工艺与模具设计[M]. 北京：人民邮电出版社，2007.
4. 高汉华，廖月莹. 塑料成型工艺与模具设计[M]. 大连：大连理工大学出版社，2007.
5. 屈华昌. 塑料成型工艺与模具设计[M]. 北京：机械工业出版社。2008.
6. 杨海鹏. 模具拆装与测绘[M]. 北京：清华大学出版社，2009.
7. 塑料模具国家标准[M]. 北京：国家标准出版社，2007～2009.
8. 杨海鹏. 模具设计与制造实训教程[M]. 北京：清华大学出版社，2011.
9. 刘彦国，徐志扬. 塑料成型工艺与模具设计[M]. 北京：人民邮电出版社，2011.